生态文明时代的主流文化——中国生态文化研究

Mainstream Culture of Ecological Civilization Era
the Study of Chinese Eco-Culture

中国海洋生态文化

Chinese Marine Eco-Culture

【上卷】

江泽慧　王宏 ◎ 主编

人民出版社

责任编辑:杨美艳　翟金明
封面设计:肖　辉　林芝玉
版式设计:周方亚
责任校对:吕　飞

图书在版编目(CIP)数据

中国海洋生态文化/江泽慧,王　宏 主编. —北京:人民出版社,2018.1
ISBN 978－7－01－018730－3

Ⅰ.①中…　Ⅱ.①江…②王…　Ⅲ.①海洋生态学-文化生态学-研究　Ⅳ.①Q178.53

中国版本图书馆 CIP 数据核字(2017)第 321821 号

中国海洋生态文化
ZHONGGUO HAIYANG SHENGTAI WENHUA

江泽慧　王　宏　主编

人民出版社 出版发行
(100706　北京市东城区隆福寺街 99 号)

北京盛通印刷股份有限公司印刷　新华书店经销

2018 年 1 月第 1 版　2018 年 1 月北京第 1 次印刷
开本:880 毫米×1230 毫米 1/16　印张:51.25
字数:880 千字

ISBN 978－7－01－018730－3　定价:298.00 元(上、下卷)

邮购地址 100706　北京市东城区隆福寺街 99 号
人民东方图书销售中心　电话 (010)65250042　65289539

主　编　江泽慧　王　宏

撰稿人

绪　论

第一节　第二节　第三节　第四节　第五节：汪　绚

第六节：张　威　汪　绚

第七节：曲金良　汪　绚

第八节：汪　绚

第一编

第一章：朱　璇　郑苗壮　俞炜炜　黄　浩　马志远

第二章：韩兴勇

第三章：郭沛涌

第四章：章守宇　韩兴勇

第五章：何培民　宁　波　韩兴勇

第二编

第一章：沈庆会　楼　兰

第二章　第三章：苏文菁　王佳宁　潘思敏　江舒琳

第四章：韩兴勇

第五章：陈　晔

第三编

第一章　第二章　第三章：高乐华

第四章：同春芬

第五章：刘家沂　祁冬梅　于保华　姜　丽　杨　潇　周秀龙

第六章：王书明　张　鹏　王涵琳

第四编

　　第一章：王书明　曲金良

　　第二章：王　琪　吴连海

　　第三章：王　琪　王付欣

　　第四章：王苧萱　曲　畅

　　第五章：徐文玉　王苧萱

　　第六章：徐文玉　曲　畅　朱　雄

审稿专家　李文华　邬书林　陈俊宏　周明伟　董俊山
　　　　　　　李国庆　修　斌　龚缨晏　张朝晖

统稿专家　汪　绚　曲金良　柯　昶　李　航　韩兴勇
　　　　　　　苏文菁　郭沛涌

统筹协调　王晓芳　刘世荣　白煜章　尹刚强　王　忠
　　　　　　　赵　觅　张家辉　刘志佳　李　楠　陈　雷
　　　　　　　冯艳萍

2

序

一

习近平总书记在中共中央政治局第八次集体学习时强调,要进一步关心海洋,认识海洋,经略海洋,推动海洋强国建设不断取得新成就。中国走向海洋,开发海洋,经略海洋,建设海洋强国,必须树立认识海洋生态的文化自觉和自信,总结人类与海洋的关系、发展过程,现实地解决好可持续发展面临的海洋生态危机。没有海洋生态文化建设的自觉性,便没有建设可持续发展的海洋强国行动的自觉性。强化海洋意识,构建海洋生态文化,是实施海洋强国战略的重要内容。《中国海洋生态文化》专著的编撰,对构建海洋生态文化、建设海洋强国具有一定的价值,对科学利用海洋生态资源,保护海洋生态环境有着启迪作用。

本书以中国海洋和海洋生态文化概述、中国海洋生态文化发展的传统智慧、当代中国海洋生态文化发展局势和中国海洋生态文化发展战略四大篇22章的丰富内容,较为系统地阐述了中国海洋生态文化的起源、概念及内涵,指出古代先人在认识海洋和利用海洋生态资源方面所秉承的"天人合一""物我共生"的观念,详细地介绍了中国的海洋生态系统和海洋生态文化、中国海洋生态文化的发展及中国海洋生态文化发展战略。内容翔实而具有哲理性,耐人寻味,不仅展示了中国文化的博大精深,也显示了中国古人及现代人民持有的人与自然和谐共处的智慧;既有对人与海洋共生的悠久历史的回溯和丰富哲理思想的阐释,也提出了发展中国海洋生态文化面临的问题,如中国近岸海洋生态环境质量持续恶化,海水污染不断加重,海洋生物数量、质量和多样性严重受损,部分海域沉积环境质量显著下降……这些问题的提出,在一定程度上对于提高国民对海洋资源与环境的保护意识,提升中华民族"蓝色国土"意识、海洋生态文化自觉,很有意义。

21世纪的中国要从海洋大国向海洋强国迈进,必须立足国情,放眼国际,纵揽全局,陆海统筹,确立中国海洋生态发展的指导思想和目标,普及海洋生态发展意识,全面提升中华民族海洋生态文化自信力和文化自觉性,打造中国海洋生态文化建设的整体格局,维护海洋生态安全。

二

地球其实是一个水球,其表面三分陆七分水。海洋是地球生命的摇篮,深邃的海水阻挡了紫外线的辐射,保护了地球上的原初生命,经历了千百亿年的生息繁衍,造就了今日郁郁葱葱的绿色世界。可以说,没有海洋,地球将失去生命色彩,生态文明也将失去基础;没有海洋,五大洲只是山峦隔离的村寨,而不是紧密相连的"地球村"。

中华大地,西高东低。万里长江、九曲黄河、逶迤珠江,沿着高山、高原、台地、丘陵、盆地和平原,浩浩荡荡,奔流不息,流向大海,构建起多元的地理景观。中华民族的先民们居此地理空间创造出各具特色、丰富多彩的中华文明,包括以畜牧、乳品、骑乘、"逐水草而居"的草原游牧文化,以定居、农业、玉饰、车辇、礼乐制度为特征的内陆农耕文化,以捕捞、文身、舟楫、远航为特征的海洋渔业文化。

我国海洋渔业文化源远流长。在我国东南沿海地区的多个遗址出土了史前时期的船桨,特别是15年前在浙江萧山跨湖桥遗址发掘出土的距今8000年前用火焦法制作的独木舟,表明生活在沿海地区的中华先民已经具备了出海航行的能力。最近发现的福建沿海地区距今6000到7000年的平潭祠堂和金门富国墩等遗址中出土的陶器、石器、鱼骨和贝壳等丰富的遗物,表明当时的海洋渔业文化已经相当发达。需要强调指出的是,近年来我国东南沿海地区的一系列考古发现和多学科综合研究的成果表明,广泛分布于南太平洋地区的"南岛语族"的种族和文化源自我国东南沿海地区,我国沿海地区的远古先民们,利用高超的航海技术,以一叶扁舟漂洋过海来到南太平洋地区。一部分人留在了那里,开始了新的生活,创造出在世界文化百花园中独树一帜的南岛语族及其文化。从汉唐到宋元明清,中华先民率先经营和开发南海,建立了从南海走向印度洋,以至于大西洋的海上丝绸之路,构筑了以华夏大地为起点、辐射全球的海上文明之路。

维古以降,中华先民筑海塘、围海涂、辟盐场、观天象、测海流、算潮汐、绘海图、制罗盘、造船舶、建港口、测航路、御天风、济沧海、促贸易、运漕粮、辟渔场、网鱼虾、吟渔歌、觅仙山、祭海神、规民俗,创造了灿烂夺目、底蕴深厚、传承不息的中华海洋文明。

海洋文明属于外向型文明。千百年来,中华文明的发展历程始终没有离开过海洋,正是以大海为纽带,海陆丝绸之路南北呼应、物质文化东西互通,促进了中华文明与海外文明的交流,推动了中华民族整体文明的发展,也为世界文明的发展作出了积极贡献。中华民族之所以有今日的伟大,中华文明之所以光辉灿烂,离不开海洋文明的贡献。海洋文明与农业文明、游牧文明兼容互动、相激相荡、相辅相成,在历史长河的积淀中共同汇聚成中华文明。从这个意义来说,中华文明既是黄河、长江等区域间文化交流的产物,也是环中国海沿海地区与内陆地区文化交流活动的产物。

历史反复昭示人们,向海而兴,背海而衰。我国是陆海兼具的国家,拥有漫长的海岸线、辽阔的管辖海域和重要的海洋战略利益,海洋事业的发展关系到民族生存发展和国家兴衰安危。党和国家一直高度重视海洋事业发展。习近平总书记提出了建设海洋强国的重大战略目标和建设21世纪海上丝绸之路的倡议。党的十八大报告首次把生态文明建设摆在"五位一体"的战略高度来论述,把"美丽中国"作为未来生态文明建设的宏伟目标,同时把建设生态文明写进党章。国家海洋战略的实施,不仅需要先进的海洋科技、发达的海洋经济、强大的海洋军事,还需要海洋文化蓬勃发展、全民海洋意识普遍提升。美丽中国离不开美丽海洋,海洋生态文明是我国生态文明建设不可或缺的重要组成部分。因此,要牢固树立海洋生态文明理念,大力弘扬海洋生态文化,深入挖掘海洋生态文化思想精髓,更好地推动构建人海和谐关系,为海洋强国和21世纪海上丝绸之路建设提供精神文化支撑。

观念是行为的先导,文化是文明的灵魂,海洋生态文化是海洋生态文明的实质性内容。牢固树立海洋生态文明理念,大力弘扬海洋生态文化,对于落实党的十八大精神和习近平总书记关于"建设海洋强国"和"大力推进生态文明建设"战略决策,实现经济建设、政治建设、文化建设、社会建设、生态文明建设"五位一体"宏大目标,是非常重要的。

<h1 style="text-align:center">三</h1>

弘扬海洋生态文化,要自觉坚持以马克思主义哲学为指导。马克思主义哲学认为,人类文明的发展过程仍既是一个人类不断认识客观规律,利用客观规律,改造客观世界和主观世界的能动的社会实践过程,也是一个不以人的意志为转移的自然历史过程,人与包括海洋在内的自然的关系构成了这一历史进程的核心线索。在马克思主义哲学视域中,自然不是与人相互对立的异质对象,人是自然的一部分,自然也是人的一部分。自然的消亡,尤其是海洋的消亡,必然导致人类的消亡,保护自然、保护海洋就是保护人类自己。

弘扬海洋生态文化,要传承中华传统文化的生态智慧。众所周知,中华民族具有悠久的历史和灿烂的文化,中华传统文化中蕴含着十分丰富而深刻的生态智慧。"道法自然""天人合一""和而不同""过犹不及""己所不欲、勿施于人""知行合一"等具有生态智慧内容的重要理念构筑了中华精神世界。传统海洋生态文化"与道合一、与自然化一"的整体意识和生态伦理意识;"四海一家、声教四海"的海洋社会和谐意识;"海纳百川,和而不同,求同存异,和谐万邦"的世界和平意识,中国优秀海洋生态文化传统的辩证法精髓,成为造就中华海洋文明大国的重要思想基础。中华民族千年来传承至今的海洋生态文化理念,是人民共同的精神家园,是促进天人和谐、人海和谐的思想支撑。

弘扬海洋生态文化,要传承中华传统生态保育制度。中国传统文化中的生态智慧并没有停留在世界观和价值理念的层面,而是借助社会制度和风俗习惯的力量渗透到了社会实践的方方面面。早在夏商时期,中华先人就形成了自然保护之规。海南省海口三江镇发现道光年间保护红树林的石碑，要求村民种植"茄椗"（即红树林），"以扶村长久"，明确"奉官禁谕，戒顽夫于刀斧损伤"，同时标注柯、黄、韩、吴、蒙各家的职责范围。海口市演丰镇、文昌市文城镇和头宛镇均发现保护红树林的乡规民约。上述中华先民践行的生态智慧和制度，对解决当前人类面临的生态危机，对弘扬海洋生态文化、推进生态文明建设具有启示意义。

海洋是全人类的共同财富，应当建成绿色家园。人类已经进入 21 世纪，海洋不仅不再是隔断各国沟通联系的障碍，而且日益成为不同文明间开放兼容、交流互鉴的桥梁和纽带。在新世纪，地球村的所有居民都应坚持在开发海洋的同时，善待海洋生态，保护海洋环境，让海洋永远成为人类可以依赖、可以栖息、可以耕耘、可以赖以为生的蓝色家园。我们应当将"一带一路"倡议与拓展中国海洋生态文化国际交流合作联系在一起；将中国海洋生态文化发展与中华民族伟大复兴联系在一起，发扬"海纳百川"的包容精神，维护海洋生态安全、建设海洋强国，和爱好和平的世界人民共同创建世界和平之海、合作之海、和谐之海，携手走上人类海洋命运共同体的大道。

王伟光

2017 年 7 月

前　言

中国生态文化协会秉承"弘扬生态文化,倡导绿色生活,共建生态文明"的宗旨,自2010年开始组织专家团队开展生态文化理论体系研究,至今已有七年。核心成果《生态文明时代的主流文化——中国生态文化体系研究总论》专著(简称《总论》),于2013年12月由人民出版社出版发行。之后,我们以《总论》为统领,相继推进了《中国海洋生态文化》《森林生态文化》《草原生态文化》《中华茶生态文化》《中华园林生态文化》和《华夏古村镇生态文化》等生态文化系列丛书的研究编撰工作。其中《中国海洋生态文化》是相对独立、最为重大的组成部分。

一、以高度的文化自觉,培育
海洋强国的文化支撑

海洋生态系统、森林生态系统和湿地生态系统被列为地球三大生态系统。而海洋生态系统与地球大气物理和地质物理变化、地球生物资源和物种多样性变化都具有普遍的关联性,更是人类可持续发展最为重要、最为巨大的资源宝库和战略空间。

中华民族是世界上最早开发利用海洋的民族之一,所创造的众多世界海洋史之最,彰显了中国海洋生态文化智慧的深厚积淀。然而,古代华夏数千年来以农业文明为积淀,以中原大陆性文化体系为中心,历代王朝以农耕文化意识统揽沿海经济社会发展,海洋文化体系相对边缘化,归纳与弘扬海洋生态文化的史志典籍专著,更是寥若晨星。

特别是进入19世纪,西方工业革命基本完成,机械化大生产推进生产力迅猛发展,资本主义世界体系初步形成,西方列强、沙俄、日本,把扩张侵略的矛头指向了亚洲,多次从海上以舰炮入侵中国。而沉溺于大国声威四海臣服的清政府,长期以来忽视培育海洋强国的海洋生态文化支撑,忽略倡导与时俱进的文化自觉和内在凝聚力的文化自信;缺乏对外邦交海洋经略的国际视野和国家战略的研究与建设,蓝色国土意识、海权权益和治外法权意识薄弱;海洋强国、强军科技发展严重滞后,军事御敌和统一对外的实战力量薄弱等,是近代侵略者屡次海上入侵中国并逼迫清朝政府签订一系列割地赔款、开口通商、关税协定、租界特区、治外法权、外交豁免、军事占领等丧权辱国的不平等条约的重要原因,亦是作为海洋文明大国国际话语权缺失的根源。1842—1852 年,清末中国著名思想家魏源编撰并三次修订充实的《海国图志》,其以林则徐总结鸦片战争中国战败原因的《四洲志》为蓝本,并参考历代史志,以及明朝以来岛志中的相关资料,全面系统介绍世界历史、地理、政治、经济、军事、科技,乃至宗教、文化、教育、风土等,是中国近代史上第一部倡导"师夷之长技以制夷""以夷制夷"的醒世之书,但却未得到清政府的高度重视,竟被日本得到译成日文,促进了日本的"明治维新"。

纵观走向生态文明新时代的中国和全球大势,激发中华民族伟大复兴的文化自觉,坚定中华民族经略海洋的文化自信,凝聚中华海洋大国、海洋强国崛起的内在动力,着力培育海洋强国生态文化的重要支撑,迫在眉睫!作为中国生态文化协会会长,我和协会团队萌生了研究中国海洋生态文化的想法。

2014 年 3 月,中国生态文化协会团队会同中国海洋大学海洋文化研究所暨青岛海洋科学与技术国家实验室、上海海洋大学海洋文化研究中心,开始了"中国海洋生态文化"项目大纲的研究工作。之后,国家海洋局团队、福州大学、华侨大学和厦门大学等团队也加入其中。项目资金由中国生态文化协会和国家海洋局共同支持。

2015 年 1 月,参研团队主创人员对"二级大纲"进行了研讨。同年 7 月,协会邀请多位高层专家和全国政协人资环委、国家海洋局、国家林业局等有关领导,对"四级大纲"进行论证和指导;中国生态文化协会先后四次进行大纲统稿,细化纲目,充实内涵,最终形成了《中国海洋生态文化》1.73

万字的撰写大纲四级纲目,各团队遵照大纲细目和任务分工进入研究撰写阶段。

2015年10月15日,全国政协以"推进生态文化、海洋文化建设"为主题召开了第八届中国人口资源环境发展态势分析会,中央书记处书记、全国政协副主席杜青林出席,我作了《弘扬海洋生态文化,培育海洋强国的文化支撑》的主旨发言,全国政协副主席马培华出席会议并讲话,之后以《政协信息专报》上报中央领导。10月22日,《人民政协报》以《改变重陆轻海重塑海洋生态文化》为题给予长篇报道;2016年3月全国政协会议期间,我提出了《以"文化自觉"透视中国海蓝色国土——关于"十三五"海洋强国的建议》,从高度重视中国海大陆架划界及其权益保护,深化中国海洋文化遗产研究和考古佐证,培育海洋强国的生态文化支撑等方面,阐述了自己的想法,得到了全国政协的高度重视,并将《中国海洋生态文化》研讨会列入全国政协人口资源环境委员会重要专题会议。

2016年11月10日,《中国海洋生态文化》研究成果高层专家论证会在北京举行。第十一届全国政协副主席、中国文联主席、中国生态文化协会名誉会长孙家正主持论证会。来自全国人大环境与资源保护委员会、国土资源部、国家新闻出版广电总局、全国政协人口资源环境委员会、国家林业局、中国科学院、中国社会科学院、中国工程院、国家海洋局、中国外文局、中国文联、中宣部学习出版社、解放军报社、人民出版社、中国海洋学会等单位的20余位学者专家对《中国海洋生态文化》书稿(送审稿)进行了分析论证,提出改进意见。专家们表示,《中国海洋生态文化》作为我国首部系统全面反映海洋生态文化的专著,其编撰具有十分重要的现实和历史意义,必将为我国实施海洋战略、建设海洋强国、树立全民海洋意识提供精神动力和文化支撑。

2016年11月29日,由中国生态文化协会、全国政协人口资源环境委员会、国家海洋局联合主办的《中国海洋生态文化》研究成果汇报会在深圳市隆重举行,全国政协副主席马培华出席会议作重要讲话,并与中国生态文化协会、国家海洋局、国家林业局相关领导一起,共同为《中国海洋生态文化》研究成果揭幕。在中国生态文化协会、全国政协人口资源环境委员会、国家海洋局的共同推进下,由专家组成的项目研究团队协同合作、深入研究、精心撰写的,我国首部由古至今系统论述中国海洋生态文化的宏篇专著问世了!

二、《中国海洋生态文化》研究的核心内容

《中国海洋生态文化》全书共分为:绪论,第一编中国海洋和海洋生态文化概述,第二编中国海洋生态文化发展的传统智慧,第三编当代中国海洋生态文化发展现状,第四编中国海洋生态文化发展战略等五大部分,22章106节。从历史溯源、理念阐释、精髓诠释、问题剖析、现实发展与未来战略等方面,传承和弘扬七八千年史诗般博大精深的中国海洋生态文化。以生态文化的视角,讲述中国海洋生态系统及其生态文化的起源,海洋生态文化之精髓,海洋生态文化的和谐辩证理念,海洋生态文化意识与追求。

中国是陆海双构的文明古国,其历史进程从未离开过海洋,拥有世界上历史最为悠久、最为丰富的海洋生态文化。从新石器时期河姆渡遗址出土的六支木桨、萧山跨湖桥遗址出土的独木舟、昙石山遗址出土的彩陶片上水上航行的描绘,到秦徐福东渡日本,汉张骞出使西域,明郑和七下西洋……古代中国是最早舟楫涉海的古国之一,华夏民族是世界上最早开发利用海洋的民族之一,多项发明创造彰显了中国海洋生态文化的传统智慧。至宋明时代,已经拥有当时世界上最发达的造船业、航海业,创造了辉煌的航海史,由陆路连接海洋,架设了一条通往东南亚、中西亚、非洲、欧洲和美洲的海上丝绸之路与陆上丝绸之路,把中华文明最早的成果带到了世界各地,奠定了古代中国海洋航运与商贸大国、海洋文化与海洋文明大国的地位。龙图腾和妈祖海神等精神象征,中国传统海洋生态审美、工艺美术与文学艺术等传承至今。

中华民族海洋强国的崛起,需要物质基础和生态文化内生动力的共同支撑。探索古代海洋生态文化遗产密码,诠释古代中国的航海历程,感悟中华民族对蓝色国土的态度;透视中国海洋生态文化发展史,解析西方"海洋强国"的兴衰史与现状,必须坚定中华民族的文化自信和文化自觉,走有中

国特色的"海洋强国"之路;审时度势、陆海统筹,为和平而强国、为和平而强军、为和平而强民;深度领悟中国海洋生态文化思想精髓,维护中国海洋主权,友善合作共赢者,打击外来入侵者,协同推进中国海洋和谐社会与世界海洋和平秩序健康发展。

海洋生态文化是 21 世纪生态文明时代"海洋强国"的文化选择。海洋,占地球面积的 71%,承载着世界经济发展与合作共赢的希望。目前,海洋经济占全球 GDP 总量的比重在 20%以上,世界贸易的 90%是通过海洋实现的。全球近 10 年发现的大型油气田中,海洋油气田约占 60%以上。据 FAO《2016 年世界渔业和水产养殖状况》公布:2014 年世界捕捞渔业总产量为 9.34 亿吨,其中海洋捕捞 8.15 亿吨,占 87.26%。世界人均表观水产品消费量已从 20 世纪 60 年代的 9.9 公斤增加到 2013 年的 19.7 公斤,初步估计 2014 年和 2015 年将进一步提高到 20 公斤以上。我国海岸带占国土的 13%,养育了 42%的人口,创造了 67%的 GDP,成为带动我国经济社会发展的龙头。《2016 年中国海洋经济统计公报》发布:全国海洋生产总值 70507 亿元,占国内生产总值的 9.5%。海洋必将成为人类的未来粮仓、绿色能源、生物药源和矿产宝库。海洋生态文化着力于建构人类社会与海洋自然生态系统和谐共生、可持续发展的有机体系,是海洋生态文明建设的基础支撑;自然海洋的生态目标、和谐海洋的社会目标、富饶海洋的资源目标、美丽海洋的环境目标,是培育海洋强国的生态文化支撑的基本目标。

中国海洋生态文化走向世界,"始终在释放一种跨越古今的开放、外向、合作、互利、共赢理念"。从古代海上丝绸之路传承到今天的"一带一路",中国海洋生态文化与海上丝绸之路互相交融,承接古今、连接中外,发掘中外海上丝路生态文化交流的历史资源,多方位、多形式、多元化地延展海上丝路生态文化载体和对外合作平台,合力实现新时代海上丝路团结互信、平等互利、包容互鉴、和平发展的时代价值。

三、《中国海洋生态文化》研究的时代价值

2013 年 7 月 30 日,习近平总书记在主持中共中央政治局就建设海洋

强国进行第八次集体学习时指出："要坚持陆海统筹,坚持走依海富国、以海强国、人海和谐、合作共赢的发展道路,通过和平、发展、合作、共赢方式,扎实推进海洋强国建设。"精辟、深刻地阐述出海洋生态文化的主旨及其重大的历史和现实价值。

党的十九大以习近平同志为核心的党中央进一步坚定了新时代加快建设海洋强国的基本方略。《中国海洋生态文化》将中国海洋生态文化智慧与中华民族伟大复兴联系在一起,站在新的历史起点上,对于准确把握时代特征和世界潮流,构建中国海洋和谐社会、共创世界海洋和平,具有深远影响和重大意义。

海洋生态文化的发展是人类认知海洋、善待海洋、经略海洋的过程,21世纪的中国要成为海洋大国、海洋强国,必须走向深海、远洋,中国海洋生态文化必然走向世界。要准确把握新时代主要矛盾,确立中国海洋事业国际合作的战略目标与对策选择,着力海洋生态文明建设和全球海洋治理,将海洋生态文化事业发展全面融入社会主义现代化建设中;加强中国海洋大国、海洋强国的国际话语权建设,积极发展全球伙伴关系,构建总体稳定、均衡发展的大国关系,努力实现中国海洋和谐社会与世界海洋和平秩序协同推进;拓展海上丝路生态文化国际合作与交流,强化中国海湾、近海和海洋的生态服务功能,强化海洋的绿色发展和海洋生态安全,共商共建共享"和平美好海洋世界"!

江泽慧

2017 年 11 月

目　录

上　卷

第一编　中国海洋和海洋生态文化概述

绪　论

人类居住的地球,71%的面积是海洋。海洋是地球上具有普遍关联性的生态系统,海洋与陆地、海洋与地球生态系统及其生物多样性息息相关。海洋与人类是"物我共生"的生命共同体,海洋自然生态系统是人类可持续发展所依存的基础支撑。而作为地球上最大的生物质资源宝库、能源储备基地和贯通世界的交通命脉,海洋世界是呈现给人类巨大发展空间的战略要地。因此,以高度的生态文化自觉,透视中国海蓝色国土,解析人海关系,至关人类终极关怀和海洋强国的战略使命。

第一节　中国是陆地大国也是海洋大国

中国是陆地大国也是海洋大国。中国海域位居世界最大的陆地和最大的海洋——亚洲东部与西太平洋之交,是世界上海岸线最长、海域疆土最大的国家之一。根据国际大海洋生态系统划分,我国周边海洋构成了黄渤海大海洋、东海大海洋和南海大海洋生态系统。北起渤海鸭绿江口,东至东海琉球海漕(冲绳海漕),南至南海曾母暗沙海域,向西太平洋开放,拥有大陆海岸线18000多千米,海岛海岸线14000多千米,中国主张管辖海域面积约300万平方千米;面积大于500平方米的海岛7300多个(不包括海南岛本岛、台湾、香港、澳门及其所属岛屿)、小于500平方米的海岛数以万计;海岛陆域总面积近8万平方千米,海湾海域总面积达2.7万多平方千米。[①]

中国海域包括渤海、黄海、东海、南海和台湾以东部分海域,相连太平洋,呈弧形环绕着大陆;拥有黄海、东海、南海三大海洋生态系统和滨海湿地、红树林、珊瑚礁、河口、海湾、潟湖、岛礁、上升流、海草床等多种典型海洋

[①] 《全国海洋功能区划(2011—2020年)》,国家海洋局海域司、海岛司,2012年颁布。

地球71%的面积是海洋

生境类型;至今已记录到的海洋生物有2.8万多种,物种数量约占全球总数的11%,是世界海洋生物最丰富的国家之一。

中国的"四海一洋"海域间的分界线大体上是:从辽东半岛南端老铁山岬经庙岛群岛至山东半岛北端的蓬莱角,即渤海与黄海以渤海海峡的连线区分;黄海与东海之间从长江口北角至韩国济州岛南角的连线分之;东海与南海之间的分界线是从福建东山岛南端经台湾浅滩南侧至台湾岛南端的鹅銮鼻;中国毗连太平洋的海域,是在台湾岛以东,位于菲律宾海盆西北部,介于琉球群岛以南至巴士海峡以东,其东侧应包括12海里领海,24海里毗连区及200海里专属经济区的范围。① 中国享有黄海、渤海、东海、南海以及太平洋毗连区,内水、领海、毗连区、专属经济区、大陆架以及中华人民共和国管辖的其他海域的主权、管辖权。

大陆架是海洋资源富集的海域。它是大陆边缘倾斜平缓的海底地带,是陆地向海的自然延伸,其宽度从低潮线起向深海方向倾斜,直到坡度显著增大的转折点为止。全球大陆架总面积约为2700多万平方千米,平均宽度

---

① 王颖主编:《中国区域海洋学——海洋地貌学》,海洋出版社2012年版,第1页。

约为 75 千米,约占海洋总面积的 7.6%、世界陆地总面积的 18%。[1] 由于江河源源不断地向海洋输送陆地上丰富的营养物质,大陆架是海底沉积作用最为发育的地带和矿藏与海洋资源最为富饶的海域。已发现有石油、煤、天然气、铜、铁等 20 多种矿产,其中已探明的石油储量是整个地球石油储量的 1/3;大约 90% 的渔业资源来自于这里;现代人类开发海底油气田、可燃冰、风能、潮汐等能源;利用阳光、沙滩和新鲜空气,开辟海滨浴场和旅游休闲胜地等都依托于大陆架浅海域,更把提供淡水的需求寄托于此。

中国海大陆架是世界上最宽的大陆架区之一,大陆架与海岸带分布着众多基岩海岛,近河口处有砂质堆积岛。中国地势西高东低,发源于青藏高原雪山冰川之下的长江、黄河、澜沧江等大河水系,穿越高山草甸、丘陵平原,千回百转,汇聚无数条支流,裹挟泥沙,奔流入海,在中生代白垩纪末期的岩层基底上,逐渐沉积、发育了新生代堆积型大陆架的物质基础。

就历史中国与地理中国而言,中国是一个陆海双构的大国,陆地与海洋的交互作用、人类与海洋的依存关系,奠定了中华海洋文明的物质基础和人文精神。中国海洋生态文化是华夏 5000 年生态文化的重要组成部分,是人类在与海洋交往的历史进程中,逐步认知海洋、顺应海洋、利用海洋、经略海洋、与海洋和谐依存,所创造、传承与发展的物质成果和精神成果的总和。其蕴含的海洋生态文化哲学智慧,体现了海陆一体协同发展、人类与海洋和谐共生的互动关系,是引导人类选择海洋经济社会发展方式和生产生活方式,努力走向生态文明时代的思想精髓和文化支撑。

第二节　中国海洋生态文化的起源

海洋生态文化的形成与发展,伴随着人类文明进步的历史进程。以考古发现的实物遗存为依据,佐证在一定时间内存在和一定空间范围内分布、具有独特文化面貌、以实物形式出现的古代文化遗存,是国际公认的科学方式。

在距今约 10000—5000 年前,原始先民在劳动生产过程中开始磨制石器、烧制陶器、养殖家畜、耕种生产,并出现聚居的城市与村落,从旧石器时代进入新石器时代。

---

[1] 数据由国家海洋局信息中心、国际合作司提供。

1996 年中国邮政发行的
河姆渡遗址纪念邮票"划桨行舟"

1973 年考古发现的浙江余姚河姆渡遗址,是中国东南沿海最早的新石器时代遗址。在河姆渡遗址中挖掘出船桨、陶灶、石碰等器物以及大量海洋生物骨骸。在出土的 61 种动物残骸中,鱼类、龟、鳖类等水生动物达 19 种之多,甚至发现了鲸脊椎骨和鲨鱼牙。更为珍贵的是,遗址还出土了 6 支目前我国已发现的最为古老的木质船桨和一件陶制独木舟模型。

陶舟外体呈流线设计,长 7.7 厘米,宽 2.8 厘米,高 3 厘米,舟艄有一鸡胸形小板,上有一个系缆绳的小孔。考古例证,早在 7000 年前,河姆渡先民已开始与海洋交往,并掌握了石器制作、烧制陶器、人工种稻、刳木为舟和海洋捕捞等技能,借助舟楫涉足海洋索取食物。之后,定海、岱山等地相继发现了 45 处属新石器时代的文化遗址和一些商周秦汉时代的遗址。多数学者推断:舟山新石器时代的文化属河姆渡文化的分支,河姆渡人已经能够行"舟楫之便"跨海来到舟山群岛。河姆渡文化的发现与确立,证明了我国东南沿海长江流域与黄河流域同为中华民族远古文化的发祥地。

2002 年 11 月,浙江省文物考古研究所、浙江省萧山市博物馆在跨湖桥新石器早期遗址,发现了独木舟及相关遗迹。跨湖桥独木舟的考古发掘与发现,让我们领略了新石器时期先民们利用火焦法"刳木为舟"的卓越智

2002 年跨湖桥遗址发掘出土的独木舟

慧,更使我国成为拥有世界上最古老独木舟的古船文明国家之一。

北京大学考古文博学院、中国社会科学院考古研究所对独木舟及遗址木头进行了三个标本的碳十四年代测定;2002 年发掘过程中,上海博物馆针对独木舟遗迹的年代问题采集了同文化层三个陶片标本进行热释光测定。综合测年数据表明,跨湖桥遗址出土的独木舟距今近 8000 年,属新石器时代中期。独木舟通体光滑,原始的斧凿锛刳痕迹不明显,舟体弧收面以及底面的上翘面等部位十分光洁,除侧舷整齐的断裂外,舟体内外没有加工痕迹。相反,舟体的火焦面是跨湖桥人最初制作独木舟,借助"火焦法"挖凿船体留下的证据。所谓火焦法制作是用一根挺直粗大的树干,将整木从中间剖开,根据舟形确定先后烧烤的位置,其余部分用湿泥保护,然后用火烧烤需要挖刳部位,待其呈焦炭状后,再用石锛等工具加工,比较疏松的焦炭层很快被刳除。这样周而复始,反复加工,最后用砺石打磨完成。①

福建昙石山遗址,是闽台文化交流的重要起点之一,也是南岛海洋生态文化的起源地之一。自战国至汉初成书的《山海经·海内南经》中有"闽在海中,其西北有山。一曰闽中山在海中"的描述。考古发掘表明,在古代海平面升高时期,福建盆地及周边地带处于汪洋之中,昙石山遗址处于古代海湾的滨海地带,其居民环境优越、食物充足。昙石山遗址的文化堆积,距今上起 5500 年,下迄 2800 年。昙石山文化诸遗址大都属于贝丘遗址,据古生物学家的鉴定,这些贝壳的品种主要有蚬、牡蛎、魁蛤等,均产于咸水环境,还有为数极多的海鱼骨及海龟、海鳖遗骸,证实 5000 年前昙石山曾是闽江口与海洋交汇处。

远古先民驾驶独木舟,沿东南沿海直至广阔的太平洋区域岛屿,不断迁徙移民,起源于"台湾、澎湖群岛和大陆东南沿海一带"的南岛语族逐步形成。昙石山文化遗址发掘自霞浦黄瓜山遗址的彩陶片上,可以清楚地看到对当时水上航行的描绘,其年代距今约 4000—3500 年。考古研究表明,这一时期我国台湾西海岸也出现了较为繁荣的新石器时代文化。包括"昙石山文化"在内的昙石山遗存,其影响北至浙江南部,东至台湾,西至闽赣交界,并与百越民族其他文化结合,向南共同影响了南岛海洋文化的形成与发展。

先秦时期的重要典籍《吕氏春秋·贵因篇》中记载"如秦者立而至,有

---

① 浙江在线记者/俞吉吉,摄影/魏志阳,设计/王汝吉、宋诗博:《沉睡湘湖的"中华第一舟",划出 8000 年前的文明曙光》,2017 年 5 月 12 日。

车也;适越者坐而至,有舟也。"《汉书·地理志》更明确记载了"南海航路"。毋庸置疑,早在秦汉时期,我国古人已经开始在南海航行和生产活动,并首先发现了南海诸岛。自秦汉设置南海诸郡,南海和环南海包括中南半岛沿海地区,即已纳入了中国版图,由中央政府直辖管理。

东汉杨孚《异物志》记载:"涨海崎头,水浅而多磁石,缴外大舟,锢以铁叶,值之多拔。"三国时期万震著《南州异物志》记录了从马来半岛到中国的航程:"东北行,极大崎头,出涨海,中浅而多磁石。"其中所言"崎头"是我国古人对南海礁屿和浅滩的称呼,而"涨海"即古代中国对南海最早的称谓,"涨海崎头"指南海诸岛的礁滩。①

至宋代,南海诸岛已经建立了官府的管辖机构。约公元 1203—1208 年,《琼管志》记载:"……千里长沙,万里石塘,上下渺茫,千里一色,舟舶往来,飞鸟附其颠颈而不惊。"即是对我国现海南省三亚市以南的西沙和南沙群岛壮美景观的描述。"长沙"和"石塘"所指称的是我国领土东沙、西沙、中沙和南沙群岛的两类独特的海洋地貌"灰沙"和"环礁"。"灰沙"是指由海洋生物珊瑚虫的骨骼以及其他海洋生物的残骸堆积而成的灰沙岛,也称珊瑚岛;"环礁"是指珊瑚礁围成的环状体,而被环礁所围成的水域称之为潟湖。

流传于海南民间的《更路簿》,又称《南海更路经》。更路即航线,记录了海南渔民在南海诸岛的作业路线以及渔民对南海诸岛,尤其是西沙、南沙有关岛、礁、滩、洲的命名情况。据统计,各抄本《更路簿》共记录南海诸岛地名大约 120 个,记载的航线有 200 余条。其中反映渔民对西沙群岛和南沙群岛习用的传统地名分别有 33 个和 73 个。《更路簿》深刻地反映了我国渔民经过长期的生产活动后对南海诸岛的认识,充分表明最晚到明代,南海四大群岛及其附近海域已经成为中国渔民传统的作业范围。而清代陈伦炯的《海国闻见录》再次佐证了:"琼岛万州之东南",即今海南省万宁东南的"七州洋",指今西沙群岛;"南澳气"即指今东沙群岛,而"万里长沙、千里石塘"分别指今中沙群岛和南沙群岛。②

综上,吴越、闽台、岭南三大滨海区域是古代中国海洋生态文化起源和

---

① 李国强:《从地名演变看中国南海疆域的形成历史》,《中国边疆史地研究》2011 年第 4 期。引自明代唐胄《正德琼台志》卷 9《土产下药之属》,引《异物志》第 14 页,1964 年上海古籍书店据宁波天一阁藏明正德残本影印;宋代李昉《太平御览》卷 790《四夷部十一句稚国》,第 3501 页,1963 年中华书局据上海涵芬楼影印宋本复制。

② 李国强:《从地名演变看中国南海疆域的形成历史》,《中国边疆史地研究》2011 年第 4 期。

西沙群岛中的赵述岛（摄影/陈建伟）

海洋文明早期发育的地方。千百年来,文化遗产有的记载于历代典籍史册,有的埋藏于地下、海底,待其后辈深度发掘、审慎考证,以世代铭记。否则一个国家或民族文明的基因也许会随着时间的冲刷淡去甚至流逝。考古发掘的河姆渡文化、跨湖桥文化、昙石山文化、马家浜文化、良渚文化等多处滨海流域地区史前文化遗迹,在中国古代文明史中占有与黄河和长江流域文化同等重要的地位。中国东南沿海海洋生态文化遗产挖掘和海洋族群研究证实了,从史前上古的"百越—南岛"土著到汉唐以来,以中国东南沿海为中心的环中国海跨界地带的海洋性文化体系正在逐步形成;最早经营和开发南海的国家是中国,海上丝绸之路是以中国为起点的文化传播之路。

第三节　中国海洋生态文化之精髓

　　人与自然的关系,基于人类对自然生态系统的依赖和对自然资源的利用,是奠定人类经济社会发展的基础关系;而人与人的关系,又基于人类占有、利用自然资源创造并扩张财富的权益关系;人与自然的关系,制约着人与人、人与社会的关系,人类对自然生态系统及其资源利用的"进退取舍",都基于如何对待人与自然这一"终极关系"的价值取向。

一、人与自然和谐是生态文化的主旨

从原始社会敬畏、崇拜、服从于自然,农耕文明有限地开发利用自然,工业文明力图征服控制自然,到生态文明奉行人与自然和谐共荣,深刻地折射出不同历史发展阶段,人类经济社会发展转型对主流文化的选择,至关人与自然的关系和人类的可持续发展。

生态文化是具有人性与自然交融最本质、最灵动、最亲和的文化形态,以"天人合一,道法自然"的生态智慧,"厚德载物,生生不息"的道德意识,"仁爱万物,协和万邦"的道德情怀,"天地与我同一,万物与我一体"的道德伦理,揭示了人类与自然关系的本质,开拓了人文美与自然美相融合、人文关怀与生态关怀相统一的人类审美视野;以"平衡相安、包容共生,平等相宜、价值共享,相互依存、永续相生"的道德准则,树立了人类的行为规范,奠定了生态文明主流价值观的核心理念。

中国海洋生态文化作为生态文化的重要组成部分,是人类在与海洋交往的历史实践进程中,逐步认知海洋、顺应海洋、利用海洋、经略海洋、与海洋和谐依存,所创造、传承与发展的物质成果和精神成果的总和。人海和谐是海洋生态文化的主旨,体现了人类与海洋生态系统相互依存、相互促进、和谐共生、可持续发展的互动关系,以生态文化"平衡相安、包容共生,平等相宜、价值共享,相互依存、永续相生"的道德准则和行为规范,奠定了人类社会海洋生态文化的主流价值观。

中国海洋生态文化的精神追求和物质成果,集中体现在中华民族这一"文化体",在人海和谐共生理念下,顺应海洋生态系统自然规律,开发利用海洋资源、经略海洋事业的漫长历史实践中,逐步发展形成了具有中国特色的、多个层面的海洋生态文明建设的文化支撑。

精神文化层面,即海洋生态文化的思想理念、价值观念、伦理道德和审美意识,这是中国海洋生态文明的灵魂;制度文化层面,即海洋生态文明建设的政治制度、政策法律法规和行政管理体制,这是中国海洋生态文明的保障;社会文化层面,即海洋族群社会形态、人口结构、民族民俗和文学艺术发展与传承,这是中国海洋生态文明的主体;物质文化层面,即海洋族群生产生活方式、经济社会可持续发展经略和海洋强国建设等物质文明成果,这是中国海洋生态文明的基础。

二、"海"字及其海洋生态文化和谐辩证理念的起源

中国是世界上历史最为悠久、文化最为丰富的海洋文明大国。"声教四海,和谐万邦"的文明理念,"海纳百川,四海一家"开放包容的气概,"和而不同,求同存异"的和谐辩证法,正是华夏五千年生态文化的重要组成部分和中国传统海洋生态文化之精髓。

古人对海的认知及其人海关系,先要从"海"字说起。东汉许慎《说文解字》中说:"海,天池也,以纳百川者。"

"海"字本义为大海,是一个会意字。其古文字形左边像是河流,代表水,意为海是巨大的水域;其右边为"每"字,有多的意思,是说大海水多势大,有海纳百川的气概。而古文字"每"字是"母"字的异体字,从其古文字形来看,像是一位头戴饰品,袒露胸襟,屈腿跪坐的母亲。① 在甲骨文的卜辞中有"戊申卜其烄三每(母)"②,其中的"每"字,即是"母"字之意。

也有说"海"字的组成"水+每(母)",造字本义是"水之母,比喻河流的发源地,即陆地上的大湖或大池"。因古人称大池为湖,大湖为海,大海为洋。

但当我们融会贯通、仔细推敲,会领悟到"海"字更为深广的应有之义:"海"字由"水+每(母)"组成,本义是:水之母,海纳百川、开放包容、气势浩大;亦是人之母,物我共生、水乳交融、生命之源。引申义为有容乃大,和谐万物,永续相生。

---

① (东汉)许慎原著,吴苏仪编著:《图解〈说文解字〉画说汉字——1000 个字的故事》,陕西师范大学出版社 2014 年版,第 130、232 页。

② 徐中舒:《甲骨文字典》,四川辞书出版社 2014 年版,第 47 页。

卜辞"戊申卜其烄三每(母)"

另外,在欧洲一些国家的文字中,也将海和母亲联系在一起。例如,法语的海是"La mer",母亲是"La mère";西班牙语的海是"Mar",母亲是"Madre";意大利语海是"Mare",母亲是"Madre"。

我国最早的诗歌总集《诗经》,收集了自西周初年至春秋中叶(前 11 世纪—前 6 世纪)约 500 年间的诗歌 305 篇,其中多次出现"海"字,并有江河"朝宗于海"的认识。① 古代先民以有限的眼界观察宇宙,认为"天圆地方",将海视为陆地的边界,称之为"四海",与四海相对的"中土"即中国。《汉书·东方朔传》所谓"天下陆海之地"。汉代刘向《说苑·辨物》中说:"八荒之内有四海,四海之内有九州。"据唐代训诂家颜师古解释:"八荒,乃八方荒芜极远之地也。"《礼记·祭义》则具体到"东海、西海、南海、北海"为"四海"。清朱骏声《说文通训定声》按:"海势圆,就地心也。海味咸,湿热之气蒸也。海气绿,穹苍之映,云雾不能隔也。"

《史记·孟子荀卿列传》载:战国时代,齐国的邹衍(前 305—前 240)曾提出一种海洋型地球观——大九州说,阐述了世界海陆分布之大势。"所谓中国者,于天下乃八十一分居其一分耳。中国名曰赤县神州。赤县神州内自有九州,禹之序九州是也,不得为州数。中国外如赤县神州者九,乃所谓九州也。于是有裨海环之,人民禽兽莫能相通者,如一区中者,乃为一州。如此者九,乃有大瀛海环其外,天地之际焉。"②邹衍认为世界很大,像中国这样大的陆地有 81 个,彼此被"裨海"相隔,又都被"大瀛海"环绕,再外面才是天地接壤之处。这里所说的"裨海"和"大瀛海",分别相当于今日的"海"和"洋"。

《尚书》是我国现存史书中最古老的历史典籍,上起于传说中的尧舜时代,下迄于春秋秦缪公,主要记载帝王言行,记述历史典故、治国谋略、君主

① 王秀梅译注:《诗经》,中华书局 2006 年版。
② (汉)司马迁:《史记》,中华书局 1959 年版,第 2343 页。

诏令、臣僚奏议等。其中,作于春秋战国时期的《尚书·禹贡》,可称为以记录夏禹治水为主线的古地理志,亦是为朝政征收贡赋而制作。《尚书·禹贡》把全国分为冀、豫、雍、扬、兖、徐、梁、青、荆等九州,分别叙述各州的地理风土民情,山林、江河湖海,土壤、物产,隶属辖区、田赋、贡品、交通和民俗等情况,并提出了:"四海会同""东渐于海,西被于流沙,朔南暨,声教讫于四海"①的治国经略。而孔子《论语·颜渊》有"四海之内,皆兄弟也",《论语·子路》有"君子和而不同"等教诲,均体现了"天下一体、四海一家"的理念。

由河姆渡文化中海洋生态文化的初始形态,追溯华夏民族海洋文明的起源,很难说是否还有比之更久远的,但遗存距今 7000 年前的实证,已经延伸了华夏 5000 年文明的历史长河。而伴随着远古人类开启食用海洋生物的历史,至人类对海洋生物群落和海洋生态系统功能的逐步开发和利用,至春秋战国时期,先贤们已经有了关于海洋的感悟和意识,已经能够从地理区位上认知陆地与海洋、海洋与江河湖泊之关系。在人类与海洋交往不断深化的进程中,海洋生态文化也随之发育成长。伴随着人类开发利用海洋的追求不断扩大,对海洋的依赖程度不断提高,探究海洋的眼界和胸怀不断开阔,走向深海、远洋的科技创造不断推进,海洋生态文化逐步成为引导人类与海洋交往实践的文化支撑。

三、中国传统海洋生态文化意识与追求

古代中国先祖在对海洋地貌、海洋气象、海洋潮汐、海产生物认知、开发利用和海防工程等方面,有颇多建树;而航海业、造船业,在清代之前更是居于世界前列。

早在 2300 多年前的东周战国中期,著名的思想家、哲学家和文学家庄子(约前 369—前 286),所著《秋水》中有一段对海的感悟:"天下之水,莫大于海,万川归之,不知何时止而不盈;尾闾泄之,不知何时已而不虚;春秋不变,水旱不知。此其过江河之流,不可为量数。"②即说:天下之水,没有比海更大的,万条江河归大海从不停歇,而大海却从未满溢;海底的尾闾泄漏海水不知何时停止,而海水却从未减少;无论春秋季节变化、涝旱灾害,都感觉不到海水的变化。如此可见,海大过江河之辈,是不可计量的。

---

① 李民、王健:《尚书译注》,上海古籍出版社 2004 年版,第 83 页。

② (清)王先谦著、沈啸寰校注:《庄子集解·庄子集解内篇补正》,新编诸子集成,中华书局 1998 年版,第 139 页。

《庄子·逍遥游》云:"北冥有鱼,其名为鲲。鲲之大,不知其几千里也;化而为鸟,其名为鹏。鹏之背,不知其几千里也;怒而飞,其翼若垂天之云。是鸟也,海运则将徙于南冥。南冥者,天池也。"①说的是,北海有叫作鲲的鱼,非常巨大,不知有几千里长。鲲变化为鸟叫作鹏。鹏的脊背,也不知道有几千里长。当鹏奋起直飞之时,张开的翅膀如同垂挂天边的云彩。这只鸟,在季节变换、朔风吹动海水的时候,就要由北海迁徙到南海去了。南海,乃是万川归之、自然造就的天池啊。

庄子的《秋水》和《逍遥游》奇思妙想、描绘形象,气势磅礴。万川归海、尾闾泄漏,从未停歇,而海水始终不盈不虚;鲲与鹏之大不知几千里,鲲羽化为鹏,水击三千里、扶摇九万里,然而比之海洋之阔、苍穹之巨,便也只是一条鱼和一只鸟罢了。海天无界不可计量,世间万物变幻无穷,而与道合一、与自然化一,超越世俗观念及其价值的局限,就能够达到精神自由的最高境界。庄子文中虽未提及人,却用生动的譬喻和寓言故事,透视出人海关系深邃的生态哲理和审美本质。更值得提及的是,远在先秦时期,华夏先祖在其作品中就已经有了对南海的评价。

古人从"观落叶因以为舟""见窾木浮而知为舟",意识到水体具有浮性,到"燧人氏以匏济水,伏羲氏始乘桴"的涉海实践;进而伏羲氏"刳木为舟""剡木为楫,舟楫之利,以济不通,致远以利天下",华夏先祖开启舟筏,勇敢地驶向了海洋,拓展了无限广阔的生存空间,继而人海关系由"临海而居、拾海为济",上升为行"舟楫之便、渔盐之利",并能够迁徙海岛创建家园,人类缘自海洋生态与生境的文化感知得以逐步升华。

古人对海洋生态观天象、辨风向、识潮势、借天力、应变化的海洋生态智慧,彰显了华夏古文明的人海关系。据《中国海洋史》记述,《汉书·艺文志》中提到西汉时海中占验书就有 136 卷,其中《海中日月彗虹杂占》有 18 卷。至元、明两代,人们把水手和渔民的天气经验用五言和四言的韵语表达出来。明代张燮《东西洋考》记有"乌云接日,雨即倾滴""迎云对风行,风雨转时辰""断虹晚见,不明天变。断虹早挂,有风不怕"等。台风到来之前,其形成的长浪已由外洋传播到近海,形成涌浪,造成潮汐异常、海底淤泥搅起、海水发臭、海洋动物表现异常等现象,人们称之"天神未动,海神先动",并把这种无风的涌浪称为"移浪"或"风潮"。

天时、地利造就了涌潮,古人也已由表及里察觉到其中之规律。东汉哲

---

① 王力:《古代汉语》(校订重排本)(第 2 册),中华书局 1998 年版,第 378 页。

海洋潮汐"移浪"

学家王充《论衡·书虚篇》中称:"涛之起也,随月盛衰,小大满损不齐同","其发海中之时,漾驰而已。入三江之中,殆小浅狭,水激沸起,故腾为涛。"西晋窦叔蒙《海涛志》指出,"以潮汐作涛,必待于月。月与海相推,海与月相期",并绘制理论潮汐表"窦叔蒙涛时图"。封演《说潮》用"潜相感致,体于盈缩"的论点解释潮汐成因。唐代卢肇《海潮赋》提出江水和海潮在狭窄的河道相遇,激而为斗,形成涌潮。北宋燕肃《海潮论》认为,江中存在南北亘连的沙单,因而"浊浪堆滞,后水益来,于是溢于沙单,猛怒顿涌,声势激射,故起而为涛耳"。现存北宋吕昌明于 1056 年编制的"浙江四时潮候图",比欧洲现存最早的潮汐表——大英博物馆所藏的 13 世纪的"伦敦桥涨潮时间表"早得多。

中国古人对海水周期性潮汐涨落现象及其本质的研究是传统海洋生态文化中的热点。1978 年,中国古潮汐史料整理研究组编写的潮汐论著《中国古代潮汐史料汇编》,收集潮论 91 篇。研究基于潮汐成因——引潮力和地球自转两个基本因素,形成元气自然论潮论和天地结构论潮论两大学派。中国古代潮论在争鸣中逐步走向科学,至唐宋时期达到鼎盛,领先于世界。①

中国很早就以风为动力,挂帆助航。东汉时,利用季风航海已有文字记

---

① 参见宋正海:《辉煌的中国古代潮论》,《大众日报·自然国学》2014 年 7 月 2 日。

载,把每年梅雨后出现的东南季风称为"舶风"。唐、宋以后,利用季风航海十分广泛,人们在航行中观察日月星辰的出没和位移、风向、天色、云状、霾雾、气温及洋面波涛的变化,预测海洋气象、水文潮汐的变化趋势,以保证航行安全。明初郑和7次出海,多在冬、春季节利用东北季风启航,又多在夏、秋季节利用西南季风返航,可见他们认识和把握海上风向和海流季节性变化规律的能力。

在我国,很早就有关于海陆变迁——"沧海桑田"的认识和传说。晋代葛洪在《神仙传》书中"东海三为桑田"的说法,道出了他对海陆地理变迁的认识。唐代颜真卿(708—784)《抚州南城县麻姑山仙坛记》记载"高石中犹有螺蚌壳,或以为桑田所变",即是用化石来推测海陆变迁。北宋沈括熙宁七年(1074)担任河北西路察访使,他考察了太行山一带的化石沉积情形,并撰写《太行山化石》阐述推断:"余奉使河北,遵太行而北,山崖之间往往衔螺蚌壳及石子如鸟卵者,横亘石壁如带。此乃昔之海滨,今东距海已近千里。所谓大陆者,皆浊泥所湮耳。尧殛鲧于羽山,旧说在东海中,今乃在平陆。凡大河、漳水、滹沱、涿水、桑干之类,悉是浊流。今关、陕以西,水行地中不减百余尺,其泥岁东流,皆为大陆之土,此理必然。"[①]沈括观察到太行山山岩中夹杂有大量海生动物的化石,且呈现出带状的沉积形态,从而推断出这里曾经是东海海滨,与现代地质学关于太行山古陆地在地质史上曾多次遭受海浸的结论吻合。他还用黄河等河流挟带泥沙东去的事实,证明了河水对地表的侵蚀作用,而这些泥沙在下游沉积就形成了大陆,这是最早对我国华北平原成因的正确解释。而他对太行山海洋生物遗迹的剖析,则是中国地质学史上早期海洋考古的重大发现。

明万历二十四年(1596),时任福建盐运司同知屠本畯所著《闽中海错疏》问世,书分三卷"详志闽海水族",鳞部二卷,167种;介部一卷,90种,多为海产珍品。每种载明海淡水鱼类、两栖类动物、贝类等软体动物和虾蟹类等节肢动物、少数海胆类棘皮动物、腔肠动水母、哺乳动物鲮鲤等的名称、品种、产地及形态特征、生物特性和生态环境。这是中国现存最早的地区海产动物志,《四库提要》评论此书"辨别各类,一览了然,有益于多识,考地产者所不废"。

始建于明代,位于广西北海市铁山港区营盘镇白龙村的白龙古城遗址,是南珠文化发源地之一,西汉时期这里已有采珠活动。古城墙用青砖砌筑,

---

① (宋)沈括:《梦溪笔谈》卷24,上海古籍出版社2015年版,第157页。

墙心则填充泥土和珠贝,大约每填8厘米厚的黄土就夹垫一层珠贝,层层夯实,体现了南海地域风格。古有"东珠不如西珠,西珠不如南珠"之说。岭南珍珠被称作"南珠",而广西合浦珍珠又是"南珠"中的极品,历代皆作为"国宝"。在先民们眼中,"南珠"是南海给予合浦人生存的依靠,而珍珠孕育离不开月光的精华,与海水涨落和月亮圆缺有着神秘的联系,必须遵循其自然规律。南朝宋范晔《后汉书·循吏列传·孟尝传》记述:孟尝"迁合浦太守。郡不产谷实,而海出珠宝,与交趾比境,常通商贩,贸籴粮食。先时宰守并多贪秽,诡人采求,不知纪极,珠遂渐徙于交趾郡界。于是行旅不至,人物无资,贫者饿死于道。尝到官,革易前敝,求民病利。曾未逾岁,去珠复还。百姓皆反其业,商货流通,称为神明。"①用一味要求珠民去捕捞,导致珠蚌逐渐迁移到邻近的交趾郡海域,"珠去人亡";而禁止滥行捕捞,保护珠蚌资源,不到一年,珠蚌又重新回到合浦繁衍,"去珠复还"的故事,说明了南海先民与海洋的依存关系和顺应海洋生物自然规律合理利用、"物我共生"的海洋生态文化哲理。

四、中国传统海洋生态文化图腾崇拜和海神信仰

(一)龙图腾,中华民族的精神象征

在中国传统海洋生态文化信仰中,龙是华夏汉民族最古老的氏族图腾之一。四海龙王镇守四方,象征着至高的地位和权力。古代先民源于对自然界生物的所见所闻所感,怀着敬畏自然、崇拜神力、向往美好的祈盼,不断创造演化龙的形态,丰富龙的传说,将己所不能的事,寄托于被神化的无所不能的龙;而对于统治者,龙则象征着至高无上的皇权地位。

传说伏羲与女娲都是人首蛇身,而蛇即龙的原型。女娲一共册封了九位龙王,使其泽瑞下界,滋养下界生灵。《太上洞渊神咒经》中有"龙王品",列有以方位为区分的"五帝龙王"(天地);以海洋为区分的"四海龙王",即东海龙王、南海龙王、西海龙王、北海龙王,是掌管水体、镇守四海的"海神"。明代中叶施耐庵《西游记》中的四海龙王均有名字:东海龙王敖广、南海龙王敖钦、西海龙王敖闰、北海龙王敖顺。

龙的雏形在新石器时代晚期已萌芽,其形象古籍记述不一。《山海经》记载,夏后启、蓐收、句芒等都乘"雨龙"。东汉王充《论衡》说:"龙之像,马

---

① (南朝宋)范晔:《后汉书》,中华书局1965年版,第2473页。

首蛇尾。"《述异记》记述："蛟千年化为龙,龙五百年为角龙,千年为应龙"。相传应龙是上古时期黄帝的神龙,它曾奉黄帝之令讨伐过蚩尤,并杀了蚩尤而成为功臣;在禹治洪水时,神龙曾以尾扫地,疏导洪水而立功,又是禹的功臣。应龙的特征是生双翅,鳞身脊棘⋯⋯明代李时珍的《本草纲目》称"龙有九似",为兼备各种动物之所长的异类。小者名蛟,大者称龙。能显能隐,能细能巨,能短能长。春分登天,秋分潜渊,呼风唤雨,无所不能。道教典籍《太上元始天尊说大雨龙王经》中,龙是宇宙生成时,智慧元气凝聚的精神,受玉皇之令成为保护太极生灵的神明,具有孕育阴阳、转化运用五行(金木水火土)的能力。明代隆庆、万历年间,许仲琳《封神演义》第二回中"轰天炮响,汪洋大海起春雷;振地锣鸣,两仞山前丢霹雳"当言龙之神力。龙法力无边,腾飞天际呼风唤雨、潜入水底倒海翻江,龙文化成为民族精神的积淀,神秘而又神圣。

在古代,龙是帝王的尊崇和王权统治的化身。为求社稷风调雨顺,黄帝时代,有黄帝乘龙升天、应龙助黄帝战胜蚩尤的传说;夏禹治水,有神龙以尾巴画地成河道,疏导洪水的传说;汉高祖刘邦,传说是其母梦见与赤龙交配而怀孕出生;唐宋以来,帝王多次下诏祠龙、封龙为王,唐玄宗诏祠龙池,设坛官,以祭雨师之仪祭龙王;宋太祖沿用唐代祭五龙之制,宋徽宗大观二年(1108)诏天下五龙皆封王爵;清乾隆十七年(1752)《台湾县志》记载"雍正二年,敕封四海龙王之神,东曰显仁、南曰昭明、西曰正恒、北曰崇礼";清同治二年(1863)又封运河龙神为"延庥显应分水龙王之神",令河道总督以时致祭。

龙在民间是祥瑞的象征,行云布雨、消灾降福。因此,每逢久旱不雨或久雨不止时,民众都要到龙王庙烧香祈愿,以求龙王降雨治水。传说中每年二月初二炒玉米的传统,正月十五要舞龙灯,五月端午要赛龙船,都是纪念义龙解人间干旱之苦,而以舞龙的方式来祈求平安和丰收已经成为各地民间的一种习俗。上古《诗经》中已有"龙旗十乘""龙旗阳阳"等诗句,展现出在盛大的祭祀活动中,绘有龙纹的旗帜迎风猎猎的庄严场面。

据统计,在中国,江河名字中有"龙"字的40多条,地方名称中带有龙字的数以千计,用于人名的不可胜数。龙玺、龙袍、龙冠,龙脉、龙穴、龙骨,龙宫、龙门、龙舟,龙床、龙壁、龙椅⋯⋯古代类书中和龙有关,以龙拟人、喻示重大的词语不下数百,如形容帝王"龙颜大怒";《易经》"初九,潜龙勿用"而"九五,飞龙在天"等等。以《太平广记》为代表的龙的神话传说,民间更是耳熟能详。而明代之所以定都城于现在的北京,即是因为在紫禁城下面发现了"龙脉",而在此建都,可保国家百年昌盛。还有四海海神信仰、国家祭祀和敕封、民间祭海等等,不胜枚举。

以龙图腾为表征的龙文化,体现了人类敬畏自然、保护自然的生态意识和崇拜神力、祈福安康、发奋图强的生态情怀。因此,龙文化是海洋生态文化的重要内容,龙文化的来龙去脉,民间海神祭祀习俗与图腾崇拜,其潜质如影随形,衣食住行无所不在,对华夏民族性格的影响源远流长。中华龙脉千年不衰、世代传承,龙图腾最终定格为"腾飞的东方巨龙",成为中华民族精神的象征。

(二)妈祖,富有东方海洋文化性格传奇色彩的海神

海神,是海洋民族祈福出海平安和赶海渔利的精神护佑与心灵慰藉。自五代末年到南宋期间是中国海洋发展史上的重要阶段,也是妈祖本生缘起于福建莆田和妈祖信仰逐步在沿海地区传播的年代。宋朝"开洋裕国",海上商贸、国际往来愈发兴盛,朝政通过册封福建的海洋女神"妈祖"彰显其海洋文化意识;至明清,朝廷又多次册封妈祖为海神。妈祖信仰伴随宋元明清历史进程演绎传播,经历了千年改朝换代的变迁和重大事件的发生,沿海社会民间与妈祖结下不解之缘,妈祖信仰成为他们以海谋生,祈福海产丰收、驱灾避难、一帆风顺的精神支撑,留下了积淀深厚的文化足迹,形成了具有普遍信仰基础和世代传承的民俗风情。

妈祖庙与天后宫建筑在世界沿海国家和地区多有分布,妈祖信仰和传说在海内外广为传播。在中国渔民和航海者心中信奉的妈祖是富有东方文化特色的海神,她在海上救助遇难渔民和商旅、护佑漕运、福佑平安。其神性体现在善良助人、舍己为人、急公好义、勇敢无畏、坚忍不拔的精神力量,表现为自由开放、和平往来、平等互助、勇于应对、合作共荣的东方海洋文化观;而妈祖由莆田和福建沿海民间信奉的地方神升格为古代中国航海的护佑神,闪烁着中华传统海洋文化的光环,逐渐进入带有世界宗教色彩的海神崇拜。

不仅在闽浙粤台等东南沿海地区妈祖是最高海神,就是在位于辽宁省东港市鸭绿江与黄海交汇处,我国 1.8 万公里海岸线起点的第一岛——獐岛,也有始建于明万历年间的、中国最北端最大的妈祖庙。浙江沿海也有踩波涛、骑鳌鱼的观音海神。世人信奉观音菩萨也在于其象征着慈悲济世、救苦救难、祈福平安等心灵慰藉。约 65 年(东汉明帝永平八年),史载明帝刘庄以梦见金神,遣使臣蔡愔等到天竺(今印巴次大陆一带)求法;67 年(东

汉明帝永平十年)史传天竺僧人竺法兰、迦叶摩腾以白马驮《四十二章经》、佛像到洛阳,明帝以礼相迎,是为佛教正式传入中国汉地之始。[①] 作为大乘佛教菩萨之一,观世音随佛教一起从印度传入中国。人们对妈祖海神与观音菩萨的信奉,祈福神佛护佑的寄托,体现了本土海神崇拜与外来宗教信仰文化的交融。

人类在与海洋相伴的长期互动中逐渐领悟到海洋生态文化的真谛:海纳百川,和而不同;海洋生物种类多样,和而不同,但都能够保持着相互依存、相互制约的生物链,形成海洋生态系统求同存异、物我共生的生命共同体。启迪人类,涉足海洋并能够可持续生存与发展,必须建立起人类与海洋自然生态系统和谐之关系;人类社会国与国之间保持尊重主权、和平发展、协同合作、互利共赢之关系。海洋生态文化"与道合一,与自然化一,物我共生"的整体意识和生态伦理意识;"声教四海、和而不同、求同存异"的海洋社会和谐意识;"海纳百川,和谐万邦,四海一家"的世界和平意识,正是华夏5000年生态文化的重要组成部分和中国传统海洋生态文化和谐辩证法之精髓,成为造就古代中国海洋文明大国的重要思想基础。

第四节　中国海洋生态文化发展的传统智慧

文化是一种历史现象,更是人类文明成长的历史进程。古代中国海洋生态文化是在敬畏海洋、探索和顺从海洋地理环境原生态的条件下,有限度地利用海洋自然资源,形成了以沿海人民为主体,以自我约束、有限利用为内涵,以科技发明创造有效利用自然力的海洋生态文化大智慧,透视出不同历史发展阶段、不同地域、不同民族的人海关系、生产生活方式、独有的生态文化记忆。

《自然国学丛书》序言中有这样一段话:"中国古代不但有科学,而且曾经长时期地居于世界前列,至少有甲骨文记载的商周以来至17世纪上半叶的中国古代科学技术一直居于世界前列;在公元3至15世纪,中国科学技术则是独步世界,占据世界领先地位达1000余年;中国古人富有创新精神,据统计,公元前6世纪至公元1500年的2000多年中,中国的技术、工艺发

---

① 参见《佛教年表一》,中华五千年网(www.zh5000.com)。

明成果约占全世界的 54%；现存的古代科学技术知识文献数量，也超过世界其他任何一个国家。"

一、中华民族是世界上最早开发利用海洋的民族之一

古代中国先民发现、开发并利用海洋的历史悠久，创造了众多古代世界海洋史之最：有世界上最大的海洋生态盐仓与传统制盐（盐灶）文化；有世界上最大规模的海上漕运与最早的大型"连海运河"；修筑"万里海塘"捍海长城、开拓"万顷潮田"，成为海洋生态文化与农耕文明融合的典范；是古代世界上最发达的造船大国和航海大国，是最早经营、开发南海，开启通达东西方"海上丝绸之路"的拓疆者。中国古人的海洋利用实践和发明创造，展示了华夏先祖有效调节和利用自然力的生态大智慧。

古代中国拥有世界上最大的海洋生态盐仓及其传统制盐文化。煮海熬盐、晒盐是古代制盐的方法。盐民称"亭户"，煮盐、晒盐之地称"盐亭"或"亭场"，贮盐之所称"盐仓"。范文澜著《中国通史简编》记载，"南朝重要产盐地，在江南是吴郡海盐县（浙江海盐县），在江北是南兖州盐城县（江苏

至今依然发挥作用的京杭大运河（无锡段北至长江南至太湖）

盐城县）。海盐县海边有大片盐田。海城县有盐亭（制盐场所）123 所，公私商运，每年常有船千艘往来。经营盐业的自然是豪强，有商人也有士人。"①

海南莺歌海盐场盐田

民国时期奉化的孙振麟曾经撰写《岱山游记》，详细记载制盐之法："先筑盐田，使之极平，无凹凸倾斜之处，而四周掘沟以通海潮。田面之泥吸收海潮卤分，风吹日晒，色白如霜，即俗所谓盐花也。乃用特制之牛耙耙起浮泥，反复抄细，聚成直垛，挑积土堆，谓之曰溜碗，以沥卤焉。卤尽泥淡，仍返于田中，往复无穷，溜或作漏普通于盐田之中。聚土为溜，成圆形，周围约五六丈，底及四周筑之，务极坚实平滑。乃于其下匀铺稻草，另埋一通节之竹管，管口斜截，露于溜碗之中心。"

据孙峰《舟山地名与古代海盐生产》："江苏沿海各地，利用广袤的滩涂

---

① 范文澜：《中国通史简编》修订本第二编，人民出版社 1965 年版，第 400 页。

浙江岱山工人沿袭古老工艺制盐

草场作为燃料,大规模地发展盐灶煮卤,而且长期实施'团煎法',煮盐活动集中成片,而且发展一直比较持续平稳,没有中断;清朝时期浙江实施盐板晒盐。明清两次海禁,打断了舟山盐业生产的发展进程。因此,舟山的亭灶文化的痕迹相对比较薄弱。古代的亭灶基本在海禁时期就消亡掉了。清初恢复制盐,也未实行'团煎法',居民以食锅煎盐,农盐兼业,不使用笨重的盐灶。而到了嘉庆年间(1796—1820)岱山盐民王金邦率先发明板晒,舟山盐民改煎煮为板晒,制盐人改称'板户'。"

海塘,古代世界上最宏大的海岸防灾、御敌屏障,与万里长城、大运河一起成为古代中国享誉世界的三大工程。《说文解字》:"塘,堤也。"它是古代中国沿海地区普遍修筑的用以挡潮防灾、维护滨海农业、盐业的人工堤坝和抵御外侵的屏障。距今已有2000多年历史,其中以江浙海塘气势最雄伟、技术最复杂。古代浙江嘉兴海宁、海盐、平湖一带,地处钱塘江入海口杭州湾北岸,台风多发、海潮猛烈,海塘是沿海先民安居乐业的依存屏障。据东汉《越绝书》记载:零星堤坝于越国时代就有出现。海塘最早起源于钱塘江入海口一带。钱塘江古名之江、折江、浙江,长688公里,流域面积5.56万平方公里,是浙江省第一大河流,经杭州湾注入东海,是越文化的主要发源地之一。越王勾践"十年生聚、十年教训",大兴水利、挖掘航道,创建了中国历史上第一支水军部队,"水行而山处,以船为车,以楫为马,往若飘风",

"三千越甲可吞吴"。据《越绝书》考证,北海塘形成于2000多年前的越国时期,到唐武后垂拱二年(686),北海塘进行了全面修筑,成为初具规模的防洪塘堤。

晋代是我国有文字明确记载修筑海塘的开始,东晋咸和年间(326—334),吴国内史虞潭在长江三角洲前缘修筑了第一条海塘名叫"防海垒"。唐代吴越王钱镠(852—932)在杭州候潮门和通江门外,用"石囤木桩法"构筑海塘,将石块装在竹笼内,码于海滨,堆成海塘,而后在塘前塘后打上粗大的木桩加固,再在上面铺上大石。南宋嘉定十五年(1222),浙西提举刘垕创造了土备塘和备塘河。元朝在杭州湾两岸进行了规模较大的石塘修建,多处技术创新;元朝后期,倭寇之患乍起,有识之士提出把南方修筑海塘的防御方法引入北方,虞集说:"京师之东,涉海数千里,北极辽海,南连青齐,萑苇之场也;而海潮日至,淤为沃壤。宜用南人法筑堤,捍水为田,召富民耕种,三年而征其税,可以卫京师,可以防岛夷,可以省海运矣。"明代的270多年中曾13次大修海塘,筑起了用长方形条石五纵五横迭砌的重型鱼鳞大石塘。每块石条之间凿成镶槽,嵌以铁锭铁锅。缝间用桐油或糯米浆拌以芝麻、石灰紧嵌靠砌。塘内紧贴厚土夯实,塘外侧,九层以下筑石坦,各石相连,初步奠定了今日海塘之规模。

海塘在冷兵器时代,对付使用弓箭的进攻者,其防守效果十分明显。故

浙江海宁条石迭砌的重型鱼鳞大石塘和占鳌塔(又名镇海塔)

历代许多统治者在修筑海塘时都非常重视其国防功能的发挥,把海塘修得又高又牢。《盐邑志林》云:"海盐一带海塘,外以捍海潮之入,循塘拒守,墩堠相望,可以御海寇之登犯。塘以里皆良田,富室烟火相望,所恃以为外护者,一塘而已。"《海塘考》云:"海塘之制,高于城垣,内外塘沟相夹,汤和经略海防,引以为固,防海之外,兼以御侮,故规画特崇。"总结出海塘防灾、御敌、桑田等多种功能。

塘鱼、桑蚕、良田相互依存,彰显了人海和谐的生态文化智慧。古时,珠江三角洲地势低洼、洪灾频发,生活在这里的先民们,因地制宜开挖水塘,同时将挖出的淤泥堆砌在水塘周围,筑成塘基。之后,人们在水塘里养鱼,在鱼塘周围植桑,用桑叶养蚕,蚕粪喂鱼,鱼粪肥田,创造了"桑基鱼塘"生态系统有机循环的生产模式,有效减轻了水患,增加了多重效益。《越绝书》记载:"大越海滨之民,独以鸟田。"即说钱塘江南岸的古越先民,在其人力与海洋自然力的有机作用下,使得只有鸟儿觅食的浅海滩涂,逐步变成了千顷良田。

在2000多年的朝代更替和社会变迁中,古海塘不知几多被毁又几多筑起,技术不断改进。从板筑法、竹笼实石法、防海垒、石囤木桩、坡陀法,到五纵五横条石迭砌的重型鱼鳞大石塘,绵亘480多公里的"捍海长城",这其中彰显着我国古代先民百折不挠、勇于创造、谋求和谐的生态意志,更保留了人类与海洋相处的生态智慧和创建结晶,形成了中国古代独特的海塘生态文化遗产,以及与其紧密关联的观潮文化。

盐官潮水,天下奇观。浙江海宁盐官,始建于西汉,因吴王刘濞煮海水为盐,在此设司盐之官而得名。据《钱塘江志》,其平面喇叭形河口以及纵向河床沙坎地貌,使得这里的潮汐现象成为天下奇观。观赏钱塘潮,兴于汉、魏、六朝,而盛于唐、宋时期。东汉王充在《论衡·书虚篇》中针对潮汐和月亮的关系,提出"涛之起也,随月盛衰"。人们根据天象变化和潮汐起落,将农历八月十八日定作潮神的生日,潮峰最高,继而也就成为八方汇聚观潮的盛日。南宋朝廷曾经规定,每年八月十八在钱塘江上校阅水师,之后,这一天逐渐成为观潮节。南北朝地理学家郦道元曾描述钱塘潮"涛水昼夜再来。来应时刻,常以月晦及望尤大。至二月八月最高,峨峨二丈有余";北宋苏东坡则咏赞钱塘秋潮"八月十八潮,壮观天下无"。清谭吉璁《棹歌》诗云:"赭山潮势接天来,捍海塘东石囤摧"。当咆哮奔涌的潮水与海塘大坝撞击,顿作数丈高的水柱直冲云霄,随后跌落的潮水巨大的冲击力在海塘大坝的阻截下形成回头潮,激浪汹涌翻卷,如雪山崩塌、万狮怒吼,惊心动魄！故此，钱塘江潮被誉为"天下第一潮"①。

万顷潮田，古人潮汐利用的海洋生态智慧。中国海海域潮汐类型的分布，大致以台湾省为界：以北，渤海、黄海、东海以半日潮及不规则半日潮为主；以南，整个南海以全日潮占优势；台湾省以东海域为不规则半日潮。中国近海的潮汐是由西北太平洋传入的协振波，由月、日引潮力直接产生的强迫波比重很少。② 由于受其潮波日夜冲击，故河口和海岸地区潮汐现象十分明显。利用潮汐，仰潮水以资灌溉的潮田，是中国古人海洋生态智慧的创造和沿海农业的重大成就。

民国《岱山镇志》中《岱山盐说略》说："岱山之场以山为界，山以外皆大海，故场在山里，其潮须由浦通入。晒盐者俟潮涨时，用水车戽入场间，使之灌足。"浦泛指水边或河流入海的地区。但在浙江舟山，浦是有闸门的水道，可以将海水引入滩涂，也可以将河水排入大海。岱山的摇星浦是指岱西盐场的海水排放渠道。据专家考证，我国水上潮田可追溯到战国，陆上潮田可追溯到三国时的吴国。古人发现，海水含盐咸重，上潮时沿河床下层上溯形成楔形层；而河水淡轻，则在上层并被抬升，潮灌之水实为河流淡水。潮田在中国沿海广为发展，相对集中于沿海地区入海河流的感潮河段，灌溉方式多样，从原始的自流灌溉发展为包括有渠系、潮闸和提水设施的复杂系统。北宋时修建的莆田木兰陂是一座大型水利工程，海河口设潮闸，下御咸潮，上截淡水，灌田万余顷，至今仍发挥着水利效益。始建于 1043 年，扩建于 1376 年的山东蓬莱古水城，设有平浪台、防波堤、水门等，为宋元明清海防要地，至今犹存。③

在热带亚热带以潮汐运动为主、坡度平缓的海岸带和珊瑚礁海岸的礁后潮滩区，生长发育着一种特殊类型的生物海岸——常绿植物生态群落红树林。因其富含"单宁酸"，枝干和根部剥皮后氧化呈红褐色，故称"红树"。

我国红树林共包括 59 种群落类型，以白骨壤、桐花树群落为主。主要集中分布在广东、广西、海南、福建、浙江 5 省（区）。红树林被誉为"海上卫士"，在防风消浪、促淤保滩、固岸护堤、净化陆地近海海洋污染等方面发挥着重要作用，是全球生物多样性重点保护对象之一。1995 年 3 月 21 日，国务院第三届环委会第五次会议，审议通过了国家林业部组织制定的《中国

① 参见《萧山日报》，项宝泉整理。
② 王颖主编：《中国区域海洋学——海洋地貌学》，海洋出版社 2012 年版，第 139—140 页。
③ 参见《中国海洋研究史》引言：古代中国对海洋的认识。

广西北海金海湾红树林(*广西北海金海湾红树林生态文化示范基地供图*)

21世纪议程林业行动计划》,红树林的可持续发展计划列入其中,加强了红树林保护区建设,建立了25处红树林自然保护区。①

据统计,在海南、广西、广东和福建四省区近9000千米的海岸线上,约5000万人的生存与生活质量与红树林的生态系统的环境资源有关;在中国南海沿岸的海南、广东、广西和福建4省(区),以及香港和澳门特别行政区,共分布有红树林面积14927公顷。②

南海地区红树林以海南岛为主,其次是粤、桂,往北延伸到台湾海峡两岸。台湾新北市淡水河临近入海口附近,生长着成片的红树林,又称"水笔仔"。在红树林生态系统中,海洋与陆地建立起一种错综复杂的互惠关系。由于红树林生长环境受海水涨潮、退潮的影响,也被称为"潮汐林"。涨潮时,海水淹过红树林的枝干,茎叶浸泡在水里,抵挡了风浪、改变了动力条件,"网罗"潮流带来的泥沙和植物残片一起堆积,使得滩面淤高、滨海向前扩展,而林带前缘的红树林幼树生长又扩大了林带的宽度,如此往复,沼泽湿地慢慢向海扩展,被称作"造陆者",而且红树林滩涂还是鱼虾蟹贝和鸟类的天然养殖场,维护着海洋湿地生态系统,极大地丰富了生物多样性,具

---

① 国家林业局:《中国森林资源报告(2009—2013)》"红树林资源",中国林业出版社2014年版,第21页。

② 王颖主编:《中国区域海洋学——海洋地貌学》"12·3南海红树林海岸",海洋出版社2012年版,第527页。

有其他生态系统无法取代的生态功能。

二、古代世界上最发达的造船大国和航海大国

自上古燧人氏"刳木为舟"开启木筏时代,从河姆渡的独木舟到航海宝船和指南针的发明应用,古代中国是最早舟楫涉海的古国之一,拥有当时世界上最发达的造船业和航海业。

中国古人很早就开始懂得以风力为船的驱动力,挂帆远航。东汉时,利用季风航海已有文字记载,把每年梅雨后出现的东南季风称为"舶风"。唐、宋以后,利用季风航海十分广泛。宋元明清时代,中国沿海地区的帆船主要有,航行于黄海的平底"沙船",东南沿海地区福建的尖底"福船",浙江沿海一带小型快速的"鸟船"和南海地区广东大而坚实的"广船",被称为中国四大古船。

浙江嵊山渔场渔民们在造木船,他们将渔船尊称为"木龙"。
许多古时打船的规矩和仪式传承至今(摄影/郑斌)

范文澜著《中国通史简编》记载,东晋建安帝时,建康一次风灾,毁坏官商船多至一万艘。此后官商船当愈来愈多。孙吴时,海上大船长20余丈,可载六七百人,装万斛重的货物。梁时,大船可装二万斛。南朝造船技术比孙吴有很大的进步。[1] 宋代中国已经能够制造出长 36 丈、110 米,24 个转

---

[1]　范文澜:《中国通史简编》(修订本,第二编),人民出版社 1965 年版,第 401 页。

轮、6具"拍竿",可载士卒1000余人,载重达60吨的装甲船;多项造船技术领先于世界,而船舵、水密隔舱和龙骨装置三大发明对世界造船技术产生了深远的影响。明顾起元《客座赘语·宝船厂》(1617)记载:郑和下西洋的宝船共63号,大船长44.4丈,阔18丈;中船长37丈,阔15丈。[①] 郑和七下西洋,因循亚洲南部、北印度洋上风向和海流季节性变化的规律,多在冬春季节利用东北季风启航,在夏秋季节利用西南季风返航。

中国古代造船业及水密隔舱

魏晋期间,春秋战国时期以夏禹治水为主线的古地理志《尚书·禹贡》所记载内容已多有变化。晋朝司空裴秀参考历史资料,详细考证古今地名、山川和疆域,亲自参与并领导了历时数年完成的历史地图集《禹贡地域图十八篇》的绘制。他在图集序言中提出了"分率、准望、道里、高下、方邪、迂直"等"制图六体":分率即比例尺,准望即方位,道里即距离,高下即相对高度,方邪即地面坡度起伏,迂直即实地的高低起伏距离与平面图上距离的换算,至今仍是地图学之要素。他所缩绘的《地形方丈图》是当时中国最精详的,流传应用了数百年,在世界地图史上占有突出的位置。"制图六体"的建树,应该成为古代中国指南针的发明应用,进而形成由海上罗盘导航的"海上针路"串联而成的航海图的基础。

---

① （明)顾起元:《客座赘语》卷一《宝船厂》,凤凰出版社2005年版,第29页。

郑和宝船模型

船舵

指南针和罗盘

北宋地理学家朱彧《萍洲可谈》中云"舟师识地理,夜则观星、昼则观日,阴晦观指南针";南宋提举福建市舶司赵汝适《诸蕃志》记述沿海通商"舟舶往来,惟以指南针为则";吴自牧《梦粱录》记录"风雨冥晦时,惟凭针盘而行"。指南针的发明和使用,成为航海船队依存的生命导向。而连接起来的海上针路被称为"罗经针簿",相当于航海图。12世纪末指南针由中国传入阿拉伯,13世纪初由阿拉伯人传入欧洲。《郑和航海图》是以中国传统绘图方法绘制海图的高峰,较正确地绘有中外岛屿846个,并分出岛、屿、沙、浅、石塘、港、礁、硖、石、门、洲等11种地貌类型。直至进入"大航海时代",古代中国发达的造船业和罗盘、计程法、测深器、牵星板、针路和海图等航海技术,一路领先于世界。

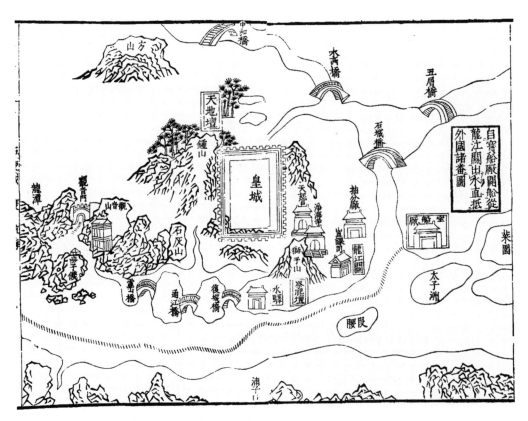

《郑和航海图》是中国传统绘图方法绘制海图的高峰

三、海上丝绸之路将华夏文明远播海内外

据史料,中国历史上第一次大规模海上航行在2200多年前的秦朝。公元前219年,秦始皇人马浩荡第二次出巡,至泰山封禅刻石,又前往渤海。抵达海边,秦始皇登上芝罘岛,恰逢海市蜃楼,心驰神往。西汉司马迁《史记·秦始皇本纪》讲述:"齐人徐市(即徐福)等上书,言海中有三神山,名曰蓬莱、方丈、瀛洲,仙人居之。请得斋戒,与童男女求之。于是遣徐市发童男女数千人,入海求仙人。""……方士徐市等入海求神药,数岁不得,费多,恐

谴,乃诈曰:'蓬莱药可得,然常为大鲛鱼所苦,故不得至,愿请善射与俱,见则以连弩射之。'始皇梦与海神战,如人状。问占梦,博士曰:'水神不可见,以大鱼蛟龙为候。今上祷祠备谨,而有此恶神,当除去,而善神可致。'乃令入海者赍捕巨鱼具,而自以连弩候大鱼出射之。自琅邪北至荣成山,弗见。至之罘,见巨鱼,射杀一鱼。遂并海西。"①秦始皇又命徐福再次入海求仙药。此次,秦始皇直至病死于沙丘(今河北巨鹿东南),而徐福"得平原广泽,止王不来",留居日本,一去不归。

自《史记》后,东汉班固的《汉书》、晋陈寿的《三国志》、南朝宋范晔的《后汉书》等,都记载有徐福出海求仙之事,更有唐朝李白,北宋欧阳修,元朝吴莱,明朝宋濂、李东阳,清朝黄遵宪等以此为题材的诗赋遗作。作为一种独特的文化现象,其折射出古代中国文化跨越海洋对东亚地区的影响,成为中日韩三国历史与现实文化交往的话题之一。

第二个航海高峰出现在三国时期的东吴。吴国为抵御外强,制定了"舟楫为舆马,巨海化夷庚"的海洋发展战略,孙权多次派船队远征辽东和东南沿海。

然而,中国丝绸之路的真正开启,始于汉代。汉代中国已经有了3000年的农耕文化和使用青铜器的历史。至公元七、八世纪盛唐时期,到达封建社会繁荣之巅峰,并逐步确立起持续近千年的世界领先的大国地位,华夏文化的浪潮席卷日本列岛和朝鲜半岛等东亚地区。

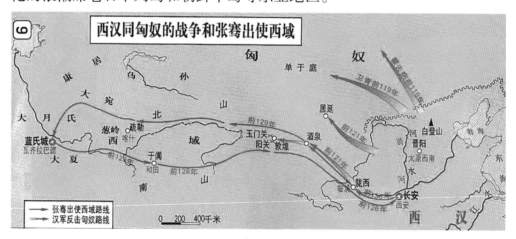

张骞出使西域

公元前138年至公元前115年间,汉武帝派遣张骞两度出使西域,开辟了出玉门、阳关西行,南北两条国际交通干线,由中亚伸向欧洲,甚至远达埃

① (西汉)司马迁:《史记》卷6《秦始皇本纪》,中华书局1982年版,第283页。

及的亚历山大城。将中国的养蚕、丝织技术西传,同时也把古代中国诸多发明传至阿拉伯国家—欧洲—世界各地;大秦(罗马帝国)生产的玻璃器物开始大量传入中土,西方吹制玻璃的技术也随之传入。这条横贯欧亚大陆数千公里的"丝绸之路",联结中国与西方,让世界认识了中国,促进了中西方文化、经贸的交流。

自汉唐时期始,中国人开创的途经南海的海外交通线,逐步形成了著名的"海上丝绸之路"。"海上丝绸之路"始于公元前2世纪西汉年间,兴于公元8世纪唐代中叶,盛于公元10至14世纪宋、元时期,至17世纪明中后期,西方与中国大规模的海上贸易,使世界白银大半流向中国,中国实行了银本位货币政策,几乎成为重商主义社会;近代之前,中国一直主导着中外海上贸易。

至明朝初期,中国进入大航海时期,郑和船队远涉重洋到达波斯湾、红海、非洲的蒙巴萨和南亚的吉里地闷。中国古代船舶分别在沿大陆边沿的"内沟"航线和沿西沙、中沙、南沙群岛航行的"外沟"航线上遗留下大量的古代中国的水下文化遗产。在《汉书》《扶南传》《异物志》《南州异物志》《梁书》《隋书》《新唐书》《太平御览》《元史》《清史稿》等历史文献以及《西汉初期长沙国深平防区地形图》《郑和航海图》《海国闻见录》等舆图中皆有关于南海的记载和描述。

北海合浦是汉代由官方主持进行海外贸易的港口城市之一。西汉元鼎六年(前111),西汉王朝在环北部湾沿岸等地设置了合浦郡等岭南九郡。合浦境内的南流江北经灵渠通长江,向南独流入海,依托与中原王朝和其他地区的便捷水路交通,成为该地区的重要政治经济中心。《汉书·地理志》记载:"自日南障塞、徐闻、合浦船行可五月,有都元国。又船行可四月,有邑卢没国。又船行可二十余日,有谌离国……黄支之南,有已程不国,汉之译使,自此还矣。"从最靠近南海的合浦、徐闻等地出发,入海进行贸易,其航线经东南亚,远至南亚的斯里兰卡,这是历史文献中关于中国由官方主持进行远距离海外贸易的"海上丝绸之路"的最早记载。西汉政府还在合浦设有合浦关,接待进出中外使节,管理过往商旅、货物和交通工具,征收关税、执行禁令、防止偷渡走私并担负防务,是中国最早的海上丝绸之路始发港之一。北海作为中国古代海上丝绸之路始发港城市,现存合浦汉墓群、大浪古城遗址、草鞋村遗址和白龙城遗址等海上丝绸之路相关遗产。①

---

① 参见刘翔:《北海海上丝绸之路始发港历史文化遗产》,《生态文明世界》2016年第4期。

白龙城遗址南城门(北海市文物局供图)

《后汉书·西域传》曰:大秦(罗马帝国)"与安息(波斯)、天竺(印度)交市于海中,利有十倍……其王常欲通使于汉,而安息欲以汉缯彩与之交市,故遮阂不得自达。"中国商品通过南亚与中亚一些国家去往欧洲,波斯与印度是中国与欧洲贸易的中转国。

魏晋以后,开辟了一条沿海航线。广州成为海上丝绸之路的起点,经海南岛东面海域,直穿西沙群岛海面抵达南海诸国,再穿过马六甲海峡,直驶印度洋、红海、波斯湾。对外贸易涉及达 15 个国家和地区,丝绸是主要的输出品。古罗马政治家、自然博物学家普林尼在《自然史》中也记载:"中国和来自埃及、希腊的商人在阿里卡曼陀(印度东南海岸)沟通两国贸易,交换的商品包括蓝宝石、明珠、香料和各种珍贵的丝织品。"罗马商船通往中国的航路大致为穿越尼罗河、红海,向东南方跨越印度洋,进入太平洋西南部、东南半岛,最终抵达广州。根据《新唐书·地理志》记载,唐时,"广州通海夷道"由广州经南海、印度洋,到达波斯湾各国的航线,是当时世界上最长的远洋航线,这条通道往外输出的商品主要有丝绸、瓷器、茶叶和铜铁器四大宗,回载的主要是香料、花草等一些供宫廷赏玩的奇珍异宝。广州、泉州、扬州、明州(宁波)成为中国四大外贸港口和世界著名港市,而海上贸易和远洋航行的发展,又促进了闽粤地区造船技术的发展。宋朝主张"开洋裕国",造船技术与航海业更是领先于世界,泉州海上交通自古发达,至宋初造船已经名扬一时。泉州设立了市舶司"掌蕃货、海舶、征榷、贸易之事",在宋元明三代 600 余年间,严格管理诸港海外贸易船货监管、船货征榷、稽查走私,成为"海上丝绸之路"繁华的历史见证。宋人李邴咏宋代泉州海外交通贸易赞道:"苍官影里三洲路,涨海声中万国商。"《马可波罗游记》也记载泉州港"大船数百,小船无数"。泉州刺桐港成为"东方第一大港",与埃及亚历山大港齐名于世,成为海上丝绸之路的起锚地,"市井十洲人"通商贸易的国家和地区达 100 多个。元朝,中国已成为世界上最大的海洋贸易国家。明初,郑和七下西洋,推动世界进入大航海时代,船队远涉太平洋与印度洋之间,抵达波斯湾、红海、非洲的蒙巴萨和南亚的吉里地闷,以"乐群贵和"的意识,遍访亚洲、非洲 30 多个国家,将中国的陶瓷、丝绸、茶叶、木器等和华夏古国文明"声教四海"。清朝在沿海各大港口设立了"制造局""船政局",行使海上管理权的国家意志;造船工业是当时世界主要国家科技水平乃至综合国力的体现,福州船政局是中国乃至远东地区规模最大、技术最先进的造船基地。

据范文澜著《中国通史简编》记载,唐代在对外贸易方面"关市令"规定:"锦绫……珍珠、金、银、铁,并不得度西边北边诸国"。对于南方海路上来通商的各国,都是远国,不会发生军事行动,因而,禁令稀疏。朝廷在广州设市舶使,专管收税,外国商人只要不违犯唐法律,贸易往来完全自由,中国商人到国外通商也很方便。据阿拉伯人苏莱曼《东游记》说,唐时中国海船特别大,波斯湾风浪险恶,只有中国船能够航行无阻,阿拉伯东来货物,都要装在中国船里。当时中国船称雄海上,意味着中国对外通商的繁盛。中国输出的主要商品,除丝织物外,瓷器也以世界最先进的资格受到国际市场的欢迎。埃及开罗南郊福斯他特遗址,发现唐至宋初的瓷片数以万计;叙利亚沙玛拉遗址发现大批唐陶瓷器,其中有唐三彩陶器、白瓷器、青瓷器;印度博拉明纳巴特遗址也发现唐瓷片。可见,瓷器在唐朝已是大宗出口货。婆罗洲北部沙捞越地方,发现唐朝人开设的铸铁厂。据当地考古学者论证,铸铁技术自中国传入,这对当时还处在铜器时代的当代社会,起着推动作用。依据这些事例,唐朝高度发展的手工业产品和技术,通过商人曾对海外诸国作出了贡献。①

据资料显示,至公元 14 世纪中叶,中国堪称世界技术革新的中心,向欧亚大陆其他地区传播了多项发明,其中有据可查的就达到 35 种之多,最早的可以追溯到 1800 多年前,但西方传入中国的发明,可以查到的只有 4 种。

---

① 范文澜:《中国通史简编》(修订本,第三编第一册),人民出版社 1965 年版,第 269—270 页。

自公元前2世纪至公元17世纪的近2000年中,"海上丝绸之路"从中国向东至朝鲜半岛、日本,向南向西绵延至印度洋、阿拉伯海、地中海沿岸各国。《汉书·地理志》所载海上交通路线,实为早期的"海上丝绸之路";根据《新唐书·地理志》记载,唐时,我国东南沿海有一条通往东南亚、印度洋北部诸国、红海沿岸、东北非和波斯湾诸国的海上航路,叫作"广州通海夷道",这便是我国海上丝绸之路的最早叫法。[①] 亚、非、欧洲沿海各国家和民族,通过海上丝绸之路贸易往来,促进了国家与区域间的文化交流、宗教传播、技术交流、人口迁徙、物产流通等全方位的人类互动,对世界文明发展进程产生了巨大的影响。遗留下了一系列港市古建遗存、文物遗存、航线遗存,以及珍贵的非物质文化遗产等,见证了海上丝路历史的辉煌。中国古典美学思想也因此被融进欧洲的文化肌体与血脉之中。

第五节　中国传统海洋生态审美与文学艺术

通过诗词歌赋、小说戏曲、绘画、服装设计、瓷器、漆器、金石雕刻与泥塑、刺绣、编扎、建筑装饰等形式多样的创作手法、表现形态和艺术特质,感悟人类与海洋的生命共同体,形成了海洋社会丰富的生态文化艺术创作元素、设计理念和制作工艺等,艺术地再现了海洋生物形象和海洋生态意象,佐证了海洋生物是海洋生态文化的重要元素,对人类审美意识塑造与追求、生态文化价值理念的缘起、发育和养成产生了重大影响,体现了人海关系的互动、成长、普及与传播。

一、上古中国海洋生态文化的审美意识

上古时代,人类社会生态文化发育的幼年期,钻木取火、构木为巢、刳木为舟、斫木为耜、结绳记事、划地作画、执牛耳而歌、仿百兽舞,人类对自然界的认识尚处于半蒙昧状态。

河姆渡遗址博物馆的镇馆之宝"双鸟羿日"。两只飞鸟拱卫着中间一个火焰熊熊的火球,搏击升空,精美绝伦。缘于古人认为太阳是靠神鸟运载

---

① 引自《海上丝绸之路千年兴衰史》,人民网—文史频道,http://history.people.com.cn/n/2014/0520/c385134-25040882.html。

飞升天穹的,继而把"双鸟羿日"的图腾崇拜融入舟船制造中,浙江地区出现鸟形舟船的文化渊源延续至今,彰显了海洋生态文化的艺术意象。期盼自己驾驶舟船在变幻莫测的大海中,能像飞鸟一样自由搏击。进入21世纪,舟山"绿眉毛"号传统鸟形帆船再现,已经不是一般性生产价值的劳动工具,而是河姆渡文化的后裔,传承海洋生态文化、弘扬民族航海精神的象征。河姆渡文化的骨器制作,如有柄骨匕、骨笄上还雕刻了花纹或双头连体鸟纹图案。昙石山先民还把食后的一些个体较大的贝壳,加工成各种贝器。目前出土的有贝刀、贝铲、贝耜等,这些贝制生产工具构成昙石山文化中海边滩涂作业和农业劳作的独特风格。

中国是世界上最早发明陶器的地区之一。新石器时代,沿海先民的渔猎、捕捞、采集等生产实践活动,成为其原始艺术创作的源泉。在陶器制作和利用上,对器型、质地、纹饰及器类的追求,已经显示出带有海洋生态文化色彩的直观的审美意识,及其鲜明的地域特色和时代特征。昙石山先民制造出多种用途、类型不同、形制优美的日常生活用陶器,且比例匀称、纹路生动。如圆圈纹、水波纹、曲折纹等来自于海水波浪的形态,绳纹、篮纹、席纹表现出劳动工具的特征,而贝齿纹则是人类对贝类的印象。陶器合乎原始造型艺术美学原理,体现了昙石山先民已经能够源于生态环境和生产生活实践的物质体验,抽象为带有原生态色彩的海洋审美意识并融入工艺创造的文化升华。

中国第一部海洋神话经典《山海经》诞生于上古时代,是我国古代典籍中的一部奇书。[①] 内容怪诞、奇思驰骋,以浪漫、夸张、神话的手法,将地理、历史与文学融为一体,仅3万余言共18卷,载40方国、550座山、300条水道、100多个历史传说人物、400多种神奇鸟兽,生动地折射出我国海洋部落生存状态及上古先民对海洋的认知、敬畏和探索活动,填补了史前海洋生态文化的空白;对于比海更大、更深的水域——"洋"的发现和描述,对于一些地形、地貌的描绘等,都是研究我国地学史的宝贵资料。

据《山海经·海外南经》记载,讙头国,"其为人人面有翼,鸟喙,方捕鱼";长臂国,"捕鱼水中,两手各操一鱼。一曰在焦侥东,捕鱼海中",其人个儿不高,手臂却比身子长得多,以捕鱼为生。他们向海里一伸手,就能抓住一条活鱼。《山海经·海外东经》记载,大人国,"为人大,坐而削船",这个海洋部落的人身材高大,能够刳木为舟,驾船操舟,艺黍、狩猎、捕鱼,"为

---

① 周明初校注:《山海经》,浙江古籍出版社2000年版。

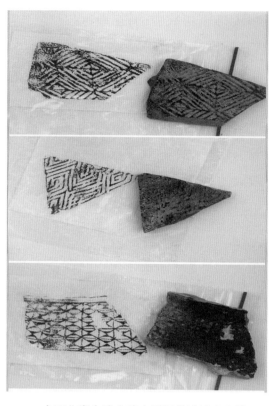

广西北海合浦大浪古城汉代城址出土的
陶片及纹饰（广西文物考古研究所供图）

人面目手足尽黑"，风吹日晒，劳作艰辛；玄股国，"其为人衣鱼食鸥，使两鸟夹之"，这里的部落族群聚居沿海，擅长用鱼皮作衣服，并且喜欢吃鸥鸟蛋，左右常有两只鸥鸟盘旋。

《山海经·大荒北经》把眼界从海内延伸到人类尚未涉足的"海外大荒"："有神，人面蛇身而赤，直目正乘。其瞑乃晦，其视乃明，不食，不寝，不息，风雨是谒。"此神叫烛龙，其眼睛张合便是昼夜，不食不寝不息，呼风唤雨。暗喻渲染大海形象，反映了海洋文化初始人类对海洋的认识和敬畏神话的人海关系。《山海经》中多处写到"乘两龙""操两蛇"，当是独木舟或木筏，往来海上，便有乘龙操蛇的感觉。

据《山海经·海内北经》讲述，在东海古老的射姑国，海中有奇大无比的大蟹，有鱼身人面、有手有脚的鲮鱼，还有大鳔鱼。蓬莱山就屹立在海中，贸易的集市是在海里的。《山海经·海外西经》关于"刑天与帝争神。帝断其首，葬之常羊之野。乃以乳为目，以脐为口，操干戚以舞"的故事，讲述了刑天与天帝争神位，天帝砍下他的脑袋，将其埋葬在常羊山。无头的刑天便用两个乳头当眼睛，用肚脐当作嘴巴，依然左手握盾、右手持斧，战斗不止。这里明显借用了巨蟹乳目、脐口，举螯挥舞的形象，以此象征刑天顽强抗争的意志和不死的精神。

《山海经·海外东经》云："东方句芒鸟身人面，乘两龙"；朝阳之谷，神曰天吴，"八首人面，八足八尾，皆青黄"。《山海经·大荒东经》云："东海中有流波山，入海七千里。其上有兽，状如牛，苍身而无角，一足，出入水则必风雨。其光如日月，其声如雷，其名曰夔"。人面鱼身的氐人，八首人面的天吴，乘两龙的冰夷，都是与生存环境、宗教信仰有关的图腾形象且与海有渊源，因为黄帝部族的势力已达于海隅，海洋成为人类必须面对的新课题。

袁珂先生在《山海经校注·序》中曾说："《山海经》匪特史地之权舆，亦乃神话之渊府。"《山海经》中神奇海洋生物形态描写及其拟人的故事，在奇思妙想，看似荒诞不羁、漫画自然之中，却渗透着作者的生态文化积淀和智慧哲人的思考。还有以动物形象作部族图腾徽记，以示威武凶猛和威慑力，增强部落的凝聚力；更有夸父逐日、女娲补天、精卫填海、大禹治水、共工撞天、羿射九日等传承数千年而不绝的神话传说，体现着人与自然的关系和人类的敬畏与不屈的精神。《山海经·海内东经》叙述了遍及辽河、黄河、淮河、长江、珠江五大流域的 25 条著名的江河，为后来撰写《水经》等地理名著奠定了基础。

中国古代的涉海小说，如海洋商贾叙事，《情史》中"岛女繁殖叙事"，明清神魔小说与海洋、《聊斋志异》涉海小说的继承和超越，王韬海洋小说的历史品质，《蜃螂城》《北极比耶岛》《因循岛》里的政治讽喻，"舢民权村"《狮子吼》里的"国家海洋政治想象"等无不彰显了先民对于海洋的思考与认知方式，正如我国著名民俗学者钟敬文先生曾说："神话是现实生活的一种折射。"揭开神话的外衣，我们可以清晰地看到我国海洋部落先民远古的生活情境及其图腾崇拜的内心世界。

二、诗歌是我国文学中出现最早的形式

汉唐以来的海洋诗词歌赋为我们留下了丰富的海洋生态文化遗产。诗词中出现了海的生态意象，咏诵者面对大海荡涤心潮、袒露自我的真实情怀，透视出生活在不同阶层、不同境遇的人们与海的关系。

东汉末年政治家、军事家、文学家曹操的《观沧海》是古代全诗诵海之首篇。"东临碣石，以观沧海。水何澹澹，山岛竦峙……日月之行，若出其中。星汉灿烂，若出其里。幸甚至哉，歌以咏志。"描绘出水天相接、海天一色，日月轮回运行，如同出自海中；银河璀璨，宛若出自海里。以宇宙日月星辰之变幻，与大海交相辉映之壮美，感悟人面对大海和宇宙浑然一体之浩瀚，咏诵英雄壮志，气韵雄浑。是文学史上海洋诗歌的开篇之作。[①]

谢灵运与陶渊明同为东晋山水田园诗派之代表人物。曾写下"扬帆采石华，挂席拾海月"的诗句。据《临海水土物志》中云"石华附石，肉可啖。""海月大如镜，白色正圆。"谢诗道出了他挂帆行海，于岛礁采拾海味，怡然自乐的心境。从侧面反映了古人行舟赶海，以石华、海月等海味为食的悠久

---

① 冷卫国主编：《中国历代海洋诗歌选评》，中国海洋大学出版社 2014 年版，第 3 页。书中称"这首诗是文学史上的第一首真正意义上的山水诗，也是第一首海洋诗歌。中国古代海洋诗歌史亦以牢笼百世的雄浑面目，而由此开篇。"

历史和人海关系。①

北宋文学家苏轼在其《游珠玑崖》一诗中写道："蓬莱海上峰,玉立色不改。孤根捍滔天,云骨有破碎……我持此石归,袖中有东海。垂慈老人眼,俯仰了大块。置之盆盎中,日与山海对。"从"我持此石归,袖中有东海"的豪放诗句中,我们看到了诗人珍视海洋蓝色国土的爱国情怀。

关于神奇的红树林——海洋湿地植物生态群落、在潮涨潮落中变幻的绿色海岸,也不乏诗歌。唐代诗人张祜在《鹦鹉》中有诗句写道："栖栖南越鸟,色丽思沈淫。暮隔碧云海,春依红树林……"②南宋词人赵长卿的《清平乐·秋容眼界》写道："秋容眼界,随寓浑堪爱。远岫连天横淡霭,望断孤鸿飞外。夕阳红树林坰,重重锦障横陈。一段江南景色,倩谁为下丹青"。③

古代海洋诗歌中最真实、最具生命力的诗歌都源于沿海劳动人民的生活。他们靠海谋生,见识过海天最壮美的景致,经历过海浪风暴吞噬的凶险,领略过海洋孕育的珍奇,敬海、畏海、惜海、爱海,"诗言志"必直抒胸臆、真情实感,因此,往往他们是诗歌最初的创造者。以写实笔法,融入多种民间艺术形式,淋漓尽致地刻画出海洋劳动人民渔业、盐业之艰辛和苦乐情怀的诗歌与文学艺术精品,是我国古代海洋生态文化遗产中的瑰宝。

海洋戏曲艺术流派,闽南南音、海州宫调;非物质文化遗产"舟山锣鼓",就源于舟山渔民驾驶帆船海上航行时,靠敲打锣鼓的声响来传递航行信息,有时也用来消遣漫长枯燥的海上生活;潮神祭祀、抢潮头鱼等传统民俗,舟山锣鼓、舟山号子、长岛渔号子、惠东渔歌、崖州民歌、儋州调声等,都是源于沿海渔家生产生活的民间艺术创造。

元代文学家杨维桢的《海乡竹枝歌》云："潮来潮退白洋沙,白洋女儿把锄耙。苦海熬干是何日?免得侬来爬雪沙。门前海坍到竹篱,阶前腥臊蟛子肥。亚仔三岁未识父,郎在海东何日归?海头风吹杨白花,海头女儿杨白歌。杨花满头作盐舞,不与斤两添铜铊。颜面似墨双脚颏,当官脱裤受黄荆。生女宁当嫁盘瓠,誓莫近嫁宋家亭。"是元末沿海渔民,男子出海捕鱼、女子在家煮盐,艰辛生活和残酷社会的真实写照。

海港或鱼市多在黎明前进行交易,故称为"鬼市"。"残星满天细犬吠,

① 参见冷卫国主编:《中国历代海洋诗歌选评》,中国海洋大学出版社2014年版,第8页。

② 《鹦鹉》,选自《全唐诗》卷510。

③ 选自《赵长卿词全集》卷8。

黄鱼船上贩鲜回"，出海捕鱼、港市贩鱼，已成为沿海居民赖以生存的重要方式和生活来源。

关于海塘的历史传奇及其相关的采石文化、潮文化，海神庙、龙王庙、占鳌塔、镇海铁牛、潮神祭祀等图腾崇拜和传统民俗，抢潮头鱼、塘工号子等海塘海洋生态文化非物质文化遗产，都具有重要的研究参考价值。①

台湾澎湖良文港曾经出土过一批文物，证明史前时期大陆人们就来过澎湖。唐代以前关于台湾的各种名称中，只有"岛夷"既有地名也有"某地人"的含意。唐代诗人施肩吾所作《岛夷行》，是最早描写来自闽粤沿海的大陆移民在台湾谋生艰辛生活的史料："腥臊海边多鬼市，岛夷居处无乡里。黑皮年少学采珠，手把生犀照咸水。"白日劳作晒黑了皮肤的年轻人，为了采到珍珠，晚上还手举火把下海寻找珠蚌。元代航海家汪大渊所著《岛夷志略》记述了其于1330年和1337年两度漂洋过海，亲身经历南洋和西洋200个地方的地理、风土、物产和民俗，堪称一部重要的中外交通史文献。

专栏：《岛夷志略》所载彭湖、琉球风土

汪大渊《岛夷志略》开篇云：(彭湖)岛分三十有六，巨细相间，坡陇相望，乃有七澳居其间，各得其名。自泉州顺风二昼夜可至。有草无木，土瘠不宜禾稻。泉人结茅为屋居之。气候常暖，风俗朴野，人多眉寿。男女穿长布衫，系以土布。煮海为盐，酿秫为酒。采鱼虾螺蛤以佐食，爇牛粪以爨，鱼膏为油……地隶泉州晋江县。至元间，立巡检司，以周岁额办盐课中统钱钞一十锭二十五两，别无科差。

(琉球)地势盘穹，林木合抱。山曰翠麓，曰重曼，曰斧头，曰大(峙)(崎)。其峙山极高峻，自彭湖望之甚近。余登此山，则观海潮之消长，夜半则望旸谷之(日)出，红光烛天，山顶为之俱明。土润田沃，宜稼穑。气候渐暖，俗与彭湖差异。水无舟楫，以筏济之。男子、妇人拳发，以花布为衫。煮海水为盐，酿蔗浆为酒。知番主酋长之尊，有父子骨肉之义。他国之人倘有所犯，则生割其肉以啖之，取其头悬木竿。地产沙金、黄豆、(麦)(黍)子、硫黄、黄蜡、鹿、豹、麂皮。贸易之货，用土珠、玛瑙、金珠、粗碗、处州瓷器之属。②

---

① 参见徐苏焱：《钱塘江古海塘文化与展示价值初探》，《艺术科技》2014年第6期。

② (元)汪大渊著，苏继顾校：《岛夷志略》，中华书局2009年版，第13、17页。

第六节 探海寻踪历史文化遗迹考古

海底世界拥抱着古代人类海难沉船无数文化宝藏的遗存,而中国陶瓷、金银铜器、木器等尤为突出。多国的水下考古发掘,为古代中国通过海上丝绸之路,与东亚、东南亚、环印度洋亚非及美洲、欧洲地区等海外多国,均有经贸、文化、技术往来,提供了实证。

南海是太平洋与印度洋之间重要的海上走廊,是古代中国与诸国东西方经贸、文化交流的重要枢纽。南海地区遗留下大量非常重要的、与中国相关的人类水下文化遗产的文化印记,是"海上丝绸之路"所特有的文化表征。中国水下考古从开创至今 30 余年,其诞生即源自 20 世纪 80 年代,南海地区部分水下文化遗存遭到疯狂的破坏和盗捞。1983 年至 1985 年,专事沉船捞宝的英国船长米歇尔·哈彻(Michel Harcher),在中国南海的斯特霖威夫司令礁、亚德多夫暗礁海域相继打捞出中国明代沉船和荷印"吉特摩森"号商船,并在荷兰阿姆斯特丹拍卖其中的 15 万件青花瓷器和 125 块金锭;1544 年,葡萄牙商船"圣班多"号在从印度柯钦港返回葡萄牙途中沉没。1977 年,南非塔尔省博物馆在东海岸特兰斯凯海域调查,在沉船上发现了铜炮、珠宝和大量明嘉靖年间的瓷器;1971 年,埃及的沙姆沙伊赫和沙德万海域发现了两处含有中国船货沉船的遗址;1995 年,埃及海洋考古研究所组织了水下考古,调查表明,这两处沉船都属于 18 世纪,船货大致相似。从沙德万海域沉船打捞出的有仿景德镇闽南德化、漳州窑青花瓷器,闽浙沿海龙泉窑或土龙泉窑的青瓷。据研究,17、18 世纪,满载中国瓷器船货的贸易商船活跃在红海海域,将中国瓷器运到奥斯曼帝国控制下的埃及苏伊士集散,然后销往中东其他地区。①

英国人米歇尔·哈彻(Michel Harcher)1986 年 4—5 月将他盗掘的珍贵文物在荷兰首都阿姆斯特丹大肆拍卖,引起国际考古学、博物馆学界的强烈不满和中国政府及文物部门的高度关注,中国政府和文物考古界做出的直接反应就是:填补学科空白,开展中国的水下考古工作。

---

① 摘引自葛雅纯编写:《海洋考古》,吉林出版集团有限责任公司 2012 年版,第 36、39—41 页。

一、"南海一号"考古——中国水下考古的起点

对南宋时期"南海一号"木质古沉船的考古调研是中国水下考古的起点。1987年,交通部广州救捞局在该地与英国合作搜寻一艘外国沉船时,意外地发现了一艘古代沉船,打捞出水了一批珍贵文物,计有瓷器、锡器、金器、银锭等共近300件,经鉴定瓷器为中国宋元时期的外销瓷,据此推断沉船的年代当属宋代。

"南海一号"沉船遗址位于广东省阳江市东平港以南上下川岛附近海域,地处珠江口外,距大陆约20海里,遗址所在海域的水深在24米左右。2002年至2004年"南海一号"水下考古队先后进行了四次大规模的调查和

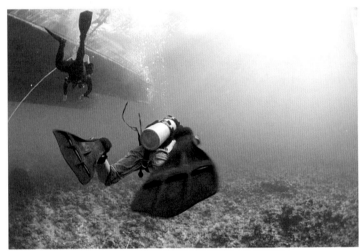

■ 珊瑚岛一号沉船遗址
（XSSHW1）水下石雕像

南海海上丝绸之路水下考古（摄影/王霁）

试掘工作,全面掌握了沉船保存的现状和有关数据。包括沉船的船长、船宽、船舷宽、型深、艏向、沉态等;测绘了遗址的平面和剖面图。采集出水的完整和可复原器物总计4500余件。出水器物以瓷器为主,另有陶器、金属器、有机物和钱币等。陶瓷器有白瓷、青瓷、青白瓷、黑瓷、铅绿釉陶和酱黑釉陶等,器类以各种形式的碗、盘、罐、盒、瓶、壶为主。这批陶瓷器分别来自中国宋代南方地区著名窑系:景德镇青白瓷系、龙泉青瓷系和福建地区与外销瓷密切相关的诸多窑口。金属物品有金条、银锭、铜环等。有机物有果核、船舷板、动物骨骼等。出水钱币有近5000枚,可以辨识者以北宋为主,属于南宋时期的大概只有"建炎通宝"和"绍兴元宝"。"南海一号"船长304米、宽98米、船身高约4米,排水量达600吨,载重近800吨,是中国赴新加坡、印度等东南亚地区进行海外贸易的商船。"南海一号"南宋沉船是

中国开展水下考古工作 15 年来所发现的保存最好、出水文物最为精美、品种最为丰富的沉船遗址。也是迄今为止在世界范围内保存较为完好的唯一的一艘公元 12 世纪时期的沉船。2007 年"南海一号"沉船遗址整体打捞出水,放置于广东南海海上丝绸之路博物馆内进行开掘与保护。

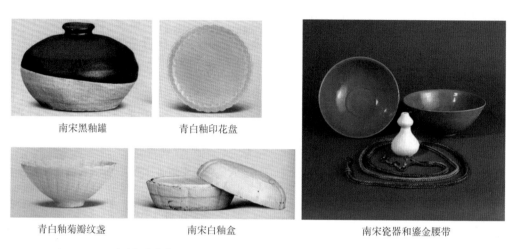

南宋黑釉罐　　　　　青白釉印花盘

青白釉菊瓣纹盏　　　南宋白釉盒　　　　南宋瓷器和鎏金腰带

组图:"南海一号"沉船遗址部分出水文物(摄影/王霁)

二、"光华礁一号"——我国目前在远海发现的第一艘古代船体

南宋古沉船"光华礁一号"遗址位于海南省西沙群岛华光礁环礁内侧。1998—1999 年,西沙水下考古队在西沙群岛进行水下考古调查中,于华光礁盘内用拖拽搜寻和自由搜寻两种方法发现了光华礁一号沉船遗址。沉船遗址船艏方向 320°,残长 20 米,宽约 9 米,推测舷深约 3—4 米,发现 11 个残留的隔舱,除船体上层建筑外,底层船体保存基本良好,初步估计该船排水量大于 100 吨。

该船是目前我国在远海发现的第一艘古代船体,具有重要的科学与历史价值,且具备了实施整体发掘出水的条件。发掘出水文物近万件,陶瓷器占绝大部分,陶瓷产地主要为福建和江西景德镇。陶瓷产品按照釉色分类,主要有青白釉、青釉、褐釉和黑釉几种,器型主要为碗、盘、碟、盒、壶、盏、瓶、罐、瓮等。装饰手法和纹样丰富,且不乏精品。

西沙群岛水下文物调查。由中国历史博物馆与海南、广东两省专业人员组成的联合考古队,于 1996 年 4—5 月对西沙群岛实施了全面文物普查。其中,在 15 座岛屿和 3 座沙洲采集 1300 余件陶瓷器。发现的陶瓷器品种有青釉、青白釉、白釉、青花等,器型有罐、洗、盘、碗、杯、碟、壶、盅、盒等,均

"光华礁一号"宋代沉船全貌,及其船板保护现场(摄影/王霁)

为江西、广东、广西、福建、浙江等地宋、元、明、清时期的民窑产品。在北礁、华光礁、浪花礁、羚羊礁及珊瑚岛、金银岛附近海域进行水下考古调查,发现9处遗物点,打捞出水文物近400件,主要有陶瓷器及少量石器、石雕构件、铁器等。

　　1998—1999年,西沙水下考古队以西沙群岛北礁为主要工作地点,在华光礁与银屿也开展了调查试掘工作,共发现五代、宋、元、明、清各个年代的水下文物遗存13处,近代遗存1处。这些遗存均分布在珊瑚环礁的礁盘之上,最深35米,最浅1—2米。根据遗物堆积的情况初步分析,13处古代

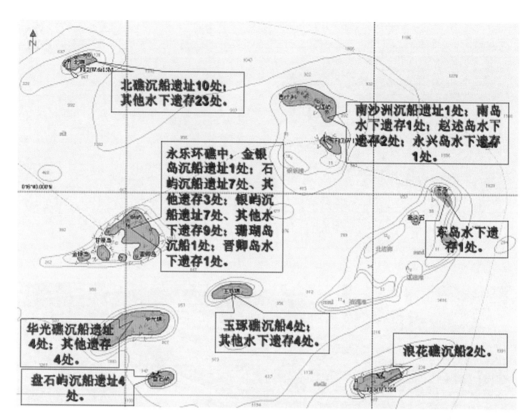

西沙群岛沉船遗址示意图

遗存大致应分为两类：一类是确凿无疑的古代沉船遗址，以华光礁一号南宋沉船为代表。根据试掘情况，该遗址表面被盗掘者严重破坏。另一类遗存是基本上不见沉船的遗迹，以散落的瓷器碎片为主。推测第一种可能是这类遗存并不是沉船海难原发地点，大量的水下文物的堆积可能是由海浪、潮水冲积而形成的；第二种可能是沉船的船体因自然力以及后期人为的破坏已不存在，仅保存下部分遗物。

调查中采集和发掘获得的出水文物（包括标本）共计1500余件，以瓷器为主，还有少量铁器、铅锡、象牙、船板等。

瓷器种类比较丰富，有宋元时期的青瓷、影青、白瓷，明清时期的青花等；器型有碗、碟、粉盒、瓶、壶、军持、小罐、大罐、缸等，以福建、广东、江西的窑系为主。宋元时期瓷器的装饰图案有缠枝花卉、莲瓣纹、卷云纹等；部分豆青釉大碗内底有凸起阳文笔"吉""大吉"文字款；还有些器物的外底有墨书题字；明清时期青花瓷的装饰图案更是绚丽多彩，题材有花鸟、动物、人物、山水、楼台等；文字有"福""寿"等吉祥语，有些器底还有"上品佳器"一类的吉颂款。

南中国海水下考古，为古代海上丝绸之路的研究提供了宝贵的实例，再

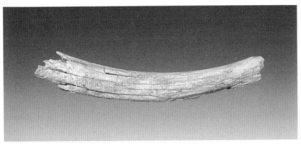

清代青花松鼠葡萄纹瓶

北礁Ⅳ号遗址中的象牙和瓷器　　　清代青海荷叶牡丹纹筒瓶和青花湖石牡丹纹菱花盘

组图：出水的文物（摄影/王霁）

次证明了我们的祖先最早开发经营南海诸岛的史实和我国拥有无可争辩的主权,佐证了海上丝绸之路是以中国为起点的文化传播之路。

　　2010年12月至2011年1月,北京大学对肯尼亚沿海地区以往经过正式考古调查和发掘的21处古代遗址和7个其他单位出土的中国瓷器进行了调研。格迪古城遗址位于肯尼亚东海岸马林迪市西南约15公里处,此次调查了此遗址出土的中国瓷器共计580件,这些瓷器的时代分别为南宋时

用浮力袋提取碇石（摄影/王霁）

期、南宋时期至元代、元代、元末明初、明代早期、明代中期、明代晚期,并对这些瓷器进行了产地分析。格迪古城遗址出土的中国瓷器对于了解当时东非地区在环印度洋贸易体系中的地位和贸易状况具有重要意义。①

2012 年 12 月 20 日,《东方早报》陈若茜报道《新安沉船文物再现海上丝路》:"大元帆影——韩国新安沉船出水文物精品暨康津高丽青瓷特展"在浙江博物馆展出。1323 年左右(元朝),一艘满载着中国、日本、高丽及其他东南亚国家货物的商船,意外沉没在高丽新安(今韩国新安)外海域。韩国政府组织发掘调查团于 1976 年至 1984 年 8 年间,先后 10 次探查、发掘与打捞,这艘沉海 600 多年的沉船终见天日。沉船里发掘出了 2 万多件青瓷和白瓷,2000 多件金属制品、石制品和紫檀木,以及 800 万件重达 28 吨的中国铜钱。新安沉船,是目前发现的世界上现存最大、最有价值的古代商贸船之一。出水文物被分藏在韩国国立光州博物馆、韩国国立中央博物馆、韩国木浦市国立海洋遗物展览馆。据浙江博物馆瓷器部主任沈琼华介绍,本次展览共展出文物约 285 件组。其中一个看似不起眼的铜制秤砣,却具有断代意义。其一面刻"庆元",一面刻"庚申年"铭,"庆元"即今之宁波,"庚申年"当为 1320 年,学者以此推断出新安沉船的起航时间与地点。公认的说法是,该船是 1323 年后,从浙江宁波港(庆元)启航,驶向日本博多港(福冈)的海外贸易船。沈琼华说:"我们想全方位展示这条沉船上的器物,通过这条古代商贸船,重现宋元时期繁盛的浙江以及当时中国与朝鲜半岛和日本列岛间的相互交流与影响"。

第七节　以海洋生态文化解析海洋强国

人海关系介于人类与海洋的依存度,而国与国、人与人的关系介于海权利益的分享,其行为导向植根于文化理念和文明程度。

以农耕文化为重心的古代中国,相对忽略了对海洋生态文化的关注。然而,海域地理的生态特征、海洋族群的生成渊源与海洋生态文化形成的历史表明,海洋和陆地相互依存,农耕文明与海洋文明,如同海阔无垠却终归有岸,江河湖海并存于世,同源而又分支、分流,但终又汇聚于海。海洋生态

---

① 引自刘岩、秦大树、齐里亚马·赫曼:《肯尼亚滨海省格迪古城遗址出土中国瓷器》,《文物》2012 年第 11 期。

文化与农耕生态文化,在人类社会的动荡和迁徙中,在人们生产生活和经贸往来中,在文学艺术的传播中,始终进行着交流和交融,但又凸显和保留着各自独到的异域风格、民族特色和历史痕迹。

一、中国海洋生态文化发展的历史透视

大陆沿海的开放和海洋航路的开通,对一个国家和一个时代文明形态的改变至关重要,而文明形态的改变必然是以社会价值观的改变为支撑。农业时代,以不同的文化表现形态出现的中华文明成果,通过航海的发展和贸易的开通,远播海外,影响遍及整个东亚和东南亚地区,以及部分欧洲和非洲地区,留下了中国文化璀璨的一页。但是,在经略海洋方面,古代中国"以海为田"的价值取向,与西方"以海为资本"的价值取向、文化特质截然不同。因而,也出现了两种截然不同的文明交往模式:封建时代的中国,建立的是朝贡模式;以欧洲为代表的西方国家,建立的是殖民模式。

我国当代明史专家吴晗在1962年讲授明史时曾指出:郑和下西洋其规模之大,人数之多,范围之广,那是历史上前所未有的,就是明朝以后也没有。这样大规模的航海,在当时世界历史上也没有过。郑和下西洋比哥伦布(Cristoforo Colombo)发现新大陆早87年,比迪亚士(Bartolomeu Dias)发现好望角早83年,比达·伽马(Vasco da Gama)发现新航路早93年,比麦哲伦(Fernão de Magalhaes)到达菲律宾早116年。比世界上所有的航海家的航海活动都早。可以说郑和是历史上最早的、最伟大的、最有成绩的航海家。[①]

郑和受明朝政府派遣,统帅浩荡舟师,28年间(1405—1433)七下西洋,访问西洋诸国,却从未实行殖民扩张、殖民掠夺和奴隶贸易。通达东西方的"海上丝绸之路",将中华民族的和平友好远播海内外,中国海洋利用实践和发明创造,折射出中国海洋生态文化的伟大智慧。然而,地大物博的乡土中国数千年的封建王朝,农耕文化积淀深厚,海洋海权意识薄弱,即便宋代"开洋裕国",其目的也只在国际上贸易往来和文化传播。而欧洲人却把海洋贸易当作领土扩张和原始资本积累的重要手段,其进行世界范围的地理大发现,实质上已经成为殖民扩张、殖民贸易和殖民掠夺。

欧洲殖民者进军海洋,着眼陆地,名为探险,实为扩张,远洋探险的历程,就是其殖民帝国建立的过程。葡萄牙远洋船队打通印度洋、大西洋海上

---

① 吴晗:《明史简述》,中华书局1980年版,第75页。

通道,向西、向东环球航行,用航线穿起所到沿海城市、岛国,依托船队武装,掠夺与战争同步、征服与奴役相随,竟能在远离本土上万里的远洋异国,建立起横跨亚洲、非洲、美洲的庞大殖民帝国。不得不令人思考:为什么这些殖民地在自己的国土上竟任人宰割?是侵略者为强者,还是和平者为强者?

明正德十三年(1518),葡萄牙人西蒙·安德拉德率三艘船抵达香港屯门,建屋树栅,修筑炮台,像对待非洲黑人一样对待中国人,驱赶商船,掳掠船员,夺其财货,抢劫百姓,蹂躏妇女,还勾结内地奸民,掠卖人口,激起中国人民的愤恨。1521年,广东巡海道副使汪宏率部向葡军发动进攻,奋起捍卫国家主权,葡军伤亡惨重,被迫潜逃。①

葡萄牙是向海洋拓疆、从海上入侵他国领土的先行者,并通过霸王条约掌控海权,享有沿海占有国海域和海洋资源的权利。以武力夺取他国领土,以改弦更张、更名建立殖民地,以传教改变原住民的信仰,武功文略,巩固统治,将财富聚敛回母国,将奴隶贸易扩张到欧洲。葡萄牙殖民者航海列国之目的与明朝郑和下西洋有着本质的不同,其殖民文化的渗透更加发人深省。

1492年4月17日,哥伦布与西班牙伊莎贝尔女王签订了航海史上著

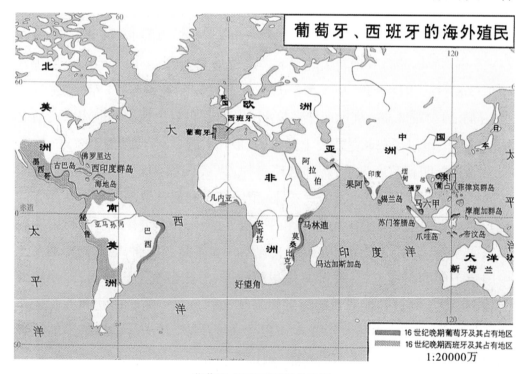

葡萄牙、西班牙的海外殖民

---

① 参见朱东来主编:《大国崛起》,第一章"殖民帝国'先锋'——葡萄牙",北京联合出版公司2016年版,第23页。

名的《圣塔菲协议》,其中有两条重要内容:"(1)海洋的领主陛下从此给予克里斯托弗·哥伦布以'唐'的贵族封号,委托他为所发现的海岛和大陆的统帅,在他逝世后,这个封号和属于他的所有权力,将由他的继承人继承……哥伦布被封为所发现和夺得海岛和大陆的副王和总督,为了管辖每片发现土地,有权选出管理者……(2)所有交易商品,无论珍珠、宝石、黄金和白银、香料或其他货物……凡在司令管辖区内购买、交易、发现或夺得的,他都有权得到十分之一的利润……其余十分之九都应呈献给陛下。"①这一协议使哥伦布航海寻找新大陆,争夺海上霸权与聚敛财富的初始目的昭然若揭。

特别是进入十九世纪,西方工业革命基本完成,机械化大生产推进生产力迅猛发展,资本主义世界体系初步形成,西方列强、沙俄、日本,把资本扩张侵略的矛头指向了亚洲,多次从海上以舰炮入侵觊觎已久的中国。第一次鸦片战争失败以后,中国逐步沦为半殖民地半封建社会,近代海洋科学研究进展缓慢。腐朽没落的晚清政府沉溺于大国声威、四海臣服,长期忽视培育海洋强国的文化支撑,忽略倡导与时俱进的文化自觉和凝聚内生动力的文化自信;缺乏对外邦交海洋经略的国际视野和国家战略的研究与建设,蓝色国土意识、海权权益意识和治外法权意识薄弱;海洋强国、强军科技发展严重滞后,军事御敌和统一对外的实战力量薄弱等。这是近代侵略者屡次从海上入侵中国并逼迫清朝政府签订一系列割地赔款、开口通商、关税协定、租界特区、治外法权、外交豁免、军事占领等丧权辱国的不平等条约的重要原因,亦是作为海洋文明大国国际话语权缺失的根源。

1842—1852年,清末中国著名思想家魏源以林则徐的《四洲志》为蓝本编撰《海国图志》,并三次修订充实,参考历代史志,以及明朝以来岛志中的相关资料,全面系统介绍世界历史、地理、政治、经济、军事、科技,乃至宗教、文化、教育、风土等,是中国近代史上第一部倡导"师夷长技以制夷""以夷制夷"的醒世之书,但却未得到清政府的高度重视,而被日本译成日文,促进了日本的"明治维新"。1868年,日本革新派废除幕藩制,建立中央集权制,以西方政治制度和现代科技为模板全面发展资本主义,把对外侵略扩张的魔爪伸向中国。②

---

① 朱东来主编:《大国崛起》第二章"'太阳永不落'帝国——西班牙",北京联合出版公司2016年版,第48—49页。

② 参见蒋廷黻:《中国近代史》(外三种),岳麓书社1987年版,第24—26页。

专栏：清朝时期（包括北洋军阀时期）所签订的主要的不平等条约（1842—1911 年）

01. 中英南京条约（1842.08.29）

02. 中英虎门条约（1843.10.08）

03. 中美望厦条约（1844.07.03）

04. 中法黄埔条约（1844.10.24）

05. 中俄伊犁塔尔巴哈台通商章程（1851.08.06）

06. 上海英法美租界租地章程（1854.07.05）

07. 中俄瑷珲条约（1858.05.28）

08. 中俄天津条约（1858.06.13）

09. 中美天津条约（1858.06.18）

10. 中英天津条约（1858.06.26）

11. 中法天津条约（1858.06.27）

12. 中英北京条约（1860.10.24）

13. 中法北京条约（1860.10.25）

14. 中俄北京条约（1860.11.14）

15. 中俄勘分东界约记（1861.06.28）

16. 中德通商条约（1861.09.02）

17. 中俄勘分西北界约记（1864.10.07）

18. 中俄科布多界约（1869.08.13）

19. 中俄乌里雅苏台界约（1869.09.04）

20. 中日台湾事件专约（1874.10.31）

21. 中英烟台条约（1876.09.13）

22. 中俄里瓦几亚条约（1879.08.17）

23. 中俄伊犁条约（1881.02.24）

24. 中俄科塔界约（1883.08.12）

25. 中俄塔尔巴哈台西南界约（1883.10.03）

26. 中俄续勘喀什噶尔界约（1884.06.03）

27. 中日天津条约（1885.04.18）

28. 中法新约（1885.06.09）

29. 中葡和好通商条约（1887.12.01）

续表

30. 中英会议藏印条约(1890.03.17)

31. 中英会议藏印条款(1893.12.05)

32. 中日马关条约(1895.04.17)

33. 中法续议界务专条附章(1895.06.20)

34. 中俄密约(1896.06.03)

35. 中日通商行船条约(1896.07.21)

36. 中日辽南条约(1896.11.08)

37. 中德胶澳租界条约(1898.03.06)

38. 中俄旅大租地条约(1898.03.27)

39. 中英展拓香港界址专条(1898.06.09)

40. 中英订租威海卫专条(1898.07.01)

41. 中法广州湾租界条约(1899.11.16)

42. 辛丑条约(1901.09.07)

43. 中俄交收东三省条约(1902.04.08)

44. 中日会议东三省事宜正约(1905.12.22)

45. 中英续订藏印条约(1906.04.27)

46. 中俄满洲里界约(1911.12.20)

47. 二十一条(1915.05.09)

48. 中俄蒙协约(1915.06.07)①

　　"和谐"是生态平衡的大智慧,并非丧失原则的不争。在国家主权面前,我们要牢记前车之鉴。因为,丧失了主权的国家,无尊严可谈;沦为殖民地的民众,必然被奴役。容忍罪恶的善良是罪恶得以滋生并蔓延的土壤,懦弱和屈从换来的只能是苦难。

　　关于南中国海,大量事实表明,中国人民是南海最早的开发者、经营者和利用者,中国拥有南海诸岛及其附近海域主权的历史脉络从未断裂;大量外国档案文献、图书资料及地图也都证实西沙、南沙群岛的主权属于中国。据宋代官修兵书《武经总要》记载"用东风西南行,七日至九乳罗洲"②,公元971年宋太祖建立巡海水师,对南海实施巡管,由此中国政府将南海海域

---

①　转引自"第一文库网",http://www.wenku1.com/news/1B2C7B95069C6B92.html。

②　参见韩振华:《七洲洋考》,《南洋问题》1981年第4期。

一半是海水，一半是火焰（摄影/陈建伟，摄于南中国海）

纳入海防范围。清代官方地图如 1724 年绘制的《清直省分图》之《天下总舆图》、1755 年印行的《皇清各直省分图》之《天下总舆图》、1767 年印行的黄证孙《大清万年一统天下全图》等，均把长沙海、石塘海标示于版图之内。明朝设立巡海备倭官和海南卫，清朝设立崖州协水师营，先后负责南海海疆巡视。近代以来，1909 年，广东水师提督李准率军地官员及测绘人员至西沙各岛及海域巡查，命名了西沙 14 座岛屿。1935 年 4 月，水陆地图审查委员会出版了《中国南海各岛屿图》，这是民国政府公开出版的第一份具有官方性质的南海专项地图，图中将南海最南端标绘在北纬 4 度曾母滩。二战胜利，日本投降，中华民国政府根据《开罗宣言》《波茨坦公告》原则和联合国受降规定，于 1946 年 11 月 29 日至 1946 年 12 月 15 日对西沙群岛和南沙群岛完成了全面接收，并竖立"太平岛""南威岛""西月岛"等石碑，明确宣示中国对南海诸岛的主权。1948 年 2 月国民政府内政部正式公布《南海诸岛位置图》，标示了南海诸岛 167 个岛礁沙滩洲地名和南海 11 条断续线，进一步明确了中国在南海的主权管辖范围。①

---

① 参见社科院专家李国强详解"中国拥有南海诸岛主权的历史依据"，中国经济网，2016 年 7 月 11 日。

专栏：中国对南沙群岛的主权得到国际上的承认

（一）世界上许多国家、国际舆论和出版物承认南沙群岛是中国领土

1. 英国

（1）英国海军部测绘局 1912 年编印的《中国航海志》（*China Sea Pilot*），多处载明南海诸岛常有中国人民的足迹。

（2）1971 年，英驻新加坡高级专员说："斯普拉特利岛（指我南威岛）是中国属地，为广东省的一部分……在战后归还中国。我们找不到它曾被任何其他国家占有的任何迹象，因此只能作结论说，它至今仍为共产党中国所有。"（载香港《远东经济评论》，1973 年 12 月 31日，第 39 页。）

2. 法国

（1）据 1933 年 9 月法国出版的《殖民地世界》杂志（*LE MONDE COLONIAL ILLUSTRE*）所载，1930 年法国炮舰"马立休士"号测量南沙群岛的南威岛时，岛上即有中国居民三人；1933 年 4 月，法国人强占南沙 9 岛时，见各岛居民全是中国人，南子礁上有 7 人，中业岛上有 5人，南威岛上有 4 人，南钥岛上有中国人留下的茅屋、水井、神座等，太平岛上有一中国字牌，指示储粮处所。

（2）1965 年出版的法国《拉鲁斯国际地图》不但用法文拼音标明西沙、南沙和东沙群岛的中国名称，而且在各岛名称后注明属于"中国"。

3. 日本

（1）1966 年出版的《新中国年鉴》说："中国的沿海线，北从辽东半岛起到南沙群岛约一万一千公里，加上沿海岛屿的海岸线，达二万公里。"

（2）1972 年出版的《世界年鉴》说："中国……除大陆部分的领土外，有海南岛、台湾、澎湖列岛及中国南海上的东沙、西沙、中沙、南沙各群岛等。"

4. 美国

（1）1961 年出版的《哥伦比亚利平科特世界地名辞典》写到，南沙群岛是"南中国海的中国属地，广东省的一部分"。

续表

（2）1963年美国出版的《威尔德麦克各国百科全书》说："中华人民共和国各岛屿，还包括伸展到北纬4度的南中国海的岛屿和珊瑚礁。"

（3）1971年出版的《世界各国区划百科全书》说："中华人民共和国包括几个群岛，其中最大的是海南岛，在南海岸附近。其他群岛包括南中国海的一些礁石和群岛，最远伸展到北纬4度。这些礁石和群岛包括东沙、西沙、中沙和南沙群岛。"

5. 越南

（1）1956年6月15日，越南外交部副部长雍文谦见我国驻越领事馆临时代办李志民时表示：根据越南方面的资料，从历史上看，西沙、南沙群岛应当属于中国领土。当时在座的越外交部亚洲司代司长黎禄说："从历史上看，西、南沙群岛早在宋朝时就已属于中国了。"

（2）1958年9月4日，我国政府发表领海宽度为12海里的声明，适用于中国一切领土，包括南海诸岛。越人民日报于9月6日详细报道了这一声明。越南总理范文同于9月14日向周总理表示承认和赞同这一声明。

（3）1974年，越南教育出版社出版的普通学校地理教科书，在《中华人民共和国》一课中写到：从南沙、西沙各岛到海南岛、台湾岛……构成了保卫中国大陆的一座长城。

（二）将南海诸岛标注为中国领土的其他国家出版的地图

1954年、1961年和1970年联邦德国出版的《世界大地图集》；

1954年至1967年苏联出版的《世界地图集》；

1957年罗马尼亚出版的《世界地理图集》；

1957年英国出版的《牛津澳大利亚地图集》《菲利普地图集》和1958年出版的《大英百科全书地图集》；

1960年越南人民军总参地图处编绘的《世界地图》；

1968年民主德国出版的《哈克世界大地图集》；

1968年英国出版的《每日电讯世界地图集》；

1968年、1969年法国出版的《拉罗斯地图集》；

1968年法国国家地理研究所出版的《世界普通地图》；

1972年越南总理府测量和绘图局印制的《世界地图集》；

续表

1973年日本平凡社出版的《中国地图集》。

（三）有关承认中国对南沙群岛主权的国际会议

1. 1951年旧金山对日和约会议规定日本应放弃西沙群岛和南沙群岛。当时,苏联代表团团长葛罗米柯在会上发言指出:西沙群岛和南沙群岛等岛屿是中国"不可分割的领土"。虽然旧金山对日和约没有明确提及日本将西沙、南沙群岛交还中国,但在签署旧金山对日和约的第二年,即1952年,由当时日本外务大臣冈崎胜男亲笔签字推荐的《标准世界地图集》第十五图《东南亚图》,就把和约规定日本必须放弃的西沙、南沙群岛及东沙、中沙群岛全部标绘为中国。

2. 1955年10月27日,在菲律宾首都马尼拉召开第一届国际民航组织太平洋地区飞行会议。出席这次会议的有16个国家和地区。除澳大利亚、加拿大、智利、多米尼加、日本、老挝、南朝鲜、菲律宾、泰国、英国、美国、新西兰、法国等国外,当时南越和中国台湾当局也都派代表参加了会议。大会由菲律宾首席代表担任主席,法国首席代表为大会第一副主席。会议认为南海诸岛中的东沙、西沙、南沙群岛位于太平洋要冲,这些地区的气象报告对国际民航关系很大。所以,与会代表通过第24号决议,要求中国台湾当局在南沙群岛加强气象观测(每日四次)。当时,通过这项决议时,包括菲律宾和南越代表在内,没有任何一个国家的代表对此提出异议或保留意见。①

二、西方"海洋强国"的模式是前车之鉴

中国历史上至迟自汉代就不但拥有漫长的海岸带、众多近海岛屿和幅员辽阔的环中国海海域,跨海经营着南海和南海群岛,而且通过中外海上交通形成"海上丝绸之路",连接着东西方世界。如果我们以中华海洋生态文化之"声教四海""和谐万邦"的传统文明理念为标准,因为这正是当代亟须重建的世界和平秩序的核心理念,那么,在世界近代史之前,地球上从未出现过一个堪比中国的海洋文化强国。

---

① 中华人民共和国外交部网站载:中华人民共和国驻芬兰共和国大使馆,2016/04/01首页新闻动态《中国对南沙群岛的主权得到国际上的承认》。

　　然而,至近现代,人们在全世界范围内所能找到的历史上的"海洋强国",大多是西方近代"大航海"以来曾经"耀武海上"的一些进行的海上殖民扩张的国家。曾经的"它们"是:葡萄牙、西班牙、荷兰、英国、法国、德国、日本、俄国、美国。① 这些昔日的"海洋强国"都是靠什么"发迹"的,其历史的血腥与罪恶程度如何,给别人造成悲剧、给自己也造成悲剧的结局,现在人们已经很清楚了,一个个走马灯式的"你方唱罢我登场",到头来大多很快"寿终正寝"。有的向全世界投降(如德国、日本),有的"大器晚成"(如美国)。至于欧洲,在近代之前,是其"黑暗的中世纪"。在此之前,据说还有古埃及、古希腊、古波斯、腓尼基—迦太基、古罗马、拜占庭、阿拉伯、奥斯曼等,它们的命运更是不知所终,早已不见了踪影。这些西方"海洋强国"的基本特性有三:

　　一是其早期发展海上军事力量,以控制甚至最大化地占领世界。从"大葡萄牙海上帝国"的梦想及其破灭,到西班牙血腥海外掠夺的开场与收场,从"海上马车夫"荷兰的崛起与衰落,到"日不落帝国"英国的"日出"与"日落",后来是美国成为从一战、二战渔利的新兴大国,都是靠发展海军、四处侵略"起家"的。一句话,这是一种海外侵略、海洋霸权的非正义、反人类的血腥的"海洋强国"。

　　二是今日仍被称之为"海洋强国"者,目的只有一个,即通过控制海洋达到控制世界的目的。其"海洋军事力量"之"强"依然是其近代历史传统的延续,是靠武力威慑控制世界;其"海洋科技力量"之"强"作为其现代化发展的结果,是用非军事的手段最大化地占领、攫取海洋资源。威慑、控制世界是为了"管制"世界,控制世界经济的定价权亦即剥削权,使天下财富尽收囊中;占领、攫取海洋资源,则是为了最大化地"开支"别国的和公共的海洋资源,而将本国的海洋资源留为储备。如美国采取的"海洋军事力量+海洋科技力量"的基本方略。

　　三是今日的这几个"海洋强国"如此发展下去的空间已经越来越小。就其"海洋军事力量"之"强"而言,美、英等在西方靠"北约",美、日等在东方靠"安保",但世界发展已经多极化,英国的力量早已缩回到海岛"老窝"而不能单独显示什么了;日本更只是一个心存不甘的美国附庸,只能不断地在周边国家中制造事端;而美国则越来越"四面楚歌",连一些拉美、阿拉伯小国都纷纷敢于与其叫板。美国靠武力威慑、控制世界的"余威"已经越来越小。

---

　　① 转引自中央电视台电视系列片《大国崛起》第一集《海洋时代》。

　　反思西方"海洋强国"的兴衰历史与现状,给予我们深刻的启示:其四处侵略、四处霸权、殖民的模式和路径,并不适合我国。这缘于我国自古的和平发展思想和传统发展模式、至今而且永不争霸、和谐万邦的国家主张的正义性,因为世界历史已经证明争霸、称霸往往是"搬起石头砸自己的脚",得不偿失;对这样的"海洋强国",要打破其"不可一世"的神话,重要的是不能重蹈覆辙,而是要坚定中国自己的文化自信和文化自觉,走有中国特色的"海洋强国"之路。

三、中国建设海洋文化强国的历史基础

　　文化发展既是一个培育生长的过程,也是一个历练的过程。从古代海上丝绸之路传承到今天的"一带一路",海洋生态文化以"声教四海、和谐万邦"的向心力,"始终在释放一种跨越古今的开放、外向、合作、互利、共赢理念"。

探海寻踪(摄影/王霁)

　　"生态"的本义即自然界各要素之间相互依存、有机一体的"生境状态",这种相对独立而又有机互联的生态系统是"和谐"的。同理,海洋生态文化着力于建构人类社会与海洋自然生态系统"和谐共生"的有机体系。

中国走好自己的"海洋强国"之路,拥有着深厚的历史积淀、深刻的历史教训和博大的生态文化智慧。

在近代之前,中国是不同于西方"海洋强国"类型的海洋文化强国。中国自先秦时代即"海外有截"①、"四海来朝"。自汉代就形成了以环中国海为纽带、跨印度洋连接的政治经济文化共同体,即政治上是中央王朝与海外属国的封贡制度,经济上是中央政府管理下的朝贡——市舶贸易,文化上是以"声教四海、和谐万邦"为共同理念。这一环中国海文化共同体在不同历史时期互有赢缩,直到晚清才被西方和日本破坏。在这样悠久的历史上,中国在环中国海和印度洋广袤的海陆地区建立和发展着持续几千年的"四海来朝""天下一体"的政治经济文化共同体关系,无疑是世界上历史最为悠久、幅员最为辽阔的海洋文化强国。其基本特性至少有三:

一是致力于"天下一体""四海一家"。汉朝之后的历代王朝都有海外

涠洲岛火山口(北海市市委外宣办供图)

---

① 出自《诗·商颂·长发》"相土烈烈,海外有截",意为"玄王商契之孙相土真威武,在海外整理乱国"。详见周振甫译注:《诗经译注》,中华书局 2002 年版,第 579 页。

属国,历代皇帝(天子)对海外属国的诏谕,每每以"天下共主"而"抚远无外""厚往薄来";海外诸国的表奏,也多一再感念于皇帝的"内外无别"。

二是致力于海洋和平,"天下太平"。历代皇帝(天子)对海外属国的诏谕,都一再强调使"普天下共享太平之福",海外诸国也多一再表示要"世守海邦"。主要依靠的是中国本土对海外地区的"声教"并与海外地区共同建设发展起来的环中国海文化共同体的无穷吸引力、向心力和凝聚力。

三是顺应自然利用海洋、开发海洋的生态文化智慧。中华民族对海洋的开发利用,自古以降,直到被"现代化"之前,都是自然地、和谐地创造、传承和演进发展的,创造、传承、享用着的一直是海洋环境与资源的"天赋"。他们懂得:

海洋里"自然而然"有鱼(渔产),无须人为地"播种""施肥""打药",而只需要造一条小船,编织一张渔网,划着船儿把鱼儿捕捞上来即可。中国的海洋位处温带、亚热带,是海洋水产种类最为繁多、产量最为丰富的海区。中国的海洋捕捞技术,无论是渔具还是渔法,其发达、丰富程度,都在世界海洋渔业史上占有重要地位;中国的海产海鲜,无论是食用品种还是烹饪方法、口味讲求、吃法讲究,都一直是世界历史上最丰富的。"吃在中国",包括海产海鲜,地球人都承认,只有中国人有这样的"口福"。

海洋上"自然而然"有风,风可以利用的事项多矣,尤其是季风(信风)。关于"信风"与"风信"文化,无论是在海民社会还是在文人士大夫、官方上层,无论是实际生活还是诗词歌赋,历史上都有着普遍的创造与传承。风——尤其是信风用来行船航海,可以抵达"远在天边"的"绝域"之地,海民们可以视之"如履平地";海民走海,家人盼归,一见庭院中高插着的风旗上有了"风信",得见"信风",即知亲人不日可归来矣;"一路顺风""一帆风顺",至今仍然是人们相互祝福的吉祥语言。

海道"自然而然"有浮力,海水的浮力和海流是船舶可以航达四方的"天然能量"。在现代船舶使用蒸汽、电气动力之前,所有船舶的海上航行都是"借东风"和借海流(洋流),同样不耗费任何能源,不形成任何海洋环境污染。在中国的航海文化的创造创新上,中国对海船的船舵、多风向船帆、水密舱、司南针和罗盘、大船建造技术的发明等,都是中国自己的原创。许多发明都是世界上最早、最先进的,影响了世界造船与航海的历史。

海洋"自然而然"有潮汐,它每日潮起潮落,尤其是每年中秋天文大潮的壮美景观,不知有多少人审美鉴赏、心生惊叹而赋诗为文(如钱塘潮);它可以以自己潮起水高的巨大浮力帮人们托高载重大船,用来架设桥梁(如泉州洛阳桥);它可以托起海口的海船顺河而入,伸入内地数十里(如元代胶莱运河);它可以每日每夜一次又一次(大多海区一日二潮)顶起入海的江河之水,灌溉着江河两岸的良田,是为潮田。

海水"自然而然"有盐分,人们只需要借助潮涨潮落将海水引到岸上,晒干成盐——历史上中国的海盐,一直占中国人食盐总量的大半;中国历史上的盐税,一直占历代王朝全国税收总量的四分之一,很多时期为三分之一,有时则超过"国库之半"。人们对海洋自然环境和资源顺势巧用的生态智慧和技术发明,不但成就了中国丰富的海洋物质文化和精神文化财富,而且大都传播到了海外世界,为世界所利用,造福于全人类。

第八节　21世纪"海洋强国"生态文明之路

21世纪的中国要成为海洋强国,必须守护好中国海蓝色国土并走向深海、远洋,参与国际合作,将弘扬海洋生态文化与中华民族伟大复兴的海洋强国战略紧密联系在一起,立足国情、放眼国际、总揽全局、陆海统筹,从更大格局和更宽视野上来谋划海洋经济发展、维护海洋权益、保护海洋生态资源,确立中国海洋生态发展的指导思想和目标。在全球"海洋国家"中,发挥海洋生态文化发展和海洋生态文明建设的倡导者、引领者、主导者的大国、强国作用。加强中国海洋生态文化发展理念的国际话语权和软实力建设,努力实现中国海洋和谐社会与世界海洋和平秩序协同推进。以中国海洋生态文化为支撑,构建世界新型海洋大国关系与合作机制,加快《中国海洋基本法》的立法进程,维护国家海洋权益和生态安全,共建共享世界海洋和平。

一、中华民族引领生态文明新时代的文化选择

人类对工业文明的反省和生态文明价值观的觉悟。地球是人类共同的家园。工业文明数百年来,人类参与改造自然生态系统的能力不断提升、干预程度不断拓展。以技术革命进步和物质财富快速增长为引领、以化石能源为动力,大量消耗不可再生资源,改变自然生态系统,排放大量污染物。

但是,人类对自然资源的攫取和对生态平衡的破坏,已经超出了自然生态系统自我修复、自我净化的能力。

2015 年 8 月 2 日,联合国 193 个成员国通过了《变革我们的世界:2030年可持续发展议程》,确立了全球可持续发展的基本要素和原则。2015 年 9月 28 日,习近平总书记在第七十届联合国大会讲话中指出:"我们要解决好工业文明带来的矛盾,以人与自然和谐相处为目标,实现世界的可持续发展和人的全面发展。"2015 年 12 月 12 日,《联合国气候变化框架公约》缔约方 196 个国家的谈判代表通过了《巴黎协议》。70 年来,联合国"全球议程"从人权与发展,到环境与发展,再到可持续发展——变革我们的世界,标志着生态文化核心理念逐步被事实认证,生态文明价值观正在引领世界转型发展。

基于对中华民族生存与发展的深刻思考和长远谋划,党的十八大作出"五位一体"总体布局;党的十八届三中全会提出深化生态文明体制改革,加快建立生态文明制度。2015 年 4 月和 9 月,中共中央、国务院先后印发《关于加快推进生态文明建设的意见》《生态文明体制改革总体方案》,对生态文明建设作出顶层设计,"努力走向社会主义生态文明新时代"旗帜鲜明,首次提出"坚持把培育生态文化作为重要支撑";党的十八届五中全会通过《中共中央关于制定国民经济和社会发展第十三个五年规划的建议》,确立了创新、协调、绿色、开放、共享的发展理念;党的十八大作出建设海洋强国的重大部署,2013 年 7 月 30 日,习近平总书记在主持中共中央政治局就建设海洋强国进行第八次集体学习时指出:"我国既是陆地大国,也是海洋大国,拥有广泛的海洋战略利益。要坚持陆海统筹,坚持走依海富国、以海强国、人海和谐、合作共赢的发展道路,通过和平、发展、合作、共赢方式,扎实推进海洋强国建设。"2017 年 10 月 18 日,习近平总书记在党的十九大报告关于"新时代中国特色社会主义思想和基本方略"中进一步明确强调:"坚持推动构建人类命运共同体。""始终不渝走和平发展道路、奉行互利共赢的开放战略,坚持正确的义利观,树立共同、综合、合作、可持续的新安全观,谋求开放创新、包容互惠的发展前景,促进和而不同、兼收并蓄的文明交流,构筑尊崇自然、绿色发展的生态体系,始终做世界和平的建设者、全球发展的贡献者、国际秩序的维护者。"这是我国走向社会主义生态文明新时代的行动纲领和克服生态危机、推进经济社会转型发展,建设海洋大国、海洋强国的文化选择,具有划时代的里程碑意义。

二、以高度的文化自觉维护中国海蓝色国土

曾经的"海洋大国"是否是"海洋强国",中国海洋史上曾经的屈辱与苦难,让中国人开始重新思考海洋、认识海洋,学会经略海洋。国家富强是每个中国人的祈愿。富是强之基础,强是富之保障。富与强相辅相成,需要培育共同的文化支撑。国富要靠地域空间优势、自然资源禀赋、国泰民安和持久和平;靠强有力的国家机器和勤劳勇敢的人民;靠科技创新引领,实现经济健康发展。然而,国富并不等于国强。《大国崛起》前言这样写道:"1840年中国的 GDP 居世界第一,占世界总额的 30% 以上,却被一支只有 4000 人的英军打败。1890 年中国的 GDP 是当时日本的 5 倍,却在甲午战争中败北。1900 年中国的 GDP 仍居世界第三,却被几万人的八国联军攻陷京城烧杀抢掠。"[①]1840 年鸦片战争后,中国海权丧失,沦为西方列强的半殖民地,沿海口岸被迫开放,成为西方倾销商品、掠夺中国资源和垄断中国丝、瓷、茶等商品出口贸易的市场。而欧洲的国际贸易格局因海上新航路的开辟和殖民主义对财富的占有和主权的延伸,发生了极大的变化。加之科技大发展,文艺复兴和宗教改革的文化内力,为欧洲工业文明新形态在地中海—大西洋发育,奠定了基础。

以海洋生态文化的视角透视中华民族与海洋的历史渊源和曾经的辉煌,不可回避中国海洋史上曾经的屈辱与苦难。古代中国传统社会,数千年来以农业文明为积淀,以中原大陆性文化体系为中心,虽然众多世界海洋史之最,彰显了中国先民的海洋生态文化智慧,但是维护海洋国土意识和主权权益意识的文化自觉相对缺乏、海洋强国战略缺失、海上防御力量薄弱、海洋社会经济和海洋生态文化相对边缘化,是近现代中国屡次遭受外国侵略者海上入侵的一个重要原因。"鸦片战争""甲午海战"等沉痛教训,是每一个中国人不能忘却的历史!

中华民族伟大复兴强国的崛起,需要物质基础和生态文化内生动力的共同支撑,要以高度的文化自觉审时度势、陆海统筹,为和平而强国、为和平而强军、为和平而强民,深化中国海洋文化遗产密码考证,领悟海洋生态文化思想精髓。维护国家海洋权益,友善合作共赢者,打击外来侵扰者,建设中国海洋和谐社会,协同推进世界海洋和平秩序。

---

① 朱东来主编:《大国崛起》前言,北京联合出版公司 2016 年版,第 1 页。

中国南海永暑礁守礁部队威武雄壮（摄影/陈建伟）

三、培育海洋强国的生态文化支撑

　　中国海洋生态文化有别于工业文明范式下征服海洋、掠夺海洋、称霸海洋、弱肉强食的文化理念，是生态文明范式下的敬畏海洋、顺应自然、海陆统筹、和谐相生，引导人类转变经济发展方式和生产生活方式，与海洋协同发展的海洋生态文化；中国海洋生态文化遵循人与自然和谐的本质要求和"平衡相安、平等相宜，包容共生、价值共享、相互依存、永续相生"的生态道德规范，契合生态文明时代人海和谐、海陆一体、协同发展的理念，是海洋强国的内生动力和共建海洋生态文明、共享和平海洋世界的重要支撑。培育海洋强国生态文化支撑的基本目标是：

　　一是自然海洋的生态目标。坚持规划用海、集约用海、生态用海、科技用海、依法用海；严格实施海洋功能区划，提高单位岸线和用海面积投资强度，推动海洋关键技术转化应用和产业化；完善法律法规体系，加快《中国海洋基本法》的立法进程，保护海洋生态资源、维护国家海洋权益和生态安全，共建共享世界海洋和平。

　　二是和谐海洋的社会目标。在全社会普及海洋生态教育，大力培植海洋生态价值意识、忧患意识、道德意识和责任意识。

三是富饶海洋的资源目标。统筹规划近岸海岸线和湿地、滩涂区域的开发利用,保证近岸海域生态系统和海洋资源可持续发展;鼓励养殖,促进海洋农牧化、集约化发展;建立海洋自然保护区和特别保护区,保护自然景观、珍稀生物物种、珊瑚礁和红树林生态系统。

四是美丽海洋的环境目标。完善城市市政与工业污水管网系统,对陆源污染物排海实施定量控制,对海上作业和海运污染严加控制;提高海洋环境监测监督预报能力、标准和技术,完善评价体系。坚持开发和保护并重、污染防治和生态修复并举,科学合理开发利用海洋资源,维护海洋自然再生产能力。要从源头上有效控制陆源污染物入海排放,加快建立海洋生态补偿和生态损害赔偿制度,开展海洋修复工程,推进海洋自然保护区建设。要依靠科技进步和创新,努力突破制约海洋经济发展和海洋生态保护的科技瓶颈。

要着力推动海洋维权向统筹兼顾型转变。全覆盖勘测界定中国海大陆架蓝色国土海域面积、海底边界,全方位勘查探明中国海大陆架的各类生物资源基本状况和矿产资源基本储量;加强中国海洋考古发掘,科学鉴定海底沉船、海底古城,创建数据库、分类分级进行海洋生态文化遗产抢救性保护和修复,并对馆藏中已经完成海洋考古流程的出水文物遗产,以海洋生态文化的视角作进一步深度挖掘,高度重视城镇化进程中的沿海古市镇、古村落海洋生态文化遗产保护及其传承与创新发展。以高度的文化自觉与自信,科学佐证中国海蓝色国土的史实,做到心中有数、有理有据,刻不容缓。积极参与国际规则制定和全球治理,把握谈判和话语权;维护中国海蓝色国土权益,打击外来侵扰者、友善共赢合作者,中国海洋和谐社会与世界海洋和平秩序协同推进。最终实现人海和谐发展。在理念引领、法治规范、社会管理和公益事业等方面有政府责任担当;海洋生态安全国家意志得到普遍认同、法规得到普遍恪守,海洋生态发展方式得到普遍施行,海洋生态环境保护成为社会风尚。

创新发展海洋生态文化产业,培育壮大海洋生态文化战略性新兴产业,提高海洋生态文化产业对经济增长、社会发展的贡献率。以珠江三角洲、两广南部滨海旅游带、海峡两岸旅游带、苏沪浙滨海和黄渤海旅游带的海洋自然景观,海岛渔村、海滨海岸城镇等的建筑、民俗、历史遗迹等海洋人文景观为海洋生态文化财富资源;以海洋生态文化行业为生产和消费服务主体,以海滨、海岸、岛屿或海上、海底为呈现空间;着力打造和扶持海洋生态文化创意旅游、海洋景观、养生休闲、海洋生态文化博物馆、渔村渔家乐等具有市场潜力和品牌效应的产业和创意产品，广泛吸纳原住民就业，拉动民生改善，推进新型海洋生态文化产业形态走向未来世界潮流。

浙江花鸟岛，临海而渔，依海而生（浙江省嵊泗县枸杞乡人民政府供图）

开展海洋生态文化遗产抢救性保护和修复，中国沿海、岛屿以及内陆和海外广泛分布着的中国海洋生态文化历史，海洋、海路上的古迹、文物、典籍和民俗事项，都是我国海洋生态文化的宝贵资源。要在深度挖掘的基础上创建数据库，分类分级进行抢救性保护和修复；要高度重视沿海古市镇、古村落海洋生态文化遗产"活态"保护及其传承发展；要唤起社会和文化原生地、原住民的共知共识和互动，落实系统保护规划和管理制度，建立定性定量评价机制，在继承中创新，在创新中发展，在发展中传承。

四、延展 21 世纪海上丝路生态文化

从古代海上丝绸之路传承到今天的"一带一路"，海洋生态文化"始终在释放一种跨越古今的开放、外向、合作、互利、共赢理念"。要承接古今、连接中外，发掘中外海上丝路生态文化交流的历史资源，多方位、多形式、多元化地开放拓展海上丝路生态文化载体和对外合作交流平台，推进政府间、

社团间、国际组织间的交流互鉴;培育具有国际水平的外向型海洋生态文化企业、打造品牌和中介机构,将中华民族伟大复兴和实施"一带一路"建设紧密联系在一起,以"声教四海,和谐万邦""海纳百川,求同存异"的海洋生态文化理念为支撑,延展21世纪中国海上丝路,形成陆海统筹、全面开放、和平发展的国际合作新格局,合力实现"一带一路"建设,团结互信、平等互利、包容互鉴、合作共赢、共商共建共享的时代价值。

五、中国海洋生态文化走向世界

2013年7月30日下午,习近平总书记在主持中共中央政治局就建设海洋强国研究进行第八次集体学习时指出:21世纪,人类进入了大规模开发利用海洋的时期。海洋在国家经济发展格局和对外开放中的作用更加重要,在维护国家主权、安全、发展利益中的地位更加突出,在国家生态文明建设中的角色更加显著,在国际政治、经济、军事、科技竞争中的战略地位也明显上升。我们要着眼于中国特色社会主义事业发展全局,统筹国内国际两个大局,坚持陆海统筹,坚持走依海富国、以海强国、人海和谐、合作共赢的发展道路,通过和平、发展、合作、共赢方式,扎实推进海洋强国建设。①

为此,21世纪的中国,必须将海洋生态文化建设与中华民族伟大复兴的海洋强国战略紧密联系在一起,确立中国海洋生态文化发展的指导思想和目标,发挥海洋生态文明建设者、倡导者和引领者的大国、强国作用,加强中国海洋生态文化发展理念国际话语权和软实力建设,以中国海洋生态文化为支撑,构建海洋世界新型大国关系与合作机制,努力实现中国海洋和谐社会与世界海洋和平秩序协同推进。

结　语

"海洋生态文明"的基础支撑是海洋生态文化,海洋生态文化是包括海洋自然生态系统与人文生态环境、科技创新、经济发展、社会制度、体制结构、意识观念等多个方面的,涵盖海洋自然和人类社会,相互依存、相融共生

---

① 习近平:《进一步经略海洋　推动海洋强国建设》,新华网2013年7月31日,http://news.xinhuanet.com/politics/2013-07-31/c_116762285.htm。

关系的一个和谐的有机体。

人类与海洋生态系统和谐共生,必须构建环中国海各国各地区之间在相互尊重主权、维护主权权益基础上,建立"环中国海"国家地区一体化的海洋和平和谐机制与制度体系,建成环中国海文化共同体,最终目标是实现环中国海海洋和平、区域和谐,进而建设全球全人类的和谐海洋,实现海洋世界和平。对此,中国海洋生态文化"声教四海、协和万邦"的思想精髓与哲学智慧,应该发挥导向和引领作用,走"以海强国、人海和谐、合作共赢"之路,这样建设起来的"海洋文明强国",才是我们中国需要,也是世界需要的"海洋强国"。

以保护传承与创新发展的全新视角诠释和挖掘古代中国海洋生态文化成果,探索古代中国海洋生态文化遗产密码,回顾古代中国海洋生态文化的成长历程;以海洋强国的战略思维感悟中华民族对蓝色海洋的态度,深度剖析中国海洋生态文化的时代价值,为21世纪海洋生态文化创新发展提供新思维、新基因,使其保持与时俱进的、健康旺盛的生命力。

海洋壮阔无垠,但她却有着与母国大陆毗连的蓝色疆土。我们的祖先从远古走来,随着漫长的实践探索,在对海洋生态习性能够从偶然中发现必然、从懵懂到领悟其中的奥妙,继而总结出可以用语言和文字表达的道理,并将道理再放回实践反复修正,逐步推导出接近规律本真的过程,就是人类生态文化产生、发育和发展的过程。而这个过程必然伴随着人类对海洋自然规律的逐步认知和生态理念的逐步提升。从原始的敬畏自然、依从自然、为生存而利用自然,到以生态文化理念支撑,有意识地研究和探索自然生态规律,在不伤害自然生态系统之本的前提下,提升人类科学开发利用自然和获取自然资源的方式和效益,这是生态文化由不自觉到自觉、由不自信到自信的成长历程。而人类经历了数千年世纪的更替,最终自觉地走向了人与自然和谐可持续发展的生态文明新时代!

第 一 编

中国海洋和海洋生态文化概述

第 一 章

中国海洋生态系统及其分布

　　中国是海洋大国,岸线漫长、海域辽阔、岛屿遍布、河口众多,典型海洋生态系统丰富,海洋生物多样性较高。中国海濒临西北太平洋,从辽东湾的双台河口至赤道附近的曾母暗沙,跨 38 个纬度,具暖温带、亚热带和热带 3 个气候带,包括渤海、黄海、东海、南海和台湾以东部分海域,呈北东—南西向的弧形,环绕着大陆。大陆岸线北起中朝交界的鸭绿江口,南抵中越交界的北仑河口,长达 18000 千米,拥有岩石岸、砂岸、泥岸、生物岸等众多类型的海岸。拥有海岛 11000 多个,海岛岸线 14000 多千米,海岛陆域总面积约 8 万平方千米,约占我国陆地国土面积的 0.8%。中国海域分布丰富的海洋和海岸生态系,拥有渤海、黄海、东海和南海大海洋生态系 4 个大海洋生态系统,分布有滨海湿地、红树林、珊瑚礁、河口、海湾、潟湖、岛礁、上升流、海草床等多种典型的海洋生境。中国海域南北水温相差大,分布有冷温种、暖温种、亚热带种和热带种等各种温度性质的物种和区系,物种多样性丰富,迄今为止,已记录到海洋生物 28000 余种,占全球海洋生物总数的 11%,是世界海洋物种多样性最为丰富的国家之一。

　　中国海域蕴藏着丰富的自然资源和巨大的生态系统服务,是人类生存和发展的重要基础和保障。在这片辽阔的"蓝色国土"中,具有丰富的海洋生物、石油天然气、固体矿产、可再生能源、滨海旅游等资源,而且对全球气候调节、生态系统平衡维持等具有重要的作用。中国海域石油资源量约 250 亿吨,天然气资源量约 8.4 万亿立方米。由于其得天独厚的自然条件和临海优越的区位优势,沿海地区历来成为人口、能源和资源的流入地,是人类开发活动的高度密集区,也是我国人口最稠密、经济最活跃的地区。

　　进入 21 世纪以来,海洋发达国家和地区纷纷制定了海洋可持续发展的战略和政策,并将海洋战略提升为国家战略。中共十八报告提出了"建设海洋强国"的战略部署,中国正在逐步从一个传统意义上的陆地国家转型为一个海洋国家,至少已经成为一个海陆并重的新兴大国。中国海洋事业的迅猛发展,中国海洋的国际地位日益提升。

第一节　中国海洋资源的开发利用

随着中国海洋事业的发展,海洋在提供资源保障和拓展发展空间方面的战略地位更为突出。着力提升海洋资源开发能力,实现海洋资源的可持续利用,对促进沿海地区经济社会发展、加快国民经济发展方式转变、提高经济发展的质量和效益,具有重要意义。

一、中国的主要海洋资源

中国辽阔的海域蕴藏着丰富的海洋生物资源、海洋矿产资源、海洋空间资源、海水资源和海洋可再生能源。

(一)海洋生物资源

海洋生物资源是指有生命的能自行繁殖和不断更新的海洋资源。中国海洋生物资源丰富,已有记录的海洋生物 20278 种,其中,鱼类 3032 种,螺贝类 1923 种,蟹类 734 种,虾类 546 种,藻类 790 种。[1] 中国海洋生物资源分布由南向北递减,生物密度近海高、远海低。其中,南海生物种类丰富,达5613 种,东海 4167 种,黄海和渤海较低,约 1140 种。中国近海经济利用价值较大的鱼类有 150 多种,重要的捕捞对象有带鱼、鳗、大黄鱼、小黄鱼、鲽、鲳、鲐、红鱼、金线鱼、沙丁鱼、盆鱼、河豚等;具有经济价值的软体动物有鱿鱼、乌贼、鲍鱼、扇贝、章鱼等;节足动物有对虾、青虾、龙虾、毛虾、鹰爪虾、锯齿缘青蟹、梭子蟹等;棘皮动物有海胆、棘参、梅花参;腔肠动物有海蜇等。[2]

海洋渔业资源是重要的海洋生物资源,是人类摄取动物蛋白质的重要来源。中国渤海最大可持续渔获量为 12 万吨,黄海为 81 万吨,东海为 182万吨,南海为 472 万吨。然而在过度捕捞、海洋环境污染等因素影响下,海

---

① 傅秀云、王长云、王亚楠:《海洋生物资源可持续利用对策研究》,《中国生物工程杂志》2006 年第 7 期。

② 中国自然资源丛书编撰委员会:《中国自然资源丛书:渔业卷》,中国环境科学出版社 1995 年版。

洋渔业资源出现明显衰退,许多重要经济种类资源量下降、个体变小、性成熟提前。保护和可持续利用海洋渔业资源,对维持海洋生态平衡,保障国民食品安全具有重要意义。

(二)海洋矿产资源

中国海洋矿产资源既包括国家管辖范围内的海洋油气资源、天然气水合物和滨海砂矿等,也包括中国在"区域"申请专属勘探开发权区块的多金属结核、富钴结壳和多金属硫化物等。

1.油气资源

中国是环太平洋油气带主要分布区之一,海岸带和浅海大陆架埋藏着丰富的油气资源。大陆架海区含油气盆地面积近70万平方千米,约有300个可供勘探的沉积盆地,大中型新生代沉积盆地18个,其中大型含油气盆地10个,分别为:渤海盆地、北黄海盆地、南黄海盆地、东海盆地、台湾西部盆地、南海珠江口盆地、琼东南盆地、北部湾盆地、莺歌海盆地和台湾浅滩盆地。

根据第三次全国油气资源评价结果,中国海洋石油远景资源量为246亿吨,占全国石油资源总量的23%;海洋天然气远景资源量为16万亿立方米,占全国天然气资源总量的30%。目前海洋石油探明量30亿吨,探明率为12.3%;海洋天然气探明量1.74万亿立方米,探明率为11%,远低于世界平均探明率水平,海洋资源勘探开发潜力巨大。

2014年中国相继在南海琼东南盆地深水区陵水凹陷发现大型油气田—陵水17—2和中型以上天然气田陵水25—1。陵水17—2平均作业水深约1500米,天然气探明储量超千亿立方米;陵水25—1平均水深约900米,平均日产天然气约35.6百万立方英尺(合100万立方米),日产原油约395桶。这两大发现验证了琼东南盆地巨大的油气勘探潜力。

2.天然气水合物

天然气水合物是由天然气与水在高压低温条件下形成的笼形结晶化合物,因其外观像冰而且遇火即可燃烧,所以又被称作"可燃冰"。"可燃冰"的主要成分是甲烷,其甲烷含量可高达99%,燃烧污染比煤炭、石油、天然气等低得多,是一种高效能的清洁能源。海底天然气水合物通常分布在水深200—800米以下,主要储存于陆坡、岛坡和盆地的上表层沉积物或沉积岩中。[1] 经勘探调查,中国已将南海北部陆坡、南沙海槽、西沙海槽、东海陆

---

[1] 徐文世等:《天然气水合物开发前景和环境问题》,《天然气地球科学》2005年第5期。

坡、东沙群岛圈定为天然气水合物远景区,总面积达14.84万平方千米,预测远景资源量相当于744亿吨油当量。①

3.滨海砂矿

滨海砂矿资源指的是在砂质海岸或近岸海底开采的金属砂矿和非金属砂矿,主要品种有铁砂矿、锡石砂矿、砂金和稀有金属砂矿、金刚石砂矿以及非金属建筑材料等。中国重要海砂资源区面积约30.3万平方千米,估算资源量约4749亿立方米,其中近海陆架出露海砂约3866亿立方米,陆架埋藏砂约883亿立方米。② 滨海矿砂主要分为8个成矿带:海南岛东部成矿带、粤西南海滨带、雷州半岛东部海滨带、粤闽海滨带、山东半岛海滨带、辽东半岛海滨带、广西海滨带和台湾北部及西部海滨带等。

4.国际海底区域矿产资源

国际海底区域(以下简称"区域")是指国家管辖范围以外的海床、洋底及底土。"区域"已知具有潜在商业开采价值的金属矿产资源主要有多金属结核、富钴结壳和多金属硫化物。多金属结核广泛分布于水深4—6千米的海底,含有70多种元素,全球资源总量约为3万亿吨,有商业开采潜力的资源量达750亿吨。富钴铁锰结壳氧化矿床遍布全球海洋,广泛分布于大洋盆地的海山斜坡或平顶海山顶部,一般形成于400—4000米的水下,较厚及含钴较多的结壳位于800—2500米的洋底。多金属硫化物主要为结晶矿物组分,富含多种金属和稀有金属,主要成分有铜、铅、锌、铁和贵金属银、金、钴、镍、铂。根据《联合国海洋法公约》(以下简称《公约》)规定:"区域"及其资源为人类共同继承财产,"区域"内资源的一切权利属于全人类,由国际海底管理局(International Seabed Authority)代表全人类行使。中国是"区域"资源勘探活动的先行者,1990年国务院批准以中国大洋矿产资源研究开发协会(以下简称"中国大洋协会")的名义申请"区域"矿区。截至2015年,中国已在太平洋和印度洋共申请到四块具有优先专属勘探开发权的矿区。

(三)海水资源

海水可用于淡化、冷却用水,海水中含有的钠、镁、溴等矿物质经提取后

---

① 《中国开展可燃冰"精确调查"普查将全面开始》,http://energy.people.com.cn/GB/17999090.html,2013年11月19日。

② 《国家海洋局"908"通过验收,近海海洋调查成果展示》,http://www.china.com.en-info2012-10/26/content_26915103.htm,2013年12月12日。

具有重要的经济价值,海水是重要的海洋资源。海水进行脱盐或软化处理后,可直接成为工、农业及生活的水源。海水可直接用作火电、核电、石化及钢铁等高耗水行业的冷却水,缓解水资源短缺。海水中有 80 种天然元素,含量较高的有氧、氢、氯、钠、镁、硫、钙和钾等元素。中国近海氯化镁、硫酸镁的储量分别达到 4494 亿吨和 3570 亿吨。

（四）海洋可再生能源

海洋可再生能源属于清洁能源,其开发利用对于提高清洁能源比例,构建低碳能源体系具有重要意义。中国潮流能、温差能资源丰富,波浪能资源具有开发价值,离岸风能资源具有巨大的开发潜力。开发利用海洋可再生能源,是丰富沿海地区能源供给体系,解决边远岛屿用能的重要途径。

1. 潮汐能

中国近海潮汐能蕴藏量 19286 万千瓦,技术可开发量 2283 万千瓦。中国沿岸的潮汐能资源主要集中在东海沿岸,福建、浙江沿岸最丰富,如浙江的钱塘江口、乐清湾,福建的三都澳、罗源湾等;其次是辽东半岛南岸东侧、山东半岛南岸北侧和广西东部等岸段。

2. 波浪能

中国近海波浪能蕴藏量 1600 万千瓦,技术可开发量 1471 万千瓦。中国沿岸波浪能资源地域分布很不均匀,以台湾省沿岸最高;浙江、广东、福建、山东沿岸次之;广西沿岸最低。外围岛屿沿岸波浪能功率密度高于近海岛屿沿岸,近海岛屿沿岸波浪能高于大陆沿岸,渤海海峡、台湾南北两端和西沙群岛地区等沿岸波浪能功率密度较高。

3. 潮流能

中国近海潮流能蕴藏量 833 万千瓦,技术可开发量 166 万千瓦。潮流能以浙江沿岸最多,有 37 个水道,资源丰富,占全国资源总量的一半以上;其次是台湾、福建、辽宁等省份沿岸,约占全国资源总量的 42%。杭州湾和舟山群岛海域是全国潮流能功率密度最高的海域。渤海海峡北部的老铁山、福建三都澳、台湾澎湖列岛中渔翁岛海域潮流能功率也较高。

4. 温差能

中国近海温差能蕴藏量 36713 万千瓦,技术可开发量 2570 万千瓦。南海由于纬度低、水深、海域广阔等原因,温差能资源丰富,占总温差能的 90% 以上。南海表层海水和深层海水温差大,具有利用海水温差发电的有利条件和广阔前景。东海以及台湾以东海域同样蕴藏着较丰富的温差能资源。

5.盐差能

中国近海盐差能蕴藏量 11309 万千瓦,技术可开发量 1131 万千瓦。中国海洋盐差能主要分布在长江口及其以南江河入海口沿岸,长江口沿岸可开发装机容量占全国总量的 60% 以上;珠江口约占全国总量的 20%。

6.海上风能

中国近岸海上风能蕴藏量 88300 万千瓦,技术可开发量 57034 万千瓦。近海地区 100 米高度、5—25 米水深范围内技术开发量约为 1.9 亿千瓦,25—50 米水深范围约为 3.2 亿千瓦。中国海上风能资源丰富,主要分布在福建、江苏和山东省。

(五)海洋空间资源

海洋空间资源是指与海洋开发利用有关的海岸、海上、海中和海底地理区域的总称。随着中国人口的不断增长,陆地可开发利用空间越来越狭小。中国拥有漫长的海岸线、广阔的海域、数量众多的海湾和海岛,广阔的海洋空间将是支撑沿海地区经济社会发展的重要基础。

1.海岸线

中国大陆海岸线北起鸭绿江口,南至北仑河口,长达 1.8 万多千米,岛屿岸线长达 1.4 万多千米。海岸类型多样,包括淤泥质岸线、砂砾质岸线、基岩岸线、生物岸线、河口和人工岸线。由于过度开发和海岸带植被破坏,中国 70% 的砂质海滩和大部分开阔泥质潮滩存在不同程度的侵蚀现象,海岸带保护刻不容缓。

2.海湾

中国拥有大于 10 平方千米的海湾 160 多个[①],包括四大海湾集群:辽东半岛东部海湾、上海市和浙江省北部海湾、浙江省南部海湾、海南省海湾。海湾作为一种特殊的海洋资源,可利用其可避风、基岩深水等特点,进行船舶停靠;或利用与内河相交特征,布设港口;或利用其提供鱼类栖息地或产卵场的特点,开展渔业生产。海湾为中国海洋经济发展提供了重要阵地。

3.滨海湿地

中国滨海湿地分布广,面积约为 5942 万公顷。其中,山东、广东滨海湿

---

① 国家海洋局:《全国海洋功能区划(2011—2020 年)》,2012 年。

地面积最大,分别为 112.1 万公顷和 101.8 万公顷,天津最小,仅为 58 万公顷。[①] 中国滨海湿地的分布总体上以杭州湾为界,分为南北两个部分。杭州湾以北的滨海湿地,除山东半岛和辽东半岛的部分地区为基岩性海滩外,多为砂质和淤泥质海滩,由环渤海滨海湿地和江苏滨海湿地组成。环渤海滨海湿地主要由辽河三角洲和黄河三角洲组成,江苏滨海湿地主要由长江三角洲和废黄河三角洲组成。杭州湾以南的滨海湿地以基岩性海滩为主。

4.海域

中国海域面积广阔,领海及内水面积约为 40 万平方千米,毗连区面积为 13.04 万平方千米,主张管辖的海域面积约为 300 万平方千米。[②] 中国沿海城市范围内,现有滨海旅游资源区 12413 处,潜在滨海旅游资源区 343 处,其中近期可开发的 84 处,包括 15 处生态滨海旅游区、7 处休闲渔业滨海旅游区、6 处观光滨海旅游区、26 处度假滨海旅游区、5 处游艇旅游区、2 处特种运动滨海旅游区、23 处海岛综合旅游区。中国具有潜在开发价值的海水养殖区面积 170.78 万公顷,其中池塘养殖区面积 19.11 万公顷,底播养殖区面积 69.91 万公顷,筏式养殖区面积 64.08 万公顷,网箱养殖区面积 17.31 万公顷,工厂化养殖面积 0.37 万公顷。沿海各省(区、市)的潜在海水增殖放流区 109 个,人工鱼礁区 182 个,水产原、良种场 835 个。[③]

5.海岛

中国海岛众多,面积大于 500 平方米的海岛 7300 多个。按海区统计,渤海区内海岛数量占总数的 4%,黄海区占 5%,东海区占 66%,南海区占 25%。按离岸距离统计,距大陆岸线 10 千米之内的海岛数量占总数的 70%,10—100 千米的海岛占总数的 27%,100 千米之外的占 3%。海岛广布温带、亚热带和热带海域,生物种类繁多,不同海岛的岛体、海岸线、沙滩、植被、淡水和周边海域生物群落形成了各具特色、相对独立的海岛生态系统。一些海岛还具有红树林、珊瑚礁等特殊生境。海岛及其周边海域自然资源丰富,有港口、渔业、旅游、油气、生物、海水、海洋能等优势资源。海岛人口总量少,分布集中。全国现有 2 个海岛市,14 个海岛县(市、区),191 个海岛乡(镇),全国海岛人口约 547 万人(不包括港、澳、台和海南岛),其中

①　国家海洋局:《中国海洋统计年鉴 2012》,2013 年。
②　国家海洋局海洋发展战略研究所测算。
③　国家海洋局 908 通过验收,近海海洋调查成果展示。http://www.china.com.cn.
info. 212-10/26/content_26915103htm,2013 年 12 月 12 日。

98.5%居住在上述市县乡中心岛上。①

二、海洋资源开发利用现状

2014 年,中国远洋渔业发展迅速,产量同比提升 50%;海内外海洋油气勘探取得显著进展,中海油自营深水勘探发现陵水 25—1 天然气田,海外海上原油产量继续提升;海水淡化利用及直接利用规模继续增长,海水循环冷却技术得到进一步应用。在坚持海洋资源可持续利用、提倡海洋科技创新发展、鼓励海洋经济外向发展的原则下,海洋资源开发利用取得新的成就。

(一)海洋生物资源开发利用

海洋生物资源开发利用主要指海洋渔业开发、海洋生物医药以及新型海洋生物制品的研发生产。海洋生物资源不仅是重要的人类食用蛋白来源,而且为抗癌、抗心脑血管等疾病的药物研制提供了宝贵的基因资源和生物活性材料,为生物医药产业的发展提供支持。

1.海洋捕捞及养殖

2014 年中国海水产品产量 3296.22 万吨,同比增长 5.01%。其中,国内海水捕捞产量 1280.84 万吨,同比增长 1.30%;远洋渔业产量 202.73 万吨,同比增长 49.95%;海水养殖产量 1812.65 万吨,同比增长 4.22%。近海捕捞得到有效管控。为解决不断衰退的渔业资源和持续增长的海洋捕捞产量之间的矛盾,从 20 世纪 90 年代末开始,中国实施近海捕捞产量"零增长"战略及渔船"双控"制度(海洋捕捞渔船数量和功率总量控制),强化捕捞管控。"十二五"期间以来,中国近海捕捞规模基本稳定在 1300 万吨左右,近海捕捞进入平稳发展阶段。海水养殖继续蓬勃发展。2000 年全国海水养殖产量 928.0 万吨,2014 年增长到 1812.65 万吨,产量扩大近一倍。海水养殖空间不断拓展,从传统的池塘养殖、滩涂养殖、近岸养殖向离岸养殖业发展。海水养殖设施与装备水平不断提高,工厂化和网箱养殖业持续发展,机械化和自动化程度明显提高。海水养殖业的社会化和组织化程度明显增强。

远洋渔业发展强劲。2013 年中国新投产 329 艘远洋渔船,2014 年船队扩容效益开始显现,山东、福建、浙江等远洋渔业大省都实现了产量的快速

① 国家海洋局:《全国海岛保护规划(2011—2020 年)》,2012 年。

增长,全国远洋渔业产量同比增长近50%。从作业能力看,2014年全国作业远洋渔船达到2460多艘,总功率近100万千瓦,船队总体规模居世界前列。中国先后与亚洲、非洲、南美和太平洋岛国等许多国家建立了渔业合作关系,与20多个国家签署了渔业合作协定、协议,加入了8个政府间国际渔业组织,远洋渔业作业海域扩展到40个国家和地区的专属经济区及太平洋、印度洋、大西洋公海和南极海域,实现了中国远洋渔业在现有国际渔业管理格局下的顺利发展。①

2.海洋生物医药利用

海洋生物医药利用是指以海洋生物为原料或提取有效成分,进行海洋生物化学药品、功能性食品、化妆品和基因工程药物的生产活动。目前,中国已知药用海洋生物约有1000多种,分离得到天然产物数百个,制成单方药物10余种,复方中成药近2000种。

海洋医药与生物制品产业是战略性新兴产业重点发展领域。“十二五”期间,在国家和沿海省市政策的大力支持下,海洋生物制药技术快速发展。在山东、浙江、福建、广东等省开展的海洋经济创新发展区域示范项目中,海洋医药与生物制品产业得到项目、资金、人才等多方面支持。截至2015年,全国获国家批准的海洋药物相关专利20余件,一批新型抗肿瘤、抗心脑血管疾病和抗感染类的海洋药物和技术经研发面世,海洋医药领域发明创造蓬勃发展。

表1-1　海洋药物制品专利表

序号	申请公布号	专利名称	申请公布日期	申请人
1	CN1120908	海宝养生源提取物制品及制备工艺和用途	1996年4月24日	国家海洋局第三海洋研究所
2	CN1318634	高级脱腥鱼油的制备方法	2001年10月24日	国家海洋药物工程技术研究中心
3	CN1345544	海洋产物营养保健蛋的生产方法	2002年4月24日	国家海洋药物工程技术研究中心
4	CN1345546	营养保健禽蛋制品的生产方法	2002年4月24日	国家海洋药物工程技术研究中心
5	CN1461644	一种治疗肺癌的药物——波风胶囊及工艺技术	2003年12月17日	张连波
6	CN1768602	超临界精制甲鱼油多膜微胶囊及其制备方法	2006年5月10日	国家海洋药物工程技术研究中心

---

① 《国务院副总理汪洋在中国远洋渔业30年座谈会上强调:转变远洋渔业发展方式,向远洋渔业强国迈进》,《中国水产》2015年第4期。

序号	申请公布号	专利名称	申请公布日期	申请人
7	CN101012249	K—卡拉胶偶数寡糖醇单体及其制备方法	2007年8月8日	中国海洋大学
8	CN101161231	含牡蛎壳粉的海洋药物美容防晒霜	2008年4月16日	广东海洋大学
9	CN101724631A	鳐血管生成抑制因子1功能区的制备及在防治肿瘤药物中的应用	2010年6月9日	广东海洋大学
10	CN101898936A	一种新的抗肿瘤萜类化合物FW03105	2010年12月1日	福建省微生物研究所
11	CN101921721A	一种新的海洋疣孢菌株及其应用	2010年12月22日	福建省微生物研究所
12	CN102787131A	大竹蛏糜蛋白酶基因SgChy及其重组蛋白	2012年9月3日	山东省海洋水产研究所
13	CN102935089A	荔枝螺在制备解热抗炎药物中的应用	2013年2月20日	南京中医药大学；国家海洋局第三海洋研究所
14	CN103405725A	一种治疗乳腺增生的以海洋药物为主的中药组合物	2013年8月27日	寿光富康制药有限公司
15	CN103360329A	一类吩嗪化合物及其在制备抗肿瘤药物中的应用	2013年10月23日	中国科学院南海海洋研究所
16	CN103864946A	一种坛紫菜多糖定位硫酸酯化方法	2014年6月18日	张忠山
17	CN103880975A	一种岩藻聚糖硫酸酯及其制备方法和在制备抗流感病毒药物中的应用	2014年6月25日	中国海洋大学
18	CN103933070A	一种抑菌健齿中药提取物及其制备方法和应用	2014年7月23日	广州中医药大学
19	CN103948592A	生物碱类化合物在制抗肠道病毒及乙酰胆碱酯酶抑制剂药物中的应用	2014年7月30日	中国科学院南海海洋研究所
20	CN103951617A	吡啶酮生物碱类化合物及其制备方法和在制备抗肿瘤药物中的应用	2014年7月30日	中国科学院南海海洋研究所
21	CN103948611A	低聚古罗糖醛酸盐在制备防治帕金森症药物或制品中的应用	2014年7月30日	青岛海洋生物医药研究院股份有限公司
22	CN103961365A	低聚甘露糖醛酸盐在制备防治肝损伤和各种肝炎、肝纤维化或肝硬化药物的应用	2014年8月6日	青岛海洋生物医药研究院股份有限公司
23	CN103977021A	低聚古罗糖醛酸盐在制备防治肝损伤和各种肝炎、肝纤维化或肝硬化药物中的应用	2014年8月13日	青岛海洋生物医药研究院股份有限公司
24	CN104522664A	增强免疫力的保健食品及其制备方法	2015年4月22日	广西中医药大学

序号	申请公布号	专利名称	申请公布日期	申请人
25	CN104706599A	一种携带膜海鞘素化合物的冻干粉针剂	2015年6月17日	中国海洋大学
26	CN104744533A	一类角环素化合物及其在制备抗肿瘤或抗菌药物中的应用	2015年7月1日	中国科学院南海海洋研究所

注：国家知识产权局—中国专利公布公告网站按照"海洋药物"检索结果。

（二）海洋矿产资源勘探开发

2014年,中国近海油气勘探稳步推进,深海油气勘探取得成果,海洋油气产量稳步增长,海洋油气工程与技术服务迅速发展,海洋油气事业快速发展。近海矿产资源勘探取得突破,山东省莱州三山岛北部海域发现超大型金矿,金矿资源量达470多吨,矿体位于水深2000米的海底,开创中国海域金矿勘察的先河。① "区域"矿产资源勘探开发稳步推进,中国成功申请第四块"区域"矿产资源勘探区,积极履行"区域"内多金属结核、富钴结壳、多金属硫化物的专属勘探合同。

1.海洋油气资源开发利用②

近海油气勘探、深水油气勘探和海外油气勘探均取得新的突破,全年获得20个新发现,成功评价了18个含油气构造,储量替代率达112%,为油气的可持续供应奠定了基础。在中国海域,全年获得15个新发现,包括陵水25—1、锦州23—2、渤中22—1、陆丰14—4等,成功评价17个含油气构造,在中国海域的自营井勘探成功率达50%—70%。继在南海北部发现大型油田陵水17—2后,2014年年底中海油自营深水勘探再探获中型以上天然气田——陵水25—1。该发现再次证明了琼东南盆地巨大的勘探潜力。在海外勘探中取得5个新发现,包括美国墨西哥湾的Rydberg、乌干达的Rii-B、英国北海的Blackjack和Ravel及尼日利亚的OML138区块Usan区域的新发现,展示了海外油气勘探的广阔前景。

海洋油气产量稳步增长。2014年,中海油生产原油6868万吨,其中国内生产原油3964万吨,海外生产原油2904万吨;生产天然气219亿立方米,其中国内生产天然气124亿立方米,海外生产天然气95亿立方米。2014年海上原油生产同比增长2.7%,海上天然气生产同比增长11.7%。

---

① 《山东莱州发现超大金矿,藏海下2000米储量470吨》,http://world.huanqiu.com/hot/2015-11/7950981.html,2015年11月16日。

② 本节中的数据主要来自中国海洋石油总公司:《中国海油2014年度报告》,2015年。

海洋油气工程与技术服务迅速发展。中海油油田服务由物探勘察、钻井、油田技术和船舶服务四大业务板块组成,近年来在国际市场的影响力不断提升。目前中海油服形成了以新加坡、迪拜、休斯敦、挪威为中心,辐射亚太、中东、美洲和欧洲四大区域的海外业务布局,实现了由单一钻井业务到公司所有业务的突破,实现了从浅水到深水的重大跨越,成为世界上最具规模的综合型海上油田服务公司之一。

2.天然气水合物调查和勘探

自 1999 年开始,国家在南海北部陆坡开展了高分辨率多道地震调查和准三维地震调查,发现了天然气水合物存在的一系列指示标志。近年来,中国逐步开展天然气水合物调查勘探并成功获得发现。2007 年,在南海神狐海域成功钻获天然气水合物实物样品。2012 年,国土资源部天然气水合物重点实验室成立。该实验室位于山东省青岛市,以天然气水合物模拟实验研究为特色,围绕天然气水合物勘探、开发及环境效应等问题开展研究,为勘查和开发天然气水合物提供服务。2013 年下半年,中国在南海东北部陆坡水深 664—1420 米范围内钻探 13 个站位,获取了大量、多种类型的天然气水合物实物样本,其中甲烷气体含量超过 99%。[①] 天然气水合物作为未来的清洁高效能源,具有极高的勘探价值和能源潜力。天然气水合物勘探开发对于扩展未来能源储备、促进能源安全具有积极意义。

3.国际海底区域资源勘探

中国积极参与"区域"矿产资源勘探研究工作,先后在 2001 年、2011 年、2013 年和 2015 年申请获得了四块"区域"矿产资源勘探区。2001 年,中国大洋协会与国际海底管理局签订了勘探合同,取得位于东太平洋中部克拉里昂—克里帕顿断裂带海域 7.5 万平方千米矿区多金属结核的专属勘探权,以及在多金属结核进入商业开采时的优先开发权。据调查,该矿区内约有 42 亿吨干结核资源量,含 11175 万吨锰、406 万吨铜、514 万吨镍、98 万吨钴矿藏。2011 年 7 月,中国大洋协会获得了西南印度洋面积约 1 万平方千米海底矿区的多金属硫化物的专属勘探权和优先开采权。自合同签署后 15 年内,中国将完成勘探区面积 75% 的区域放弃,保留 2500 平方千米区域作为享有优先开采权的矿区。2013 年 7 月,经国际海底管理局理事会核准,中国大洋协会获得了位于西北太平洋,面积为 3000 平方千米的富钴结

①　张光学等:《南海东北部陆坡天然气水合物藏特征》,《天然气工业》2014 年第 11 期。

壳矿区的专属勘探权和优先开采权。按照规定,在勘探合同签订 15 年后,中国至少完成 2/3 的区域放弃,最终保留 1000 平方千米的勘探权。2015 年 7 月,国际海底管理局理事会核准了中国五矿集团公司提出的东太平洋海底多金属结核资源勘探矿区申请,中国五矿集团公司获得该国际海底矿区的专属勘探权和优先开采权。该矿区位于东太平洋克拉里昂—克里帕顿断裂带,面积近 7.3 万平方千米,包括分布在断裂区的 8 个区块,是中国第一块以企业名义获得的区域矿产资源矿区。

(三)海水资源综合利用[①]

海水综合利用是国家海洋战略性新兴产业。中国海水利用规模不断增大,截至 2014 年年底,全国海水淡化工程规模达 92.69 万吨/日,较上年增长 2.9%;2014 年利用海水作为冷却水量为 1009 亿吨,较上年增长 14.3%。海水利用的各种用途中,工业冷却水的用水量最大,占到全国海水利用的 90% 以上;其次是工业淡化用水,淡化用水普遍用于沿海电力、钢铁、石化等行业。

1.海水淡化利用

近年来,全国已建成海水淡化工程总体规模稳步增长。2014 年,全国新建成海水淡化工程 9 个,新增海水淡化工程产水规模 26075 吨/日。截至当年年底,全国已建成海水淡化工程 112 个,产水规模 926905 吨/日。其中,万吨级以上海水淡化工程 27 个,产水规模 812800 吨/日;千吨级以上、万吨级以下海水淡化工程 34 个,产水规模 104500 吨/日;千吨级以下海水淡化工程 51 个,产水规模 9605 吨/日。全国已建成最大的海水淡化工程为 2013 年投运的天津国投北疆电厂海水淡化项目,一期和二期工程产水规模总计 20 万吨/日。

全国海水淡化工程分布在沿海 9 个省市,集中分布在水资源严重短缺的沿海城市和海岛。北方以大规模的工业用海水淡化工程为主,主要集中在天津、河北、山东等地的电力、钢铁等高耗水行业,如天津北疆电厂 20 万吨/日海水淡化工程、河北首钢京唐钢铁厂 5 万吨/日海水淡化工程、河北曹妃甸北控阿科凌 5 万吨/日海水淡化工程等;南方以民用海岛海水淡化工程居多,主要分布在浙江、福建、海南等地,以百吨级和千吨级工程为主,如浙江舟山市本岛、衢山岛、秀山岛海水淡化工程、福建台山岛海水淡化工程、海

---

① 本节中的数据主要来自国家海洋局:《2014 年全国海水利用报告》,2015 年。

南三沙市永乐群岛海水淡化工程等。

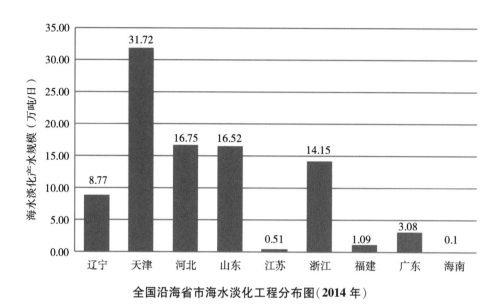

全国沿海省市海水淡化工程分布图（2014 年）

中国海水淡化技术以反渗透（RO）和低温多效（LT—MED）技术为主，相关技术达到或接近国际先进水平。截至 2014 年年底，全国应用反渗透技术的工程 99 个，产水规模 599615 吨/日，占全国总产水规模的 64.69%；应用低温多效技术的工程 11 个，产水规模 321090 吨/日，占全国总产水规模的 34.64%；应用多级闪蒸技术的工程 1 个，产水规模 6000 吨/日，占全国总产水规模的 0.65%；应用电渗析技术的工程 1 个，产水规模 200 吨/日，占全国总产水规模的 0.02%。海水淡化水以工业用途为主，居民生活用水为辅，也可用于绿化等市政用水。截至 2014 年年底，海水淡化水用于工业用水的工程规模为 587260 吨/日，占总工程规模的 63.35%。其中，火电企业为 27.42%，核电企业为 2.37%，化工企业为 11.87%，石化企业为 13.60%，钢铁企业为 8.09%。用于居民生活用水的工程规模为 339405 吨/日，占总工程规模的 36.62%。用于绿化等其他用水的工程规模为 240 吨/日，占总工程规模的 0.03%。

2.海水直接利用

国内海水直流冷却技术已基本成熟，主要应用于沿海火电、核电、石化及钢铁等行业。截至 2014 年年底，年利用海水作为冷却水量为 1009 亿吨。其中，2014 年新增用量 126 亿吨。11 个沿海省（市、区）均有海水直流冷却工程分布，2014 年海水利用量超过百亿吨的省份为广东省、浙江省、辽宁省和福建省。

海水循环冷却技术是在海水直流冷却技术和淡水循环冷却技术基础上发展起来的环保型新技术。截至 2014 年年底，中国已建成海水循环冷却工

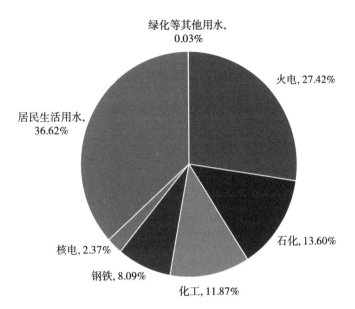

全国已建成海水淡化工程产水用途分布图

程 12 个,总循环量为 623800 吨/时。2014 年,相继建成珠海横琴热电有限公司 30000 吨/时海水循环冷却工程、珠海燃气发电有限公司 30000 吨/时海水循环冷却工程、滨州魏桥电厂 41000 吨/时海水循环冷却工程、沧州华润渤海热电厂 38000 吨/时海水循环冷却工程和唐山三友化工股份有限公司 14000 吨/时海水循环冷却工程,新增海水循环冷却循环量 153000 吨/时。大生活用海水是将海水作为城市生活杂用水。2014 年,在海南省三沙市建成 2 个海岛大生活用海水试点。

3.海水化学资源综合利用

海水化学资源利用是从海水中提取各种化学元素及其深加工利用的统称,主要包括海水制盐、海水提钾、海水提溴、海水提镁等。2014 年,中国海水提钾、提镁、提溴等发展较快,产品主要包括溴素、氯化钾、氯化镁、硫酸镁。海水和浓海水提溴产能进一步扩大。

(四)海洋可再生能开发

中国拥有面积大于 500 平方米的有居民海岛 400 多个,绝大多数海岛都面临能源短缺的问题。传统的海岛电力系统往往采用柴油发电机作为主电源,但面临柴油运输成本高、污染环境的问题。随着可再生能源发电技术的逐步成熟,海洋能、风能等可再生发电给海岛提供了更为清洁的供电方案。近年来,分布式可再生能源发电技术发展迅速,使用可再生能源配合柴油发电机的海岛独立型微电网模式应运而生。目前,中国已经建成及正在

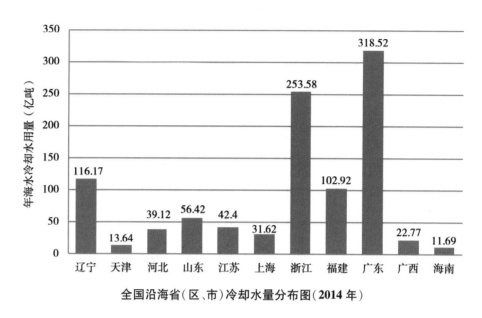

全国沿海省(区、市)冷却水量分布图(2014年)

建设中的海岛独立供电系统包括舟山东福岛风光柴储供电系统、温州南麂岛兆瓦级风光柴储微电网示范工程、温州鹿西岛兆瓦级风力—光伏微电网示范工程、珠海万山岛波浪能—风力—光伏供电系统、青岛斋堂岛500千瓦海洋能独立电力系统示范工程等。

(五)海洋空间资源开发利用

岸线、港湾和海域等海洋空间资源为海洋经济的发展提供了外在环境,海洋空间资源开发利用必须综合考虑经济、社会和生态影响,科学规划、严格管理。

1.海岸线及港湾资源开发利用

海岸线按利用类型可分为建设岸段、围垦岸段、港口岸段、渔业岸段、盐业岸段、旅游岸段、保护岸段和其他岸段八类基本功能岸段。为优化配置和集约使用海岸资源,充分发挥海岸资源的经济和社会效益,2009年国家海洋局发布《关于开展海岸保护与利用规划编制工作的通知》,决定全面开展海岸带保护与利用规划编制工作。在这一背景下,部分沿海省市编制实施了海岸带保护和利用规划,引领海岸带土地资源分用途、分等级、分时序开发利用。山东省早在2007年已经发布实施《山东省海岸带规划》,将山东省海岸线划分为湿地保护区、湿地恢复区、生态及自然环境保护区、生态及自然环境培育区、风景旅游地区、城乡协调发展区、预留储备地区、农业生产地区、特殊功能区、卤水盐场、盐碱地和城镇12类管制空间。2013年,河北省、辽宁省、海南省分别批准实施了海岸带保护与利用相关规划。《河北省海岸线保护与利用规划(2013—2020年)》将海岸线划分为严格保护岸段、适度利用岸段和优化利用岸段3个级别,提出了各级别岸线的保护与利用管理要求。《辽宁海岸带保护和利用规划》将海岸带划分为重点保护和重点建设两类功能区。重点保护区主要是强化生态保护和水源涵养,发展特色农果业、渔业和旅游业,占岸线总长度79%;重点建设区主要是推进产业发展、城镇和港口建设,占岸线总长度的21%。《海南经济特区海岸带土地利用总体规划(2013—2020年)》将海岸带划分为5类岸段,包括生态保护岸段、城镇生活岸段、滨海旅游岸段、港口工业岸段和农业岸段,合理安排海岸带土地利用空间布局,细化土地规划用途和开发时序。科学制定并严格实施海岸保护与利用规划,是在新形势下深化海洋功能区划制度的重要举措,各沿海省批准实施的海岸带保护利用规划将成为管制岸段开发建设、保护和恢复自然岸段的重要依据和有力保障。

港口建设是海岸线最重要的利用方式之一。国家在"十二五"期间有序推进沿海港口基础设施建设,优化沿海港口结构与布局,建设新港区,提升改造老港区,提升港口的专业化和规模化水平。截至2014年年末,沿海港口生产用码头泊位5834个,比上年增加159个,比"十一五"末期增加381个,码头泊位总量持续增加。沿海港口万吨级及以上泊位1704个,比上年增加97个,比"十一五"末期增加361个,泊位大型化水平显著提高。2014年,全国沿海主要港口完成货物吞吐量80.33亿吨,比上年增长6.2%,比"十一五"末期增长42.3%;完成外贸货物吞吐量32.67亿吨,比上年增长7.1%,比"十一五"末期增长42.8%;完成集装箱吞吐量1.82亿标准箱,比上年增长7.4%,比"十一五"末期增长38.9%,全国沿海港口货运能力较快增长。①

表1-2 沿海主要规模以上港口货物吞吐量一览表(2014年)

港口	货物吞吐量(万吨)	港口	货物吞吐量(万吨)
宁波—舟山	87346	营口	33073
上海	66954	秦皇岛	27403
天津	54002	烟台	23767
广州	48217	湛江	20238
青岛	46802	连云港	19638
大连	42337	海口	8915
日照	33502	八所	1400

① 交通运输部:《2014年交通运输行业发展统计公报》,2015年。

2.海域空间利用

2014年,海域管理落实国家宏观调控和产业政策,规范海域使用申请审批,依法推进海域使用权招标拍卖挂牌,提高海域资源配置和保障能力。全年经初始登记颁发了海域使用权证书5011本,新增确权海域面积374148.37公顷。

渔业为新增用海主要类型,渔业用海占新增用海海域面积的93.44%,交通运输和工业居第二和第三位,分别占2.22%和2.19%。各用海类型确权海域面积为:渔业用海349611.61公顷,工业用海8176.71公顷,交通运输用海8313.81公顷,旅游娱乐用海1607.80公顷,海底工程用海949.81公顷,排污倾倒用海133.13公顷,造地工程用海3568.61公顷,特殊用海1665.60公顷,其他用海121.30公顷。从用海方式上来看,开放式用海为主要用海类型。2014年新增开放式用海海域面积341785.88公顷,占全部新增用海海域面积的91.35%;新增围海面积16015.52公顷,占4.28%;新增填海造地面积9767.30公顷,占2.61%;新增构筑物用海面积3361.78公顷,占0.90%;新增其他方式用海面积3217.89公顷。

第二节 中国海洋生态系统的结构

一、中国海洋生态系统基本特征

中国海域包括渤海、黄海、东海、南海和台湾以东部分海域,呈北东—南西向的弧形,环绕着大陆,具有丰富的海洋和海岸生态系,拥有4个大海洋生态系统,即黄海、东海、南海和黑潮生态系。根据生态系统类型,中国海洋生态系统主要包括滨海湿地生态系统、珊瑚礁生态系统、上升流生态系统和深海生态系统等。[①] 根据生境类型,中国海域主要分布有滨海湿地、红树林、珊瑚礁、河口、海湾、泻湖、岛礁、上升流、海草床等多种典型的海洋生境。

中国海是东半球亚洲大陆东侧、西北太平洋低中纬度最大的边缘海,南北跨越38个纬度,热带、亚热带、暖温带三个气候带,基本属温暖海域。其南部、东部受北赤道流—黑潮暖流、南海暖流、台湾暖流等强势海流的影响,尤其是台湾和海南二大岛屿南部及以南的广阔海域,包括西沙群岛、南沙群

---

① 王斌:《中国海洋生物多样性的保护和管理对策》,《生物多样性》1999年第7期。

岛海域,其本上是典型的热带环境;而北部的渤海海域,由于受陆地气候与水文环境的影响,冬季三大海湾有岸冰。①

中国海域南北水温相差大,分布有冷温种、暖温种、亚热带种和热带种等各种温度性质的物种和区系,其中,我国海域的物种以暖水种(热带种和亚热带种)居多,也有些广分布种和暖温种,以及少数冷温种。② 各种温度属性的物种的分布受到多种环境因子所制约,在海洋中,与海流的关系最大,尤其以黑潮对东海和南黄海生物区系的影响尤其明显。东海、南海由于受黑潮暖流、南海暖流、台湾暖流等影响,海洋生物区系以热带、亚热带成分占优势,属于印度—西太平洋暖水区系。黄海水浅,基本不超过100米,夏季30—35米水深有温跃层出现,其下底层保存了冬季的黄海冷水团,底层水常年保持低温,北部6—8℃,南部8—10.5℃,整个海域保护和保存了较繁盛的北温带和寒带冷水性生物区系成分,且占绝对优势;渤海平均水深只有18米,水温季节变化幅度极大,少数广温种得以生存发展,生物区系种类是黄海的简化,多样性很低。③

二、河口生态系统

河口是海水和淡水交汇和混合的部分封闭的沿岸海湾,它受潮汐作用的强烈影响,如同潮间带是陆地和海洋环境的交替区一样,河口是地球上两类水生态系统之间的过渡区。河口通常可分三段:海洋段或河口下游段(至淡水舌锋缘),与开阔海洋连通;河口中游段,在此咸、淡不混合;河口上游段或河流段,主要为淡水控制,但每天受潮汐的影响。④

中国总的地势是西高东低,由于众多的外流水系和东南部漫长的海岸线,形成了滨海区域大量的河口生态系统。中国沿岸约有1500多条大小河流入大海,如长江、珠江、黄河、鸭江、辽河和台湾岛的淡水河、海南岛的南渡河等。据不完全统计,中国主要河口湿地面积超过$1.2×10^6$平方米,具有代表性的包括长江口、黄河口、辽河口和珠江口等。⑤

---

① 马程琳、邹记兴:《我的海洋生物多样性及其保护》,《海洋湖沼通报》2003年第2期。

② 黄宗国:《中国海物种的一般特点》,《生物多样性》1994年第2期。

③ 刘瑞玉:《中国海物种多样性研究进展》,《生物多样性》2011年第6期。

④ 沈国英、黄凌风、郭丰等编著:《海洋生态学(第三版)》,科学出版社2010年版。

⑤ 黄桂林、何平、侯盟:《中国河口湿地研究现状及展望》,《应用生态学报》2006年第17期。

河口生态系统位于河流与海洋生态系统的交汇处,径流与潮流的掺混造成河口区独特的环境和生物组成特征。潮汐节律引起盐度的周期性变化是河口区的最重要特点;在河口中游段,每一个潮汐周期内,低潮时的盐度可能接近淡水,高潮时则接近海水;盐度的变化幅度在河口区的上游段和下游段则小很多。河口温度的变化较开阔海区和相邻的近岸区大;由于河水的输入,河口水温的季节变化对海水更为明显;在较高纬度的海区,特别是温带海区,由于河水冬冷夏暖,这样河口水温在冬季就比周围的近岸水温低,而夏季则比周围近岸水温高。

适盐性是栖息于河口的海洋生物有别于淡水生物的生理生态特征之一,根据生物的适盐性,河口海洋生物可分为高盐种、广盐种和低盐种。众多的河口生态系拥有丰富的生物多样性,同时具备了若干淡水类型、海洋类型及河口区特有的物种[1],如白鲟(Psephurus)、中华绒螯蟹(Eriocheirsinen-sis)。河口区还是许多溯河物种的主要洄游通道或短暂停留地,很多重要经济动物将河口区作为产卵繁育地。长江口、黄河口和珠江口是中国的三大河口区,已鉴定的浮游植物种类分别有64种、103种和224种;浮游动物105种、66种和133种;底栖生物153种、191种和456种;潮间带生物41种、195种和189种;游泳生物189种、144种和356种。[2] 一般认为,不同河口区的多样性水平有一定的规律性差别,若其他条件相同,热带河口区的生物多样性水平要高于温带河口区。

三、海岸带生态系统

海岸带位于海陆之间的过渡地带,是大陆地貌、海洋地貌的交错带,是独特的生态区域单元。海岸带既包括海洋部分,也包括部分的陆域,是一个既有别于一般陆地生态系统、又不同于典型海洋生态系统的独特生态系统。从地理类型上划分,海岸带湿地包括了滩涂、浅海、河口、港湾、沼泽等,[3]是生物多样性最丰富、生产力最高的湿地生态系统之一,具有高梯度变化和高脆弱性等特点。

---

[1] 马程琳、邹记兴:《我国的海洋生物多样性及其保护》,《海洋湖沼通报》2003年第2期。

[2] 傅秀梅、王长云:《海洋生物资源保护与管理》,科学出版社2008年版。

[3] 赵锐、赵鹏:《海岸带概念与范围的国际比较及界定研究》,《海洋经济》2014年第4期。

　　生态学上所指的海岸带包括潮上带、潮间带和潮下带三部分。潮间带每天有海水淹没和干露的周期,潮差大的潮间带可再分为高潮带、中潮带和低潮带。海岸带的生物也往往存在不同程度的带状分布,尤其在潮差大的地区。潮上带是海岸带中海拔最高的区域,基本不受潮汐影响,只有在特大潮或大风暴时才被海水淹没;由于很少淹没在海水中,这里的有机体相对其他生物而言,更适宜生活在陆地环境,主要是一些草本植物,也会出现少量滨螺。① 高潮带是从潮上带的下边界延伸到潮水能够达到的最高位,由于大部分时间暴露在空气中,偶尔被海水淹没,出现这里的生物多为耐干类型,如滨螺、藤壶。中潮带是面积最大的潮间带区域,也是生物最为多变的区域;这里的生物定期暴露于水面和被海水淹没,退潮时面临烈日的暴晒和海风造成的干燥环境,这里仍有丰富多样的生物体在此定居和繁殖,大多同时具有生活在陆地和海洋中的能力;寒带的中潮带有大量墨角藻(Fucus),温带有以石莼(Ulva)为主的绿藻和牡蛎。低潮带的生物大部分时间浸没在海水中,这里的生物种类最多,包括海绵、腔肠动物、多毛类、贝类、蟹、棘皮动物和海鞘等。潮下带是低潮线下方完全被海水淹没的海区,其下限位于10—20米水深处;此带有大量的海草和无脊椎动物如海参、扇贝、鲍等。

四、红树林生态系统

　　红树林是热带、亚热带海岸潮间带,受周期性潮水浸淹,由红树植物为主体的常绿乔木或灌木组成的特有的盐生木本植物群落,通常分布在赤道两侧20℃等温线以内,热带海区60%—75%的岸线有红树林生长。红树林素有"海岸卫士"之称,通过消浪、缓流、促淤、固土功能在海岸带形成第一道天然屏障;同时,红树林在保护生物多样性、维持大气碳氧平衡、净化环境,以及生态旅游、科普教育等方面也具有独特的生态、社会和经济效益。②

　　中国红树林主要分布在广西、广东、海南、福建和浙江南部沿岸③。福建福鼎是我国红树林自然分布的北界,浙江乐清是我国红树林(人工种植)分布最北界④。我国历史上红树林面积曾达到25万公顷以上⑤。在20世

　　① 沈国英、黄凌风、郭丰等编著:《海洋生态学(第三版)》,科学出版社2010年版。
　　② 廖宝文、李玫、陈玉军等:《中国红树林恢复与重建技术》,科学出版社2010年版。
　　③ 国家海洋局:《2012年中国海洋环境状况公报》,2013年。
　　④ 国家海洋局:《2012年中国海洋环境状况公报》,2013年。
　　⑤ 吕彩霞:《中国海岸带湿地保护行动计划》,海洋出版社2003年版。

纪50年代,我国尚有近5万公顷的红树林。20世纪八九十年代红树林面积减至2.3万公顷,21世纪初红树林面积为2.2万公顷。根据2009—2013年第二次全国湿地资源调查,2013年全国红树林面积为3.4万公顷。① 其中,以广西红树林资源最为丰富,占我国红树林面积的1/3,其次是广东、海南、福建和浙江。总体上,我国红树林湿地面积从20世纪50年代至今呈现先减少后增加的趋势,说明经过几年的保护与恢复工作,我国红树林破坏的趋势得到一定程度的遏制。

中国现有红树植物21科36种,其中真红树植物11科14属24种:卤蕨(Acrostichum aureum)、尖叶卤蕨(A. speciosum)、木果楝(Xylocarpus granatum)、海漆(Excoecaria agallocha)、杯萼海桑(Sonneratia alba)、海桑(S. caseolares)、海南海桑(S. hainanensis)、大叶海桑(S. ovata)、拟海桑(S. gulngai)、木榄(B.gymnorrhiza)、海莲(B.sexangula)、尖瓣海莲(B.s.var.rhymchopetala)、角果木(Ceriops tagal)、秋茄(Kandelia obovata)、红树(Rhizophora apiculata)、红海榄(R.stylosa)、红榄李(Lumnitzera littorea)、榄李(L. racemosa)、桐花树(Aegiceras corniculatum)、白骨壤(Avicennia marina)、小花老鼠簕(Acanthus ebracteatu)、老鼠簕(A.ilicifolius)、瓶花木(Scyphiphora hydrophyllacea)、水椰(Nypa fruticans)。我国目前的所有原生真红树种类在地处热带的海南省均有分布,广东和广西则各有11种真红树。我国红树林大致分为8个群系,即红树群系、木榄群系、海莲群系、红海榄群系、角果木群系、秋茄群系、海桑群系和水椰群系。在地理空间分布上,红树植物的种类和分布面积随纬度的增加而逐渐减少,林相由乔向灌木变化。

根据对气温的适应范围,红树植物可划分为三种生态类群:嗜热窄布种、嗜热广布种和抗低温广布种。嗜热窄布种包括红树(Rhizophora apiculata)、红榄李(Lumnitzera littorea)、水椰(Nypa fruticans)、杯萼海桑(Sonneratia alba)、卵叶海桑(Sonneratia ovata)和水芫花(Pemphis acidula)等,仅自然分布于海南岛东南岸与台湾高雄以南海岸,这一类群适应大于20℃的最低月平均气温。嗜热广布种以木榄(Bruguiera gymnoihiza)、角果木(Ceriops tagal)、红海榄(Rhizophora stylosa)、海莲(Bruguiera sexangula)、海漆(Excoecaria agallocha)、榄李(Lumnitzera racemosa)、银叶树(Heritiera

① 但新球、廖宝文、吴照柏等:《中国红树林湿地资源、保护现状和主要威胁》,《生态环境学报》2016年第7期。

littoralis）和卤蕨（Acrostichum aureum）为代表,主要分布于防城至厦门沿岸及海南岛西北岸、台湾高雄以北海岸,这一类群适应的最低月平均气温为12—16℃。抗低温广布种有秋茄（Kandelia obovata）、白骨壤（Avicennia marina）、桐花树（Aegiceras corniculatum）等,为福建厦门以北海岸区的优势种,能成功引种到浙江省的仅有秋茄一种,这一类群适应小于11℃的最低月平均气温。①

红树林湿地、树干和树叶都有生物栖居,一些海岸带昆虫、两栖类、爬形类和鸟类,通常只有在红树林区才能可见其分布。据统计,我国红树林湿地共记录到了2854种生物,包括真菌136种、放线菌7种、小型藻类441种、大型藻类55种、维管束植物37种、浮游动物109种、底栖动物873种、游泳动物258种、昆虫434种、蜘蛛31种、两栖类13种、爬行类39种、鸟类421种、兽类28种,这些动物中有8种国家一级保护动物,75种二级保护动物。②

红树林中种类多样性最多的脊椎动物是鸟类,包括水禽和摄食昆虫的陆生鸟类,它们在红树林中筑巢、栖息和觅食。福建省红树林区鸟类资源共记录有190种,占福建省鸟类种数的35.0%,其中雀形目鸟类占42.11%,非雀形目鸟类占57.89%;非雀形目鸟类以涉禽（56.40%）和游禽（20.90%）为主,涉禽中以鸻鹬类和鹭科种类为主,游禽中以鸥类和鸭科鸟类为主。③

底栖动物是红树林生态系统的重要组成部分,是其物质循环、能量流动中积极的消费者和转移者。福建红树林共有大型底栖动物278种,其中甲壳类88种、多毛类47种、软体动物72种;广西沿海红树林大型底栖动物共有262种,其中甲壳类97种、多毛类19种、软体动物117种。④

五、海藻场生态系统

海藻场,也称海藻床,是指冷温带的潮下带硬质底上生长着的大型褐藻类植物,与潮间带岩岸群落相连接,形成独特的一类生态系统。全球海藻场

---

①　廖宝文、张乔民:《中国红树林的分布、面积和树种组成》,《湿地科学》2014年第4期。

②　何斌源、范航清、王瑁等:《中国红树林湿地物种多样性及其形成》,《生态学报》2007年第11期。

③　陈小麟:《滨海湿地鸟类的动物生态与保护生物学研究》,《厦门大学学报(自然科学版)》2011年第2期。

④　陈光程、余丹、叶勇等:《红树林植被对大型底栖动物群落的影响》,《生态学报》2013年第2期。

覆盖面积约 6.8×10^6 平方千米,其分布范围与底质、光照和温度等密切相关。海藻场与岩岸潮间带群落一样,其种类分布也呈带状,即由不同深度物理因素(如光照、波浪等)的变化所造成的,种间竞争也是造成带状分布的原因之一。

中国大型海藻物种数达 1277 种,其中蓝藻门 6 目 21 科 57 属 161 种及变种,红藻门 15 目 40 科 169 属 607 种及变种,褐藻门 11 目 24 科 62 属 298 种及变种,绿藻门 11 目 21 科 48 属 211 种。[1] 海藻的分布呈现从北往南冷水种和冷温种逐渐减少、暖水种逐渐增多的规律。[2]

中国沿海海藻区系大体可分为 4 个区:黄海两岸海藻区系,北起鸭绿江口、南至长江口的中国大陆沿岸;浙江—福建—广东北部沿岸海藻区系,北起长江口、南至广东汕头附近;广东南部—台湾—海南沿岸海藻区系,包括广东汕头以南的大陆沿岸(包括香港)和台湾、海南两岛沿岸;南海诸群岛的海藻区系,主要包括西沙、中沙、南沙和东沙等群岛。

大型海藻提供藻场生物群落的"框架",其巨大的叶片表面为很多的附着植物和动物提供生活空间,包括硅藻、微型生物和群体的苔藓和水螅。不少海绵动物、腔肠动物、甲壳动物和鱼类等也在藻场生活。其中,滤食性动物有海鞘(Styela)、荔枝海绵(Tethya)等,食腐动物有巢沙蚕(Diopatra)、长服寄居蟹(Paguristes)等,双斑蛸(Octopus bimaculatus)和一些定居性或阶段性生活在这里的鱼类属捕食性动物。[3]

六、海草场生态系统

海草床是地球生物圈最富有生产力和生物多样性的生态系统之一。海草是生长于近岸浅水区软质底上的一类海洋被子植物。海草的地下部分是网状的根——根茎系统,根茎水平伸展连接各个植株,而根垂直向下生长;地上部分是根茎处长出的分散枝条,从权条的基部(叶鞘)长出薄的带状叶片。海草具有阻止和吸附水流中的悬浮颗粒,能够消除污染、净化水质、改善水质环境,能减弱海浪能、水流能、维护海岸、保持海床稳定,并为儒艮、绿

---

① 丁兰平、黄冰心、谢艳齐:《中国大型海藻的研究现状及其存在的问题》,《生物多样性》2011 年第 6 期。

② 张水浸:《中国沿海海藻的种类与分布》,《生物多样性》1996 年第 4 期。

③ 沈国英、黄凌风、郭丰等编著:《海洋生态学(第三版)》,科学出版社 2010 年版。

海龟、海胆、海马、蟹类、海葵等许多海洋生物提供食物来源。①

中国现有海草22种,隶属于10属4科,约占全球海草种数的30%;其中,大叶藻属种类最多(5种),其次分别为喜盐草属(4种)、川蔓藻属(3种)。② 中国海草分布可分为南海海草分布区和黄渤海海草分布区。中国现有海草场的总面积约为8765.1公顷,其中海南、广东和广西分别占64%、11%和10%,南海区海草场在数量和面积上明显大于黄渤海区。南海区海草场主要分布于海南东部、广东湛江市、广西北海市和台湾东沙岛沿海;黄渤海区海草场主要分布于山东荣成市和辽宁长海县沿海。

南海海草分布区共有海草9属15种,其中海南海域种类最多(14种),台湾次之(12种),广东、广西、香港和福建分别有11种、8种、5种和3种,以喜盐草(Halophilaovalis)分布最广,在海南、广东、广西、台湾和香港均有分布,是中国亚热带海草群落的优势种。广东、广西两省的海草场主要以喜盐草为优势种,海南和台湾多以泰来藻(Thalassia hemprichii)为优势种。

黄渤海海草分布区分布有海草3属9种,包括山东、河北、天津和辽宁沿海,其中大叶藻(Zostera marina)、丛生大叶藻(Z.caespitosa)、红纤维虾海藻(Phyllospadix iwatensis)和黑纤维是海藻(P.japonicus)在辽宁、河北和山东三省沿海均有分布,而茎大叶藻(Z.caulescens)和宽叶大叶藻(Z.asiatica)只分布于辽宁沿海。山东和辽宁以大叶藻分布最广。

由于自然因素和人为破坏活动的双重干扰,我国海草的生存状况面临严峻的考验,日益退化。例如,海南岛东部沿海海草场的平均覆盖率由2004年的58.60%下降至2013年的21.12%,平均密度由2004年的1756株/m²下降至2013年的223株/m²;海南岛南部海草场分布面积由2008年的1.64平方千米减少至2014年的0.50平方千米,平均盖度由2008年的35.67%下降至2014年的26.40%。③

七、珊瑚礁生态系统

珊瑚礁是海洋环境中独特的一类生态系统,它由生物作用产生的碳酸

---

① 陈石泉、王道儒、吴钟解等:《海南岛东海岸海草床近10年变化趋势探讨》,《海洋环境科学》2015年第1期。

② 郑凤英、邱广龙、范航清等:《中国海草的多样性、分布及保护》,《生物多样性》2013年第5期。

③ 陈石泉、吴钟解、陈晓慧等:《海南岛南部海草资源分布现状调查分析》,《海洋学报》2015年第6期。

钙($CaCO_3$)沉积而成,生物异常丰富,各个门类的生物均有它的代表,共同组成生物多样性极高的群落,素有"海洋中的热带雨林"之称。热带雨林和珊瑚礁群落的基本物理结构基础是相似的,都是由生物有机体组成的。

珊瑚是构造非常简单的动物,在分类上,绝大多数的珊瑚属于腔肠动物门(Coelenterata)的珊瑚虫纲(Anthozoa)中的六放珊瑚亚纲(Hexacorallia),少数几种属水螅虫纲(Hydrozoa)。浅水造礁珊瑚,主要是石珊瑚目(Scleractinia)的珊瑚虫,在其组织内有共生虫黄藻(Zooxanthellae),绝大多数虫黄藻属于共生甲藻属(Symbiodinium)。虫黄藻生活在珊瑚虫消化道的衬层细胞内,数量可达每立方毫米珊瑚组织 30 000 个细胞。珊瑚和虫黄藻这间密切的共生关系,对珊瑚的钙化和造礁活动以及营养盐和能量循环都有很大的作用。除了浅水珊瑚礁外,深水区也有造礁珊瑚,不过其中的珊瑚虫体内没有共生藻类。①

珊瑚礁是在潮间带和潮下带浅海区,由珊瑚虫分泌碳酸钙($CaCO_3$)构成珊瑚礁骨架,通过堆积、填充、胶结各种生物碎屑,经逐年不断积累而形成的。除了石珊瑚目的珊瑚虫外,参与造礁的还有水螅虫纲中的多孔螅(Millepora)、八放珊瑚亚纲(Octocorallia)中的某些柳珊瑚和软珊瑚等;含钙的红藻特别是孔石藻属(Porolithon)和绿藻的仙掌藻属(Halimeda)对造礁也起重要作用。

大多数珊瑚礁位于赤道两侧南北纬 30°以内。我国珊瑚礁主要分布于南沙群岛、西沙群岛、中沙群岛、台湾岛、海南岛周边以及香港、广东、广西、福建沿岸②,属于印度—太平洋生物地理区③。我国造礁石珊瑚物种丰富,占印度—太平洋造礁珊瑚物种数的 1/3,南海诸岛和海南岛是主要的分布区,广东广西大陆沿岸 21 属 45 种、香港水域 21 属 49 种、海南岛 34 属 110 种和亚种、西沙群岛 38 属 127 种和亚种、黄岩岛有 19 属 46 种、中沙群岛 34 属 101 种、台湾海域 58 属 230 种、太平岛 56 属 163 种等。④ 2012 年西沙群岛活珊瑚礁盖度为 4%、海南东海岸为 20%、涠洲岛为 58%、雷州半岛西南海岸为 19%。⑤ 中国南海造礁珊瑚以枝状鹿角珊瑚为主,其次是块状珊瑚,

①　沈国英、黄凌风、郭丰等编著:《海洋生态学(第三版)》,科学出版社 2010 年版。

②　赵美霞、余克服、张乔民:《珊瑚礁区的生物多样性及其生态功能》,《生态学报》2006 年第 1 期。

③　傅秀梅、王长云、邵长伦等:《中国珊瑚礁资源状况及其药用研究调查珊瑚礁资源与生态功能》,《中国海洋大学学报》2009 年第 4 期。

④　李元超:《珊瑚礁生态修复研究进展》,《生态学报》2008 年第 10 期。

⑤　国家海洋局:《2012 年中国海洋环境状况公报》,国家海洋局 2013 年版。

如滨珊瑚等。造礁珊瑚对水温的要求各不相同,决定了地理分布特点,如杯形珊瑚科的柱状珊瑚 Stylopora 和排孔珊瑚 Seriatopora 只分布在南海诸岛和台湾;而杯形珊瑚属 Pocillopora 也只分布在海南岛,仅一水之隔的雷州半岛沿岸就没有分布。①

珊瑚礁生态系统蕴藏着丰富的鱼类资源。据报道,世界海洋鱼类中有25%是仅分布在珊瑚礁水域的。据统计,我国西、中沙群岛记录到鱼类 632种,隶属于 26 目 99 科 303 属,南沙群岛记录到鱼类 548 种,隶属于 19 目 74科 223 属,东沙群岛记录到鱼类 514 种,隶属于 21 目 69 科 214 属。②

珊瑚礁十分巨大,人们认定它是一种地质结构,是生物所建造的最大的地质结构,而不仅仅是一个生物群落。③ 根据礁体与岸线之间的关系,珊瑚礁可分为岸礁(Fringing Reef)、堡礁(Barrier Reef)和环礁(Atoll),许多珊瑚礁并不完全是其中一种或是出于两者之间。岸礁又称边礁、裙礁,珊瑚礁构成一个位于海面下的平台,它紧靠着陆地分布,好像一条花边镶在海岸上;大陆沿岸以岸礁为主,紧靠海岸,海南岛四周沿岸也断续分布岸礁和个别离岸礁。堡礁又称堤礁,像长堤一样,环绕在离岸更远的外围,而与海岸间隔着一个宽阔的浅海区或者隔着一个称被为潟湖的水体;在海南岛西北部分布大铲堡礁和邻昌堡礁。环礁是露出于海面上、高度不大的珊瑚岛礁,外形呈花环状,中央的水体也称泻湖,湖水浅而平静,而环礁的外缘却是波浪滔滔的大海;南海分布全球最大的珊瑚环礁——礼乐环礁(700 平方千米)和中沙环礁(6900 平方千米)。

八、浅海生态系统

浅海区通常指潮下带至大陆架边缘的陆架海水域,其面积相当广阔。因此,中国渤海、黄海、东海三大海域,除河口近岸、滩涂湿地、海湾生态系统以外的所有空间都属于浅海生态系统范围。④ 由于地形的差异,三大浅海

---

① 雷新明、黄晖、黄良民:《珊瑚礁生态系统中珊瑚藻的生态作用研究进展》,《生态科学》2012 年第 5 期。

② 李永振、史赟荣、艾红等:《南海珊瑚礁海域鱼类分类多样性大尺度分布格局》,《中国水产科学》2011 年第 3 期。

③ Peter Castro、Michael E.Huber 著,茅云翔等译:《海洋生物学(第六版)》,北京大学出版社 2011 年版。

④ 李加林、马仁锋:《中国海洋资源环境与海洋经济研究:40 年发展报告(1975—2014)》,浙江大学出版社 2014 年版。

生态系统各有特色。

渤海是中国的内海,海域面积77284平方千米,大陆海岸线长2668千米,平均水深仅18米,最大水深85米,20米水深以内的海域面积占50%以上,因此其浅海生态系统水域面积非常广阔。[1] 渤海地处北温带,夏无酷暑,冬无严寒,多年平均气温10.7℃,降水量500—600米,海水盐度为30。渤海海底平坦,多为泥沙和软泥质,地势呈由三湾向渤海海峡倾斜态势。由于本海域近似封闭浅海,其水文条件受陆地影响明显:一方面,环渤海诸河带来大量的泥沙,改变海底地形地貌;另一方面,表层水温受大陆影响季节变化明显。浮游植物以硅藻甲藻为主,生态为温带近岸型;浮游动物以近岸广温种为主,有少量暖水性种类。在中东部及渤海海峡区域小型底栖生物种类较多,以海洋线虫为主,桡足类为辅;大型底栖生物种类以甲壳类最多,生物量以棘皮类最多,集中在水深较浅区域和渤海海峡口等地。

黄海是太平洋西部的一个边缘海,以山东半岛成山角至韩鲜长山丰之间的连线为界,分为南北两部分,影响本海域的海流以沿岸流生态系统和黄海暖流为主。黄海东部和西部岸线曲折、岛屿众多。山东半岛为港湾式砂质海岸,江苏北部沿岸则为粉砂泥质海岸。黄海浮游植物以广温近岸种硅藻为主,代表种为中肋骨条藻;浮游动物季节变化明显,以寒温带低盐种、暖水种和热带种交替分布,板块性明显;底栖动物以软体动物门为主,其次为多毛类,大多属于广温低盐种,且春季生物量大。

东海面积广阔,为开放性边缘海,海域内水动力复杂,除了沿岸有长江、钱塘江、闽江等河流注入外,还有强盛的黑潮过境,形成了浙闽沿岸流、黄海沿岸流、台湾暖流、对马暖流、黑潮、南海高温高盐水等混合交汇的复杂局面。

九、大陆架生态系统

大陆架,也称"大陆棚"或"陆棚""陆架",是大陆向海洋延伸的浅海地带,是指潮间带下缘(低潮线)到海底坡度急剧增大的陆架坡折之间的海底。[2] 大陆架被海水淹没的部分构成海洋环境的潮下带,潮下带范围从沿岸的低潮带延伸到陆架坡折处。[3] 陆架坡折是深度忽然增加的大陆架外边缘。

---

①　李永祺:《中国区域海洋学——海洋环境生态学》,海洋出版社2012年版。
②　沈国英、黄凌风、郭丰等编著:《海洋生态学(第三版)》,科学出版社2010年版。
③　李太武:《海洋生物学》,海洋出版社2013年版。

中国近海海底地形的最大特点之一,就是有广阔的大陆架。中国近海分布的大陆架,位于大陆边缘,宽度从低潮线起算,向海以极缓的斜伸至坡度显著增大的转折处,具有深度浅(200米以内)、坡度平缓等特点,是陆地地形自然延伸的部分。[①] 中国海的大陆架水域宽阔,占中国海域总面积的40%以上。[②] 渤海、黄海全部位于大陆架上,东海约有2/3的海域属于大陆架,南海近1/2的海域为大陆架。

大陆架海域地理因素复杂,生物资源极其丰富,是鱼、虾、蟹等海洋生物的繁殖、索饵、生长发育的良好栖息场所。中国有95%以上的渔业资源分布在大陆架区域类。水深是大陆架生物群落结构变化的最主要环境因素。[③④] 南海北部大陆架鱼类的5个群落类型分布明显与水深相关,即分别在粤东海区的台湾浅滩西侧、40米等深线附近、40—100米等深线之间、100—200米等深线之间、大陆架外线海域。[⑤] 东海大陆架海域鱼类群落在空间上可分为3个群落类型,即60米以浅的东海近海群落、100米以深的东海大陆架外缘群落以及分布在60—100米水深的这两个群落之间的东海大陆架混合群落的,鱼类群落的种类组成沿着水深梯度的变化明显。[⑥]

十、深海生态系统

深海指大洋中层以下的深水层,是地球上最大的栖息地,包含了地球上75%的液态水。根据深度不同,深海可分为几个水层区域:1000—4000米的深水层称为深海区(Bathypelagic Zone),4000—6000米的深海区称为深渊区(Abyssopelagic Zone),超深渊带(Hadalpelagic Zone)则是由一些海沟组成,深度在6000米至大约11000米的海底。深海环境相对稳定,一般为黑暗且寒冷,温度几乎保持不变,通常在1—2℃;盐度和其他水化学性质也变化很小。

---

① 孙湘平:《中国近海区域海洋》,海洋出版社2006年版。
② 刘瑞玉:《中国海洋生物名录》,科学出版社2008年版。
③ 邱永松:《南海北部大陆架鱼类群落的区域性变化》,《水产学报》1988年第4期。
④ 李圣法、程家骅、严利平:《东海大陆架鱼类群落的空间结构》,《生态学报》2007年第11期。
⑤ 邱永松:《南海北部大陆架鱼类群落的区域性变化》,《水产学报》1988年第4期。
⑥ 李圣法、程家骅、严利平:《东海大陆架鱼类群落的空间结构》,《生态学报》2007年第11期。

深海蕴藏着巨大的海洋生物多样性,从深海中采集的样品90%的物种是新品种,深海被认为是海洋生物多样性的巨大宝库和生物进化新理论研究的重要场所。① 就我国而言,仅南海具有深海生态系统,与渤海、黄海、东海显著不同,南海有宽广的陆坡和海盆地,平均水深1212米,最大水深5559米。② 南海有半封闭的特征,北太平洋水是进入南海的主要大洋水来源,整个南海深海系统受到沿岸流体系、南海暖流、中尺度涡流、黑潮分支等海流的影响,这些海流通过水动力和水化学等因素影响了整个南海深海系统的生物种群结构和数量。

南海生态系统有着典型的热带、亚热带大洋性特征,其生物区系基本属印度—西太平洋区系,生物种类丰富,分布有优良的渔场。③ 南海深海生态系统中浮游植物属于热带生物区系,以亚热带、热带性为主,四季保持高盐高温性质,群落结构稳定,以硅藻为主,甲藻次之,其中甲藻的多样性明显高于我国其他海域。浮游动物组成以桡足类为优势种,另外磷虾类丰富,特别是在中部深水区,季节变化不受温度因素控制,而是与季节性水文动力水化学有关。深海底栖生物以多毛类为主,主要由热带、亚热带暖水种和热带广温种构成。本区有较多深海鱼类,种类繁多,且生态类群多样,包括陆架浅水鱼类、深海鱼类和珊瑚礁鱼类。

第三节　中国海洋生态系统生物群落及其栖息地

一、海洋微生物

微生物是指一些非常小的、肉眼看不到的生物(直径一般小于0.1毫米),包括所有微小的生命形式。④ 广义的微生物包括了原核生物、微型真菌、蓝细菌、原生动物、显微藻类以及病毒等;狭义的微生物指原核微生物和微型真菌。⑤ 海洋中存在着为数众多、种类丰富的微生物,它们在海洋生态

---

① 孙松、孙晓霞:《深海生态系统研究进展》,中国海洋研究委员会编:《走向深远海中国海洋研究委员会年会论文集》,海洋出版社2013年版。

② 李加林、马仁锋:《中国海洋资源环境与海洋经济研究40年发展报告(1975—2014)》,浙江大学出版社2014年版。

③ 李永祺:《中国区域海洋学——海洋环境生态学》,海洋出版社2012年版。

④ 张晓华等:《海洋微生物学(第二版)》,科学出版社2016年版。

⑤ 张偲等:《中国海洋微生物多样性》,科学出版社2013年版。

系统的物质循环、能量流动、生态平衡及环境修复等方面发挥着关键的作用。海洋微生物种类繁多,包括细菌域、古菌域和真核生物域以及病毒等各个类群,估计物种超过 2 亿种,生物碳总量达 9000 万吨。

我国黄海和渤海生物区系处在北温带海的边缘,东海和南海属亚热带性质,黑潮流域、河口水域和上升流区也具有不同特点,决定了我国近海微生物资源具有丰富的多样性。根据 2006—2007 年"908"专项调查①,渤海海区水体的细菌主要有 γ-变形菌(36.5%)、厚壁菌门(12.3%)、蓝菌门(12.0%)等类群;直接计数法获得的细菌周年平均丰度和平均生物量分别为 2.04×10^9cell/L、40.80mg/m³(以 C 计),分离培养法获得的细菌周年平均丰度为 8.72×10^7CFU/L,细菌高值区多集中分布于辽州湾及大连近岸海区;病毒计数周年平均丰度为 1.14×10^{10}particle/L,病毒高值区多出现在秦皇岛、天津等城市附近的沿岸海域。黄海海区水体中的细菌存在不同的类群,主要有 γ-变形菌(53.0%)、厚壁菌门(26.7%)、放线菌门(12.9%)等细菌类群;直接计数法获得的细菌周年平均丰度和平均生物量分别为 2.13×10^9cell/L、42.60mg/m³(以 C 计),分离培养法获得的细菌周年平均丰度为 2.12×10^3CFU/L,细菌高值区多集中分布于青岛、日照近岸海区,北黄海的细菌丰度和生物量相对较低;病毒计数周年平均丰度为 5.69×10^{10}particle/L,病毒高值区多出现青岛、日照近岸海区。东海区的细菌主要有 δ-变形菌门(41.0%)、γ-变形菌(36.5%)、β-变形菌(7.4%)等类群;直接计数法获得的细菌周年平均丰度和平均生物量分别为 1.36×10^9cell/L、27.29mg/m³(以 C 计),分离培养法获得的细菌周年平均丰度为 1.09×10^5CFU/L;病毒计数周年平均丰度为 8.33×10^9particle/L,春季病毒的平均丰度最低,夏季最高。

二、浮游生物(包括浮游植物与浮游动物)

浮游生物是指在水流运动的作用下,被动地漂浮在水层中的生物群②。浮游生物包括浮游植物和浮游动物两大类群。浮游生物虽然个体小,但是在海洋生态系统中占有非常重要的地位。它们的数量多、分布广,是海洋生产力的基础,也是海洋生态系统能量流动和物质循环的最主要环节。

① 孙松:《中国区域海洋学——生物海洋学》,海洋出版社 2012 年版。
② 沈国英、施并章:《海洋生态学(第二版)》,科学出版社 2002 年版。

中国各海区的浮游生物类群差异大。渤海浮游生物区系属北太平洋温带区东亚亚区,多为广温低盐种。黄海浮游生物带有北太平洋暖温带系和印度—西太平洋热带区系的双重性,但以温带种占优势,多为广温性低盐种。东海浮游生物区系属北太平洋温带区和东亚亚区,而以暖温带性种为主,在受台湾暖流影响的区域还出现亚热带和热带种,台湾海峡则属印度——西太平洋热带区的印——马亚区。南海浮游生物区系属印度——西太平洋热带区的印——马亚区,以热带种为主,具有热带大洋特征。[1]

浮游植物是海洋中最重要的初级生产者。2006—2007年"908"专项调查,渤海海区共鉴定到浮游植物7门42属121种,其中硅藻和甲藻的物种占绝大多数,硅藻门79种,甲藻门36种,优势种主要有偏心圆筛藻、浮动弯角藻、尖刺伪菱形藻、洛氏角毛藻、布氏双尾藻、掌状冠盖藻、旋链角毛藻、菱形海线藻和佛氏海线藻。黄海海区主要的浮游植物类群是浮游硅藻和浮游甲藻。南海北部冬季浮游植物物种以广温、广布型为主,其次是暖水性种,热带、亚热带和冷水性种都较少,优势种类主要以硅藻为主;夏季浮游植物以热带暖水性类群和广布性类群为主,优势种类为浮游硅藻。南海南部的浮游植物的生态类群多属于热带大洋种,另一重要类群是广布性类群,主要由广温广盐种和广温高盐种组成。

据2006—2007年"908"专项调查,中国近海共鉴定出浮游动物7门19大类群,1330种,浮游幼体47类。浮游动物群落中,桡足类为最优势类群,有364种,占浮游动物总物种数的27.37%;水母类(包括刺胞动物门和栉板动物门)有336种,占浮游动物总种数的25.26%;节肢动物门中有端足类148种,糠虾类67种,磷虾类36种,十足类41种,介形类87种,枝角类27种,涟虫类11种,等足类1种;软体动物62种;环节动物多毛类52种;毛颚动物36种;尾索动物62种。[2] 中国近海浮游动物群落可划分为6个主要生态类群:近岸低盐类群,分布范围从渤海、黄海、东海到南海沿岸水域,包括部分浮游动物低盐河口种,种类和数量非常丰富;低盐高盐类群,主要分布于渤海海峡以东、黄海中部和北部海域,其种类数较少;高温高盐类群,主要分布于东海受暖流影响较大混合海域、东海和南海外海海域,其种类和数量丰富;低温广盐类群,主要分布于黑潮锋面及黑潮分支以东的暖流海区和南海水体深层,种类较多,数量少;高温广盐类群,主要分布于受西北太平

①　冯士筰、李凤岐、李少菁:《海洋科学导论》,高等教育出版社1999年版。

②　杜明敏、刘镇盛、王春生等:《中国近海浮游动物群落结构及季节变化》,《生态学报》2013年第17期。

洋暖流影响较大的东海和南海海域,数量稀少,但分布广;广温广盐类群,广泛分布在中国近海陆架交汇混合水域,种数和数量很丰富。[1]

三、底栖生物(包括固着藻类与底栖动物)

底栖生物是由生活在海洋基底表面或沉积物中的各种生物所组成[2],包括底栖植物和底栖动物。中国海大型藻类约有100余种,其中绝大多数是生长在潮间带的沿岸底栖海藻。[3] 中国近海底栖植物区系由北向南有暖温带、亚热带、热带三种温度性质,分别隶属于北温带海洋生物区系、北太平洋生物区系东亚亚区和暖水生物区系组印度—西太平洋生物区中—日亚区及印—马亚区。[4] 黄渤海分布海藻336种,东海372种,南海762种;只分布于黄海海区的有130种,只分布于东海的有62种,只分布于南海的有458种;黄海、东海和南海三海区共有种43种,黄海和东海共有种103种,而黄海和南海共有种只有9种,东海和南海共有种97种;三个海区之间各有特点,又相互渗透。

底栖动物分布遍及全球各大洋,从潮间带到水深超过万米的超深渊,从赤道到极地都有踪迹。中国底栖动物种类非常丰富,除在黄海冷水团区只有一些冷水种为主要栖居者外,其他所有海区均为暖水种占优势,且其种类随纬度的降低而显著增多,呈现出黄海<东海<南海递增梯度。中国海分布底栖动物290科1118属3791种,种类最多的是甲壳类3008种,其次为多毛类1022种、刺胞动物1005种、棘皮动物588种、多孔动物199种。据2006—2007年"908"专项调查[5],渤海海域共发现大型底栖生物413种,其中环节动物多毛类131种,软体动物95种,甲壳动物110种,棘皮动物20种,其他57种;平均生物量为19.83g/m²,以软体动物占绝对优势,其次依次为多毛类、棘皮动物、甲壳动物和其他类;平均栖息密度为474个/m²,以多毛类和软体动物占绝对优势。黄海海域共发现大型底栖生物853种;其中,在北黄海海区共发现大型底栖生物658种,种类最多的为多毛类,其次

---

① 杜明敏、刘镇盛、王春生等:《中国近海浮游动物群落结构及季节变化》,《生态学报》2013年第17期。

② 沈国英、黄凌风、郭丰等编著:《海洋生态学(第三版)》,海洋出版社2010年版。

③ 王颖:《中国海洋地理》,科学出版社2013年版。

④ 曾呈奎:《关于海藻区系分析研究的一些问题》,《海洋与湖沼》1963年第4期。

⑤ 孙松:《中国区域海洋学——生物海洋学》,海洋出版社2012年版。

分别为甲壳动物、软体动物;北黄海海区大型底栖生物平均生物量和栖息密度分别为 99.66g/m² 、2017 个/m²;在南黄海海区共发现大型底栖生物 416种,其中多毛类最多,其次分别为软体动物、甲壳动物;南黄海海区大型底栖生物平均生物量和栖息密度分别为 27.69g/m² 、89 个/m²。东海海区采集到大型底栖生物共 1300 种,其中多毛类 428 种,软体动物 291 种,甲壳动物283 种,棘皮动物 80 种,其他动物 219 种;其中,长江口海域、浙江海域和台湾海峡海域采集得到的大型底栖生物物种分别为 418 种、327 种和 492 种,均以多毛类种数为最多。南海海区共采集大型底栖生物 1661 种,其中珠江口海域 971 种,海南岛东部海区 577 种,北部湾海区 580 种,明显高于渤海、黄海和东海;南海海区平均生物量和栖息密度分别为 20.06g/m² 、196个/m²。海洋底栖生物数量分布呈现出:长江口以北的黄、渤海,位于北半球中纬度南部温带海区,底栖生物数量较高;长江口以南广大的东海和南海,位于低纬度温暖海域,数量较低,而且由北向南、由沿岸浅海向陆架外缘深海区呈现出递减的趋势。

中国海底栖动物区系是暖水性的,东、南海域属印度—西太平洋暖水动物区系,东海和南海北部陆架海域属亚热带成分;台湾东南岸和海南岛南端以南广阔海域的底栖动物属印度—马来热带区系亚区;北部的黄海和渤海由于有黄海冷水团的存在而使温(冷)水性的北温带种占了优势,属于北太平洋温带区系区的东亚亚区。①

四、游泳生物

游泳生物是具有发达的运动器官、游泳能力很强的一类大型动物②,主要包括鱼类、头足类、鲸类、食肉类、少数虾类、爬行类以及少数鸟类。从种类和数量上看,鱼类占主导地位。③

游泳动物的物种数由北至南呈明显的增加趋势。据 2006—2007 年"908"专项调查④,渤海四个季节底拖网调查共捕获渔业生物 135 种,其中鱼类 83 种;黄海共捕获渔业生物 237 种,其中鱼类 168 种;东海共捕获渔业生物 534 种,其中鱼类 354 种;南海共捕获渔业生物 652 种,其中鱼类

---

① 王颖:《中国海洋地理》,科学出版社 2013 年版。
② 沈国英、黄凌风、郭丰等编著:《海洋生态学(第三版)》,海洋出版社 2010 年版。
③ 刘瑞玉:《中国海洋生物名录》,科学出版社 2008 年版。
④ 唐启升:《中国区域海洋学——渔业海洋学》,海洋出版社 2012 年版。

515 种;南海渔业生物物种数最高,其次为东海。从生物类群来看,各海区类群存在差异,渤海鱼类多数属暖温性种,其次为暖水性种①;黄海以暖温性种和暖水性种为主,冷温性种类很少;东海以暖水性种占绝对优势;南海北部海区以暖水性为主,区系属印度—西太平洋热带区的中—日亚区,南部海区均为暖水性,属印度—西太平洋热带区的印—马亚区,为热带区系。

鲸类动物是完全生活于水中的哺乳动物,也是海洋中个体最大的游泳动物。中国沿海的鲸类有 36 种②,渤海分布最贫乏,南海最多,自北部海区往南逐渐增多③。从地理分布来看,中国鲸类可以分为 4 大类型:温水种,有露脊鲸、小抹香鲸、侏儒抹香鲸、朗氏喙鲸、贝氏喙鲸、银杏齿中喙鲸、柏氏中喙鲸、短肢领航鲸、瑞氏海豚、真海豚、条纹海豚、热带斑海豚、太平洋斑纹海豚、糙齿海豚、瓶鼻海豚、江豚等 17 种;暖水种有鳀鲸、布氏鲸、大村鲸、瓜头鲸、小虎鲸、弗氏海豚、印太瓶鼻海豚、长吻真吻豚、长吻飞旋海豚、中华白海豚等 10 种;广温性种有灰鲸、蓝鲸、长须鲸、鳁鲸、小须鲸、大翅鲸、抹香鲸、柯氏喙鲸、虎鲸、伪虎鲸等 10 种;地区特有种有白鳍豚 1 种。

五、滨海湿地鸟类

滨海湿地被誉为“鸟类天堂”,因为它能提供植被、光滩、水面、礁石等各种栖息生境,并且提供各种饵料,让不同生态位的鸟类在同一个区域内共同生活。④ 中国的滨海湿地是世界上最受威胁的生态系统之一。

中国滨海湿地水鸟可划分为八大类群:鸻鹬类,包括沙锥、鹬、鸻、麦鸡、燕鸻、水雉;雁鸭类,包括鸭、雁、天鹅;鸥类,包括鸥、燕鸥;鹭类及琵鹭,包括鹭、鸦、琵鹭;秧鸡类,包括秧鸡、田鸡、骨顶鸡、水鸡;鸬鹚类,包括鸬鹚;鹤鹳类,包括鹤、鹳;其他类别,包括鹈鹕、鸊鷉、潜鸟、鹮、海雀。⑤ 从我国滨海湿地的鸟类群落来看,鸻鹬类(或者叫涉禽、海滨鸟)是滨海湿地水鸟的代表物种。滨海湿地具有淤泥质或砂质基底、周期性的潮汐变化、底栖动物丰富

---

① 冯士筰、李凤岐、李少菁:《海洋科学导论》,高等教育出版社 1999 年版。
② 刘瑞玉:《中国海洋生物名录》,科学出版社 2008 年版。
③ 王丕烈:《中国鲸类》,化学工业出版社 2011 年版。
④ 何文珊:《中国滨海湿地》,中国林业出版社 2008 年版。
⑤ 白清泉、张浩辉:《2010—2011 年中国沿海水鸟同步调查总报告》,中国沿海水鸟同步调查项目组编:《中国沿海水鸟同步调查报告(2010—2011)》,香港观鸟会 2015 年版。

等特点,这正适合鸻鹬类的栖息、觅食和其他生物学特征的需要。我国共有鸻鹬类鸟78种,常见于滨海湿地的湿润开阔地带,且大部分为候鸟,即每年春、秋两季,在越冬和繁殖地之间定期集群迁徙的鸟类。

根据2010—2011年中国沿海15个滨海湿地的调查[①],累计记录到滨海湿地鸟类161种,其中包括21个全球受胁(极危、濒危及易危)鸟种;月均水鸟数量142375只。在鸟类种类和数量上,鸻鹬类处于绝对优势地位,其次为雁鸭类、鸥类等。除北戴河外,其余14个滨海湿地均有超过1%标准数量的鸟种,这些滨海湿地分别为:辽宁省的丹东鸭绿江口、庄河湾、盘锦双台子河口,河北省的沧州,天津市,山东黄河三角洲,江苏省的连云港、如东小洋口,上海南汇东滩,福建闽江口、泉州,广东省海丰、深圳,香港特区。其中,超过1%标准数量的鸟种以黄河三角洲保护区最高,有29种,其次分别为丹东鸭绿江口20种、沧州19种、盘锦双台子河口16种、天津12种、香港10种。根据2006—2011年多年调查结果,滨海湿地年鸟类物种数在144—153种之间,月均鸟类数量在77805—142375只之间,受胁物种在18—21种之间,各指标均以2011年最高。

我国滨海湿地几乎全部被纳入亚洲受胁鸟类的重要湿地地区,并被分为三大部分——黄渤海沿岸、东海南海沿岸、鸟类栖息地。[②] 黄渤海沿岸记录到21种RDB鸟类(被纳入《国际鸟盟红皮书》的受胁鸟种),包括2种特有鸟;全球已经记录到的黑脸琵鹭、黑嘴鸥、几乎所有黄嘴白鹭都在这一地区繁殖,黑脸琵鹭和黄嘴白鹭的繁殖地点多在朝鲜半岛西侧海域的海岛上,而黑嘴鸥多选择在潮间带淤泥海滩繁殖。每年有占全球种群数量很大比例的鸿雁和丹顶鹤在江苏沿海越冬。此外,还有大量的受胁水鸟从这一地区迁徙过境,如小青脚鹬和勺嘴鹬。东海、南海沿岸记录到15种RDB鸟类,大大小小的河口湿地如闽江口、深圳湾、曾文溪口等,以及红树林湿地和潮间盐沼湿地对南迁的水鸟具有重要意义。我国的马祖岛和钓鱼岛被纳入对海岛而言特别重要的重点鸟区,马祖岛是已经唯一的黑嘴端凤头燕鸥繁殖群区,钓鱼岛是短尾信天翁和黑脚信天翁的繁殖群区,这3种鸟类都是只在亚洲范围内繁殖的海鸟。

---

① 白清泉、张浩辉:《2010—2011年中国沿海水鸟同步调查总报告》,中国沿海水鸟同步调查项目组编:《中国沿海水鸟同步调查报告(2010—2011)》,香港观鸟会2015年版。

② 何文珊:《中国滨海湿地》,中国林业出版社2008年版。

第四节　中国海洋生态系统的服务功能

一、中国"蓝色国土"的地位和作用

海洋是生命的摇篮、资源的宝库、交通的命脉。中国是海洋大国,海洋是中国国民经济和社会发展依赖的基础。[1] 中国管辖海域面积约 300 万平方千米,约相当于 960 万平方千米陆地国土面积的 1/3,还分享公海和国际海底的海洋权利。中国的领海宽度为从领海基线向海量起 12 海里,领海面积约 38 万平方千米。中国有大陆海岸长 18000 多千米,有着 11000 余个形态各异的岛屿,岛屿岸线长 14000 千米。[2] 海岛不仅是一道天然的风景,更是特殊的国土,是国家海洋主权权利的重要空间,是天然的海防前哨,是国家安全的重要屏障。

在这片辽阔的"蓝色国土"中,具有丰富的海洋生物、石油天然气、固体矿产、可再生能源、滨海旅游等资源。中国浅海、滩涂总面积约 3.8 万平方千米,水深 0.15 米浅海面积 12.4 万平方千米;分布有 30 多个沉积盆地,面积近 70 万平方千米,石油资源量约 250 亿吨[3],天然气资源量约 14.0 万亿立方米,还有可燃冰资源(天然气水合物)是一种能量更为可观的新能源,仅在南海就有近 800 亿吨油当量,相当于全国石油总量的 50%[4]。中国沿海有丰富的港口资源,沿岸多优良海湾和港口城市,如大连、上海、厦门等。依托海洋区位优势和资源优势,沿海地区成为中国对外开放的先行区和经济最发达地区,我国沿海省、市(区)陆地面积仅占全国的 13.4%,却承载着全国 40% 的人口,创造出全国 60% 以上 GDP 的总值。随着海洋资源开发的不断深入,海洋经济已经成为国民经济新的增长点。

同时,海洋和国家安全与权益维护、全球气候变化、油气与金属矿产等战略性资源保障等全局性、重大性和长久性问题息息相关。因此,海洋在政

---

[1]　中国环境与发展国际合作委员会:《中国海洋可持续发展的生态环境问题与政策研究国合会课题组报告》,中国环境与发展国际合作委员会,2010 年。

[2]　国家海洋局:《2015 年海岛统计调查公报》,2016 年,第 11 页。

[3]　国家海洋局海洋发展战略研究所课题组:《中国海洋发展报告(2015)》,海洋出版社 2015 年版。

[4]　张耀光、刘锴、王圣云:《关于我国海洋经济地域系统时空特征研究》,《地理科学进展》2006 年第 5 期。

治、军事和经济上具有举足轻重的战略意义。

二、生物多样性保护

生物多样性是地球上生命经过几十亿年发展进化的结果,是人类赖以生存的物质基础。海洋是地球生命的摇篮。海洋约占地球表面的 71%,控制着许多自然过程,是地球生物圈的一个重要组成部分,哺育着种类繁多的海洋生物,是生物多样性的宝库。生命的各种形式,从最早的原始细胞直到我们人类,都和海洋密切相关。

海洋生物多样性较陆生生物多样性更为复杂。海洋是个动态的系统,海洋生物除了生命体自身的各种生物过程的多样性外,还存在着海水流动性和湍流所造成的复杂性①。从大类来说海洋生物分为 5 界:原核生物界、原生生物界、真菌界、后生植物界和后生动物界。原核生物界、原生生物界和后生动物界遍布于整个世界大洋及近岸的角角落落,而真菌界多分布于潮间带,后生植物界多分布于潮间带和沿岸海底。海洋生物多样性的水平分布呈现由近岸到大洋、由极地到热带的特点。

中国是世界海洋生物最丰富的国家之一,对于保护我国乃至全球海洋生物多样性都具有重要的意义。迄今为止,中国海域已记录到的海洋生物有 28000 多种②。根据五界分类系统,这些物种隶属于五界 59 个生物门,其中原核生物界(Monera)10 门 574 种、原生生物界(Protista)14 门 4787种、真菌界(Fungi)4 门 159 种、植物界(Plant)6 门 1500 种、动物界(Animalia)25 门 19160 种。根据 2010 年世界海洋生物普查的结果,全球海洋物种数量达到 25 万种,中国海洋物种数量约占全球总数的 11%,仅次于澳大利亚和日本,居世界第三位。③ 我国的海洋鱼类有 3000 种左右(淡水鱼类只有 800 种左右),占世界已记录的鱿类种数的 1/6。④ 世界海洋生物门类中,有 13 个门类是海洋独有的,中国海所记录的栉水母、动吻动物、曳鳃动物、蜞虫动物、腕足动物、帚虫动物、毛颚动物、棘皮动物、半索动物和尾

---

① 孙军:《海洋生物多样性:为什么存在高的多样性?》,《生物多样性》2011 年第 6 期。

② 黄宗国、林茂:《中国海洋物种多样性》,海洋出版社 2012 年版。

③ 邵广昭:《十年有成的海洋生物普查计划》,《生物多样性》2011 年第 6 期。

④ 沈国英、黄凌风、郭丰等编著:《海洋生态学(第三版)》,海洋出版社 2010 年版。

索动物等 12 个门类是海洋生境特有的。① 中国海洋物种由北往南递增。中国海,既是许多印度—西太平洋热带海洋生物分布的北界,又是一些太平洋暖温种和少数冷水种分布的南界。总体上看,我国是亚太地区物种最丰富的国家,而海洋的物种显得更为丰富。

三、海洋生物资源宝库

中国海域辽阔,不仅为人类提供大量的鱼、虾、贝、藻类等,同时也向人类提供多种药用生物资源,是巨大的海洋生物资源宝库。

中国海优越的自然环境为海洋生物提供了极为有利的生存、繁衍和成长的条件,形成了众多海洋渔业生物的产卵场、索饵场、越冬场以及优良的渔场和养殖场。② 中国海的渔业生物种类繁多,具有捕捞价值的鱼类 2500 余种、蟹类 685 种、对虾类 90 种、头足类 84 种,海洋入药物种约 700 种。其中,300 多种是主要经济种类,60—70 种为常见的高产重要经济种类。渔获量超过 100 万吨的种类只有带鱼和鳀鱼,超过 50 万吨的种类有蓝点马鲛、蓝圆鲹和玉筋鱼,超过 10 万吨的种类有绿鳍马面鲀、大黄鱼、小黄鱼、鲐鱼、太平洋鲱、银鲳、海鳗、金线鱼类、白姑鱼、口虾蛄、中国毛虾、鹰爪虾、三疣梭子蟹、海蜇、日本枪乌贼、毛蚶、菲律宾蛤仔等。③

中国对海洋生物资源的利用历史悠久,渔业发达,是世界海洋渔业大国,在水产资源中占据重要地位。2013 年,中国海水产品产量 3138.83 万吨,占中国水产品总量的 50.86%;其中,近海捕捞量 1264.38 万吨,占海水产品总量的 40.28%。④ 从各海区看,黄海是资源最贫乏的水域,是渤黄海主要经济渔业资源的"过路"渔场和越冬场。渤海则是多种渔业资源的栖息地和索饵场,鳀鱼、黄鲫和低龄小型化的小黄鱼是渤海黄海渔获量的主体。东海陆架水域的渔业资源最为丰富,带鱼、蓝点马鲛、鲳类、竹荚鱼和小黄鱼等经济鱼类以及太平洋褶柔鱼、剑尖枪乌贼等头足类。南海是属于热带和亚热带渔业资源高多样性的水域,带鱼、蓝圆鲹、竹荚鱼、鲳类、方头鲳

① 黄宗国:《中国海物种的一般特点》,《生物多样性》1994 年第 2 期。
② 唐启升:《中国区域海洋学——渔业海洋学》,海洋出版社 2012 年版。
③ 刘瑞玉:《中国海洋生物名录》,科学出版社 2008 年版。
④ 国家海洋局海洋发展战略研究所课题组:《中国海洋发展报告(2015)》,海洋出版社 2015 年版。

类和二长棘犁齿鲷等为主要经济鱼类。[1]

海洋生物在中国一直是中医学家常用的中医药材,中医学方剂和中成药所涉及的药用海洋生物多达1114种(包括植物界绿藻门的1变种和动物界的8亚种),分隶于268科470属,其中隶属于细菌界、色素界、原生动物界和植物界四界的共148种;大部分分药用海洋生物是动物界的,共有966种,其中602种隶属于无脊椎动物、364种隶属于脊椎动物门。

四、调节气候

海洋覆盖了地球表面积的71%,储存着97%的水资源,是气候系统的关键组成部分,对全球气候具有重要的调节作用。尤其在当前全球变暖的气候背景下,海洋对温室气体有着显著的吸收作用,很大程度上减缓了全球变暖,海洋在全球变暖中的作用已经成为全球变化研究的关键议题。

海洋是地球上最大的碳库。整个海洋中蓄积的碳总量达到39×10^{12}吨,占全球碳总量的93%,约为大气的53倍。[2] 地球上大约有93%的CO_2会循环进入海洋[3],这些碳或重新进入生物地球化学循环,或被长期储存起来;而其中一部分被永久地储存在海底。根据联合国《蓝碳》报告,地球上55%的生物碳或是绿色碳捕获是由海洋生物完成,这些海洋生物包括浮游生物、细菌、海藻、盐沼植物和红树林。

滨海湿地是重要的碳汇区。据2006—2007年"908"专项调查,我国滨海湿地面积为693万公顷,其中自然滨海湿地面积为669万公顷,包括浅海水域面积499万公顷、滩涂面积46万公顷、滨海沼泽面积5万公顷、河口水域和河口三角洲湿地119万公顷。初步估算,我国滨海湿地每年可吸收CO_2为180万吨[4]。

五、海洋能源

海洋可再生能源通常指海洋中所蕴藏的可再生的自然资源,主要包括

---

① 王颖:《中国海洋地理》,科学出版社2013年版。

② 刘惠、唐启升:《国际海洋生物碳汇研究进展》,《中国水产科学》2011年第3期。

③ C.Nellemann,E.Corcoran,C.M.Duarte,L.Valdes,C.De Young,et al.,*Blue Carbon*,*A rapid response assessment*,GRID-Arendal:United Nations Environment Programme,2009.

④ 国家海洋局:《2012年中国海洋环境状况公报》,国家海洋局2013年版。

潮汐能、波浪能、潮流能与海流能、海水温差能和海水盐差能。中国海岸线漫长,蕴藏着大量的海洋能源。除台湾省外,我国近海海洋可再生能源总蕴藏量为 $15.8×10^8$ KW,总技术可开发量为 $6.47×10^8$ KW[1]。

我国近海潮汐能蕴藏量 $19286×10^4$ KW,技术可开发量 $2238×10^4$ KW,主要集中分布在浙江和福建两省,两省可开发量为 $2067.34×10^4$ KW,占全国可开发总量的 90.5%。潮流能蕴藏量 $883×10^4$ KW,技术可开发量 $167×10^4$ KW;潮流能资源空间分布不均匀,以浙江省沿岸海域的潮流能资源最为丰富,约为 $516.77×10^4$ KW,占了我国潮流能蕴藏量的 50% 以上,主要集中于杭州湾和舟山群岛海域。[2] 波浪能蕴藏量 $1600×10^4$ KW,技术可开发量 $1471×10^4$ KW;波浪能资源分布不均匀,从波功率密度角度,空间上南方沿岸海域比北方沿岸海域高,外海比大陆岸边高,外围岛屿附近海域比沿岸岛屿附近海域高;时间上,秋冬季较高,春夏季较低。温差能蕴藏量 $36713×10^4$ KW,技术可开发量 $2570×10^4$ KW;黄渤海全年表、深层水温基本一致,没有海洋温差能资源;东海表、深层温差较小,温差能蕴藏量较小;南海温差能蕴藏量最高。盐差能蕴藏量 $11309×10^4$ KW,技术可开发量 $1131×10^4$ KW;盐差能资源蕴藏量大小取决于河流入海的淡水量;我国盐差能资源主要分布在长江口及其以南的上海、广东等省市沿岸。海洋风能蕴藏量 $88300×10^4$ KW,技术可开发量 $57034×10^4$ KW;我国近海最优的风能资源区位于台湾海峡。

六、海洋运输

海洋交通运输是国际物流中最主要的运输方式,其占地省、污染小、运量大、成本低和资源消耗少等优势,成为国民经济的战略产业,为国家和地区经济社会发展和对外开放提供了必要条件。[3] 海洋运输是海洋经济的支柱产业之一,是中国水运业的重要支柱,也是中国对外贸易运输的最主要方式[4],中国进出口货运总量的约 90% 都是利用海洋运输方式[5]。海洋运输

① 韩家新:《中国近海海洋——海洋可再生能源》,海洋出版社 2015 年版。
② 韩家新:《中国近海海洋——海洋可再生能源》,海洋出版社 2015 年版。
③ 福建省航海学会:《福建省海洋运输学科发展研究报告》,《海峡科学》2011 年第 1 期。
④ 廖泽芳、朱坚真:《中国海洋运输业竞争态势分析——兼与世界海洋运输强国的比较》,《海洋经济》2013 年第 3 期。
⑤ 孙艺格、薛忠义:《海洋运输是实施"一带一路"战略的主力军》,《中国水运》2016 年第 3 期。

包括远洋旅客运输、沿海旅客运输、远洋货物运输、沿海货物运输等。

自改革开放以来,随着对外贸易的持续增加,中国海洋运输业也呈现出不断扩张态势,海洋运输总量表现为明显的增长趋势,其国际市场占有率也逐渐增加。2015年,中国海洋交通运输业生产值5541亿元,占海洋生产总值的8.6%[①],是我国海洋经济的重要组成部分。目前,我国共有五个港口集群,即环渤海港口群、长江三角洲港口群、东南沿海港口群、珠江三角洲港口群、西南沿海港口群。海洋交通运输产业的发展对其他临港产业的进步也起着牵引和连接作用,如滨海旅游业、海洋油气业、海洋渔业等。

七、交通命脉

海洋是天然交通的大动脉,是中国对外开放的大通道,是各国经贸文化交流的天然纽带。随着中国深化改革步伐的不断加快,海洋成为中国走向世界,扩大对外交流的必然路径。

21世纪"海上丝绸之路"是中国提出的适应经济全球化新形势、扩大同各沿海国家和地区利润汇合点的重大战略。"海上丝绸之路"突出了海洋作为交通命脉在中国发展中的纽带作用。丝绸之路并不是具体的一条路,而是通道,是推动中国与外国贸易往来和文化交流的海上大通道。21世纪"海上丝绸之路"是一条以和谐海洋为愿景、以合作共赢为目标、以开放创新为路径,与周边国家共建的"人海和谐、和平发展、安全便利、合作共赢"之路。21世纪"海上丝绸之路"建设的重点方向主要包括:一是从中国沿海港口过南海到印度洋,延伸至欧洲/北非;二是从中国沿海港口过南海到南太平洋。[②] 建设近期将立足于夯实与东盟及其他国家的经济合作基础,通过海上互联互通、港口城市合作以及海洋经济合作等途径,将把中国和东南亚国家的临海港口城市串起来,互通有无。这一方面将深化与沿线国家的合作,推动中国加快走向深远海,形成面向海洋、联通欧亚大陆的全方位对外开放新格局;另一方面也利于中国东盟自由贸易区建设的升级和区域全面经济伙伴关系(RCEP)建设,造福中国与东盟,辐射带动东南亚及中东、东非和欧洲。

---

① 国家海洋局:《2015年中国海洋经济统计公报》,2016年。
② 国家海洋局海洋发展战略研究所课题组:《中国海洋发展报告(2015)》,海洋出版社2015年版。

八、文化传播交流

中国是世界上最大的沿海文明古国,中国沿海地区与黄河流域、长江流域同样,也是中国文明的摇篮之一。[1] 海洋文化的传播是海洋国家文化软实力最重要的体现,是推进海洋强国建设强大的精神动力和智力保障[2],对于维护国家的海洋权益、塑造国家的海洋形象、扩大国家影响力具有举足轻重的作用[3]。

中国海洋文化可分为海洋农业文化、海洋商贸文化、海洋军事文化、海洋宗教文化、海洋民族民俗文化和海洋旅游文化[4]。我国中海洋文化的传播并不仅局限于我国大陆沿海,已传播延伸至台湾、东南亚等区域。例如,妈祖信俗文化已传播至世界许多国家,日本、东南亚甚至欧美地区都有妈祖庙、天妃宫或者天后宫等分布。

我国国民的海洋意识较差是中国海洋文化传播的主要影响因素。2012年,国家海洋局的一次国民海洋意识调查结果显示,只有 16.7% 的受访者准确知道地球上海洋的覆盖面积为 71%,知道我国管辖海域面积只有10.7%,知道我国海岸线长度的只有 13%,对领海、专属经济区、大陆架等概念能正确理解的分别只有 5.4%、4.0% 和 4.2%。[5]

第五节　世界海洋格局中的中国海洋地位

一、世界海洋区位格局和资源概况

海洋是一个综合自然体系,由海岸与海底构成的基岩海盆、其内的海水、水体中的生物以及海盆上空的大气所组成,是一个地球表层圈层体系交

① 曲金良:《中国海洋文化基础理论研究》,海洋出版社 2014 年版。
② 王文权:《中国海洋文化全球传播的定位策略》,《当代传播》2015 年第 2 期。
③ 郑保卫、亚亚莘:《中国海洋文化传播的战略定位与策略思考》,《当代传播》2015年第 2 期。
④ 席宇斌:《中国海洋文化分类探析》,《海洋开发与管理》2013 年第 4 期。
⑤ 陈韶阳、刘玉龙、程镇燕:《国民海洋意识的窘境与出路——提高国民海洋意识途径的探讨》,《海洋信息》2012 年第 3 期。

界作用,不断地发展变化的动态体系。[①] 全球海洋是连通的,地球上海洋面积 361000 万平方千米,占地球表面积的 71%。世界海洋的水量约 13.8 亿千米,比陆域的体积大 14 倍,是地球表面最大的水体储存区。

世界上的海洋划分为四大洋——位于亚洲、大洋洲、南极洲和南北美洲之间的最大海洋为太平洋;位于欧洲、非洲、南极洲与南、北美洲之间的海洋为大西洋;位于非洲东侧、亚洲—大洋洲西侧与南极洲之间的海洋为印度洋,三大洋在南部与南极洲之间是连通的,亦被称为南大洋;以北极为中心,位于亚洲、欧洲与北美洲北部的极地海洋为北冰洋。中国海为太平洋边缘海,通过海峡通道与印度洋、南大洋相连通。

太平洋位于亚洲、大洋洲、南极洲和南、北美洲之间,南北向长约 15900 千米,东西最大宽度约 19900 千米;面积 17968×10^4 平方千米,约占海洋总面积的 49.8%,地球表面积的 35%;平均深度 4028 米,最大深度 11034 米,位于西侧的马里亚纳海沟,是目前已知世界海洋的最深点;太平洋是四大洋中最大、最深、岛屿和珊瑚礁最多的海洋。太平洋以南、北回归线为界,划出南、中、北太平洋;或以赤道为界分南、北太平洋;以东经 160° 为界,区分出东、西太平洋。北太平洋位居北回归线以北海域,地处北亚热带和北温带,主要属海有东海、黄海、日本海、鄂霍次克海和白令海;中太平洋位于南、北回归线之间,地处热带,主要属海有南海、爪哇海、珊瑚海、苏禄海、苏拉威西海、班达海等;南太平洋为南回归线以南海域,地处南亚热带和南温带,主要属海有塔斯曼海、别林斯高晋海、罗斯海和阿蒙森海。

太平洋岛屿众多,约有 10000 个岛屿,总面积 440×10^4 平方千米,占世界岛屿总面积的 45%;大陆岛主要分布在西部亚洲大陆外缘,如日本列岛、加里曼丹岛、新几内亚岛等;海洋岛(火山岛、珊瑚岛)分布于大洋中部。[②]太平洋生长的动、植物,无论是浮游植物或海底植物以及鱼类和其他动物都比其他大洋丰富。太平洋浅海渔场面积约占世界各大洋浅海渔场的 50%,海洋渔获量超过世界渔获量的 50%,秘鲁沿岸、日本列岛周边、中国舟山群岛、美国及加拿大西北沿岸都是世界著名渔场。太平洋的矿产资源在海岸带有砂、锡、铝、钛、金红石、磁铁矿及铂、金砂矿及煤层;大陆架有丰富的石油、天然气;大陆坡有天然气水合物能源;大洋底重金属铁锰结核富聚,其所含锰、镍、钴、铜 4 种矿物的金属储量比陆地上多几十倍至千倍。

① 王颖:《中国海洋地理》,科学出版社 2013 年版。
② 王颖:《中国海洋地理》,科学出版社 2013 年版。

　　大西洋位于欧洲、非洲与南、北美洲和南极洲之间,总面积9336.3×10^{4}平方千米,约占海洋面积的25.9%,是世界第二大洋;平均深度3627米,最深处达9212米,在波多黎各岛北方的波多黎各海沟中。大西洋南接南极洲;北以挪威最北端—冰岛—格陵兰岛南端—戴维斯海峡南边—拉布拉多半岛的伯韦尔港与北冰洋为界;西南以通过南美洲南端合恩角的经线同太平洋分界;东南以通过南非厄加勒斯角的经线同印度洋分界。大西洋在北半球的陆界比在南半球的陆界长很多,而且海岸曲折,有许多属海和海湾,如加勒比海、墨西哥湾、地中海、黑海、北海、波罗的海、比斯开湾、几内亚湾、哈得孙湾、巴芬湾、圣劳伦斯湾、威德尔海、马尾藻海等。

　　大西洋海底地形特点之一是大陆架面积宽大,主要分布在欧洲和北美洲沿岸;超过2000米的深水域占80.2%,200—2000米之间的水域占11.1%,大陆架占8.7%,明显大于太平洋、印度洋。大西洋海洋渔业资源丰富,西北部和东北部的纽芬兰和北海地区为主要渔场,盛产鲱、鳕、沙丁、鲭、毛鳞等鱼,其他还有牡蛎、贻贝、螯虾、蟹类以及各种藻类等。海洋渔获量约占世界的1/3—2/5。加勒比海、墨西哥湾、北海、几内亚湾和地中海均蕴藏丰富的海底石油和天然气;大西洋中脊大裂谷有热液上涌成矿带,富含重金属,为新型的矿藏资源。

　　印度洋位于亚洲、大洋洲、非洲和南极洲之间,主要分布在南半球,总面积7491.7×10^{4}平方千米,约占世界海洋总面积的20.7%,是世界第三大洋;平均深度3897米,最大深度7450米,位于爪哇海沟。印度洋西南以通过南非厄加勒斯角的经线同大西洋分界,东南以通过塔斯马尼亚岛东南角至南极大陆的经线为界与太平洋相连。印度洋因西非大陆环绕而海湾众多,其海湾和主要属海有红海、阿拉伯海、亚丁湾、波斯湾、阿曼湾、孟加拉湾、安达曼海、阿拉弗拉海、帝汶海、卡奔塔利亚湾、大澳大利亚湾。

　　印度洋分布有许多岛屿,其中大部分是大陆岛:马达加斯加岛,非洲东岸边缘的众多小岛,以及索科特拉岛、斯里兰卡岛、安达曼群岛、尼科巴群岛、明打威群岛等;其次是火山岛,如留尼汪岛、科摩罗群岛、阿姆斯特丹岛、克罗泽群岛、凯尔盖郎群岛等;此外,中印度洋海岭北部分布有拉克沙群岛、马尔代夫群岛、查戈斯群岛,以及爪哇西南的圣诞岛、科科斯等大洋珊瑚岛。印度洋海洋上层浮游生物丰富,盛产飞鱼、金鲭、金枪鱼、马鲛鱼等,鲸、海豹、企鹅也很多。海生哺乳动物中的儒艮是印度洋的特产。印度洋石油极为丰富,波斯湾、红海、阿拉伯海、孟加拉湾、苏门答腊岛与澳大利亚西部沿海都蕴藏有海底石油,其中,波斯湾是世界海底石油最大的产区。

北冰洋以北极为中心,介于亚洲、欧洲和北美洲之间,为三大洲陆地所环抱,近于半封闭;总面积 1310×10⁴ 平方千米,占世界海洋总面积的 3.6%;平均深度约 1200 米,最深点在南森海盆,达 5449 米;北冰洋是四大洋中最小最浅的洋。北冰洋分为北极海区和北欧海区,其中,北冰洋主体部分、喀拉海、拉普捷夫海、东西伯利亚海、楚科奇海、波弗特海及加拿大北极群岛各海峡属北极海区;格陵兰海、挪威海、巴伦支海和白海属北欧海区。

北冰洋气候寒冷,洋面大部分常年冰冻。北冰洋海域最大的特点是有常年不化的冰盖,冰盖面积占总面积的 2/3 左右,其余海面上分布有自东向西漂流的冰山和浮冰,仅巴伦支海地区受北角暖流影响常年不封冻。北冰洋海洋生物丰富,以靠近陆地为最多,越深入北冰洋则越少。邻近大西洋边缘地区有范围辽阔的渔区,遍布繁茂的藻类;海洋里有白熊、海象、海豹、鲸、鲱、鳕等。大陆架有丰富的石油和天然气,沿岸地区及沿海岛屿有煤、铁、磷酸盐、泥炭和有色金属,如伯朝拉河流域、斯瓦尔巴群岛与格陵兰岛上的煤田,科拉半岛上的磷酸盐,阿拉斯加的石油和金矿。[①]

二、世界海洋生态系统的结构

世界海洋一个连续的整体,是世界上最大的生态系统,覆盖了地球表面超过 2/3 的面积。全球海洋包含了许多不同等级的次级生态系统,生态系统类型多样丰富。沿海区有河口生态系统、沿岸和内湾生态系统、红树林生态系统、海草床生态系统、海藻场生态系统、珊瑚礁生态系统等。远海区有大洋生态系统、上升流生态系统、深海生态系统、海底热泉生态系统等。

海洋生态系统是人类社会可持续发展的重要基础,不仅为人类提供大量的食品、药品和工业原料,每年为全球人类提供 22% 的动物蛋白,并且对维护整个地球生物圈的生态平衡起着至关重要的作用。[②] 全球海洋物种数量超过 25 万种,其中澳大利亚、日本和中国位居前三。[③] 全世界约有 1200 个大的海湾,覆盖面积约为 50 万平方公里;全球红树林面积估计有 15.2 万

---

① 王颖:《中国海洋地理》,科学出版社 2013 年版。

② 苏纪兰、唐启升:《我国海洋生态系统基础研究的发展——国际趋势和国内需求》,《地球科学进展》2005 年第 2 期。

③ M.J.Costello, M.Coll, R.Danovaro, P.Halpin, H.Ojaveer, P.Miloslavich, "A census of marine biodiversity knowledge, resources, and future challenges", *PLOS ONE*, 2010, 5 (8): e12110.

平方千米,最大面积在亚洲和非洲,其次是北美洲和中美洲;海草约占全球海洋面积的 0.1%—0.2%;全球冷水珊瑚礁的面积尚不清楚,估计超过28.4万平方公里,主要分布在大陆架和海山的边缘上。① 据估算,2011 年全球生态系统服务价值 124.8 万亿美元,其中,海洋生态系统价值为 49.7万亿美元,约占全球生态系统的 40%;海草/海藻生态系统、河口生态系统和珊瑚礁生态系统的价值分别为 6.8 万亿美元、5.2 万亿美元、9.9 万亿美元;珊瑚礁生态系统单位面积的价值最高,约为每年每公顷 35.2 万美元。②

三、世界海洋生态环境状况

2012 年,在 Nature 发表的《全球海洋健康与福祉指数——海洋健康指数》构建了基于 10 个目标的海洋健康指数③。对 2012—2015 年度的全球220 区域进行健康评估结果,其结果显示:2012 年、2014 年和 2015 年全球海洋健康平均得分都为 71 分,2013 年略高(72 分),总体的年际没有太大变化;从区域来看,各个国家的指数得分差异较大,贾维斯岛(Jarvis Island)、豪兰岛(Howland Island)、贝克岛(Baker Island)、巴尔米拉环礁(Palmyra Atoll)、德国(Germany)、南桑威奇群岛(Sandwich Island)的健康分值较高,而几内亚(Guinea)、象牙海岸(Ivory Coast)、利比里亚(Liberia)、塞拉利昂(Sierra Leone)、利比亚(Libya)等区域的健康状况最糟糕;从各目标来看,生物多样性、海岸防护、经济与生计等目标的得分较高,而自然产品、旅游休闲、食物供给等目标的得分较低。④

随着世界经济和科技的飞速发展,人类利用和开发海洋资源的速度仍在增加,全球海洋生态系统遭受着前所未有的压力和影响。全球 38%的人口居住在离海岸带 100 千米的范围内,44%的人口居住于离海岸带 150 千米范围内,50%的人口居住在离海岸带 200 千米的范围内,67%的人口居住

① Secretariat of the Convention on Biological Diversity,"Global Biodiversity Outlook",*Montreal*,2010(3).

② R.Costanza,R.D.Groot,P.Sutton,SVD.Ploeg,S.J.Anderson,et al.,"Changes in the global value of ecosystem services",*Global Environmental Change*,2014(26),pp.152-158.

③ B.S.Halpern,C.Longo,D.Hardy,K.L.McLeod,J.F.Samhouri,et al.,"An index to assess the health and benefits of the global ocean",*Nature*,2012,488.

④ Conservation International,*Ocean Health Index Scores*,Conservation International,2015.

在离海岸带400千米的范围内,这个比例仍在稳定的增长。[①] 世界41%的海洋生态系统已受到人类活动的严重影响,44%为中等影响,16%为微弱影响[②];全球约有66%的海洋所受到的影响日益增加,尤其在热带、亚热带和海岸地区[③]。

2016年,联合国教科文组织下属的政府间海洋学委员会就全球大型海洋生态系统的现状发布研究报告称,不断加剧的气候变化和人类活动导致全球大型海洋生态系统状况堪忧。在全球66个大型海洋生态系统中,50%的渔业资源被过度捕捞,有64个大型海洋生态系统受到海水变暖影响等;超过50%的全球珊瑚礁受到威胁,到2030年这一比例将达到90%。[④] 毗邻人口密集的大型海洋生态系统,尤其是在邻近发展中国家的大型水域,受到人类活动影响最为严重,其中海洋酸化、海水温度上升、商业运输和海底拖网作业等,都是影响海洋生态系统最为严重的因素。

伴随着人类对于海洋的开发,人类活动造成的海洋生态的破坏及由此产生的重要生境退化甚至丧失、物种多样性下降、渔业资源衰退等各种问题也凸显出来。根据跟踪记录全球四大洲341个代表性海洋物种种群趋势的海洋生物星球指数,1970年至2005年期间,海洋生物星球指数平均总体下降了14%。[⑤] 在20世纪的后几十年中,世界上大约20%的珊瑚礁已经消失,另外还有20%的已经退化;35%的红树林已经消失[⑥],同时仍以每年1%—2%的速度正在丧失,有的国家甚至高达8%[⑦];自19世纪以来,约有29%的海草生境已经消失,尤其近几十年的消失速度急剧上升,自1980年

① L.Inniss,A.Simcock,A.Y.Ajawin,A.C.Alcala,P.Bernal,et al.,*The First Global Integrated Marine Assessment*:*World Ocean Assessment*,United Nations,2016.

② B.S.Halpern,S.Walbridge,K.A.Selkoe,C.V.Kappel,F.Micheli,et al.,"A Global Map of Human Impact on Marine Ecosystems",*Science*,2008,309.

③ B.S.Halpern,M.Frazier,J.Potapenko,K.S.Casey,K.Konig,et al.,"Spatial and temporal changes in cumulative human impacts on the world's ocean",*Nautre Communications*,2015(6),pp.1-7.

④ Intergovernmental Oceanographic Commission,*Large Marine Ecosystems*:*State and Trends*,*Summary for Policymakers*,2016.

⑤ "Secretariat of the Convention on Biological Diversity",*Global Biodiversity Outlook*,Montreal,2010(3).

⑥ Millennium Ecosystem Assessment,*Ecosystems and Human Well-being*:*Synthesis*,Washington,DC:Island Press.

⑦ L.Inniss,A.Simcock,A.Y.Ajawin,A.C.Alcala,P.Bernal,et al.,*The First Global Integrated Marine Assessment*:*World Ocean Assessment*,United Nations,2016.

以来海草床每年以 110 平方千米的速度丧失,其消失速度与红树林、珊瑚礁和热带雨林相当;全球大约有 85% 的牡蛎礁已经消失。全球每年的海洋渔业捕捞量为 8000 万吨,接近于海洋的生产能力;在受评估的 166 个海洋鱼类中(其中大多数是受到良好管理的发达国家渔场),63% 的鱼类生物量水平低于实现"最大可持续捕捞量"所需的水平。[①]

四、中国海洋在国际海洋中的地位和作用

中国海域辽阔,丰富的生物、矿产等资源对全球海洋资源保护与利用具有重要的作用。中国海域已记录到的海洋生物有 28000 多种[②],约占全球总数的 11%[③],是世界上海洋生物多样性最丰富的国家之一,对于全球生物多样性的保护具有重要的意义。中国海域石油资源量约 250 亿吨,天然气资源量约 8.4 万亿立方米[④]。中国已经连续 20 多年稳居世界水产品生产第一大国,也是世界海洋渔业第一大国,对全球水产品供给作出巨大贡献。世界海洋水产品总产量保持在 9000 万吨上下,其中,中国海洋水产品保持在 3000 万吨水平,占世界总量的 40% 上下;世界海水养殖产品总量 3000 万吨左右,中国贡献了 80%。[⑤] 在海洋经济方面,世界主要海洋产业总产值为 2 万亿美元,中国主要海洋产业增加值为 3700 亿,中国对世界的贡献率近 20%。[⑥]

进入 21 世纪以来,海洋发达国家和地区纷纷制定了海洋可持续发展的战略和政策,并将海洋战略提升为国家战略[⑦]。中共十八报告提出了"建设海洋强国"的战略部署,中国正在逐步从一个传统意义上的陆地国家转型为一个海洋国家,至少已经成为一个海陆并重的新兴大国。中国海洋事业的迅猛发展,中国海洋的国际地位日益提升。

---

① B.Worm,R.Hilborn,J.K.Baum,"Rebuilding global fisheries",*Science*,2009(325),pp. 578-585.

② 黄宗国、林茂:《中国海洋物种多样性》,海洋出版社 2012 年版。

③ 邵广昭:《十年有成的"海洋生物普查计划"》,《生物多样性》2011 年第 6 期。

④ 王颖:《中国海洋地理》,科学出版社 2013 年版。

⑤ 国家海洋局海洋发展战略研究所课题组:《中国海洋发展报告(2015)》,海洋出版社 2015 年版。

⑥ 国家海洋局海洋发展战略研究所课题组:《中国海洋发展报告(2015)》,海洋出版社 2015 年版。

⑦ 刘容子:《中国区域海洋学——海洋经济学》,海洋出版社 2012 年版。

第二章

中国海洋生态文化

中华文明既有伟大灿烂的农耕文明，亦有丰富悠久的海洋文明。其中适应海洋生态环境、利用海洋资源造就的中华先民开拓海洋生活的历史文化，始终是中华海洋文明的主体内容。

中华民族有悠久的海洋渔业、盐业、造船业和海洋航运的历史，更有围海造田，变"沧海为良田"，拓展海洋生态资源利用，促进海洋经济社会发展的历史。作为陆海双构的大国，中国的海洋文明与农耕文明生态文化理念有着密切联系，更独具海洋族群探索、把握中国海洋生态世界生存与发展规律的哲学智慧，集千百年实践和理论积累，所确立的"人海和谐、开放包容、相生共融（荣）、可持续发展"的海洋生态文化价值观和行为规则，形成了中国海洋文明既相对独立于农耕文明，又区别于西方海洋文明的中国特色，成为中华文明的重要组成部分，成就了中华文明兼备大陆农耕文明和海洋文明的完整性。而且，从中国海洋文明形成和发展的历史看，以中华民族海洋生态文化为支撑的、具有中国特色的海洋文明，绝对不逊色于世界任何国家，并对世界海洋文明作出了十分重要的贡献，是世界海洋文明的重要组成部分。

中国海洋生态文化的起源、发育、发展与传承，伴随着中华民族逐步认知海洋生态环境、逐步开发利用海洋资源，推进经济社会发展的漫长的历史进程。华夏先祖对海洋生态的敬畏、崇拜意识，产生于他们突破了陆地的局限，以谋生为目的开始与海洋交往互动和对海洋资源的初始利用。

随着涉海实践历史的延伸，先民们对海洋生态观察的视野逐渐扩大，感知天文、气象带有规律性的表征的经验逐步积累，制作舟楫、渔猎等工具的能力逐步提升，开展海洋资源利用的范围也随之扩大，行舟楫之便、获渔盐之利，这个阶段的海洋生态文化主要的思想行为意识，是在逐步探索感悟海洋自然规律，以敬畏、崇拜之心对待与海之依存关系，顺从海洋自然生态系统的变化,以谋求人类与海共生的空间和利益,对神秘海洋生态世界的万端变化,产生了多种表现形式的海洋信仰。

随着社会生产能力的提高和内陆东迁人口的增加,中国沿海地区的先民们,因地制宜地拓展了多方面的海洋资源利用,形成了渔业、盐业、围垦造田、筑堤防灾等适应海洋生态的生产活动,不断地丰富和深化着海洋生态文化的内涵。这个阶段的中国海洋生态文化开始从原始的海洋生态崇拜文化,过渡到海洋生态规律文化。即对海洋的认识从盲目崇拜、敬畏,向实践探索、剖析海洋自然生态现象;积累经验,进而把握海洋自然生态规律。特别是在造船业、航海业走向兴盛、海上丝路贸易开通之后,华夏民族对海洋生态系统的认识走向多元、立体和多个方面,逐渐形成了既有世界海洋生态认识共性又有中国特色的海洋生态文化。

中国的海洋生态文化以"人海和谐,包容共生,可持续发展"的基本理念,引导人类海洋保护、开发、利用的行为方式和制度建设。中国海洋生态文化是中国海洋文化的重要组成部分,也是中华生态文化的重要组成部分,更是中国海洋生态文明的重要支撑。

第一节　中国海洋生态文化的起源

中国的海洋生态文化,是中国的先民在开发利用海洋资源的历史过程中,逐渐了解海洋生态,懂得尊重海洋生态规律,适应并合理利用海洋资源的实践经验的积累而创造的文化,经过代代相传成为自律自重、人海和谐的海洋生态行为意识和发展理念,即海洋生态文化。

人类为了生存,总是不断地寻找适合自己生活的环境,离不开可以生存的生态条件。这些生态条件包括:必须有水源,没有水人类就无法生存;有江河湖海,可获取渔业资源和行舟楫之便;有森林资源,可狩猎及采摘果实;有合适的土地,可进行农业种植;等等。人类很难改变地理环境及气候,只有学会积极创造条件去适应地理环境及气候、顺应自然规律,人类才能够获得生存和可持续发展。

经过长期的生活实践发展,人类逐渐认识到海洋蕴藏着巨大的可以为人类提供生存与发展的生态空间。无论是渔业、盐产、航行,还是滩涂的围田,海洋生态可以利用的空间更大。尽管当时的人类对海洋生态规律的了解和认识很少,即使在很少的认识中也是主观原始认识。但是海洋丰富的资源对于中华民族的生产发展是十分重要的生活资源,虽然海洋生态环境比较险恶,然而一旦能够利用海洋资源开展经济活动时,生存的空间将更广泛,获得的利益也可以叠加农业经济,使人类获得更好的生活发展。这也是中国古代先民人口东移和农耕范围向沿海开拓的主要原因,而这个发展过程便成了中国海洋生态文化与海洋文明的起源。

一、远古时期中华民族的海洋生态认识

远古时期,中华民族的发展虽然是以陆地为生活中心,但是随着人口的增加和生活栖息范围需求的逐渐扩大,为丰富食物和扩大生活的范围,中华民族逐渐从内陆江湖走向沿海,由此生活自然和海洋联系起来,并形成了与陆地生态文化不完全相同的"海洋生态文化"。

远古时期,先民在利用海洋资源开展经济活动中,并不像今天这样依靠科学来解释海洋生态规律,他们认为,从事渔业捕捞时是否能够获得丰收,航海时是否能够顺利航行并安全回家,这些都需要依靠自然给予的恩施,即运气,而主宰这个运气的神秘力量,也就是海神——海龙王、妈祖。他们对海洋生态的认识,是经过海神信仰来表达的,对海洋的敬畏、崇拜,对海神的信仰、祭祀活动、民俗活动等,构成了以中国海洋族群敬重海洋、信仰海神、利用海洋,以行为自律、自我约束为内涵的最初的海洋生态文化。

(一)先民对海洋自然生态的崇敬与认识

我国古代的先民很早就对地理的变化进行了可贵的探索。他们通过从事近岸海洋渔业和围垦海涂,认识到海洋生活和农业生活的区别。在《易·谦卦·象传》中,就提出"地道变盈而流谦"的看法,认为地壳的高低形态会发生变化。《诗·小雅·十月之交》歌道:"高岸为谷,深谷为陵。"实际上已认识到了在漫长的地质时代发生的极为悬殊的海陆变迁。葛洪《神仙传·王远》提到的"东海三为桑田"[①],即为表达海陆变迁的成语"沧海桑田"或"沧桑之变"的出处。

古代中国人很早就把自己生活的空间分为九州四海,《尚书》中详细地描述成"环九州为四海"[②]。大海在古代中国人眼中有时遥远、神秘、凶险、

---

① (晋)葛洪:《神仙传》卷2,丛书集成初编,中华书局1991年版,第3348册,第11页。
② (清)孙星衍:《尚书今古文注疏》,中华书局1986年版,第79页。

可怕,《山海经》曾记载炎帝最小的女儿女娃"游于大海,溺而不返"①,死后变成一只海鸟叫精卫,每天从西山叼石子和树枝丢到海里,希望填平凶险的大海;有时则神奇变幻,令人神往,先秦时代的燕齐方士们创造的海上蓬莱仙山、仙人、仙药之说,成为后世道家、道教传说的重要渊源,一直影响着历代中国人对海洋、对人生的处世态度。

(二)先民择水而居的江海生态生活文化

人类生活离不开水,早期的人类活动的区域主要是临近江河流域,但是这些区域也经常有水患发生。中国上古时代的大禹治水的成功,就是疏通江河,使其顺利归海。这从《禹贡》中就可以证明。据传,禹和伯益又作《山海经》,将他们治水13年来所走过的八方土地,所经过的四方大海,所见过的罕见风物,一一记录下来,传之后世。由于后世看《山海经》所述多奇诡怪异,非常人所能理解,所以成为我国古代一部富于神话传说的历史地理书。《山海经》是一部天下奇书,内容涉及广泛,文化沉积深厚。可以说,把《山海经》称之为世界文化宝库中之瑰玉是当之无愧的,它是研究上古时代历史地理绝好的宝贵资料。在内容上,《山海经》包含历史、天文、地理、民族、民俗、神话、宗教、巫术、动物、植物、水利、物产、矿产、医药等诸多方面,内容丰富,包罗万象,堪称我国古籍中蕴珍藏英之最者。在时间上,它跨越了以两次大洪水为界的三次人类文明时期,保留了我们民族自远古至商周时代关于历史、地理、见闻等的记忆残存,以及中华民族文明与文化的起源和发展。

《山海经》参考融入了很多史前文明甚至很多远古的信息。在空间上,它记述了夏禹时期所知"天下"即今所谓"世界"的地理,以及"世界"各国生存与发展所依凭的自然生态环境。这与当时的统治范围有关。大禹走遍了这些地方,又兼带了解了更远地方的一些信息,因此《山海经》所述地理范围以昆仑山、中原大地、环太平洋圈为主,兼及更远方的异域。西汉刘歆将原来的三十二篇定为十八篇。他在《上〈山海经〉表》中说夏禹治水时,"益与伯翳主驱禽兽、命山川、类草木、别水土。四岳佐之,以周四方。逮人迹之所希至,及舟舆之所罕到,内别五方之山,外分八方之海,纪其珍宝奇物,异方之所生,水土、草木、禽兽、昆虫、麟凤之所止,祯祥之所隐,及四海之外,绝域之国,殊类之人。禹别九州,任土作贡。而益等类物善恶,著《山海

---

① (晋)郭璞:《山海经》,上海商务印书馆印江安付氏双箭楼藏本(明成化刊刻本)。

经》。皆圣贤之遗事,古文之著明者也。其事质明有信"①。禹与伯益等人治水时曾到四海之外,绝域之国,曾见异方之所生,殊类之人。这些记载已经表明,中国的先民在很早的原始社会就和水生态发生了密切的关系。

二、古代海洋渔盐生产对海洋生态的依存

(一)古代传统海洋渔业生态

自古以来,我国就拥有辽阔的海洋,有漫长的海岸线。我国东部、南部与渤海、黄海、东海、南海连成一片,横跨热带、亚热带、温带等几个气候带,水连水、海连海,广阔浩瀚,自然条件十分优越。又有长江、黄河东流入海,每年都有千万亿立方米的淡水流入海中,给海域带来了丰富的营养物质,肥育了沿海大陆架海区,使海洋的浮游生物、底栖生物等大量繁殖,为鱼类提供了丰盛的饵料。因此,我国的海洋渔业资源十分丰富。

据统计,在我国东、南海域生活着1300多种鱼类,其中不少是具有重要意义的经济鱼类。诸如东海、黄海的大黄鱼、小黄鱼、带鱼、鲳鱼、鳓鱼、盆鱼、鱼鲹、鲨鱼、鳕鱼;南海的鲷鱼、蛇鲻、红鱼、金线鱼等。另外,还有一些生活在海洋中上层的鱼类,例如鲹鱼、鲱鱼、鲐鱼、竹荚鱼、马鲛鱼、沙丁鱼等,也都应有尽有。

我国的沿海海域,除南海较深外,大部分海底平坦开广,底质又多为沙或沙质泥,水质肥沃,饵料丰富,各种鱼类喜欢在这里栖息、洄游。东海、黄海地处中纬度的亚热带、温带地区,水温较高,常年不见冰冻现象,很适宜于暖水性鱼类的生长发育。又由于经常有来自北方的冷水团和南方的外海暖流在此交汇,形成"流隔",使一些冷水性鱼类及暖水性鱼类随着各种海流洄游到这里来,如北方的鳕鱼以及南方的鲐鱼、鲹鱼等,给东海、黄海增加了更多鱼类品种,成为鱼类资源极其丰富的海区。鱼类喜欢在东海、黄海栖息洄游,还因为这个海区有着许多浅滩、沙沟及河口,是鱼类产卵、孵化和繁殖的好场所。每年春季,各种鱼类成群的从越冬地方游向水较浅、水温较暖的沿岸浅滩、沙沟及河口来产卵。例如,多沙滩的江苏吕泗渔场和多岛屿的舟山渔场是大黄鱼、小黄鱼等鱼类集群、产卵的重要场所,很容易形成规模巨大的春、夏渔汛。在冬季,由于北方寒流不断南下,使沿岸水温下降,加

① (晋)郭璞:《山海经》,上海商务印书馆印江安付氏双箭楼藏本(明成化刊刻本)。

上风浪较大,各种鱼类为了寻找一个既温和又稳定的场所,于是就向南、向外海游去过冬。如秋末冬初,随着冷空气的南下,带鱼由北向南洄游时,在长江口外就形成一个良好的带鱼渔场。我国渔民跟踪迫捕,形成规模巨大的冬汛生产。中国海域辽阔,海岸线长,海洋生态自然条件十分优越,适合鱼类产卵、索饵、生长发育,因此中国的海洋渔业资源极为丰富,海洋渔场十分优越,东海、黄海、南海的渔场都举世闻名,在世界上被称为"天然鱼仓"。

（二）古代海洋渔业及海洋环境的认识

中国渔业历史悠久,沿海渔民很早就发现了这些和渔业相关的海洋生态,并利用这样的海洋生态开展渔业生产。从自然环境来看,在传统的渔业生产中,天气状况、海流波动、鱼群位置、种类、数量以及生态系统的容纳能力等都是影响渔民生活和渔业生产的重要因素。例如,在东南沿海一带,每年6月至9月台风盛行,渔民很少出海捕鱼,在这段时间里,只能从事其他一些兼职来养家糊口。所以,季风、洋流、降雨、季节更替等非生物性因素,不仅会引起渔业资源系统存量和流量的不确定,还会在很大程度上造成渔民生活的不稳定。对于古代先民来说,大海是一个充满各种危险的自然环境,渔民的每一次出海作业,必须要在天气和海洋允许的状况下进行,同时还要借助于一系列的工具、设备和技术,以尽量避免海上危险的发生。因此探索海洋生态、了解海洋自然规律是中华民族一直都在追求的目标。

因为中国海洋区域的广大,从南到北有南海、东海、黄海、渤海,各海区的地理位置和自然生态环境不同,海洋渔业形成的生产方法和人文文化也千差万别。各沿海地区根据本身的渔区生态,在渔村社会组织、渔业捕捞方法、渔民生活习惯、渔宅建筑风格,其他如渔事、渔节、渔商、渔谚、渔具、渔俗、渔服、渔饰、渔船、渔网、渔风、渔趣、渔号、渔歌等各方面,都有着各自不同的区域特点,形成了各自不同的海洋生态生活,是组成中国海洋生态文化的多元要素。

（三）古代盐业的发展与人类智慧

在中国的海洋生态利用中,利用海水进行海盐的制作是一个古老的生产活动。自有人类活动开始,海盐的生产就占据重要地位,也是海洋生态资源利用中具有重要历史及文化意义的产业,中国古代先民的制盐技术发展和方法创新的发展历史,蕴含着中华民族在海洋生态规律利用上的高度智慧,是海洋生态文化的重要方面。

人类最早何时开始食用盐,迄今尚无史籍记载或考古资料可以确切说明。但是,可以想见,如同火的使用一样,盐的发现和食用,同样经历了极其漫长的岁月。当古代先民处于"食草木之食,鸟兽之肉,饮其血,茹其毛"的蒙昧时代,尚不知何为咸味,亦不知盐为何物。后世人们在祭祀用的肉汤中不加盐,即所谓"大羹不致",以表示对古礼的遵循。司马迁在《史记·乐书》中对这种古礼也作了记载:"大飨之礼,尚玄酒而俎腥鱼,大羹不和,有遗味者矣。"①古代先民经过无数次随机性地品尝海水、咸湖水、盐岩、盐土等,尝到类咸味的香美,并将自然生成的盐添加到食物中去,发现有些食物带有咸味比本味要香,经过尝试以后,就逐渐用盐作调味品了。

随着时间的推移,人们已不再满足于仅仅依靠大自然的恩赐所得到的自然生成的盐,开始摸索从海水、盐湖水、盐岩、盐土中制取。地球上盐的储量最多的是海水,中国关于食盐制作的最早的记载是关于海盐制作的。古籍记载,炎帝时的诸侯宿沙氏首创用海水煮制海盐,即所谓"宿沙作煮盐"②。历史上是否真有宿沙氏其人,尚不可断定,但可以说,这位诸侯是中国古代劳动人民用海水煮盐智慧的化身。实际上,用海水煮盐,也不可能是宿沙氏一人之所为,而是生活在海边的古代先民经过长期摸索和实践创造了海盐制作工艺。在当前尚无更新的考古发现和典籍可资证明的情况下,"宿沙作煮盐"可视为中国海盐业的开端,宿沙氏是中国海盐业的创始人。

中国古代劳动人民对于盐的成因也早有探索,并有先识之见,认为盐的生成与水气有很大关系:"水曰润下,润下作咸。"这是对湖盐生成长期观察得出的结论。湖盐又称"池盐",内陆的盐湖(池),由于受干燥气候影响,能够自然生成结晶体状的盐。海盐可由滞存浅滩的海水经风吹日晒,因蒸发作用而自然结晶生成。生活在海边的古代先民也会很早发现并食用这种自然结晶生成的天然海盐。煮制海盐当在天然盐被发现和食用之后。因为煮盐是一种进步的制作工艺,必须具备一定的煮制器具,比如像汉代煮盐用的

---

① 《史记·乐书》属《汉书》所谓"十篇有录无书"之列,现存《乐书》当是西汉后期之人补入,一说为褚少孙,存疑。参见《余嘉锡论学杂著·太史公亡篇考》,中华书局 1963 年版,第 104 页。

② (汉)宋衷注,(清)秦嘉谟等辑:《世本八种》(王谟辑本),中华书局 2008 年版,第 8 页。

"牢盆"之类的器具。我国盐的生产已有五六千年的历史,盐业生产的开端可追溯到神农氏时代,飘沙部落首创用海水煮制海盐。唐代,海盐产量超过池盐,在盐业生产中占据主要地位,宋代卓筒井的出现,开创了现代钻井的先河,明清以来,海盐晒制技术得到进一步发展和推广,盐产量不断提升。利用海水进行盐的生产,产量大大地提高,让盐这个原来稀罕的,人类生活必不可少的食物能够广泛地进入百姓生活,而中国各沿海地区的制造盐的方法,以及利用海洋生态的自然力量开展海盐的生产,充分反映了我国古代劳动人民的智慧与勤奋。

海盐生产到了元代,经过战争统一天下,战争导致内地的井盐和池盐生产受到重创,为了恢复社会经济,元朝大力倡导恢复和发展海洋盐业生产,《元史》中记载"国之所资,其利最广者莫如盐。"①因此元代是盐业生产发展最快的时期。比如当时在我国东南地区,崇明盐场隶属淮盐系统管辖,至元十四年,元朝设立两浙运司,成为东南沿海盐场的重要组成。元代中后期在当时的东南沿海地区的华亭和上海县城设有负责盐局的管理②。因此在盐业生产得到恢复以后,沿海地区的盐产量比宋代有所提高,盐业生产、贩运私盐和运送食盐十分繁盛。从这个时期到明清时代,是中国古代利用海洋生态的海水资源进行手工化盐业生产的鼎盛时期。

由于盐的需求扩大,成为国内和海外贸易的重要商品以及国家经济的重要来源,因此中国历史上的盐业生产在我国各沿海地区广泛分布。由于海岸线的不断变迁和地质环境的变化,沿海地区的盐业生产历史长短各异,但最短的也有千余年。在漫长的盐业生产历史中,沿海地区盐业生产的制造方法和生产习俗,已成为中国海洋生态文化的重要内容。

（四）传统制盐的生态利用

按照历史发展阶段,中国的传统制盐工艺可分为三种类型,分别为"煎熬""板晒"和"滩晒"。这些方法是各沿海地区按照本地区的海洋生态状况,因地制宜优选的最佳制造方法,显示出人民对海洋生态有了初步了解,并已经懂得按照海洋生态的规律进行社会化生产,同时也创造了对海洋生态认识的经验和智慧文化。

1.煎熬制盐方法:煎熬又称"煮海""熬波",是最古老的制盐工艺,主要

① （明）宋濂等:《元史》卷94《食货二》,中华书局1976年版,第2386页。
② （明）宋濂等:《元史》卷85《百官一》,中华书局1976年版,第2134—2136页。

工序包括制卤和熬盐。这个方法是盐民按照海洋潮汐的规律,在涨潮时将海水引入海滩上已经平整好的盐田,进行海盐的制造。

制卤:有摊泥、刮泥、抄泥、集泥、挑泥、治漏、淋漏、藏卤等8道工序。首先将淡泥捣匀使其变细,晴天担至灰场,摊铺晒干,再将海水灌入灰场,经过日晒风吹,水分蒸发后晒成盐花。将灰场之浮泥刮起成片,并反复抄之,使刮起之泥干松。然后经集泥、挑泥成堆,最后收集浓盐卤以备煎熬。

熬盐:将收集好的浓盐卤进行熬盐。因熬盐工具的不同,有铁盘熬盐和铁锅熬盐两种。将浓卤盛入铁盘或铁锅内后,用柴火煎熬一至四小时不等,卤因熬煎逐渐结晶粒,则盐成。一盘熬成后,注卤续熬,昼夜不息,一般起火4—10日才熄火,称为一造。熬盐所用之卤,均为浓卤,含盐量在25%—27%。一担浓卤,可熬盐20斤左右。卤含盐量低,耗费柴草工时多,成本高。熬制之盐,杂质多,其味涩苦,色微黑。因为盐场附近海边大多生长芦苇,而芦苇是熬盐的燃料,比较易得,因此盐民会就地取材用芦苇作为煮盐的燃料,这比起其他需出资买柴煎煮的盐场,制盐成本要低廉许多,因此,采用煎熬法煮盐生产的方法是中国很多沿海地区海盐生产比较常用的。

2. 板晒制盐法:古代嘉庆年间浙江省岱山盐民偶然见到扁担凹处存卤,经日照凝结成盐,受到启发后,将家中门板的凹面盛放盐卤让太阳晒干获得海盐。由于利用板晒制盐的方法比煎熬方法所获得盐的产量高且杂质少,色白味鲜,费用和劳动力成本低,此后逐步在舟山和东南沿海地区普及开来。由此袭用千余年的煎熬制盐法逐渐被摈弃,到光绪年间,板晒制盐法已经成为东南沿海地区盐场盐户的主要制盐方式。板晒制盐法的主要工序可归纳为"采卤"和"晒盐"两大步骤。

采卤:"采卤"与煎煮法的"制卤"大致相似,但采卤的规模和数量要远大于后者。具体方法为:在傍海临近潮汐的海滩,开辟平整场地至光平如镜、土细如灰,称灰场。灰场分上中下三节,下节地处近海,常受潮水之浸,不易日晒;中节潮至即退,日晒时间稍长。上节离海更远,潮水小时难至,需要担水灌晒。根据潮汛规律,上、中二节每月可晒二次,下节仅晒一次。等到地上出现盐霜,就用铁铲刮土,堆积成墩塔,然后在上面浇水,卤由中间所插的竹管流入旁边开好的井中。再集卤储于卤桶,以备晒盐。

晒盐:天气晴好时,早晨先将晒盐板分别排列地上,再用砖石垫高2—3寸,然后用木勺将储卤浇在板上,以平口略低为止,经阳光暴晒以后,到下午板底现出白色颗粒晶盐。用木板手工扒刮聚集,贮存在箩中,卤滴尽后即为白盐。春冬季节阳光弱,每板每天产盐 1—2 斤,夏秋两季阳光充足,每板每天可以产盐 4—7 斤。板晒制盐方法,卤水的成盐量与煎法大体相当,每百斤卤汁的浓度与产盐比例为:卤度 22 度可产盐 26 斤左右;卤度 15 度可产盐 18.5 斤左右。但采用板晒法后成盐过程更加简便,而且节省了薪柴燃料费用,降低了制盐的人力、物力成本。与煎煮制盐的粗放式生产相比,板晒制盐是一种精耕细作式的生产,出产的海盐质量纯度更高。而且板晒制盐方法更适合沿海短晴多雨、天气多变的气候,便于防雨。

3. 滩晒制盐法:滩晒法是用盐滩代替盐板的一种新型制盐方式。这种方法是将海滩划分成若干格子滩田,海潮涨时打开闸门,海水自动灌进格子滩田,海水由高而下,流入调节板、结晶板,最后进入卤池。浓卤澄清后,用手摇车将卤灌入结晶池晒,至日晒成盐。这个方法是直接利用海水,由高而低,按滩田走水制卤,然后由结晶池晒盐,此法省时省力,产量也高,又节约大量晒盐板用的杉木。滩晒制盐法能够比较大规模地进行海盐生产,直到现代这个方法仍在有些沿海地区沿用。

(五)认识海洋生态与制盐文化

无论是煎熬制盐法,还是板晒制盐法,抑或是滩晒制盐法,每种制盐工艺的每一道工序都有专门的制盐工具,同时,制盐工艺的革新也伴随着工具的改进。古代盐场制盐时,以手工操作的铁、竹、木等盐具为主。因传统制盐工序复杂,尤其是煎煮、板晒制盐,每一环节分工很细,所用工具也种类繁多。为此,盐民们根据不同的制盐方法创造了各种各样的传统制盐工艺(制盐方法和工具),彰显出中国古代盐民的海洋生态意识及其利用海洋生态资源发展经济的智慧。

专栏:古代中国沿海传统制盐方法和工具

水车:引海水灌盐田之用。元代陈椿《熬波图》中《车接海潮图》这样传神地描述水车的形状和功用:"翻翻联联,莘莘确确,东海巨蛇才脱壳。滔滔车腹水逆行,辘辘车声雷大作,能消几部旱龙骨,翻得阳侯波欲涸!"①

---

① (元)陈椿:《熬波图》,卷上。

耙:用于制盐有多种耙类工具,如铁耙、落耙、泥耙、抄耙、晾耙、晒泥耙、板耙、草耙、钉耙等,分别用于制卤过程中的起泥、刮泥、松泥、推泥、搬泥、治漏、淋漏等环节。

莲子竹管:竹管配柄,内装石莲子 10 枚,用以测卤浓淡。莲下沉为卤淡,浮而直立为半淡卤,浮而横卧为浓卤。

土箕:以竹篾编成,盛泥用。

桶、缸:有提桶、座桶、卤缸等,主要用于盛卤、吊卤、贮卤。

铁盘:长方形,厚一寸余,由三至八块铁板拼成,缝间填以石灰,四围以竹略作边,唐宋时熬盐用。

篾盘:元时煎熬用的锅具,以竹篾编成竹簟,四周有缘,触火面加涂柴灰。

铁锅:清代常用的煎煮锅具,分煎锅和温锅。煎锅如普通饭锅而底平,放置于近灶门火力较旺处。温锅比普通锅略大,置于后端灶上火力较弱处。

盐箩:形状如普通小箩,旁边有两耳,用于贮存盘内铲出的湿盐以沥卤。

盐板:又叫晒板,是板晒法制盐后煎煮盐锅的替代品。用杉木板制成长方形,四面有边,合缝处,用油灰嵌填。长度大约九尺余,宽度三尺左右,深度一寸左右。

盐淘箩:用以挑盐。

刮盐畚箕:将盐倒入盐淘箩。

刮盐板:将盐板里的盐,刮入盐畚箕。

　　元代陈椿根据制盐过程描绘了反映制盐情景的《熬波图》,这些图详细记述制盐过程,陈椿饱含同情之心描述了盐民劳作之苦与生活之贫困。他在序文中写盐民制盐是"火伏上中下三则,煎运春夏秋九月",结尾更用"盐是土人口中血"一语道尽盐民生产之艰辛。书中各图的图咏也有不少陈说灶户疾苦的文字。《担载运盐》云:"日西比及到团前,牛却长叹人无言。"《砍斫柴生》云:"黄茅斫尽盐未足,官司熬熬催火伏。有钱可买邻场柴,无钱之家守盐哭。"《捞洒撩盐》云:"人面如灰汗如血,终朝彻夜不得歇。"其中还处处可见作者代述灶户内心悲苦的诗句,耐人寻味。《裹筑灰淋》云:"作劳口舌干,咸水觉有味;早知作农夫,岂不太容易!"《疏浚潮沟》云:"但得朝朝水满沟,一生甘作泥中鳅!"《敲泥拾草》云:"十指尽靫瘃,那复问肩背!"从这些描写中可以看到,盐民的制盐过程是十分辛苦的,但同时中国沿海的盐民为了生活,创造了灿烂的海洋生态文化。

专栏：熬波图

　　《熬波图》是我国第一部煮海制盐的图解书,为元代陈椿在元统年间担任下沙盐场副使时,在前任所作旧图基础上,根据浙西华亭县下沙盐场的制盐技术修补而成。他在《熬波图》一书的序言中写道:"浙之西,华东东百里实为下砂。滨大海,枕黄浦,距大塘,襟带吴淞、扬子二江,直走东南皆斥卤之地,煮海作盐,其来尚矣。"该书完成于元统二年(1334)。全书有图 52 幅,今存 47 幅,从《各团灶舍》起至《起运散盐》,每图配以说明文字,并附诗一首,以图、文、诗并茂的形式,生动介绍了盐场设置、制盐工艺和盐民生活,以"使后人知煎盐之法,工役之劳"。按照制盐流程,《熬波图》中展现的制盐过程:有描绘为了制盐盖造房舍四图:《各团灶舍》《筑垒围墙》《起盖灶舍》《团内便仓》。有描绘裹筑灰淋与池井的三图:《裹筑灰淋》《筑垒池井》《盖池井屋》。有描绘引入海水的六图:《开河通海》《坝堰蓄水》《就海引潮》《筑护海岸》《车接海潮》《疏浚潮沟》。有描绘辟治摊场六图:《开辟摊场》《车水耕平》《敲泥拾草》《海潮浸灌》《削土取平》《棹水泼水》。有描绘晒灰淋卤六图:《担灰摊晒》《筱灰取匀》《筛水晒灰》《扒扫聚灰》《担灰入淋》《淋灰取卤》。有描绘载卤入团四图:《卤船盐船》《打卤入船》《担载运盐》《打卤入团》。有描绘斫柴运柴六图:《樵斫柴薪》《束缚柴薪》《砍斫柴垈》《塌车辀车》《人车运柴》《辀车运柴》。有描绘治制铁盘六图:《铁盘模样》《铸造铁柈》《砌柱承柈》《排凑盘面》《炼打草灰》《装泥柈缝》。有描绘煎盐过程的四图:《上卤煎盐》《捞洒撩盐》《干柈起盐》《出扒生灰》。有描绘收盐运盐二图:《日收散盐》《起运散盐》。

专栏：熬盐晒盐照片

熬盐是一种古法制盐的方法。如浙江象山熬盐，距今已有一千三百多年的悠久历史。当时用土法零星制盐。所谓土法，就是直接用海水煎煮，古人称"熬波"。

晒盐、滩晒制盐。以海水为基本原料，结合日光和风力蒸发，制成盐卤，再通过火煎或日晒、风能等方式结晶，制成粗细不同的成品盐。

三、围海造田的生态开拓与保护

围海造田的生态开拓,是中国对海洋生态利用的重要文化组成。中国自古开拓的围海造田对海洋生态的利用是持续不断的,围海造田的变化都在改变着中国沿海地区的历史进程。特别是我国东南沿海地区,经过对海洋的不断开拓,大片围海造田形成了耕地的增加,对于中国农业也产生了极其重要的影响,也促使人口移往中国东南地区,带来海陆交融的生活气息和文化繁荣。沿海地区以围海造田为基础的沿海农业影响了中国农业社会几千年,至今围海造田的生活还在延续着,是中国海洋生态文化的重要方面。

（一）古代中华民族围海造田的丰富历史

中国历史到秦汉结束后出现新局面,长期的割据战争、部分人口开始向江南迁移,东南沿海社会经济加快发展,以往的边缘地带加速与中原文明的结合,海陆关系较之秦汉时期的边缘和前沿逐渐发生改变,而占据江海交汇、南方居于前沿的中国东南地区开始悄然发生变化,显露出江海交汇的地缘生态优势。

中国是很早就认知沿海滩涂可以进行生态利用的国家,尤其是东南地区人民的沿海耕作,到宋元明清之际,东南地区沿海成陆加快,人口南迁,形成了沿海的种植活动。在中国古代人民就已经认识沿海的土质、地形和潮汐等影响,地理生态环境的差异使得东部土壤性碱,不宜种植水稻,而宜种豆麦、棉花、瓜果类,适盐渔之利。如元朝时东南地区就有多位官员上书行省:"县境濒海,谷不宜稻,农惟树艺豆麦。"①

东南滨海,海洋影响而造就的地理生态,形成特有的物产种植,从而使中国沿海社会经济的经营多元化,其中东南沿海地区的棉花的种植给明清时期的中国社会带来巨大的变迁,因此自古以来,拥有大片沧海良田的东南沿海地区是我国棉花的种植中心。可见,在明清之际的人民就已经清楚地发现围海造田形成的农业和大陆地区的农业有差异,认识到海洋生态系统及其资源利用与人类经济社会生活有着密切关系,海洋生态文化的自觉和行为方式的规范在不断进步。

---

① （嘉庆二十三年）《松江府志》卷41《名宦传》,上海书店出版社1991年版。

（二）围海造田、筑堤修坝的精神

围海造田需要海塘的保护，中国沿海海塘的修筑经历了土塘到包石土海塘，再到现代技术的演变过程。海塘修筑技术进步是中国人民掌握海洋生态规律并进行海洋开拓发展社会生产的智慧结晶，这种智慧的结晶也可以说是中国利用海洋生态发展社会生活文化的典型。

最早的原始海塘，是利用天然冈身沿岸加工而成。唐代以后才有完全人工构筑的海塘，但构筑的海塘比较简陋，分布散乱。随着沿海人口的增加，沿海围垦土地开发的扩大，人民为了保证田赋来源，由官府或地方士绅出面统筹兴筑塘堤。从此，由简陋零散的塘岸发展成为塘身较高厚的长堤。由于前人在筑堤的时间、选址、奠基、选土、型式以及施工管理等方面积累了一套比较科学的经验，所以后来的海塘大都在前人修筑好的堤身主体上进行加工修建。明晚期所筑土塘，土内杂以石砂，其筑法是"于逼近塘脚处，先铺石砂一二尺，然后挑土以覆之，随加筑固。石有块垒，水难吸取；石在土外，足以御水，则土不陷，所筑之土，亦当插以石砂，土石十之八，石砂十之二，两者相合而鞭；方得坚牢"①。系统总结了筑堤之法，古代长期积累的基本经验仍在继续使用，并随着技术的进步而有所发展。

"包石土塘"或"石骨土塘"，是我国海塘中一项独特的工程结构。包石土塘，即在石塘的内外坡及塘顶加筑土塘，把石塘包筑在里面，所以也称"石骨土塘"。建于清雍正年间，曾有"四十里金城"之称，至今仍屹立在杭州湾畔的金山西塘主塘，是外土内石的"包石土塘"的典型代表。由于构筑坚固，金山海塘主塘塘顶被利用作为今天的沪杭公路。

在与自然灾害的抗争过程中，人们发明了丁坝、玲珑坝等各种技术来巩固海塘的稳定和牢固。玲珑坝是以块石和桩木构成护坡工程，清雍正八年（1730），太仆寺卿俞兆岳所首创。玲珑坝的多层阶梯形结构，增强了消能作用，避免大浪直拍堤身，而当波浪拍岸后下泻时，又能减弱底流速。由于采用块石填筑，对水流具有较大的磨阻力，消能效果更佳，光绪《江苏海塘新志》总结玲珑坝的作用，说："潮至而猛；御之迤崇则柔，潮落而疾，泻之以等级则濡。柔其撼力，故坝虽冲突不伤；濡其引力，故坝虽残敝不倾。"②

古代劳动人民在海塘的采用工程措施的同时，特别重视利用各种生物

---

① （明）吴嘉允：《海塘问答》，转引自陈积鸿主编：《金山县海塘志》，河海大学出版社1991年版，第101页。

② （明）吴嘉允：《海塘问答》，转引自陈积鸿主编：《金山县海塘志》，河海大学出版社1991年版，第102页。

措施消浪促淤,如在塘内外坡种植芦苇,中潮位以下滩涂种植互花米草,以提高海塘的抗御能力。利用植物缓冲海浪直接冲击海塘而保护海塘之法由来已久,最早的历史记载见于《宋史·河渠》:"七令所筑华亭捍海塘堰,趁时栽种芦苇,不许樵采。"植物固塘主要方法有两种:一是在滩涂上人工栽种芦苇,因芦苇生长快速,能起抵浪、消浪缓冲作用,既可防止潮汐冲刷泥滩,又可减轻塘身受海潮压力;一是在塘身主要是内外坡栽种植被,借以减轻雨水、潮水冲刷的塘身水土流失。我国东南沿海地区常采用的护塘植物有芦苇、秧草、互花米草、人工水草等,这些植物还起到丰富海塘自然景观之功。这些活动说明中华民族在利用海洋资源方面已经懂得一定的海洋生态规律。

海塘修筑好之后,需要一定的管理,形成了特定的管理制度。南宋乾道年间起,即有明确的海塘管理体制和法定职责。明代在沿海海塘设"塘长",规定专门管理海塘之制度。清康熙初(1662以后)开始实行"岁修法"①。即每年汛期前后,将海塘损坏情况及隐患逐级上报,经核定后实施整修加固工程。清代以前,海塘大都是在溃决或出险后才予修筑或弃而移地重筑。清代之后,海塘修筑实行岁修法,使少量、轻度损毁的海塘得以及时修复或巩固。由于专设塘工岁修管理,因而海塘的维护和修筑比较及时,同前代的管理相比较沿海海塘更为坚固持久。

专栏

　　长江三角洲沿海海塘是中国有代表性的海塘,在历史上是江南海塘的主要组成部分,与万里长城、京杭大运河一起被称之为我国古代三项伟大工程。长期以来,海塘在中国东南沿海的农业、工商业、渔业、盐业的防汛以及围涂、军事等方面,起到抵御灾害和保障生命财产安全的作用。从海塘的修筑历史来看,海塘的发展经历了很长的历史变迁和复杂过程。比较有名的分别是古捍海塘、里护塘、钦公塘、彭公塘,有的海塘最多经过30多次大的修复。

　　古捍海塘,又称下沙捍海塘、旧瀚海塘。据绍熙《云间志》载:"旧瀚海塘,西南抵海盐界,东北抵松江,长一百五十里。"开元元年(713)重修了西南起盐官境,东北抵松江的捍海塘,以抵御咸潮,便利垦荒。

---

① 《奉贤水利志》编纂委员会:《奉贤县水利志》,上海交通大学出版社2007年版,第208页。

续表

里护塘又称柘湖十八堰,《宋史》亦称捍海塘堰,明代加修后始称里护塘,位于今金山县南境,它起筑于宋乾道九年(1173),兴修的目的是为了防潮灾,保盐业。唐代末年已在柘湖北岸通向内地的 18 条港口修筑了挡潮堰、闸。宋政和五年(1115)为围垦亭林湖(在今亭林镇北),尽行开决堤堰,导致海潮倒灌,造成巨灾。灾后诸堰重筑,"独留新泾塘以通盐运。"乾道二年(1166)为泄内地涝水,全部改堰为闸。宋乾道七年(1171)知秀州丘宗山重修捍海十八堰,与皇祐老护塘西南段构成杭州湾北岸内外双重防线。元大德五年(1301)皇祐老护塘西南段坍毁,捍海十八堰起了重要作用,使内地免受咸潮入侵之苦。

外捍海塘——钦公塘。始筑于明万历十二年(1584),后人相对于老护塘又称外捍海塘或小护塘。其塘北起黄家湾,南经合庆、蔡路、江镇、施湾、黄路至奉贤、南汇两县交界的五墩涵水庙,与老护塘相接。

专栏：皇祐老护塘[1]

亦称旧瀚(捍)海塘、护塘。明万历十二年(1584)修筑外捍海塘以后,又称内捍海塘。绍熙《云间志》载:"旧瀚海塘,西南抵海盐界,东北抵松江,长一百五十里",由于始建年代缺载,后人长期存在争议。今已查明系北宋皇祐四年至至和元年(1052—1054)吴及任华亭县令时所筑。据郑獬《郧溪集》卷二十一所载《直昭文馆知桂州吴公墓志铭》:"知秀州华亭俱有能名,……在华亭缘海筑堤百余里,得美田万余顷,岁出谷数十万斛,民于今食其利。"所指"海盐界"即今金山与平湖县交界,"松江"即吴淞江故道出海口的老鹳嘴(据曹印儒《海塘考》);按现代测量,长度不止一百五十里,但据光绪《松江府续志》所附海塘图,以每方格十里的古代计算方法,则与《云间志》所载完全吻合。

①　引自上海市地方志办公室:《上海水利志》第三编防汛,第一章海塘,第一节陆域古塘演变。

续表

元大德五年(1301)大风海溢,老护塘西南段自柘林以东的华家角(今名堰墩湾,在奉贤境,下同)至浙江平湖界全部溃毁,是年后退二里六十步重筑,至华家角仍与老护塘相接,称为"大德海塘"(详后)。元至正二年(1342)全线重修,到明初尚比较完整,不仅御潮,还兼作抗倭工事。

明成化七年(1471)秋,大风海溢,海塘倾圮。次年巡抚都御史毕亨,委松江知府白行中等督工兴筑,东自嘉定界(今川沙县黄家湾一带),西抵海盐,修筑五万二千五百一十七丈。这次大修,由于杭州湾口门附近潮势汹猛,海岸被啮"青村(今奉贤境)之塘迁入仙地者二里八步"(吴嘉允《海塘问答》),西南段则在元大德塘基础上垒高增修。此后,东部滩涂淤涨,海岸外移,明万历年间塘外又筑海塘,长期以来成为交通大道。1977 年开挖浦东运河后,川沙仅存残迹,南汇、奉贤段已成为公路。

(三)农耕生态文化与海洋生态文化的和谐共生

在中国古代,土地面积决定了粮食种植的规模,因此,人们为了增加土地,很早就开始向大海要地。尤其在明清时期是历史上的人口高峰期,两代政权都注重发展农业,大量开辟耕地①。当时的广东地区利用濒临海洋的自然环境,成为那个时代围海造出发展最快的地区。当时,珠江三角洲围海造田的主要形式是沙田,是指沿海濒江淤泥积成的田地。宋代以前,珠江三角洲的发展较为缓慢,沙田的形成主要靠自然的因素,即由江水携带泥沙淤积而成。

明清时期,开发进一步加快,各河道不断淤浅,新生沙滩不断浮露。人们将浮露的沙滩加以围筑,以防止被水冲走。明代,人们通过抛石、种草实行人工促淤,加快了沙田的淤涨。清代,人们逐渐将目光转向未成之沙上,开始与海争田,堤围的修筑更加普遍,沙田的开垦进入了前所未有的全盛时期。其中,明代河岸堤围总长达 22 万丈,共 181 条,耕地面积达万顷以上,使珠江三角洲范围比以前扩大了一倍。而清代,从乾隆十八年至嘉庆二十三年(1753—1818),共开垦了 5300 余顷,咸丰、同治年间,又新开垦了

---

① 冼剑民、王丽娃:《明清珠江三角洲的围海造田与生态环境的变迁》,《学术论坛》2005 年第 1 期。

8000 顷。

沙田的扩大,促进了珠江三角洲地区农业的发展,也带动了地区经济的发展。首先,沙田的开发缓解了当时的人口压力。清代乾隆朝是我国历史上人口出生的一个高峰时期,人口的不断增加使广东的粮食日益紧缺,加上北方大量的人口不断南迁,加重了广东的粮食负担。为了解决粮食问题,必然要求耕地的扩大。于是劳动人民在珠江河道的两岸和海岸的海滩上,修建堤围,将沙滩围筑起来,进行垦殖。他们还不断地向江海要田,使耕地面积逐渐增加,为农业的生产发展寻求了新的出路。

其次,沙田的开发,尤其是堤围的修筑,在一定程度上达到了防洪保收的目的,大片的农田免受洪水的冲击,确保了粮食的收成。如屈大均《广东新语》记载:"凡粤之田,近海者虞潦,则有基围,近山者虞旱,则有水车。故凶荒之患常少,其大禾田,岁一收。早禾田,岁种旱黏、早糯则二收。"[1]再次,沙田的开发,促进了珠江三角洲农业的商品化,带动了珠江三角洲经济的迅速发展。广大的劳动人民在修建堤围的同时,推行基塘种养技术,在低凹的地方挖塘,环水筑基。他们在塘内养鱼,合理利用了塘内的水源,又在堤围上种植桑树、果树、甘蔗等经济作物,形成了"桑基鱼塘""果基鱼塘""蔗基鱼塘",从而改变了单一种植水稻的农业形态,发展了商品性的经济作物,使珠江三角洲成为富庶的鱼米之乡,跃上了全国农业生产的先进行列。

然而人们在与海争田的同时,却很少注意到这一过程对环境所造成的影响。为了迅速得到耕地,人们想方设法对沙田进行垦殖。将石坝筑在江河出海口旁,侵占了深水道,从而阻滞了水流的速度,使泥沙淤积日渐增多,而水道就愈来愈窄。当大雨来时,由于不能及时宣泄,酿成水患。明清时期,珠江三角洲常年水患不断。

此外,珠江三角洲是低凹之地,新垦沙田更是低涝之区,随着堤围的不断修筑,农田排水日加困难,于是迫使其推广基塘种养生产方式。明初,人们只是将一些地势低凹、生产条件较差的土地深挖为塘,这种做法有利于充分利用土地。发展到清代以后,随着基塘利益的不断增加,人们逐渐开始把一些肥沃的沙田也挖为鱼塘,屈大均《广东新语》中记载:"广州诸大县村落中,往往弃肥田以为基"[2],结果使得农田面积减少,特别是乾隆二十四年

---

[1] (清)屈大均:《广东新语》卷 14《食语》,中华书局 1985 年版,第 373 页。
[2] (清)屈大均:《广东新语》卷 22《鳞语·鱼》,中华书局 1985 年版,第 545—567 页。

（1759）以后，广州成为通商口岸，对生丝的需求扩大，从而刺激了人们大量地发展基塘农业，出现了"弃田筑塘、废稻树桑"的热潮，耕地被大量的挖塘，稻作生产受到排斥。

从中国明代到清代，沙田围垦的区域和堤围的修建不断地向西北江的下游发展，直抵珠江的入海口，从而使珠江的出海口越来越窄，潮汐来时，由于海水与淡水的交换，不能缓慢地进行，从而改变了江水生态，鱼苗往往随着急水而走，流失了大量鱼苗，鱼的产量自然就会减少。尽管已经过去数百年，但这些影响波及至今。以史为鉴，如何实现人海和谐可持续发展的海洋生态文化自觉，今天的人们在利用和开发海洋时不妨以此为参考。

四、海上舟楫之便与交流的扩大

古代中国的交通在很长时间中，主要依靠水运，相对陆地道路需要人工修建，在生产力极为低下的古代，利用天然的河网和海洋进行交通与外面联系相对比较容易，而且先民择水而居的生活，通过水路交通，尤其是大宗物品的交流就比较方便。在中国古代沿海先民通过航海途径与外界来往，并由此获取交流财富和文化信息，这是沿海地区所独具的便捷优势。

然而在社会生产力十分低下的上古时代，航海技术尚处于稚嫩阶段，利用海洋与外界交流毕竟是十分危险的，而且必须对海洋生态的规律有一定了解才可以顺利地航海。中国古代先民不畏艰险与艰辛，勇敢地探索海洋生态的规律，从原始的独木舟到能下西洋的大型宝船，不断提升造船技术，积累航海经验，创新航海科学（星斗指向、指南针的航海利用等），并努力探索海洋潮汐、洋流、季风、大气、海况等的生态规律，不断开辟新海洋航路，使中国古代成为世界上进行航海最早、航海技术最发达的国家之一，其中利用指南针引导航海的技术更是为世界航海历史的发展作出了巨大的贡献。

中国古代为发展航海而积累的对海洋生态规律进行探索的经验是中国海洋生态文化的宝贵财富。

（一）古代航海交流的展开

考古研究证明，在距今一万年左右，居住在福建及福州沿海的闽越族先民已有相当发达、具有鲜明的利用海洋生态开展生活的海洋文化历史。如距今五千五百年至七千年的平潭壳丘头文化遗址，距今五千五百年的闽侯县石山文化遗址。从其中出土的石器、贝壳、骨器等来看，当时先民沿江临海合群而居,生产活动以渔猎为主,并已借助原始舟船,由江而海,扩大了生产活动范围。昙石山中层文化和台湾省高雄凤鼻头的第三、四期贝丘文化,有相当的相似处,经过碳十四测定年代也大致相当。这表示当时福建、台湾两省的居民,已有联系和往来。《逸周书·王会解》中说:"东越海蛤……其人玄贝。"①《汉书》也记载:越族"以渔猎山伐为业。"②目前能看到的福州地区最早的独木舟实物,是1973年在连江县出土的一艘西汉早期的独木舟。该独木舟长7.1米,首宽1.2米,尾宽1.6米,樟木挖制。据碳十四测定为距今2170±95年前的遗物。③

随着中国古代手工业的发展和城市的兴起,商品交换的范围不断扩大,地区间的联系也随之扩大,促进了海上交通运输业的发展。福州地处东南海疆,海运更成为经济活动中的一项重要内容。两汉三国时期,中国东南沿海通过航海交流的区域更加得到进一步扩大,当时的福州(汉时称东冶)进一步发展为海外交通和贸易的重要口岸,史载"旧交趾七郡(即南海、苍梧、郁林、合浦、交趾、九真、日南。包括今广东、广西、海南、越南等地)贡献转运,皆从东冶泛海而至"④。说明当时两广与越南一带的货物与贡品经海上,由福州转运而达,表明福州港口在中国古代的东南沿海经济贸易中所处地位的重要。

在中国古代的北方,早在大汶口文化和龙山文化时期,山东与辽东的沿海居民就已经通过航海开始交流。当时辽东半岛使用的陶器已明显带有山东沿海的式样和风格,这一点可以从辽东小珠山二期文化遗址、大连双砣子遗址等遗址中得到相关印证。

辽东半岛的郭家村遗址出土的罐形鼎、鬲、盂等器物,在胶东半岛的杨家圈遗址也很常见,长岛北庄遗址出土的筒形罐,其纹饰与器形都与辽东半岛极为相似。这说明辽东半岛与山东半岛之间存在着一种沟通的渠道,而这种渠道很可能就是海航往来。到岳石文化时期,这种海上交流的动作已经十分清晰。辽东半岛的貔子窝发现的陶甗,估计是从胶东输入,或是在岳石文化影响下的产物。山东沿海与辽东半岛之间很早就开辟了海上航线。近年来在庙岛群岛周围不断发现石锚,这些石锚一般重10余斤,可以停泊

---

① 《逸周书·王会解》。
② (东汉)班固:《汉书》卷28下《地理志下》,中华书局1962年版,第1666页。
③ 卢茂村:《福建连江发掘西汉独木舟》,《文物》1979年第2期。
④ (晋)范晔:《后汉书》卷33《郑弘传》,中华书局1965年版,第1156页。

二三吨的船只①。由此判断,先民们已经能够驾驭小型船只并活动于渤海海峡之间,从山东到达辽东半岛也应是人力可为的事情。另外,位于渤海海峡中的庙岛群岛海域常常发现史前时代的遗物,这些遗物反映出先民们出海航行或海外交流的某些情况。其中北陆城岛西北方向约10公里的海域曾打捞出1件陶甗,系夹砂黑褐陶,可能是介于龙山文化和岳石文化之间的产物。在大钦岛以东约200米的海底也曾打捞起1个三足深腹盆,夹细砂质,表里黑灰色,轮制,无论从陶质、陶色、制法到器形都和旅顺于家村遗址的深腹盆相似,山东沿海的岳石文化遗址中并未发现这样的器形。大竹岛以南约30米的海底发现过一批陶器,其中1件为圆底釜,侈口,宽斜缘,最大腹径明显下垂,腹部饰松散的竖绳纹和数道弦纹。这种形状的陶器只是在江苏南部和浙江北部一带才有发现,其年代从良渚文化到当地的早期印纹陶文化,大约与山东岳石文化年代相吻合。由此可见,岳石文化时期的沿海居民通过海上交往,曾经将自己的足迹延伸到很远的地方,山东北部沿海与江浙沿海在当时就已经经由海上取得了联系。

　　这说明中国古代很早就有通过航海实现交流的历史,对外交流通道开始由陆路拓展到海洋。随着航海经验和航海技术的发展,并开创了中国历史上的"大航海运动",沿海地区特别是东南地区的海洋经济和海外交流空前活跃。航海交流的发达不仅使中国古代的国内南北贸易极为活跃,也扩大了中国古代与周边沿海国家的交流。

（二）航海对海洋生态环境的认识

　　航海历史的发展是中国古代的先民对海洋生态的探索和智慧,尽管中国古代科学不发达,但是为了顺利开展航海必须不断探索海洋生态规律,对海洋有更多的认识,因此先民通过对海洋生态规律的观察、实践、比较、分析、综合、归纳,去揭示海洋生态的奥秘,认识海洋中各种自然现象和过程的发展规律,并利用这些规律为航海的开展提供支持。

　　在科学不发达的古代,人们对海洋生态系统自然现象的认识和探索,主要依靠已有的各类涉海实践、自然条件下对海洋生态有限的观察和经验积累基础上的逻辑推理。虽然当时缺乏科学仪器和对海洋世界深度探索的能力,但已经能够直观地、笼统地感悟、认知海洋生态系统的基本性质,初步探

---

① 　王赛时:《古代山东与辽东的航海往来》,《海交史研究》2005年第1期。近年来在中国山东庙岛群岛周围不断发现石锚,这些石锚一般重10余斤,可以停泊二三吨的船只。

索到海洋生态系统基本的自然规律,并依此开始研发、创造、推进航海技术。

(三)利用海洋生态环境和发展航海生态文化

中国古代在利用海洋生态发展航海上,有十分优秀的历史文化。殷商与西周时期,先民除了会制造舟船之外,已能制成风帆而利用风力航行。甲骨文用"凡"通假"帆"字,说明殷人行船已经使用帆,这时的风帆一般主要用在陆地江河航行中。随着春秋战国时期各国的海上活动兴起,人们航海的地理、天文和气象知识逐渐增加,将中国东部海洋的不同海域分成"北海"(今渤海)、"东海"(今黄海)、"南海"(今东海)。同时,先民们在江河舟行和航海过程中,逐渐认识了风和潮流,并利用风帆和潮流进行航海。

先秦时期,人们在认识风的同时,也对一些云雨气象有所了解,如《尚书·洪范》"月之从星,则从风雨"①等都是人们在航行中注意天气变化而总结出的经验规律。这一时期,人们对海洋水文特别是潮汐有一定的了解。如《尚书·禹贡》"朝夕迎之,则遂行而上"②等,说明当时人们已经知道趁涨潮出海,利用海洋定向潮流,顺流而下。春秋战国时期,海上导航技术已与天文学联系起来。战国时期人们已经对二十八星宿和一些恒星进行了定量观测,并把海上航行与天文学相结合,利用北极星为航行定向。战国时期,磁石"司南"已发明。但其用途主要用于陆上定位。春秋战国时期主要以太阳和北极星为海上导航标志。先秦时期的航海技术已有一定的基础,人们对海洋的认识逐渐深刻,对洋流、风力、潮汐,和海上天文、气象知识有一定的认识,利用太阳和北极星为海上导航标志,并发明了海上测天体高度的仪器。

在当时的科学技术条件下,航海是靠山形水势及地物为导航标志,属地文航海;而以星辰日月为引航标志的,则属天文航海技术之一种。指南针是中国历史上的一大发明,宋代将其应用到航海上,解决了海上航行的定向,也开创了仪器导航的先例。

秦汉时代的先民已开始利用季风航海。当时中国人已掌握了西太平洋与北印度洋的季风规律,并利用季风的风向应用于航海活动。公元一世纪,东汉王充曾科学地指出了潮汐运动和月亮运行的对应关系。东汉应劭在《风俗通义》已经提到:"五月有落梅风,江淮以为信风。"③"落梅风"意即梅

---

① 《尚书·洪范》,《十三经注疏》,中华书局 1979 年版,第 188 页。
② 《尚书·禹贡》,《十三经注疏》,中华书局 1979 年版,第 149 页。
③ (宋)李昉:《太平御览》卷 930 引,《四部丛刊三编》景宋本。

雨季节以后出现的东南季风。由于已经懂得季风的风向规律，才能进行比较长途的远洋航行。

在先秦时期天文导航的基础上，秦汉时期的导航技术有了进一步的提高。据《汉书·艺文志》载，西汉时海上导航的占星书已有《海中星占验》十二卷、《海中五星经杂事》二十二卷等，有关书籍总计达一百三十六卷之多，可能是中国航海人员在航海过程中总结出来的天文经验和规律。其内容应是记录航海中对星座、行星等位置，以判定确认航线。除天文导航外，地文导航与陆地定位在航海中也占十分重要的地位。汉时，人们已能利用"重差法"精确测量海上地形地貌。唐代李淳风《海岛算经》记载了这种利用矩或表进行两次观测，可求得海岛之高度和与船的距离，这对后世航图的测绘及航程的推算具有深远的影响。

汉时，人们对潮汐已不仅局限于水面的涨落，而能找出其中的原因。王充在《论衡·书虚篇》第一次科学地将潮汐成因与月球运动联系起来，反映了人们对潮汐认识的进步，同时对人们航海借海潮流向进出港湾有一定的帮助。中国汉代时期造船业也比较发达，已能利用季风航行，天文和地理导航运用能力进一步提高，并能对潮汐现象做出科学合理的解释，航海技术的进步，使当时的中国步入了世界先进航海国家的行列。

三国两晋南北朝时期造船业发展的同时，航海知识与技术也得到了进一步的充实和提高。三国万震《南州异物志》对当时航行于南海水域的海船风帆驶风技术有所描述："其四帆不正前向，皆驶邪移，相聚已取风吹，邪张相取风气。"[1]这段记载说明了当时中国南海航行者已拥有增减随宜的四帆帆船，掌握"邪张相取风气"的打偏驶风技术，并且在印度洋上的航线，也是利用七帆帆船顺风而航行的。随着三国以后的航海活动增多，对西太平洋和印度洋的信风规律已有所认识和利用。这一时期航海技术有所进步，还表现在人们已对航行所经海区的海岸地形有了初步了解，如对今南海的珊瑚已有所认识，同时天文导航技术也已采用。

隋唐五代时期航海技术趋于成熟，人们已能熟练运用季风航行，天文、地理导航水平都有明显提高，对潮汐也能进一步正确解释。唐代，人们已能认识到北起日本海，南至南海的风有规律的到来和结束，这种与航行有关的季风称为"信风"。在利用这些信风航行的同时，人们已能正确地归纳和总结出这些信风的来去规律。如唐代高僧义净正是借着对南海季风、北印度

---

① （东汉）万震:《南州异物志》,《太平御览》卷771引,四库全书本。

洋及孟加拉湾的季风和洋流规律的认识和利用而乘船到达东南亚室利佛逝国而还归中国的。同时唐代对海洋气象有了进一步认识,已能利用赤云、晕虹等云气现象来预测台风。

唐代天文定位术的发展,主要体现在利用仰测两地北极星的高度来确定南北距离变化的大地测量术。开元年间天文学家僧一行已可以利用"复矩"仪器来测量北极星距离地面的高度,虽与实际数字有一定的差距,但这是世界首次对子午线的实测,而且这种测量术很可能已经在航行中使用。唐代航行者已掌握利用北极星的高度而进行定位导航。

与天文定位术一样,隋唐地文导航技术也有一定提高。"广州通海夷道"中对航海方向、距离、时间已相对具体,对某些地区的地理位置或地形特征已有明确的地文定位描述,并且对远洋航行中的人工航标也有记录。特别是随着数学的进步,航海家已经能在勾股定律相似关系的原理基础上,运用两次观测计算的"重差法"来测量陆标,大大提高了海岸测量术的水平。

在《海涛志》中,作者窦叔蒙深入研究了潮汐运动与月亮运动的同步规律,对潮汐运动中的形成原因、大小潮出现的时间、计算方式、潮汐循环的周期等做了详细的论述。而稍后的封演,也对一月之中潮汐逐日推移的规律做了非常清晰的论述。

两宋时期航海技术的提高,最突出的是指南针的广泛应用。宋以前的航海指引,一般是凭天象、天体识别方向,夜以星星指路,日倚太阳辨向,至北宋时期,航海技术开始了重大的突破,已能利用指南针航行。而指南针的应用,在南宋时期发展成罗盘形构,随着精确度不断提高,应用越来越广泛,海上航行已逐步依靠指南针指示方向,比北宋时期更为进步,也促进了中外海上交通的发展。指南针应用于航海,是世界人类文明史上的重大突破,对世界海洋文明和文化的发展作出了重大的贡献。

在两宋时期,有关海图的记述已十分明确,如徐兢的《宣和奉使高丽图经》和刘豫献于金主亶的海道图等[1],都说明了当时海图的发展。海上交通航线的发展,为海道图的产生创造了条件。海道图的产生出现,是人类海洋知识不断积累的结果,为人类进一步征服海洋,发展海上交通事业,提供了更多的技术工具与技术知识。在海洋地理识别探测方面也有较大进步。根据天气变化确定方位,判断环境。并已懂得利用长绳系砣测量海深,并从砣

---

[1]　王皓:《宋代外交行记与语录研究》,四川师范大学 2012 年博士学位论文。

底所黏附的海底泥沙判断航行位置及情况。而且还能利用季风航行,其驾驭风力的技术也具有相当水平。在海上航行安全方面也有一定的保障措施。利用信鸽作为海上通信工具。并已能进行水下修补船只,防止渗漏致沉。由于航海技术不断提高,令两宋时期的对外海上交通更具安全,航向更为稳确,航行时间也大为缩短,有利于中外海上交通贸易的进一步发展。

元代指南针的应用更为普遍,也更为精确,已成为海舶必备的航海工具。元代航海中,把指南针许多针位点连接起来,以标明航线,称之为针路。指南针应用的技术进一步提高。以天干、地支和四卦作为航海罗盘上编排的航路方位,这样,海船航行更能精确地确定航向,把握航线。元朝航海技术的提高,还表现在对海岸天象与规律的认识与掌握,以保证海船航行的安全与稳定。元朝海上交通,已能熟悉地掌握与利用季风规律。元朝航海家在长期的海上交通实践中,总结经验,编成有关潮汛、风信、气象的口诀。而有关的口诀据称"屡验皆应",说明了元朝对海洋气象变化规律已有相当程度的认识与掌握,有助于进一步驾驭海洋,促进海外交通贸易的进一步发展。

明朝是中国古代利用海洋生态规律及航海技术发展航海的顶峰阶段,对海洋生态规律的综合知识运用以及历代积累的航海技术达到世界领先水平。

在航路航向的导航上,明代指南针的应用更为普及与精确。过去指南针的运用,主要是单针与缝针之法。但明人《顺风相送》中已经有"定三针方法""定四针方法"①。虽然不详其具体应用方法,但应该可以肯定其航路航向必然更为清晰准确,几个指南针一齐运用于确定航向,还必须有计量单位,确定航程。至迟在明代已经以"更"作为计量单位运用于航海之中。明清时期,一更约为六十里计。因此,"更"并非是一个单纯的计时单位,而是指一更时间内,船舶在标准航速下所通过的里程。以"更"用于航海,也是明代航海技术发展的一个标志,它与指南针结合,可以推算船位航速,令航行路线方向更为精确,明代"针""更"结合的航海方法已十分普遍,反映了明代航海技术所具有的先进性。

在利用地形水流的探索上,明代已经有接近现代水平的航海图。大海航行,必须了解航路的地形水势,掌握航道的水深及暗礁浅滩,才能安全可

①　向达校注:《两种海道针经》,中华书局 1961 年版,《顺风相送》原本藏英国牛津大学鲍德林图书馆,《两种海道针经》即《顺风相送》和《指南正法》,由向达先生整理出版。

靠地进行海上交通活动。明人测量水地深浅名为打水,以托为单位。明人在航海图绘制方面也作出了很大的贡献。虽然宋元时期已有航海图样问世,但只是以沿海为主,远洋航海图还未能备及。至明代,航海图的绘制已有很大的进步,具有很高的水平,不仅沿海地区,海外远洋海域也有掌握,最典型的是明人茅元仪所辑《武备志》卷二百四十附图上所载的《郑和航海图》。该图自南京绘图,一直至东非沿岸,航图遍及广大西太平洋与印度洋海岸地区,记载了五百多个地名,并绘有针路,各处星位高低。对于航行途中的山峰、岛屿、浅滩、礁岩、险峡用的海图,显示了明人对掌握航路地形水势的必要性与重要性,具有深刻的认识。在实际应用中更反映了明代航海技术的发展水平。明代类似对航路地形水势的具体指南,趋于综合化与形象化,反映了明代航海技术的提高。

在利用天象进行航海导航上,明代已经掌握天象、星位、信风及海流潮汛的变化规律。用牵星术来确定船舶的航行位置。牵星术,乃是当时一种利用天文状况进行测位的航海技术。即在船上利用牵星板来观察某一星辰的高度,借以确定船只所在的地理位置。特别是在深海中,地形水势难以提供有效的识别,无所凭依时,往往以天象来确定航位。《郑和航海图》中就附有《过洋牵星图》,记录了在印度洋地区的牵星航海。

对信风的航海利用,明人费信《星槎胜览·占城图》中云:"十二月,福建五虎门开洋,张十二帆,顺风十昼夜至占城国。"[1]又明人马欢《瀛涯胜览·满喇加》中谓,归航,"等候南风正顺,于五月中旬开洋回还"[2]。表明中国明代对季风规律的掌握与运用,已经十分得心应手。明人对海上风云气候、海流潮汐的变化规律也十分熟悉。《顺风相送》和《指南正法》中就记载了许多关于这方面的气象记录和歌诀,说明了明人对航海天象的认识与重视,如《顺风相送》中"逐月恶风法""定潮水消长时候""论四季电歌""四方电候歌"等。按农历月日,对海洋气象的风雨规律作了详尽的记述。由此可以认为,明代是中国古代利用海洋生态环境和发展航海生态文化最伟大的时代。

清朝前中期的航海技术虽然没有很大创新,但是对于海洋地理的重要性还是具有充分的认识与总结。航海图的绘制也有相当的水平。清人陈伦炯《海国闻见录》中就有附图六幅,这些图较前人的地图详备、精确。陈氏《海国闻见录》中的《天下沿海形势录》,更对中国东北、东南沿海的海洋地

---

① (明)费信著、冯承钧校注:《星槎胜览校注》,中华书局1954年版,第9页。

② (明)马欢原著、万明校注,《明钞本〈瀛涯胜览〉校注》,海洋出版社2005年版,第41页。

貌、水文航运都有详细的说明。这些都具有重要海上指南价值。清朝在航海应用技术中,基本上继承前人的传统方式。但也有一定程度的发展。指南针的应用,普遍使用三针法,对航海天象观察、航海地形水势都有系统的掌握。并且开始以沙漏计时。比起传统的焚烧更香以及日月位置估算时间更为精确。清前期对沙漏的运用,说明了当时在吸收外国航海技术的基础上,不断提高航海工具的技术性能与技术水平。

回顾古代中国悠久的航海历史,所创造的航海生态文化丰富多彩、波澜壮阔。我们中华民族的祖先早在距今 7000 年前的新石器时代晚期,就已能用火与石斧"刳木为舟,剡木为楫";到春秋战国时期,随着木帆船的逐步诞生,出现了较大规模的海上运输;到秦汉时期,出现了秦朝徐福船队东渡日本和西汉海船远航印度洋的壮举;在三国、两晋、南北朝时期,东吴船队巡航台湾和南洋,法显从印度航海归国,中国船队远航到了波斯湾;从隋唐五代到宋元时期,中国航海业全面繁荣,海上丝绸之路已经远航红海与东非之滨,由于以罗盘导航为标志的航海技术取得重大突破,中国领先西方进入"定量航海"时期;到明代永乐至宣德年间,伟大的中国航海家郑和率领远洋船队,先后七次下西洋,遍访亚非各国。这一航海盛举,不但将中国古代航海业推向顶峰,而且在整个人类航海史上,竖起了一座永垂史册的丰碑。

五、多元利用海洋资源与海洋生态文化的形成环境

(一)适应环境的海洋生态文化

在几千年的社会文明发展史中,以及经济生活的历史里,渔业是很重要的一部分。渔业民俗文化是我国劳动人民在长期的生产劳动中创造的活态的海洋生态文化瑰宝,也是劳动人民生活准则和思想道德的基础,反映了他们在生产生活中的思想意识。因此,民俗文化和劳动人民的生活是密切相关的。渔民的民间信仰与民俗民风,蕴含了渔民的生活情趣和智慧的结晶。了解渔业民俗文化,可以了解渔业社会最基本的生活发展状况。

中国的乡村民俗,基于不同的地理位置、地域环境、物产资源和经济社会发展环境,不同地区、不同民族的劳动人民会在长期的生产生活中创造出各具鲜明特色、带有浓郁地方色彩和风土人情的民俗文化。正是这些民俗文化,给人们并不富裕甚至艰辛的生活带来鲜活的情趣,更传承着珍贵的生存智慧和文化理念,随着人们的物质生活的提高,以追求精神享受为目的的民俗活动也会固定化,并转化为节日的庆典。

渔民民风淳朴,勤劳勇敢,民间也有很多关于劳动人民生活民俗文化的美丽传说和故事,这些内容经过发掘整理以后可以和自然风景及人文结合,形成一种强烈的生活文化气息,使游客感受到美好的生活情趣和渔民朴实勇敢的精神。然而,在社会经济的发展和外来文化的影响下,不少地区的本土文化和传统生活习惯以及各种民俗特色,受到了很大的冲击和同化,一些地区特色已经埋没,部分正在逐渐消失。因此,发掘整理和保存发扬我国人民在长期生活劳动中创造的优秀民族文化,可以培养年轻一代的爱国意识,在民俗文化传承的同时,给予下一代教育与启迪。

（二）生存持续的海洋生态文化

海洋生态系统是海洋生物群落及其海洋地理环境共同构成的相互关联的自然生态系统。海洋生态系统的划分比陆地上要困难得多。陆地生态系统的划分,主要以生物群落为基础。而海洋生物群落之间的相互依赖性和流动性很大,缺乏明显的分界线。但是海洋环境也是有不同的分区,各分区都有各自的特点。

濒临海洋的海岸沿海地区,受海洋的影响,一般都是生态环境优美、适合人类居住、有利于发展经济的"精华地区"。海洋的丰富资源,负载着人类生存的未来与希望。近几十年来,由于陆地资源日趋紧张,世界各国逐渐转向开发海洋。然而,由于人们的盲目开发、过度捕捞以及无节制的废物排放,造成近岸海域水质下降,海洋生态恶化,"赤潮"现象频发,大量珊瑚礁消失,面对这些情况,人们必须警醒,它关乎人类的生存和未来。只有保护好海洋环境才能保护好我们的生存环境。

（三）和谐发展的海洋生态文化

生态文化的发展实际上是我们对生态文化时代精神的重构。海洋生态文化随着经济社会发展而与时俱进不断地创新发展,随着时代变迁,其时代价值和功能也必然会发生变化,这是规律。人类与海洋生态系统的依存互动、和谐共融(荣),创造了引领人类和谐人海关系,科学利用海洋资源,实现海洋生态系统支撑人类可持续发展的海洋生态文明价值观和行为方式。因此,其基础就是坚持生态文化的培育、传承、创新发展与普及人类对海洋生态的认识水平,决定了海洋生态文化的发展程度。

为和谐发展海洋生态文化,我们对于海洋生态环境的保护意识、科技运用、生产手段、生活方式等理念上,必须建立新的与生态、自然和谐共生、协调相处的文化和机制,重塑海洋生态文化的核心价值,重建海洋生态文化的观念,促进海洋生态文化的可持续发展,传承弘扬海洋生态文化的智慧和精神,是海洋生态文化发展的根本目标。

第二节　中国海洋生态文化基本概念

中国海洋生态文化是人类在与海洋自然生态系统交往,开发利用海洋生态资源的历史进程中,逐步认知海洋、顺应海洋、与海洋和谐依存,所创造、传承与发展的精神成果和物质成果的总和。海洋生态文化作为人类文化的一个重要的构成部分和体系,就是人类认识、把握、开发、利用海洋,适应海洋生态,调整人与海洋的关系,在开发利用海洋的社会实践过程中形成的精神成果和物质成果的总和。

中国海洋生态文化的基本内涵是:尊重海洋生态系统,遵循海洋生态规律,构建人海相生共融(荣)的和谐关系。具体表现为人类对海洋生态系统的地位、作用及其规律的基本认识、价值观念、行为规则意识,以及由此而生成的生产生活的行为方式,构建人海和谐关系的文化自觉与文化自信。

人类社会不仅仅积累了认识、利用和保护自然生态环境及其资源的传统知识,也与自然生态环境建立了密切地相互依存的关系,并在社会群体中建立了与自然界和谐生存的道德规范和行为准则,并在其生产生活实践、宗教信仰和文化及制度中得到具体反映,成为这个地区的人民对自然生态环境的基本理念和生存规则,在此基础上开发利用自然生态环境和自然资源,维持生活并延续发展。

一、中国海洋生态文化基本概念

(一)原始海洋生态文化意识

海洋在自然环境和社会环境方面都具有不同于陆地的特殊性,海上捕捞作业在技术、工具、操作等方面也不同于陆地上的采集、狩猎和农耕生产,所以生活在海上、岛屿和沿海的渔民的社会生活自然也就具有自身的独特性。在对海洋环境的适应过程中,海洋族群创造了各种文化来适应生存环境,包括宗教、技术、管理、经济、政治等,并用文化来改造环境,使之更加适合生存,同时他们还通过不断发展文化来适应变化着的环境意识。

海洋渔业产生于多变和不确定的环境之中,这里面的多变和不确定性因素既来自于自然环境,也来自于社会环境。

(二)古代海洋生态文化概念

在传统渔业社会中,渔民的工具设备以及处理海上危机情况的条件大体相同,基本上都只能通过观天象、海象和丰富的航海经验来确定鱼群所在位置和迁徙情况等。人们在广泛的海洋实践中也总结出许多宝贵的经验,对海洋的探索不断加深,《管子·八观》篇中提道:"江海虽广,池泽虽博,鱼鳖虽多,罔罟必有正,船网不可一裁而成也。"孟子说"数罟不入洿池,鱼鳖不可胜食也"。这些思想无不透露着早期维护海洋生态平衡,"用之有节、取之有度"可持续发展的哲学智慧和生态价值观。

(三)近代海洋生态文化变迁

近代以前,我们中华民族已经对海洋生态有了初步的了解和认识,并已经能够掌握一些海洋生态规律在海洋渔业、海洋盐业、海洋航运、围海造田等海洋生态方面进行开发。最近我国海洋专家在对我国的黄海、东海区的陆架海洋生态环境进行调查以后,认为我国东部沿海的自然变化和人类活动对海洋生态的影响很小。他们通过研究发现,当前我国黄海、东海区的陆架海洋生态环境与6000年前十分相似,气温也基本处于同一水平。这就说明在近代我国的海洋生态应该比现在更好,同时也可以证明,虽然在近代以前我们中华民族有长期的利用海洋生态开发历史,但是并没有对海洋生态造成破坏。

在近代,中华民族通过海洋渔业、海洋盐业、海洋航运、围海造田等海洋生态方面的利用,已经掌握了相当高的技术水平。在海洋渔业的发展上已经能够认识黑潮洋流和鱼群的洄游及部分鱼类的活动规律,同时还掌握了季风变化的规律,渔船的制造技术也由原始的独木舟发展到风帆渔船。海洋盐业的制取技术已经能够按照气候条件进行生产,海盐产量已经超过陆地井盐生产。海洋航运在中国近代更是得到空前的发展,广州、泉州、宁波、上海、连云港、青岛、天津、大连等一大批大型海港已经成为中国和世界连通的纽带。围海造田的规模也在中国近代有所扩大,比如江苏沿海的海滩垦殖,种植的棉花作为商品出口,成为中国当时最著名的棉花种植区域,为近代中国经济的发展作出了重要贡献。

专栏：风帆渔船

　　风帆渔船的使用在中国有十分悠久的历史,按照风向气候的变化,渔民出海捕捞,或顺风返回。在没有机械动力的时代,运用风帆渔船出海捕捞,需要对海洋气候十分掌握,风帆渔船的使用也使渔业捕捞的范围更加广阔,这说明在中国沿海渔民对海洋生态、气候的了解已经有丰富的经验和知识。

　　这些发展变化使中国近代成为利用海洋生态资源最为丰富的国家,同时在这个时期中国海洋生态文化得到了很好的传承和发扬,虽然在利用海洋生态的程度上有很大的提高,开发技术和规模进一步得到发展,但是海洋生态并没有遭到破坏。从现在对黄海、东海区的陆架海洋生态环境的考证中可以认为:"人海和谐,持续利用,平衡发展"的海洋生态文化理念,依然是当时中国开发海洋生态资源的文化支撑。

(四)现代海洋生态文化发展

　　随着人类对海洋的深度开发与利用,海洋文化的发展也带有鲜明的时代特征,在这种意义上,海洋与"文化"和"生态"也构建了海洋文化生态学的框架,它们是当今世界以及区域发展无法规避的重要问题。海洋文化生态实质上是把人类的海洋文化也看作一个生态大系统,这个生态大系统由海洋自然环境、科学技术、经济体制、社会组织、价值观念等层次组成,它们之间是一种协同共存的关系。这种关系影响着人类海洋生态文化的产生、创造和发展。海洋文化生态系统并非是一种新的文化选择,而从来就是人类海洋文明内在的本性,或者说是人类海洋文明生长、发育的内在指向。它引导人类向整体的海洋生态世界观转变。

二、中国海洋生态文化的原始表现

(一)敬畏海洋的神秘认识

海洋自古给人类留下的印象,就是浩渺无边、变幻莫测,因此人类对海洋的认知从古至今一直是崇拜、热爱、迷惘与恐惧的心理。正因为如此,凡是有海洋传统的地区就会树立起自己的海神,如古巴比伦人的艾亚海神;日本的东海女神,天照大神;印度的海神,巴西的海神,爱斯基摩人的海神等,这也是海洋文明的一部分。

传统农业社会下,由于生产工具的落后和认识的局限,渔民认为多变的自然现象是由上天神灵控制的,祈求神灵护佑成为渔民唯一的心理安慰和精神寄托。他们把每一次顺利返航,满载而归,都归功于神力所助,而每次海难都是鬼怪所为,对神的敬仰、鬼的畏惧和对海洋劳作的祈福构成了渔民主体心理定势,于是就有了渔民对海洋的祭祀,如开洋节、谢洋节等一系列民俗活动。

渔民经过长期的海洋生产实践,用劳动和智慧换来大量的海洋科学知识,积累了不计其数的看海、听海、养海、讨海的技巧与经验。创造了由滩涂、浅海至深海的 50 余种作业方法,如徒手采捕、插竹串布、定置张网、流网、拖网、围网、灯光围网等。同时在捕捞中必不可少的渔网渔具也种类繁多,主要有流刺网、对网、拖网、围网、流网、板罾、蟹笼、青蟹定刺网、拖虾网具等。"大海馈赠给渔民锦衣玉食,也给讨海人带去凶险和灾难。在过去,渔民有句话:三寸板里是娘房,三寸板外见阎王。"

大海的无情,让渔民们需要在精神上寻找支柱,由此便形成了广泛存在、根深蒂固的渔家信俗。比如每次出海之前,渔民都要在船上拜船龙、做船福,以祈求出海平安,鱼丰满仓。有些仪式经过几百上千年的演变,逐渐形成了渔区盛大的民俗节日,如祭祀妈祖祈求丰收的渔民开洋节、谢洋节,三月三踏沙滩、七月半放水灯,都体现了渔家对大海的感恩和对美好生活的追求。传统的祭海典礼凸显了祈求平安丰收、人海共荣的宏大主题,盛大的开船仪式表达了渔民向往大海的喜悦情感,古朴的妈祖巡安展示了人神海和谐的渔区文化气息。

(二)崇拜海洋并开发利用

中国东南沿海地区地处东海西岸,海洋成为当地经济生产与物质生活的重要资源,因此当地海神崇拜的观念十分浓重,海洋祭祀活动广为盛行。唐宋以后,东南沿海地区的海洋祭祀活动开始在民间逐渐盛行,至明清时,当地民间的各种海洋祭祀活动更是达到极为鼎盛的程度。值得一提的是,在东南沿海地区海洋崇拜与海洋祭祀活动发展演变的历史过程中,有着一种由自然神崇拜向人物神崇拜,由生产性祭祀向娱乐性祭祀转化的趋向。

根据东南沿海地区各种传统祭海仪式的不同功能特点,大致上可以把它们分为以下几种类型:

开洋祭:开洋祭是东南沿海地区传统祭海仪式中最为重要的一种形式,其主要功能是渔船出海前向大海祈求渔业丰收与人身平安。

谢洋祭:谢洋祭也是东南沿海地区传统祭海仪式中一种十分重要的祭祀形式,其主要功能是捕鱼结束后向大海表示答谢、感激以及庆祝丰收,此项活动一般是在每年的鱼汛结束后举行。

新船祭:新船祭是东南沿海地区渔民在新船造成后所举行的祭海活动,其主要功能是向海神祈求新船下海后能够平安顺利,满载而归。

节日祭:所谓节日祭,就是在某些节日中对海洋或者海神进行祭祀的活动形式,这一形式在东南沿海的某些地区也颇为流行。

祈禳祭:以前东南沿海的一些渔民在海上遇到怪物或奇异之事时也要进行祭海活动,这种祭海活动的主要功能是祈吉禳灾,避免灾难。

其他祭海形式:除了较为大型的"开洋祭""谢洋祭"等重大祭海仪式以外,东南沿海地区还有一些较为小规模的祭海活动,如象山石浦、东门的"祭小海",舟山群岛的"采贝祭"等。

各种类型的祭海仪式虽然其功能特点有所不同,但是在具体的仪式程序上却颇为相似,主要包括:请神,摆供品,撒米洒酒,放海生,饮酒吃糕,放水灯,文艺表演等程序。

专栏：中国开渔节

续表

每年禁渔期结束,捕捞开始时,渔民要进行开渔祭祀活动,图为浙江象山开渔节祭祀活动。这项活动已经成为中国开渔节。中国开渔节每年9月在浙江象山举行。十里渔港,人山人海,千舟待发。其主要内容有千家万户挂渔灯、千舟竞发仪式、文艺晚会专场、海岛旅游、特色产品展销、地方民间文艺演出等活动。象山渔民第一个喊响了"善待海洋,就是善待人类自己"的口号。自1998年象山首办开渔节以来名声日长,现在已成为该县一张靓丽名片和全国著名节庆之一。

(三)"天人合一""物我共生"的海洋生态观

良好的生态环境是保障人类生存的基础。中国古代先民在认识海洋生态和利用海洋生态资源进行经济活动时,逐渐懂得了海洋生态环境如同陆地生态环境一样,都是人类生活的依赖,而且海洋生态环境与陆地的生态环境有着千丝万缕的联系。当我们的先民驶向海洋开发的同时,大陆生态文化自然延伸至海洋生态文化中。因此,中国海洋生态文化从一开始就有在尊重自然生态的前提下适应自然并利用海洋的观念。

尊重自然生态、适应自然、顺应自然并利用自然的观念,即"天人合一""物我共生"思想的产生,可以溯源于商代的占卜。《礼记·表记》:"殷人尊神,率民以事神。"殷人把有意志的神("帝"或"天帝")看成是天地万物的主宰,万事求卜,以测吉凶祸福,实际上是当时的先民为了顺应自然而产生的对神即自然力量的尊敬。这种天人关系在中国古代被认为是神人关系,即神主宰人,但人可以顺应神(自然)。西周以后的"天人合一"观念有了新的发展。认为人服从天命是一种道德行为,天就会赏赐人;反之,天就会降罚于人。所以在古代中国便已经有"人顺自然,自然惠人"的辩证思想,同时也形成了利用自然生态时,自我约束的生态文化自觉。

由于中国海洋生态文化和农耕文化有十分密切的联系,是农耕文化的延伸和叠加;也因为海洋生态系统和陆地生态系统属于相互关联的自然生态系统,因此其生态文化的基本理念是相通的。中国海洋生态文化中也蕴含着"人与自然为一,和谐相生共荣"的思想,强调人海和谐、尊重海洋自然生态系统,遵循海洋生态规律,有度有节地开发利用海洋生态资源,与海为善、与人为善、与邻为善、和平共赢,实现人类与海洋生态和谐、可持续发展,这是中华民族在长期的海洋生态利用实践中生成的海洋生态文化智慧,也是构成中华文明的重要思想要素。

第三节 中国海洋生态文化基本形态

海洋崇拜是远古人类对于海洋形成依赖心理的产物。对于长期生活在大海边的古人来说,海洋是他们最为重要的生活依靠与心灵慰藉。是海洋赐予了他们衣食之源,是海洋为他们创造了赖以生存的渔盐之利。因此,古人便把海洋看成了自己现实生活的来源与精神寄托的所在,并由此而产生了对于海洋的种种崇拜。除此以外,海洋的多变性也是造成人类产生海洋崇拜心理的另一个主要原因。

古代的先民对海洋生态的认识十分有限,海洋生态比较大陆生态的变化更复杂,比如海洋气候往往反复无常,在大陆开展农业基本不会有对人类的生命威胁,然而在海洋上开展渔业活动则经常受到生命的危险。大海茫茫,它为人类带来了莫大的生机和资源财富,但有时却又给人类带来不可抗拒的灾难。在科学不发达的古代,古人们感到大海变幻莫测,有着一种神秘的、无法掌控、无法战胜的力量,特别是当与海谋生时偶然的顺利或偶然遭遇到灾难时,我们的先民更相信这种神秘的力量,由此对海洋生态产生了种种行为自律性的敬畏和崇拜,也因此产生了崇敬海洋的生态文化。正是由于人类开发利用海洋生态,与海洋生态有着生产生活的依存关系,而海洋族群于海谋利又必须同舟共济形成合力,所以"人海和谐,可持续利用"才成为中华民族海洋生态文化的基本理念,而崇敬海洋、自我约束、开放合作共赢的行为方式,成为海洋生态文化的基本形态。

一、中国海洋生态文化基本形态

(一)崇敬海洋的生态文化

为了谋生,人类总是希望能够可持续地获得海洋给予更多的恩惠,因此中华民族在崇敬海洋的生态文化中,自然形成了"与海为善,与人为善"的和谐精神。另一方面,崇敬海洋是为了更好的可持续开展海洋生态资源的利用,为人类经济社会发展服务。

崇敬海洋的生态文化最先产生于中国民间,无论是东方海洋生态文化或西方海洋生态文化,因为最早和大海打交道的,只能是生活在沿海,从事海洋生活生产的族群,海洋生产的流动性和作业方式的特殊性以及海洋生活的冒险性,使广大海民创造了"人海和谐,持续利用"的海洋生态文化。当这种海洋生态文化代代相传,影响越来越大时,成为广大海民发展海洋生态文化的行为准则,并形成代表东方海洋生态文明的中华海洋生态文明,因为这种文明的存在具有广泛的群众基础。

(二)海洋信仰的生态文化

中国是一个陆海兼具生态环境多样性的大国,海洋是中华民族生存发展的重要环境,经过海洋生态开发利用的漫长历史,中国自古以来就发展了和西方不一样的,又按照我们所处的海洋生态环境及大陆生态环境相关开展的海洋社会、海洋经济和海洋文化及海洋文明。表现在海洋信仰上,在沿海居民的宗教信仰的历史中,水神与海神的信仰最为发达,这是因为中国古代沿海地区海洋社会虽然以海洋经济作为生活的生产活动,但是无论是海洋渔业,还是航海贸易,其作为商品的交流市场是农业社会或者与农业有密切关系的手工业,因此水神与海神的信仰中有很多的交融。

(三)海洋祭祀的生态文化

海洋生态不同于大陆生态,气候、风暴、潮汐、洋流、海况等受自然力影响远比大陆复杂,变幻莫测,因此更具有危险和不安定性。在如此危险和不安定的生态环境中开展生活的人们对于消灾和生活安定的欲望十分强烈,这种希望消灾和生活安定的欲望使沿海的海洋资源利用群体对海神信仰的信念更为强烈。而为了表达对海神信仰的信念,需要这个群体有一种共同的祈愿和誓约的表现,于是海洋祭祀活动就成为这个群体共同的祈愿和誓约的表现形式。海洋祭祀与海神祭祀没有严格区分。人们祭祀海洋,实际上就是在祭祀海神。海洋祭祀活动(俗称"祭海")是一种由海洋崇拜所派生出来的带有宗教色彩的多种形式的海洋祭祀,向海洋表示崇拜、感恩或者祈求愿望,以求海神对于人类的恩赐与佑助。

专栏：民间放水灯祭海

　　相传,农历七月是地狱鬼门敞开的日子,"鬼"可以四处游荡,更可以回家"探亲访友"。农历七月十五这天,渔村各家都要做"羹饭",祭祀祖先。

　　年复一年,渐渐形成这种古老的渔家习俗,渔家这天晚上家家户户都要向大海放水灯。水灯承载着做灯人的希望与祝愿,这既是渔民对海上遇难亲人的怀念,又表示了对大海的一种敬畏。

放水灯前做法事是必不可少的程序

七月半放水灯

中国传统的海洋祭祀活动主要有：

1. 海龙王祭祀

海龙王祭祀活动由来已久，中国古代最早的海神是海龙王，沿海各地都有这样的祭祀活动开展。古代先民认为海龙王是主宰海洋的神，它发怒时能够呼风唤雨、兴风作浪，沿海人民就要遭难，因此只要让海龙王不发怒，就能风调雨顺，人们就会平平安安。因此当时的海洋祭祀主要是通过向海龙王祈愿和誓约来祈求风调雨顺、平平安安，而为了实现这个愿望，需要向海龙王誓约自己将自觉自律，不行恶事。

古代江南沿海地区常有海洋灾难发生，宋景祐五年（1038）两浙路副使叶清臣因负责漕运，需要疏通盘龙汇和沪渎港，为使潮汐带来的沙土不壅塞航道和港口，率众至沪渎龙王庙祭祀，并亲撰祭文《祭沪渎龙王文》："维景祐五年，岁次戊寅，十一月癸巳朔，越五日，……以清酌庶羞之奠，致祭于沪渎大王之神。……眷惟全吴，旧多积水，加以夏秋霖潦，田畴汙没，浩浩罔济，人无聊生。闻诸乡老之言，患在盘龙之汇。但陵谷迁变，枉直倍差，水道回遏，湖波壅滞。自乾兴以来，屡经疏决，未得其要，不免为渗。苏秀之人皆云，神故有庙在江涘，钱氏有土，祀典惟虔。霜星贸移，栋宇崩坏，官失检校，民无尊奉。自时厥后，岁亦多水。且谓神不血食，降灾下民。清臣躬行按视，狥人所欲，乘乎农隙，酾此江流。神果有灵，主斯蓄泄，敢告无风雪，无疵疬，举耟而土溃，决渠而水降，改昔沮泽，化为壤田，即当严督郡县，修复祠貌，春秋致飨，萍藻如故。若疲吾役夫，不能弭患，则我躬不阅，皇恤于神，惟神聪明昭鉴。呜呼，尚飨！"①从这个祭文中可以看到，当时的古人对海龙王是十分敬畏的。

2. 妈祖祭祀

妈祖信仰在中国十分普遍，沿海地区妈祖祭祀活动从南到北都有开展，妈祖祭祀活动最盛是农历三月二十三日的妈祖（中国沿海很多地区也叫天后）圣诞日，这一天也是很多沿海地区的全体性节日。在妈祖庙（天后宫）都要举行盛大的祭祀活动，祭祀仪式中有妈祖巡游，我国江南沿海和台湾省到现代还有这样的巡游。

为了让更多的百姓参与，祭祀活动还与娱乐活动联系在一起。同治九年（1870）出版的毛祥麟《墨余录》对苏松地区的活动有所记载："我邑岁于三月二十三日为天后诞辰，先期县官出示，沿街鸣锣，令居民悬灯结彩以祝。前后数日，城外街市，盛设灯彩。自大东门外之大街，直接南门，暨小东门外之内

---

① 清嘉庆《松江府志》卷18《建置志六·坛庙》。

外洋行街,及大关南北,绵亘数里,高搭彩棚,灯悬不断。店铺争奇赌胜,陈设商彝、周鼎、秦镜、汉匜,内外通明,遥望如银山火树,兰麝伽南,氤氲馥郁,金吾不禁,彻夜游行。百里外舟楫咸集,浦滩上下,泊舟万计。各班演剧,百技杂陈,笙歌之声,昼夜不歇。十九、二十日灯始齐,至二十四、五日止。"①

专栏：妈祖巡游

妈祖陆上巡游

妈祖海上巡游

---

① （清）毛祥麟:《墨余录》,上海古籍出版社 1985 年版,第 189 页。

在福建和广东也有这样的记载。王韬《瀛壖杂志》:"闽、粤海舶,多驶往南洋,较航日本者,利数倍之。舶中奉天妃甚至,一有触忤,风涛立至,祈求辄应,捷若影响。闽人乃于东关外建立天妃宫,古称顺济庙,颇巍焕。……海舶抵沪,例必斩牲演剧。香火之盛,甲于一方。三月二十三,为天妃诞。市人敬礼倍至,灯彩辉煌,笙歌喧阗,虽远乡僻处,咸结队往观。"①同书写道:"三月二十三日为天后诞辰。灯彩辉煌,笙歌喧沸,大、小东门一带为尤盛。闽、粤富商,无不殚其财力以奉神。沿街店铺,赌胜争奇,陈设彝鼎字画,精雅绝伦。宝蜡光腾,金炉篆绕。所焚沉檀迦南,氤氲馥郁,香彻数里。于时,航海帆樯,远近毕集浦滨,金铙聒耳,彻夜不绝。"②泉漳会馆和三山会馆都有戏台,每逢天后诞辰,演剧酬神活动也是精彩纷呈。三月二十三日妈祖诞辰时,请戏班子演戏酬神。葛元煦《沪游杂记》记载:"三月二十三日为天后诞,粤、闽客商及海舶皆演剧伸敬"③。

3. 观音祭祀及其他海神祭祀

中国自古以来,观音信仰深入民心,祭祀活动特别频繁。每逢二月十九的观音诞辰日、六月十九的观音成道日、九月十九的观音出家日,寺院都要举行规模盛大的香会。民众到庙中烧香成为习俗。立于东海普陀山的观音更是得到沿海人民的崇拜。除了这些海洋祭祀以外,中国沿海的很多地方还有自己本地区的海神,如浙江象山的"如意娘娘",嵊泗列岛的"圣姑娘娘",古籍中记载的还有东海姑、黄衣妇、海神女及宋代道书中所载的南溟夫人等地方海神。

由于古代先民认为是神的力量在左右海洋,所以从中国古代开始,沿海的海洋资源利用群体——渔民、盐民、航海者和开垦者,为了消灾和生活安定,就产生了各种祭祀海神的活动。虽然各沿海地区祭祀海神的活动仪式上有各自的表现形式,但是所祈愿和誓约的内容都是表达对海洋生态的尊重和敬畏,即与海为善、与人为善的自我约束承诺,从而得到海神的恩赐,即能够和谐顺利地开展海洋生产活动。正因为海洋祭祀与海洋生态的联系,中国古代的先民用海洋祭祀的形式来表现自己顺应海洋生态的祈愿和誓约,成为中国海洋生态文化中的具体表现方式,并通过海洋祭祀的群体活动来巩固人们对海洋生态的尊敬,对海洋生态文化的认同。因此中国的海洋祭祀活动所表达的思想内涵也是中华海洋生态文明的思想表现。

① (清)王韬:《瀛壖杂志》卷2,上海古籍出版社1989年版,第33页。
② (清)王韬:《瀛壖杂志》卷2,上海古籍出版社1989年版,第13页。
③ 葛元煦:《沪游杂记》,上海书店出版社2009年版,第3页。

（四）海洋生态文化的民俗

在中国的海洋生态文化中,各沿海区域都有自己独特的海洋民俗文化。因为船是人和海最具直接关系的载体,所以有关渔船的民俗文化十分发达,比如渔船最为重要的一部分即"船脊",它是固定船体外壳的框架和大梁的总称,在渔民的口中,它的名字叫"龙骨",龙骨在材料选择上也有其特殊的要求,在我国东海地区,船体基本上用杉木,而龙骨则一定要用香樟,因其珍贵有异香,且质地坚固,用这样的木材来雕刻木龙的龙身,才不会降低龙的身份,这也是对龙的敬仰与崇拜的体现。以前的渔船还有必不可少的"船眼",也有别名,叫"龙眼"。这个俗称的使用在沿海地区比较广泛,传说龙眼能够带领船队寻觅到鱼群。在东海的船眼习俗中,龙眼眼珠必须朝下,这样远远看过去,那一对乌黑的龙眼正聚精会神地注视着海面,这样就会呈现"看海上之鱼"的神态,这样象征着观海探鱼。另外,龙眼的安装在不同的地域、不同类型的船只上都有不同的规定与民俗习惯。

龙眼渔船

专栏：渔家捕鱼谚语

　　自古以来,渔民在从事海洋生产上,根据海洋生态规律,总结了很多形象生动的渔家捕鱼谚语,这些谚语是海洋民俗的生态文化代表:

雷响惊蛰前,夜里捕鱼日过鲜。

岸上桃花红,南洋旺风动。

正月捕鱼闹花灯,二月捕鱼步步紧。

正月清明断鱼买,二月清明鱼叠街。

三月三,黄螺爬上滩。

三月龙鱼嫩如水,六月海鳗毒如蛇。

九月九,望潮吃脚手。

五月十三鲫鱼会,日里勿会夜里会。

立夏百客齐,夏至鱼头散。

壁下野猫洞,乌贼夜夜拢。

嵊山乌贼喂喂响,勿及绿华夜东涨。

乌贼北边生,南边养,再到北边来剖鲞。

墨鱼像小孩,立夏上山,小满生蛋。

鲳鱼好缩勿缩,鲫鱼好钻勿钻。

海蜇水做,大王鬼做。

老蟹还是小蟹乖,小蟹打洞会转弯。

蟹立冬,影无踪。

带鱼两头尖,生在海礁边;要想吃带鱼,还在浪岗面。

带鱼两头尖,捕着活神仙。

带鱼小强盗,伊要往南逃,我会往北套。

墨鱼摇来,带鱼冻来。

小黄鱼困来,大黄鱼听来。

鱼随潮,蟹随暴。

摇煞蛇盘洋,困煞岱衢洋,吓煞佘山洋。

立冬迎佘山,过年捕大陈,坚持到春分,高产笃笃定。

会捕捕一万,勿捕捕一篮。

廿九、十四潮,吃饭把橹摇;等到清早起,黄鱼满面舱跳。

十二十三早开船,十五十六鱼满舱,十七十八回洋来。

渔民在长期的海洋渔业捕捞实践中按照海洋生态规律,进行捕捞。比如每逢夏季墨鱼汛,东海的嵊山、枸杞岛、壁下山、花鸟岛、绿华山和黄龙岛,以及泗礁岛一带洋面上,入夜后会出现一团团渔火,灿若巨星,形成一道奇特、壮观而美丽的海上风景线。这是渔民在用火篮里的火光诱捕墨鱼,亦即乌贼。灯火照乌贼,是利用乌贼性喜光亮而进行的一种渔捞作业,分为船照与岸照两种:船照,即每天太阳落山后,照船渔民即出海,将船摇至海底平坦而潮流平缓之处,俗呼照地,用锭或锚将船抛定,然后放网入海,再在船舷搭架燃烧的火篮,以火光引诱乌贼集聚入网。岸照,则是渔民仅持点燃的火篮在岸边照,放网诱捕乌贼。这些例子反映了中国渔民在利用海洋资源的同时,创造了海洋生态文化。

(五)海洋生态文化的生态保护意识

中华民族在长期的海洋生态实践中,通过对海洋生态的逐渐认识,已经懂得人类必须和海洋相互依存。人们在开发、利用海洋生态资源的时候,采取了自律节制、顺应自然、协调与保护的态度。从海洋生态利用和保护的历史上看,注重人与海洋生态和谐相处的生态观念始终居于社会主导地位。自古以来,海洋生态文化就受到了社会的推重,在沿海地区乡规民约中都有不同程度的体现。

中国从古代开始,便有"靠山吃山,靠水吃水"的依赖生态环境生活的历史,同样有"靠海吃海"的依赖海洋生态生活的群体,生态环境的自然资源是民众生计之源。古代在江河湖边从事捕鱼为业的渔民,对渔业生态有自律节制的规定:一是在清明至小满时段为休渔期。每年从春分至立夏期间,是鱼的产卵时期,这段时间尽量不去捕鱼;二是在可以进行捕捞时期应该捕大鱼不捕小鱼。在《武汉市志·社会志》中有:"网罟不入,不夭其生,不绝其长。"[1]由于中国古代从事海洋渔业的渔民大都是来自内陆东迁的移民,江河湖渔业的生态文化延伸至海洋渔业群体的海洋生态文化。

所以在对海洋渔业生态的认识中,也认识到鱼类的生活和生长规律。中国古代先民很早就懂得不能滥捕母鱼,因循环生长有利于其繁衍后代,而且还懂得什么季节不能捕捞哪种鱼类,捕捞网具的网口要根据捕捞鱼类的大小来编织,这样可以放过小鱼,让它继续生长。渔民们凭着对海洋生态的

---

[1]　武汉地方志编纂委员会办公室:《武汉市志简明读本》,武汉出版社 2010 年版,第79 页。

认识,在谋生的同时,知道人与海洋自然生态系统和谐相处十分重要,不能"竭泽而渔",要持续利用、永续生活。在长期的海洋生态资源利用发展的历史中,中华民族逐渐形成使"天人合一,物我共生"的生态文化哲理思想,具体化为"保护海洋生态,就是保护自己"的海洋生态文化,广泛根植于海洋族群百姓的理念之中。

第四节 中国海洋生态文化基本特征

一、中国海洋生态文化的基本特征

中国海洋生态文化是中华民族千百年来,在与海洋交往互动的历史进程中、在开发利用海洋资源的生产实践中、在海洋族群与海依存的生活沿袭中,不断探索发现、感悟规律,不断积累经验、走进科学,逐步形成海洋族群传统习俗的思想行为规则、生态哲学智慧、审美意识和生态价值观。中国海洋生态文化的基本特征集中体现在:尊重海洋生态系统、遵循海洋自然规律、顺应海洋生态环境的人海关系和谐、可持续发展的生态价值观,是历史积淀深厚、民俗基础广泛、地域特色鲜明,并能够伴随海洋生态文明建设实践与时俱进、创新发展、开放包容、和而不同、充满生命活力的,具有中国海洋族群特质和中国特色的海洋生态文化。

(一)中国海洋生态文化的价值取向

中国海洋生态文化有着不同于其他生态文化形式的基本要求。这主要表现在:一是海洋生态文化坚持海洋自然观、海洋整体论和海洋有机论的自然观;二是海洋生态文化坚持人与海洋的相互依存、相生共融(荣)、和谐发展的认识论;三是海洋生态文化坚持人类以生态学方式,避免或化解海洋生态危机产生的科学思维的方法论;四是海洋生态文化坚持尊重"海洋生命"的价值,及其生存、发展权利的价值观和伦理观;五是海洋生态文化坚持自觉遵循海洋自然规律,践行开发、利用并保护海洋。

(二)中国海洋生态文化的行为规范

文化是国家文明进步的根本。文化价值观及其行为意识的传承与创新发展,具有历史性、连续性、多元性、包容性和广泛性,代表人类文明成果和心灵的充实与升华,影响族群的祥和与发展。而海洋生态文化是基于人类对海洋生态系统的尊重和崇敬、海洋族群对海洋的探索与实践、对海洋生态规律的认知,及其生态道德准则、民族民俗情怀、生态审美意识、生态价值观念和宗教信仰等交融而成的综合体,并发挥着文化自觉、自信、自律的行为规范和导向的作用。

(三)中国海洋生态文化的审美判断

在生态文明时代,科学发展观不仅重新调整人与自然的关系,也将生态平衡观念贯彻到社会文化领域。文化种类的多样性,文化进化中的传承与创新,文化竞争中的冲突与融合,文化变革中的扬弃与取舍,文化系统间要素间层次间的矛盾与统一,构成人文世界的动态图景,为文化生态审美奠定了前提与基础。

(四)中华海洋生态文明的发展方式

中华民族在海洋生态文明的发展方式,主要是根据所对应的海洋生态环境,顺应海洋生态规律,利用海洋生态资源进行生产和生活。从中国古代开始,对海洋生态规律的认识和崇拜及尊重的意识始终是我们中华民族的海洋观念。无论是海洋渔业、海洋盐业、海洋航运、围海造田等利用海洋生态,对海洋的敬畏和尊重的意识作为中华民族自我约束的海洋生态利用观念,使我们能够自觉地顺应海洋生态,并在这样的观念中形成各类符合海洋生态环境的发展方式。

海洋生态文明的发展方式从根本上看,是人类对待海洋生态的行为规范问题,有什么样的海洋生态文明就会对应什么样的海洋生态文化,因为海洋生态文化的水平程度决定人们如何开展海洋生态资源的利用,并造成相对应的海洋生态环境。中华民族在利用海洋生态资源发展生活生产的历史中,以尊重海洋生态、敬畏海洋生态、崇拜海洋生态为前提的思想,是中华海洋生态文明的发展主线。

中国的海洋生态经济活动长期以来主要是以近海和海岸带生态为活动空间,同时和农业活动有密切的关系,在中国东部沿海区域,自古以来就有广泛的亦农亦渔、亦农亦盐、亦农亦商的地区,因此中国的海洋生态文明受到农耕生态文化的影响,而农耕生态文化中的细致和谨慎性,使中华民族在利用海洋生态资源的方式上是渐进的发展,即有对海洋生态的认识,再开展利用;再认识再发展并不断调整,这体现在我们的先民在海洋渔业、海洋盐业、海洋航运、围海造田等利用海洋生态的渐进发展方式上。

二、中国海洋生态文化的生成特征

在科学不发达的原始社会,人类认识海洋是十分困难的。但是海洋族群在面对特殊海洋环境时,并非只是消极被动接受,而是积极主动适应。海洋族群的文化生态适应是由使其能持续生存下去的观念、活动和技术等诸多因素综合构成的。正是由于对海洋生态系统的利用需要经历一系列特殊的技术、经济、社会、文化和心理等诸多方面的适应。

首先,海洋族群的生产生活经常会因各种因素而遭致不稳定,比如渔民之间以及渔业社区之间经常会相互协作,形成各种组织、制度和规范,以此来保障集体生产和生活的稳定,同时也可约束渔民个体的行为和维护海洋资源的永续利用。比如,在传统渔业社会中,渔民组织内部会根据需要形成各种不同的生产关系和工作模式,包括收入分配、内部分工、平等主义关系以及长期合作关系等,以此共同抗击来自外界的不利影响,维护生产生活的稳定。

另外,海洋族群在与大海长期搏斗的历史过程中形成了诸如十分自强的独立性崇拜、个体对于技术的创新和应用等诸多特点。这里尤其值得一提的是海洋渔民对技术的创新和使用。在传统海洋渔业社会中,渔民的工具设备以及处理海上危机情况的条件大体相同,基本上都只能通过观天象、海象和丰富的航海经验来确定鱼群所在位置和迁徙情况等,所以此时技术的优劣就成为渔民在竞争中能否取胜的关键。比如在同样的情况下,使用围网和拖网作业的渔民会比使用张网和敷网作业的渔民有更多的渔获,而使用流刺网又优于使用定刺网作业。所以说,学习、适应和创新技术对于渔民在渔业竞争中的获胜非常重要。

总而言之,从文化生态视角来考察海洋族群的适应与发展,可以看出海洋社会的文化特点是生态适应的结果,海洋生态系统是产生特殊工作关系、社会结构和文化模式的原因。换言之,海洋环境的限制和不确定性导致了海洋族群对工作生活的特定应对方式和适应策略。

三、农耕文明和海洋文明的陆海生态文化

中华文明主要发端于黄河流域和长江流域,大陆土地广袤,物产丰富,

大陆文明悠久而发达,但也没有减弱中国先民向海洋拓展的积极性,在很长一段时间内,农耕文明与海洋文明是和谐共生的。

由于中国拥有广阔的海洋,为了使生活的范围有更大的发展空间,先民们很早就开始利用海洋发展生活,从大陆到海洋,我们的先民不仅创造了灿烂的农耕文化,也创造了辉煌的海洋文化,并在华夏文明中占有显著地位。我国是最早走向海洋的民族之一。早在7000年以前的河姆渡文化时期,我国的先民们就已认识海洋、走向海洋,并进行了伟大的冒险航行。根据考古材料发现,当时沿东海、南海、黄海、渤海出现了一系列区域性海洋文化,并开始在各区域文化间相互渗透交流。文化交流使得各文化群内涵更加丰富,如具有仰韶风格的彩陶也出现于大溪文化、大汶口文化、红山文化中,类似大溪文化的白陶普遍出于南中国的广大地域。到了春秋战国时期,中国的航海事业超过希腊,出现了征服海洋和经略海洋的第一个鼎盛时期。《易经》中就有"刳木为舟,剡木为楫,舟楫之利以济不通,致远以利天下"的记载。这一时期,虽然古人对海洋的认识还处在天人感应阶段,但是在向东、向南拓展疆域的过程中,以中原为代表的农业文明与东夷、诸越文明相融合,使华夏文明中增添了崭新的海洋文化因素。

日本徐福公园里的徐福像

之后,我国又经历了诸如从秦始皇巡海、徐福东渡到汉代开辟海上丝绸之路再到宋元时期航海贸易的空前繁荣,从对海洋的"渔盐之利"的初步认识到建立完备的市舶制度以谋求航贸之利。这种开放表现在积极拓展航路、发展官民并举的中外双向航贸关系,积极与外域建立多方面的联系等方面。比如"海上丝绸之路"的形成与发展,对中外经济文化交流起到了极大的促进作用,也极大地丰富了我国的海洋文化。

总之,中华民族不但率先于世界其他民族走向海洋,而且在搏击茫茫瀚海的过程中,创造了璀璨的海洋文化,并滋润丰富了中原农耕文化,共同构建了灿烂的中华文明。

四、东西方文明中的海洋生态文化的特征比较

任何文化和文明的产生都离不开所处的自然环境,人类只能依托自然环境选择自己的发展路径。从世界各国的发展历史上看,每个国家或者地区的发展历史,无不以自身所处的自然环境为发展基础,即我们所说的"一方水土养育一方人民",这里的一方水土就是区域的生态环境,而养育就需要一方人民适应一方的生态环境来实现生活。这个生活开展的过程就是人类和自然生态之间的关系,也是人类产生认识生态的过程。经过认识水平的不断提高,通过去伪存真,传承发扬,形成了生态文明。

到了近代之前,随着经济社会的发展,商品经济的发达,商品贸易的利益越来越大,刺激了人们对贸易商品的追求。同时航海技术的发明,特别是航海能力大大提高以后,新航路的不断开拓扩大,使东西方在经济社会发展方向的选择上出现了分化。以中国为代表的东方文明选择了继续以农耕文明为主,但亦维护海洋文明;欧洲沿海国家选择海洋文明为主,但是也重视农牧业,因为当时的农牧业是欧洲商品生产的物质基础。目前有很多观点认为东西方孕育出了各自灿烂辉煌的文明,称之为西方文明和东方文明,人类与海洋的互动关系构成了人类海洋文明史。西方学者通常认为以希腊为代表的西方文明是海洋文明,而以中国为代表的文明是农耕文明,海洋并没有影响到中国的文化,更没有形成传统的海洋文明。因此中华文明中有没有海洋文明的影响成为争论的焦点。实际上这样的观点只看到中国农耕文明的主流,是被灿烂耀眼的中国农耕文明的光芒遮挡住而产生的片面视角。

实际上中国是一个陆地辽阔,海域广大的国家,由于陆地辽阔,历史上无论哪个时代以农业为生的人口占中国人口的大部分,农耕文明的确是深

刻影响着中国经济社会发展的历史主线,而且中国历史上发达的农业和丰富的农产品使中国能够丰衣足食,也造就了灿烂的农耕文明。但是由于中国也拥有广大的海域,也有相当的人口从事利用海洋资源的渔业、盐业、造船业、航海业,同样在海洋生产生活的历史上创造了灿烂的海洋文明。其丰富多元的程度绝对能够立于世界海洋文化之林。它独特的海洋生态文化理念,不仅在沿海地区产生了深厚影响,而且还辐射到中国内陆。

相比西方学者通常认为的海洋文明国家希腊,因为国家小,受海洋文明影响的人口占大多数,海洋文明是经济社会发展的主线。中国东面面临广阔的海洋,在中华民族漫长的历史进程中,有着和海洋发生千丝万缕的联系,而且在古代就有发达的渔业、盐业、航海业和建堤筑坝及围海造田的历史,创造出了不逊色于世界各国的海洋生态文化和海洋文明。

东西方文明的衍生和发展都离不开它所处的自然环境、社会经济环境、政治环境与人文环境。确实近代以后,东西方在社会经济环境、政治环境与人文环境上的差异越来越大,这些环境的不同造成了不同地区间的文化差异,并在以后的文明历史进程中表现为不同的发展路径。

从海洋生态文化的开放性上看,东西方的海洋生态文化都具有这样的性质。东西方的航海活动都是为了开拓与海外的交流联系,也是国家与国家、民族与民族之间的交往过程,同时也将自己的文明传播于交流对方。而且东西方在航海历史中相互开放技术,也将自己的技术带到世界各地,对世界的经济社会发展作出重大贡献,特别是中国的航海技术,对世界航海史有着十分突出的贡献。中国海洋生态文化具有多元性,中国古代很早就通过航海从西方和中东传入多元的文化,像番薯、马铃薯、玉米和辣椒等农作物种及其种植技术、天文学仪器等外来文化,改变了我们的饮食结构,促进了古代中国天文历法的进步。正因为中华文明中的海洋生态文化具有多元性和融合性,使我们的海上丝绸之路能够通达四海,交融世界。

由于海洋生态环境比大陆生态环境要险恶得多,人类进入海洋生态、认识海洋生态及利用海洋生态本身就意味着一种挑战。中国古代的海洋渔业是在十分简陋的技术条件下开始并逐渐发展的,海盐生产也是在十分低下的条件下开展,逐渐发展到超过陆地井盐的产量,并成为国内外贸易的重要商品,航海技术和航路的扩大,都体现了中国海洋生态文化的原创性和进取精神。到了唐宋时期,中国在海洋渔业、海洋盐业、围海造田、造船业、航海技术、航路开辟等海洋生态的认识和开发利用上的海洋文明程度,已经走在了世界的前列。

　　当然东西方的海洋文明形成历史中的过程和方式是有差异的。这些差异主要是东西方在利用海洋生态资源时所选择的方式不同。而选择不同的方式和它的生态环境、社会环境、生活环境及发展历史的路径不同有密切的关系。到了近代前后,经济社会发展到一定的水平,商品经济的出现使东西方加强了向海洋发展的力度,这个时候东西方因为所依托的社会发展背景的差别,开始以不同的方式各自发展海洋生态文明。西方海洋文明的代表国家希腊,是一个地中海国家,境内多山,农业用地有限,而且内陆交通不便,多变的海洋气候决定了当地的经济生产方式不能依赖农业,而在以农业提供主要商品的时代,要发展商品经济,通过商品贸易获得利益,首先需要扩大发展商品经济的空间和市场,因此这些海洋国家就必须积极寻求和开拓发展空间和市场,所以当航海技术有这样的可能以后,西方进入工业革命前期,选择了通过远洋航海发现新大陆,以海外侵略、殖民占领的方式,来开拓本土以外的发展空间。

　　中国不仅拥有广阔的海洋,更拥有幅员辽阔的国土,属季风气候,地形地貌多样,资源众多,物产丰富,发达的农业为手工业发展提供了良好的基础,区域内的商品交易繁荣,与世界的贸易也十分活跃,为了扩大农业,发展商品经济也不断地开拓海洋。由于中国经济社会本身所提供的商品足够支撑国内外贸易,因此航海和航路的开辟,是为了贸易和交流,所以中国代表的东方海洋文明的主体理念是人海和谐、友好和平。

第三章

中国海洋生态文化的地理特征及其形态

　　从远古社会至今，中国沿海居民注重从自然生态系统整体视角出发，受传统宗教、哲学、民俗、文学艺术等因素的强烈影响；面对海岛、海湾、滩涂、海港、河口及红树林等各种海洋自然形态而适应并利用其开展生产、生活，建立了海洋生态物质文化、海洋生态精神文化、海洋生态制度文化。自然崇拜、图腾崇拜、诸子百家、周易思想、儒道墨佛及其他学派、教派、乡规民约、民俗等所蕴含的生态伦理智慧渗透在饮食文化、盐文化、渔业生产文化、航海文化、信仰文化、习俗文化中，形成了海洋生态物质文化及精神文化的精华；海洋生态制度文化为传统渔业的可持续管理和可持续生产提供了保证，约束民众在海洋生产活动中遵从适时性和节制原则，以实现渔业资源和海洋生态环境的协调发展。

第一节　海岛生态文化

一、海岛概述

（一）海岛概况

　　"岛屿是四面环水并在高潮时高于水面的自然形成的陆地区域"。海岛可分为大陆岛、列岛、群岛、陆连岛、特大岛等。我国海岛有94%属于无居民海岛，它们大多面积狭小，环境相对封闭，地域结构简单，生态系统构成较为单一，生物多样性指数小，稳定性较差。① 面积大于500平方米的海岛

---

① 《海岛》，2016—2—20。http://baike.baidu.com/link？url＝FuwES24y RRTPIwe-flTb9h126VBbbTZmxAkNx_w2qXdQ0atfmaI1g3BYUWMz76PQ3zW5Uq3ARLTg3FU8sfSzYkq。

7372 个(不包括海南岛本岛、台湾、香港、澳门及其所属岛屿),小于 500 平方米的海岛数以万计;海岛陆域总面积近 8 万平方千米。

我国海岛空间分布广泛,位于亚洲大陆以东,太平洋西部边缘,南北跨越 38 个维度,东西跨越 17 个经度,所占海域面积达到 100 多万平方千米。但海岛的海区分布并不均。东海是我国岛屿最多的海域,约占全国海岛总数的 59%。其中的舟山群岛为我国第一大群岛。南海海域海岛数量次之,有 1700 多个,约占全国海岛总数的 30%。[①] 黄海海域的岛屿有 500 多个,多为陆地面积在 30 平方千米以下的小岛。渤海海域是中国海岛数量最少的海域。

(二)海岛自然生态特征

我国的海岛绝大多数为大陆岛,跨越热带、亚热带和温带三个气候带。由于地理位置不同,各岛气候不仅受到维度的影响,也受到大陆和海洋的影响。因此,各岛的气候特征、气候要素的分布和变化差异比较大。影响我国沿岸水温分布与变化的流系主要有黑潮的浙闽分支(台湾暖流)、对马西分支(黄海暖流)和沿岸水。我国海岛区域海水盐度的地理分布和年变化比较复杂,总体是受低盐的沿岸流和外海高盐水所制约,另外,蒸发和降水也会对海水盐度产生一定影响。

我国海岛海域共有浮游植物六百余种,种类组成以硅藻和甲藻为主;浮游动物的种类组成和分布随海区而异,各岛海域都以甲壳虫种类最多。底栖动物总体分布趋势是南部海域高于北部海域,各省、市、自治区之间差别显著。潮间带生物种数呈现以长江口为界,北少南多的趋势,生物量和栖息密度均很高,大大超过了浅海底栖生物。

我国海岛共划分出 24 个土类,其中海岛的山地丘陵有 15 个土类,平原土壤有 7 个土类;潮间带土壤类型有 2 个土类。海岛植被建群种种类较为贫乏,优势种相对明显,现存植被以针叶林、草丛、农作物群落为主体。在分布特征上,海岛植被有明显的地带性和非地带性两大特点。其中地带性分布的植被多为成林的高等植物,而非地带性的广布种多为草甸、沼泽和水生、沙生及盐生植被,它们是各海岛共有的主要植被。[②]

---

① 国家海洋局:《2015 年海岛统计调查公报》,2016 年,第 2 页。
② 方百寿主编:《话说海岛风情》,广东经济出版社 2014 年版,第 2—9 页。

二、海岛生态物质文化

（一）饮食文化

海岛人的食鱼习俗早在新石器时代已经形成，有文字记载的可追溯到殷周时期①，并深有吴越古文化的影响。如《姑苏志》中记载："吴地产鱼，吴人善治食品，其来久矣。"史载"吴人作鲙，自阖闾始"，"吴中炙鱼，春秋已闻名于世"。到春秋战国时期，吴越两地食鱼习俗中的煮、蒸、炒、煎、爆、炖等烹调手艺均已形成套路，并对海岛饮食产生很大的影响。与内陆地区居民的饮食相比，海岛地区最大的不同是直接获取于海洋的很多，构成海鲜特色。如山东省长岛渔民，每逢春季鲜鱼上市时，除熬鱼吃之外，多喜食大鱼饺子、鱼包子、鱼丸子和鲜鱼面。海岛内缺少蔬菜，副食多是海产品，当地习惯制作鱼米、咸鱼、干鱼鱼酱、鱼子酱、虾酱等。② 海岛人的食鱼特点为："原汁原味、以活鲜、清淡为主。""烹调方式以清蒸、羹制为主，红烧、油炸辅之。"食鱼不用生油和酱油等作料，可说是十分原始而古老的传统的饮食。至于用鲜鱼品直接加工烹煮的，具体的又有清蒸、红烧、油炸、羹制、热炒等方式。③

（二）盐文化

盐是人类生活的必不可少的必需品。海盐由于生产原料的广泛性而成为食盐中产量最高、生产规模最大的盐种。④ 我国的海岛居民很早就开始了盐业生产。以下以厦门大嶝岛、广东南澳岛、盐洲岛为例，介绍海岛盐业文化。

厦门大嶝岛盐场所用传统制盐工艺从海水到海盐全部靠自然条件完成，几乎不耗费任何能源，是一种名副其实的"低碳"技术。制盐技艺主要为：由咸水沟把海水引入盐坨（蒸发池）进行蒸发，以提高其盐浓度，称为卤水，经过八个盐坨蒸发后的卤水，含盐量到了 25 度时即引进砖埕（结晶池），这时盐就会在结晶池中形成，盐工们用特制的盐扫将盐扫成一堆堆雪

---

① 张勇：《典型海岛生态安全体系研究》，科学出版社 2011 年版，第 18—32 页。

② 方百寿主编：《话说海岛风情》，广东经济出版社 2014 年版，第 27—30 页。

③ 中国海岛网：《海岛人的饮食特点》，2012 年 12 月 20 日，见 http:// www.chinaislands.gov.cn/contents/20275/6103.html。

④ 李靖莉等：《黄河三角洲古代盐业考论》，《山东社会科学》2007 年第 9 期。

白的盐山。①

南澳岛盐业开发始于明代,距今有 300 多年的历史。早期盐业生产方式原始,盐田设施简陋,工具和工艺技术落后,1912 年初盐业生产才有了较快发展。1916 年有较完善的滩池,生产方式由原来晒沙盐田改为晒水盐田,原盐质量有较大提高。但由于设备简陋,堤围单薄,每遇台风袭击,堤围常被风浪冲垮;1949 年后南澳海盐生产的优越条件得以充分发挥,盐业实行全面改造,新建盐田,维修设备,加固堤坝,改进生产工艺,盐田机械化程度不断提高,原盐生产发展快,产量、质量和经济效益大大提高。②

盐洲岛盐业生产自古承袭晒沙取盐作业,将含盐量较高的干沙用海水浸泡,然后将沙放入晒水池,经阳光蒸发浓缩后再放入生盐池,待这些水的浓度达到产盐要求时撒入盐种,盐在阳光照射中逐渐结晶。1949 年前盐洲所产的盐泥沙杂质多、色泽乌黑,盐民称之为"过海蓝",后来将这种繁重的晒沙取盐技术改进为晒水取盐。在 20 世纪 70 年代中期,大部分盐田改为晒水产盐。

(三)渔业生产文化

受海岛自然条件和人文环境的影响,海岛渔业生产文化具有自身独特的特点,蕴含着丰富的海岛历史文化内涵,反映了海岛居民创造渔业生产文化的聪明才智。海岛周围海域渔业资源丰富,海岛居民根据不同鱼类生长特点及海况、海域地形特征,摸索出了多样渔捕作业方式,形成了渔捕方法不同、渔具形态各异的渔捕文化。与陆域渔村渔民相比,长年生活于海岛的居民更加熟悉周围渔场特征,渔捕经验丰富,更能根据实际情况,及时实施相应有效的渔捕方法。

由于我国的海岛分属不同文化地域,深受不同地域文化的影响,不同海岛居民都会在相应地域文化背景下开展渔捕文化创造,具有深深的地域特征。海岛的相对独立性和封闭性,使海岛渔捕文化较少受到外来文化的影响,地域特色相对稳定。以南澳岛为例,清末后,钓鱿作业在渔民采用小洋灯诱捕和菊花钓具后,产量大增。此外,刺网作业方式较多,能捕到不同水层的鱼类。三指胶丝绫网作业捕捞对象为带鱼、金钱鱼、马鲛、皇姑鱼等,但

---

① 《中国海岛志》编纂委员会编:《中国海岛志》福建卷第三册,海洋出版社 2014 年版,第 332 页。

② 《中国海岛志》编纂委员会编:《中国海岛志》广东卷第一册,海洋出版社 2013 年版,第 135 页。

该作业破坏马鲛鱼幼鱼,于 20 世纪 80 年代开始逐渐被淘汰。大多数海岛渔捕文化带有明显的集体创造性特征。由于海岛居民中渔民比例高,对渔捕生产更加关注,使海岛渔捕文化的集体性特征表现得更为突出。海岛居民日日与海相伴,熟悉、热爱海洋,深受海洋文化的熏陶,具有宽广胸怀和豪爽的性格基调;同时,受海岛艰苦生活环境和出海捕鱼风险莫测等因素的多重影响,海岛居民也具有倔强的性格特征,追求幸福,渴望平安。海岛人群的这种刚毅的人生态度和劳动精神时时影响着海岛渔业文化的创造。①

(四)珊瑚礁与浅水鱼类文化

珊瑚礁是由珊瑚虫的骨骼组成的,为许多动植物提供了生活环境。此外,珊瑚礁还是大洋带鱼类的幼鱼生长地。珊瑚礁是一个庞大的生态系统,拥有海洋中最多的物种,其丰富程度接近陆地上的热带雨林,人们称之为"海底雨林"、生物多样性保存库。我国有 246 种珊瑚,珊瑚礁主要是岸礁。珊瑚礁具有很高的生物生产力,能在养分不足的水域内进行生源元素的有效循环,为大量的物种提供了广泛的食物。珊瑚礁构造中众多孔洞和裂隙,为习性相异的生物提供了各种生境,为之创造了栖居、藏身、育苗、索饵的有利条件。

珊瑚礁充当水力栅栏,从而为背风一侧提供了一个低能环境,可降低波浪能和水流能,为海滩填补海沙,保护海岸,防止或减缓海岸侵蚀。珊瑚礁为沿海地区经济发展、群众收入和食物来源作出贡献。捕鱼量的 20%—25%来自珊瑚礁生态系统,还收获其他大量海产品。珊瑚礁是宝贵的旅游资源,集热带风光、海洋风光、海底风光、珊瑚花园、生物世界于一体。

在全球范围内珊瑚礁还是一种重要的碳汇,据认为 CO_2 在空气中的含量日益提高与世界范围内珊瑚礁被破坏有关。影响珊瑚礁退化的因素很多,主要包括气候变化和人类活动两个方面。气候现象如厄尔尼诺现象和全球变暖造成的过高的水温也会导致珊瑚白化。由于人类活动影响的范围和强度不断增大,全球气候持续变暖,珊瑚礁生态系面临巨大威胁,尤其陆源污染和过渡捕捞对其造成了严重影响。船只拖网造成的物理破坏也是一个问题。化学药剂对珊瑚礁生态系统的破坏也很大,它杀死珊瑚虫和其他无脊椎动物,同时通过捕走对整个生态系统平衡必需的鱼本身就对珊瑚礁造成了威胁。为更好保护珊瑚礁及浅水鱼类生态,需建立长期监测网络,监

---

① 刘和勇:《海岛非物质渔捕文化资源的开发》,《探索与争鸣》2008 年第 4 期。

测珊瑚礁的动态过程。建立保护区,保护珊瑚礁生态环境和生物多样性。在已遭到破坏和正在退化的珊瑚礁区进行的生态修复工作。①

(五)航海文化

我国海岛的航海文化可从浙江、上海、福建等的海岛航海船舶技艺得到体现。7000—8000年前的新石器时代晚期,浙江先民已经能制造和利用舟楫,并根据江河湖泊积累的水面航行经验,开始了海上航行。从秦汉至隋唐为浙江航海文化发展的初盛期。这一时期浙江造船、航海等能力得到提高,对外贸易、海洋捕捞等方面得到全面发展。随着明州、温州大量建造海船,浙江已成为全国造船业最发达地区之一。宋元两代是浙江航海文化的鼎盛时期。主要表现在:浙江的造船技术先进,成为全国的造船中心。代表中国造船最高水平的出使高丽的神舟,大都由浙江明州制造。此外,海洋贸易范

崇明沙船

围进一步扩展,同占城(越南)、暹罗(泰国)、三佛齐(印尼)、麻逸(菲律宾)乃至印度和阿拉伯国家都有丝绸、瓷器等商品贸易。明初,浙江仍然是官营

---

① 《珊瑚礁及其生态系统》,2016年1月13日,见 http://wenku.baidu.com/link?url=67RIEmD9ZesDewsvFuuALe1AF4yNdXN7e4eeca0FxpjA9voYrV1NkKOTdtmKIH9x-tKEJye Zng6L cYWQxtigCqZA 5232R9hYF _ZIhMCuoQa。

造船的重要基地之一,为漕运和防倭等军事需要打造了许多船舶。特别是浙江为郑和下西洋的壮举作出了一定贡献,为其船队新建和改建了部分船只,并提供了大量丝绸、瓷器等海洋贸易物品。①

福船模型

　　上海崇明岛沙船船身宽、大、扁、浅、底平、方头、方艄,重心低。船只建筑较少,受风阻力较小。船用多桅多帆,风帆高扬,航行快捷,两弦的披水板克服了因船底平吃水浅而逆风航行时横漂的弊端。故沙船航行平稳,适宜在长江口及沿海行驶。

　　福船,是福建、浙江沿海一带尖底古海船的统称。这一船舶结构是中国在造船方面的一大发明。其制造技艺是福建省沿海木船制造的一项重要的传统手工技艺,大约于唐代在泉州发明,宋以后在海船中被普遍采用,其船上平如衡,下侧如刀,底尖上阔,首尖尾宽两头翘。而所谓"水密隔舱",以樟木、松木、杉木为主要材料,采用榫接、舱缝等核心技艺,使船体结构牢固,舱与舱之间互相独立,形成密封不透水的结构形式。由于船舶已被分隔成若干个舱,船舶在航行中万一破损一两处,也不至于全船进水而沉没。此

---

① 方百寿主编:《话说海岛风情》,广东经济出版社2014年版,第38—42页。

外,货物可以分舱储放,便于装卸与管理。厚实的隔舱板与船壳板紧密钉合,隔舱板实际上起着肋骨的作用,简化了造船工艺,船的整体抗沉能力也因此得到提高。①

三、海岛生态精神文化

(一)信仰文化

宗教文化是海岛文化特征的重要表现之一,受历史因素和地域文化的影响,不同宗教在我国各海域海岛的分布不均。我国土生土长的道教、儒教等宗教的宫、观、殿、阁仅分布于渤海、黄海海岛;规模宏大、名声海外的佛教寺院都在东南沿海岛屿,尤以东海岛屿最负盛名;而基督教、天主教等西洋宗教,是我国明代的伟大航海家郑和经过七下西洋,打通海上航路之后,由海上传入我国的,主要分布在泉州港以南的沿海岛屿上。② 宗教文化与海岛居民的日常生活有着十分密切的关系。海洋的浩瀚、变幻无常以及渔业生产条件的艰苦,使得海岛人更加热衷于祈福避祸、祈求平安。以佛教名山普陀山为例,舟山群岛四面环海,自然环境恶劣,生活条件凶险,这些因素使得海岛人十分需要有一位能够保佑平安、带来幸福的菩萨。事实上,舟山群岛的许多生产习俗都与宗教有关,如造渔船时敬请神灵、菩萨;流传的有关渔业工具、渔场及鱼的各种宗教性传说故事等。另外,从舟山群岛居民的日常生活里也能看到佛教文化的影子,这使得海岛的宗教文化更具有人文关怀的色彩。③

海岛人主要的信仰为海洋信仰,在海岛人不断与大海的抗争中,作为意识形态领域的海洋信仰也在不断地发展、变化。数千年来,我国海岛民众所信仰崇拜的海神数量众多,如辽东半岛滨海民众自古以来崇拜海龟,将它视为保护自己的海神,其为"元神";胶东半岛渔民习惯称鲸为"老人家",每当见到鲸经过,便尊称为"过龙兵",赶忙焚香烧纸祭拜;我国东海的渔民至今还崇拜海龟和鲸。④ 既然认为是在海龙王恩惠下以海为生,涉海人群特别是渔民自然对海洋充满了感恩之情。在舟山群岛,每年夏至后,一般在农历

① 方百寿主编:《话说海岛风情》,广东经济出版社2014年版,第38—42页。
② 《全国海岛资源综合调查报告》编写组编:《全国海岛资源综合调查报告》,海洋出版社1996年版,第557—561页。
③ 柳和勇:《舟山群岛海洋文化论》,海洋出版社2006年版,第3页。
④ 曲金良:《海洋文化概论》,青岛海洋大学出版社1999年版,第143—148页。

六月二十三,渔民有休渔"拢洋"的习俗,并要举行重大的节庆活动,俗称"谢洋节"。①

海洋信仰文化的主要行事之一是海祭。海祭是涉海居民基于传统的海洋信仰而对海神、海中水族及精灵、海中自然现象、涉海者的亡灵以及神话传说中的涉海神祇等进行的祭祀活动。我国海岛居民主要的海祭活动有祭祀妈祖、海龙王,还有不少地区祭祀盐神和一些著名的涉海人物如大禹、秦始皇等。另外,不同地区的民众还有祭船、祭渔网、祭船桨等活动。这些名目繁多的祭祀活动,折射出古老神灵观的传承与延续,构成了海洋信仰文化的一道奇特的风景。随着社会的进步和科学的发展,海洋信仰的内涵将会越来越淡化和模糊,海祭活动的方式和规模也在不断发生着演变。与过去相比,后世的海祭虔诚越来越趋于减弱,娱乐成分则趋于增大,其内涵也越来越为审美娱乐的内涵所取代。②

(二)习俗文化

海岛民俗生活文化的物质生活层面,主要包括涉海民众群体和社区普遍认同的生产生活资料的获取和运用,即我们常说的"衣食住行言"。

就其"衣"而言,海岛居民尤其是渔民和从事海上运输的人们,其服饰的用料、款式非常讲究,与内陆地区从事农牧的人们相比较,区别十分明显。同时,各地渔民的生活习俗不同,衣着也各异。山东渔民有油衣、老棉袄;福建渔民爱好穿酱黄色的栲衣;江苏渔民好着对襟格子土布衫;舟山渔民则下穿笼裤,上着大襟布衫加背单。宋代朱熹主簿同安时,曾到厦门大嶝岛,看到当地盐场的盐女面朝盐田背朝天,每日受风吹日晒之苦,十分体恤民情的他建议盐女们用红头巾裹头遮面,以挡风日。裹红头巾的习俗一直延续至今。③

就其"食"而言,民谚有道,靠山吃山,靠海吃海,海岛居民的饮食习俗正是"吃海"的典型例证:与内陆地区居民的饮食相比,海岛地区最大的不同是直接获取于海洋的很多,构成"海鲜"特色。

就其"住"而言,海岛居民房屋的用料、结构等,都与内陆地区迥然不同。北方海岛居民就地取材,用海中生长的海带草披苫屋顶。这种海带草房,不仅外观奇特,而且具有隔热隔寒、冬暖夏凉的优点。而生活于福建闽

---

① 朱建君:《从海神信仰看中国古代的海洋观念》,《齐鲁学刊》2007 年第 3 期。

② 方百寿主编:《话说海岛风情》,广东经济出版社 2014 年版,第 25—27 页。

③ 《中国海岛志》编纂委员会编:《中国海岛志》福建卷第三册,海洋出版社 2014 年版,第 332 页。

江中下游及福州沿海一带水上的居民,更是以船为家,终生漂泊于水上,"连家船"也成为对疍民船只比较中性的一种称谓。

在"行"的方面,出行的工具以船为主,船是渔民和航海人主要的交通工具。在现代海上交通出现之前,海上航行最具规模的是各地商人所建立的船帮,即一个较大的船队。过去海岛居民的短途海上航行,多数是搭乘便船,俗称"随船"或"跟船",近年起始有班轮。①

在"言"的方面,在渔业生产中,不可预见灾害较多,因此海岛渔民常有说吉利话和禁忌习俗,以祈求平安。主要有语言禁忌、行为禁忌等。语言禁忌指忌说"翻""覆""倒"等字,意怕船只在海中遇难;家具、食具、船具等叫法也与普通人家不尽相同,器具损失忌说"破""碎",要说"开花"。行为禁忌方面,渔民在船上行走脚步要轻,忌乱跳乱跑等。②

四、海岛生态制度文化

海岛居民因涉海生活而产生生态制度文化主要包括节日行事制度、海上作业制度、婚丧嫁娶制度、行业帮会制度以及更为普遍和广泛的日常生活行事制度等。这些制度,都是自然而然形成的,是大家在潜移默化中自觉认可和遵守的。

节日行事制度方面,我国北方有"谷雨节"、祭海日、海神娘娘庙会等。时节一到,或村村寨寨,或家家户户,或大小船只,凡涉海的行业,都自发自觉地组织起来进行相应的活动。南方的海岛有着与全国大致相同的过节内容和形式,但也会形成一定的特点。如舟山岛在过春节时,正月初一早饭兴吃糖年糕,且多与酒酿混煮,以期"生活年年高";许多人家一早要先去祖坟祭拜,俗称"拜坟头岁"。在海上捕捞制度方面,谁上船谁不上船、船老大与船工的职能和作业分工、各船工之间的角色担当(如由谁潜水、谁牵信号绳等),都有严格的讲究。

捕鱼的收成直接受渔场好坏的影响,为了防止因争夺渔场而发生纠纷,山东日照海岛在每年汛期开始之前都要划定海域,用抓阄的方法确定各户渔场,这种风俗一直延续了上百年。③

而最能体现海岛生态制度文化的是休渔期制度。如在舟山群岛,在休

① 方百寿主编:《话说海岛风情》,广东经济出版社 2014 年版,第 31—35 页。
② 方百寿主编:《话说海岛风情》,广东经济出版社 2014 年版,第 27—30 页。
③ 方百寿主编:《话说海岛风情》,广东经济出版社 2014 年版,第 79—85 页。

渔期间,除刺网、钓业、笼捕外,所有捕捞渔船和作业单位一律禁止在东海海域从事捕捞生产。岱山县从 2005 年开始在每年东海区伏季休渔期,举行规模盛大的中国海洋文化节"休渔谢洋"大典,倡导让大海休养生息,呼吁全人类关爱海洋、呵护海洋,提升祭海活动的生态内涵。①

第二节　海湾生态文化

一、海湾概述

(一)海湾概况

海湾是一片三面环陆的海洋,另一面为海,有 U 形及圆弧形等,通常以湾口附近两个对应海角的连线作为海湾最外部的分界线。与海湾相对的是三面环海的海岬。海湾地理特点:(1)海湾必须有明显的水曲,具有一定的向陆凹入程度;(2)水曲必须具备一定的面积;(3)有出口与外海相通,具有水交换能力。② 海湾所占的面积一般比峡湾大。由于海湾内波能辐散,风浪扰动小,水体平静,易于泥沙堆积。③ 在中国辽阔的近海疆域中,存在诸多的大、中、小型海湾。其中,最主要的有位居渤海的渤海湾、辽东湾、莱州湾,位居东海的杭州湾,以及位居南海的北部湾等海湾。海湾海域总面积达2.7 万多平方公里。

(二)海湾生态特征

海湾处于陆地和海洋之交的纽带部位,是陆地和海洋相互作用的典型水域。其特点是:海湾水域与外海水有程度不同的阻隔和封闭条件,湾内外生物交换受到一定的制约,生存着一定数量的海湾特有河口地区种。中国海湾沿岸曲折、漫长,众多海湾成因、类型、环境条件各异,陆地入湾径流量大,挟带大量营养物质进入海湾,使水质肥沃,为生物的生长繁殖创造了良

---

① 刘胜勇:《熠熠闪光的舟山海洋文化》,《浙江档案》2014 年第 12 期。

② 中国产业信息网:《2014 年我国海洋生态状况分析》,2015 年 12 月 7 日,见 http://www.chyxx.com/industry/201512/365652.html。

③ 《海湾》,2016—2—20。http://baike.baidu.com/link? url = 2M-OiLl5WWf1go0kW8AtIVzGZ2PHgn5TzuROERbzmDJ_kfXZ7sc0HBIoAcTdr_57X5yy1nhNEssJg2xZaCKk6_7VpVbEsBWuNlRFVk-a8ZS。

好的生态环境。海湾水域环境条件变化剧烈,动植物区系组成比较简单,种类不如陆架中、下部或某些陆坡上部丰富。但沿湾多河流,海水和沉积物中营养盐类和有机碎屑含量高,为海湾的生物繁衍提供营养,使某些生物大量发展并占优势。[①] 因此海湾拥有适宜海洋生物栖息的生境,海湾成为地球上单位面积生物生产力最高的区域,可作为人类利用生物资源的重要基地。[②] 海湾生态系统本身是一个海陆交汇的复杂生境交错带,多样化的生境孕育了海洋生物多样性;海湾与人类的发展密切相关,融合了社会、经济、生态等各个子系统,具有复合性,在整个海洋生态系统中,海湾地区是人类活动最为频繁的地区,为社会经济发展提供重要支持,形成了社会—经济—自然复合生态系统。另一方面,海湾生态系统较为脆弱,海湾同时受到海、陆相互作用,又承受着人为强烈干扰作用,是环境变化的敏感区和生态系统的脆弱带,而且一旦破坏后很难恢复,当外界污染超过其自净能力时,就会造成海湾及其海岸带生境恶化,物种多样性丧失。[③]

二、海湾生态物质文化

(一)饮食文化

海湾居民"喜食鱼蛇蛤蚌"等的饮食文化是其民俗特征之一。沿海的自然条件和地理环境,使这里的居民对海产品情有独钟;并产生了独特的饮食习俗。如环北部湾沿岸贝丘遗址发现的大量鱼骨、蚌、蛤等遗存,证明当地的居民自古就以这些鱼、贝作为食物来源之一。文献上亦有记载,如《淮南子·精神训》说:"越人得髯蛇以为上肴,中国得而弃之无用。"《盐铁论·论苗篇》说:"越人美蠃蚌"。这些记载,鲜明地反映了海湾地区海产饮食文化的特色,并且这一饮食特色长盛不衰,直到现在。[④]

---

① 俞建銮:《海湾生物》,陈则实等编著:《中国海湾引论》,海洋出版社 2007 年版,第518 页。

② 胡文佳:《福建深沪湾海湾生态系统评价研究》,厦门大学 2008 年硕士学位论文,第1 页。

③ 李荣欣:《基于生态系统的海湾综合管理研究——以福建省泉州湾为例》,国家海洋局第三海洋研究所 2011 年硕士学位论文,第 17—18 页。

④ 廖国一等:《环北部湾沿岸古代文化的考古发现和研究》,《广西民族研究》1998 年第 2 期。

（二）渔业生产文化

海湾居民很早就有了渔业生产文化的生态思想,如北部湾的"珠还合浦"的传说。据《后汉书·循吏列传》记载,汉代原合浦太守急于填满私囊,不顾珠蚌的生长周期和规律,逼迫珠民大肆捕捞,造成海洋生态失衡及环境恶化,致使珠蚌逐渐迁移到交趾郡内(今北部湾西岸的越南北部沿海)。而后合浦太守孟尝,针对之前过于频繁采捞珍珠,革易前弊,制止搜刮,使合浦沿海的珍珠资源得到保护和繁衍,"去珠复还"成为有名的"珠还合浦"的传说。这一传说代代相传,并立祠祭祀孟尝,反映了沿海珠民希望能得到孟尝在天之灵的庇护,使珍珠不再迁徙异地他乡,体现了先民赋予珍珠具有灵性的生命意识,以及富有生态伦理的珍珠自行迁徙和回归的想象,蕴涵了海湾先民对海洋生态平衡、海洋环境保持良好的祈求。①

海湾先民为了适应海洋自然环境,适应大海的生态规律,还创造了许多与自然地理环境和生产条件相适应的捕鱼方法,常用的有如下几种。

1.渔箔。它是根据浅海自然地理环境布设的一种庞大的定置型捕鱼作业设施。即选择便于潮起潮落时鱼儿自由往来,地势倾斜、水流较急的滩地裂沟,用直径三四寸的木柱,沿滩沟两旁,分两行一直排插到海边的最低潮

掂罾捕鱼

————————————

① 黄家庆等:《广西传统海洋文化中的生态伦理思想探微》,《钦州学院学报》2013年第12期。

水线处,并用竹篾或山藤绕结相连,形成两条巨大的木竹栅栏——"篱沟"。水涨时鱼群从箔面或流眼地方游入,水退时鱼不能游出。潮水退后,渔民用简单的捕鱼工具就可捕捞到鱼虾。2.掂罾。这是一种简单的捕鱼装置,其捕鱼虾操作,就是把罾平放在鱼虾活动频繁的地方,静等鱼虾进罾,每隔几分钟,掂起一次罾,若有鱼虾在罾,则定好罾后,用"捞缴"捞捕。3.耥罗。用它捕鱼时,作业的人躬身站在后面,以肩顶着横木,两手扶着网袋两边的竹竿或木条,网口紧贴地面,用力把罗推进,鱼虾便从网口进入袋底,适时起网即可。

广西海湾先民的上述捕鱼方法,客观上既利用了海洋生态自然条件又保护了海洋自然环境;主观上则希望与大海相安无事,实现和谐共处。①

（三）航海文化

海湾航海文化历史悠久,如北部湾其沿岸古代是通往南洋、西洋各国的交通要道,地理位置十分优越。由于地处近海,使这里的居民"熟习水性","善于用舟"。据《越绝书》载:古越人"水行而山处,以舟为车,以楫为马,行若飘,去则难从"。反映了古越人娴熟的驾船技术,也为以后发展对外商业文化交流打下了基础。秦汉时期,中国和西洋各国的船只在海上航行,完全赖此季风气候。来自南洋及西洋各国的船只,每年夏季,借助西南季风北上到达此地,再由此地转入内地,或沿海北上到中国各港口;次年秋冬,又借助东北季风南下航行。这样利用风力,一年往返一次,随风顺流,给北部湾沿岸的开发和发展提供了得天独厚的自然条件。古代北部湾沿岸的石康、钦州、合浦为造船基地,汉代在当地越人造船的基础上,开发了徐闻、合浦等港口,发展同海外的商业文化交流。②

三、海湾生态精神文化

（一）信仰文化

海湾居民信仰文化包括自然崇拜、鬼神崇拜等。

（1）自然崇拜。如北部湾沿岸的越人在从事海上活动时,常有波涛之

---

① 黄家庆等:《广西传统海洋文化中的生态伦理思想探微》,《钦州学院学报》2013年第12期。

② 廖国一等:《环北部湾沿岸古代文化的考古发现和研究》,《广西民族研究》1998年第2期。

险,所以他们认为有水神在支配他们,便逐渐对其加以崇拜。根据考古发现,北部湾沿岸出土的文物中往往都有云雷纹、水波纹等纹饰,这可能是对云、雷、水等自然现象崇拜的体现。

（2）鬼神崇拜。北部湾沿岸一带的居民有迷信鬼神、以"鸡卜"向鬼神问吉凶的习俗。《汉书·郊祀志》载:"越人俗鬼,而其祠皆见鬼。""而以鸡卜,上信之,越祠鸡卜始用。"直到近现代,鬼神崇拜、信用鸡卜的活动还可在这里一些较落后的地方见到。①

有些海湾居民借助征服海洋的想象,把镇海大王当作人类征服自然灾害的化身,将人与大海共处的能力神性化为崇拜的对象,赋予其为渔民护航安全、赐予人们渔业丰收的多重神力。但这种对海神的敬畏和崇拜,"不是对幻化神绝对主宰的臣服,而是通过神人之间的尊卑有序规范村落社会人际间的礼仪礼节,规范人与大海的相处准则,实现自我发展和人与海洋的和谐"。② 可见传统海洋文化中的海洋生态伦理思想,是"海人合一"的人与自然"生命同根"的意识。在海湾居民心目中,斩妖除魔的英雄镇海大王是自身形象的化身。通过镇海大王惩治邪恶的故事,借以颂扬祖先征服自然、战胜邪恶势力,开辟美好家园的创业精神;把镇海大王神性化为崇拜的对象进行祭拜,寄托着人与大海能够有序规范相处,实现人与海洋和谐发展的一种良好伦理愿望。③

（二）习俗文化

海湾地区有共享海洋恩惠的"寄赖"与维护海洋规律的"分渔"等习俗文化。这种"寄赖"的习俗具有浓厚的原始社会"见者有份"的色彩,即无论是谁,看见渔船满载而归,都可以带上鱼篓到船上"寄赖"三五斤鲜鱼。这反映了先民们在漫长的以海为生的生产生活实践中,意识到海洋是共有的,大海的恩惠应大家共享的朴素的生态伦理思想。民间风俗中也早已融入了生态的内容,影响最大的当属休渔和放生,祭海时倡导"感恩海洋、保护海洋"的意识、捕鱼时抓大放小等。为了让海洋中的鱼类有充足的繁殖和生长时间,每年在规定时间内,禁止在规定的海域捕鱼,以此对鱼类的生长起

---

① 蓝武芳:《京族海洋文化遗产保护》,《广东海洋大学学报》2007 年第 2 期。

② 黄家庆等:《广西传统海洋文化中的生态伦理思想探微》,《钦州学院学报》2013 年第 12 期。

③ 钟珂:《京族渔捞习俗及其海洋文化蕴涵——以广西东兴市万尾村京族为视角》,《北部湾海洋文化论坛论文集》,广西人民出版社 2010 年版,第 264—265 页。

到保护作用,这种民间风俗就是"休渔"。除实行"分渔"外,广西沿海一些地方常年"以舟楫为食"的先民,在祭海活动中,怀着对海洋膜拜和把生产生活的希望寄托于海洋的心理,还举行把活体小鱼虾放归大海的"放海生"仪式,企望鱼虾在大海生息繁衍,永续不绝。

当今这种休渔习俗已经成为制度化组织行为。广东"休渔放生节"发动全社会共同推进增殖放流,维护水域生态环境,对促进渔业循环经济的稳定发展,构建和谐渔业具有重大意义。与"休渔"相对应的是"开渔",每年在休渔期即将结束的时候,在广东省都会举行"南海开渔节",标志着南海伏季休渔期正式结束,渔民们将开始新一轮的出海捕鱼。当下我国海湾地区积极地开发、保护"祭海"类传统渔民风俗,主要原因是将其作为一种文化的延续,加强了人海一体、保护海洋生态、强化海洋意识等。[1]

四、海湾生态制度文化

海湾处于陆地和海洋之交的位置,在整个海岸带的开发利用中占有特别重要的地位,成为海岸带综合管理的焦点。[2] 20世纪80年代以前,海洋、海湾及其海岸带管理主要是以资源利用管理为主,实施管理的目标是以港口、航运、渔业和娱乐等资源开发利用的经济效益最大化为主要出发点。[3] 20世纪80年代,基于生态系统的海洋和海岸带综合管理理念已被接受,研究提出问题范围的确定、指标界定、阈值设定、风险分析、管理战略评价、监测与评估等管理框架。[4] 由于各种关系和生态过程的复杂性,以往的海岸带综合管理大多是单区域(如生态关键区)和部门内(如水产养殖、生物多样性保护)的关系协调,而海岸带综合管理多目标的实现,需要对包含海陆域生态系统的海岸带区域进行规划和管理。[5] 如广西北部湾海洋生态

[1]　高雪:《生态文化视野下的广东省绿色海洋战略研究》,广东海洋大学2013年硕士学位论文。

[2]　陈克亮等:《基于ICZM的海湾水环境污染管理和控制对策》,《海洋环境科学》2009年第2期。

[3]　Biliana Cicin-Sain and Robert W.Knecht, *Integrated Coastal and Ocean Management : Concepts and Practices*, Washington, D.C.: Island Press, 1998.

[4]　Heather Tallis, Phillip S.Levin, Mary Ruckelshaus, Sarah E.Lester, Karen L.Mc Lead, David L.Fluharty, Benjamin S.Halpern, "The many faces of ecosystem-based management: Making the process work today in real places", *Marine Policy*, 2010, 34, pp.340-348.

[5]　李荣欣:《基于生态系统的海湾综合管理研究》,国家海洋局第三海洋研究所2011年硕士学位论文。

文化制度建设包括:成立广西海洋管理委员会,加强各功能区划的建设沟通协调,完善广西海洋自然保护区和海洋资源与海洋环境功能区划,探索海洋生态文明建设与促进经济社会发展的海洋行政、规划、使用新模式,统筹开展海洋科技、海洋决策咨询、海洋生态建设公益服务。海洋生态环境保护工作由各职能部门的分散管理,向由海洋、环保、发改委、农业、林业等部门齐抓共管统一监督管理转型,保障海洋生态文明建设的顺畅推进。①

第三节　滩涂生态文化

一、滩涂概述

(一)滩涂概况

沿海滩涂有广义与狭义理解之分。狭义看,沿海滩涂只能是潮间带。从广义看,沿海滩涂不仅拥有全部潮间带,还包括潮上带和潮下带可供开发利用的部分。由于沿海各地滩涂类型及其开发利用方式的不同,滩涂的上下限也就有所差异。②

滩涂是一个处于动态变化中的海陆过渡地带。向陆方向发展,通过围垦、引淡洗盐,可较快形成农牧渔业畜产用地;向海方向发展,可进一步成为开发海洋的前沿地。我国海洋滩涂总面积 217.04 万公顷,是我国重要的后备土地资源,分布集中,具有面积大、区位好、农牧渔业综合开发潜力大的特点。滩涂不仅是一种重要的土地资源和空间资源,而且本身也蕴藏着各种矿产、生物及其他海洋资源。③

(二)滩涂生态特征

海洋滩涂系指大潮时,高潮线以下、低潮线以上的,亦海亦陆的特殊地带,是陆地生态系统和海洋生态系统的交错过渡地带。滨海湿地的下限为海平面以下 6 米处(习惯上常把下限定在大型海藻的生长区外缘),上限为大潮线之上与内河流域相连的淡水或半咸水湖沼以及海水上溯未能抵达的

①　黄家庆等:《基于生态伦理视阈的广西海洋生态文明构建——生态伦理视角下广西海洋文化发展研究之二》,《广西社会科学》2013 年第 6 期。

②　彭建等:《我国沿海滩涂的研究》,《北京大学学报(自然科学版)》2000 年第 6 期。

③　海洋滩涂,2016—3—22。http://baike.baidu.com/ link? url = T3suFSQ _fqDeN6 mfA6e9jyE3eoqPmoSDL1vFOmKi0D8XTZKGsXcT5zBfJOdUCsUDJ8UVM0kuj07T-9KkYGMf0_。

入海河的河段。沿海滩涂是一个开放的生态系统,与外界不断发生物质能量的交换,处于剧烈的动态平衡之中。同时,滩涂生态系统受海陆两大系统的双重干扰,海洋环境条件的恶化及沿海多种自然灾害的影响,使滩涂生态系统十分脆弱,极易受到破坏。因此,保护滩涂自然环境,维持生态系统的良性循环迫在眉睫。[1]

二、滩涂生态物质文化

(一)盐业文化

滩涂盐业文化历史久远。早在西汉时期,浙江海盐县就有利用滩涂作盐场,发展海水煮盐业的记载。浙东沿海自鄞奉平原向南,直到温瑞平原,唐宋以来也都有围涂筑塘御潮的历史记载。舟山等沿海滩涂地区依山岙而居,后修筑分散、封闭的海塘,围涂成田,兴农或晒盐。[2]

江苏沿海滩涂在黄帝时代即已"以海水煮乳成盐",夏禹时代已开拓盐田,教民制盐。《史记·货殖列传》载,彭城以东的东海及吴地的广陵均有"煮海之饶"。随着沿海人口的增加,滩涂盐业开发日盛,沿海的城镇也就逐渐地发展起来。唐宋以前的盐业城镇聚落主要集中在东沙冈一线。东沙冈为一古岸外砂堤,堤东为滩涂,海盐丰饶,芦苇满滩,是煮盐的理想之地。沙冈高出滩地数米,可避潮灾,成为盐民灶户聚居之所。汉武帝时,募灶丁,给其粮食与灶具,发展盐业生产。唐宋年间,是江苏沿海滩涂盐业开发的兴盛阶段,沿海盐业型的城镇蓬勃发展。由于劳动力的增加,受北方先进生产技术和文化的影响,沿海盐业经济蒸蒸日上。唐宋时期,沿海已改汉时"煮海为盐"的生产方式,创造了开沟引潮,铺设亭场,先晒灰淋卤,后熬盐的新的制盐法,大大推动了海盐生产。[3]

(二)渔业生产文化

滩涂养殖是海洋水产业之一,指利用潮间带和低潮线以内的水域,直接或经整治、改造后从事海水养殖、海产栽培等。通常直接利用滩涂进行养殖的,以贝类(如贻贝、扇贝等)、海藻类(如海带、紫菜等)为主;经整治或改造后建成潮差式、半封闭或封闭式的鱼塭(亦称渔港)进行养殖的,以鱼(如鲻

①　凌申:《江苏沿海滩涂开发生态化的思考》,《海洋开发与管理》2006年第5期。

②　方康保等:《浙江省滩涂资源开发利用及管理对策探讨》,《海洋开发与管理》2006年第6期。

③　凌申:《滩涂盐业开发与江苏沿海城镇的演变》,《盐业史研究》2002年第2期。

鱼、梭鱼等)类、虾类(如对虾)居多。① 如福建沿海滩涂面积约 20 万公顷，浅海面积 42 万公顷。它们大都分布在港湾、河口附近地带，开发利用方便。福建沿海常见的养殖贝类之一是缢蛏。在闽南沿海乡村，最常见的抓蛏方式是手工捉苗，因为一年四季都可以在滩涂上起获自然生长的缢蛏。捕获的小缢蛏放到埭田里继续放养，成熟缢蛏则可以直接销售。在天然滩涂上起捕蛏苗时，渔民跟随潮汐的涨落结对出海驶往滩涂，潮汐规律是决定劳作周期的决定性因素。云霄滩涂海域牡蛎养殖业可追溯至明万历年间，而大规模牡蛎养殖业的发展则在 20 世纪 60 年代，之后牡蛎养殖业发展迅速，养殖方式不断革新，可分为三个阶段：1966 年前的乱石投养；1966 年至改革开放时期的立石养殖；②1978 年至今的植桩吊养和浮吊养殖。

三、滩涂生态精神文化

(一)信仰文化

沿海滩涂渔民所信仰的神灵系统比较繁杂，像内陆农民所信奉的土地、灶王、财神(关公、赵公明、比干)、天地、火神、山神、狐仙(胡三太爷)等在沿海滩涂渔民中也受到普遍崇信。在渔民的神灵信仰中，作为海神信奉的主要有天后(海神娘娘)、民间仙姑、龙王以及海生动物鲸、海鳖等。

天后，即南方所称的"妈祖"，山东沿海渔民普遍称其为"海神娘娘"。山东最东端的部分渔民把渔船归航称为"归山"，因此把天后也称作"归山娘娘"。天后信仰起源于南方，明清以来，随着南北海上航运的开展逐步传到北方，并成为沿海渔民普遍崇信的海神之一。天后在历史上确有其人，天后姓林名默，祖籍福建省莆田县湄州屿，生于北宋建隆元年(960)，逝于宋雍熙四年(987)。林默自幼勤奋好学，后来从巫，为民占卜吉凶，驱灾治病，助人为乐，成为当地的名巫。林默谢世后，被群众奉为地方保护神，后来历代统治者封其为"夫人""天妃""天后"等，并且创造了许多相应的神话，在民间受到广泛的崇信。在民间信仰中，民众不仅向天后祈求保护航海的安全，而且把天后视为主宰风调雨顺、生儿育女、战争胜负、去病求吉的万能之神。③ 明清时期，随着闽南人大批移居沿海岛屿和海外，移民也把妈祖信仰带到移居地，

① 凌申:《江苏沿海滩涂开发生态化的思考》,《海洋开发与管理》2006 年第 5 期。
② 曾少聪:《生态人类学视角下东南地区的海洋环境与沿海社会》,《云南社会科学》2012 年第 5 期。
③ 李露露:《妈祖信仰》,学苑出版社 1994 年版,第 1—2 页。

例如台湾和菲律宾等地。① 龙王是中国北方渔民普遍崇信的海神。在沿海地区，因龙王司水的功能，渔民便把龙王当作海神崇拜，并且成为渔民信仰中最重要的神灵。山东沿海各地供奉的龙王一般都是东海龙王敖广。

（二）习俗文化

滩涂地区的习俗文化有装泥鱼、送船科仪、引水魂等。"装泥鱼"的传统手工技艺起源于清乾隆三十年间（1765），由于泥鱼表皮非常光滑，经常在浅滩上跳跃或爬行，很难徒手捕捉。最初是钓，后来根据泥鱼喜在泥洞里出没的习性，采用笼子诱捕的办法。广东珠海早期居民便以"装泥鱼"为生，他们将大批的鱼贩运至中山、江门等地区，成为当时非常重要的一种贸易形式。②

送船科仪是闽南地区道士使用的遗物，在这遗物中记载了清代东西洋的海路。如"往东洋"航路所经的海外国家和地区有："交雁、红豆屿、谢昆美（吕宋岛北部）、文莱等"。③

东南沿海虽有很多居民到海外谋生，其中的大多数人并不想在国外永久定居，具有强烈的叶落归根观念。但由于各种原因，必然会有一些华侨客死他乡，他们在国内的家属或亲人必须将其灵魂引渡回来，这就产生了闽南地区特有"引水魂"习俗。④ 此外，沿岸渔民在海上捕鱼时如果遇到海上漂浮的尸骨，不能视而不见，要把其打捞起来，送上岸埋葬，并在该船上做个佛供奉起来。若打捞到人骨，则送到岸上的小庙，逢年过节要拿祭品去祭拜。如果不这样做，渔民会担心自己以后出海不顺，万一在海外遇到暴风雨或其他意外，就会认为是当时对尸体或骨骸视而不见的报应。这反映了渔民祈求平安和相信因果报应的心理。⑤

---

① 中国民族宗教网，来源：民俗研究，发布日期：2015—09—13，见 http://www.mzzjw.cn/html/report/1512376918-1.htm。

② 装泥鱼，2016—2—22。http://baike.baidu.com/link? url = d6jGLVN4cWk JXF7Fh0ydTfOOHHr9sZ6wT6x3aenmzTWC9H0Zpt3GRrgFHgxkichVZyRE4yucFLyx1ttL09bXkq。

③ 杨国祯等：《明清中国沿海社会与海外移民》，高等教育出版社 1997 年版，第206—207 页。

④ 陈育伦：《侨乡与侨乡民俗》，陈国强主编：《福建侨乡民俗》，厦门大学出版社 1994年版，第 19 页。

⑤ 曾少聪：《生态人类学视角下东南地区的海洋环境与沿海社会》，《云南社会科学》2012 年第 5 期。

四、滩涂生态制度文化

在滩涂生态制度文化中,海洋法律建设是保证海岸带综合管理体系形成、发展、完善的条件,也是维持生态平衡、合理布局生产力、形成海岸带滩涂开发秩序、提高海陆综合效益的基本保证。海岸带滩涂管理法律规范主要存在于涉海法律、法规中,如《海上交通安全法》《海洋石油勘探开发环境保护管理条例》《海域使用管理法》等。另有许多涉及海岸带滩涂的法规是以非海洋为专门使用客体的单行法中附带提及的,如《农业法》《矿产资源法》《渔业法》等。[1] 此外,在滩涂开发、规划养殖业时,应设计科学合理的蓄水、排水和净水装置,并对池水进行定期消毒等,防止海水的富营养化和水生生物疾病的传播;在滩涂栽植适合生长的绿色植物,以加强滩涂地区的绿化建设,减弱滩涂土地盐碱化程度,恢复滩涂的生态平衡。[2]

第四节 海港生态文化

一、海港概述

(一)海港概况

海港是位于海洋水域沿岸,拥有港口并具有水陆交通枢纽职能的城市。港口城市的形成和发展,在很大程度上受自然地理、社会经济以及国家经济政策等的影响和制约。我国封建社会后期在水运交通枢纽形成一些著名的港口城市,如泉州、番禺(今广州)、明州(今宁波)等。其中地理位置和港口条件优越的城市得到了持续的发展,成为今日重要的经济贸易中心。航海技术的进步和国际经济联系的加强,促进了原有港口城市的繁荣,也促进了新的港口城市的成长,如大连、青岛、烟台、湛江等。[3]

---

[1] 赵明利等:《从(综合)角度看我国海岸带综合管理存在的问题》,《海洋开发与管理》2005 年第 4 期。

[2] 刘振亚:《生态伦理视野下沿海滩涂开发的和谐追求》,《生态经济》2007 年第 2 期。

[3] 港口城市,2016—2—22。http://baike.baidu.com/link? url＝oU-B1zTWs9GHvZqu1 KstD6HjYcG_k0zORlSy6qRin2PrDEBv6x8p1WgQKkxQBMmGvZlF7ToRKeCn_O9YcVtutK。

（二）海港基本特征

港口城市按职能特点分为专业性和综合性两类。专业性港口城市多形成于资源输出地、货物中转地、渔业生产区和海防要地。综合性港口城市不仅港口有多种专业码头，而且城市职能往往也具有综合性。港口城市的空间分布形态与港址分布密切相关。港口城市发展历史表明：港口城市随着港址向下游出海口区和口外滨海地段方向推移，以及临水工业的岸线开发，有向下游出海口区方向且进而向口外滨海地段发展的规律性。由于母城位置及其发展速度、规模等因素的作用，而呈现非连续的线形组群式城市形态（如宁波→镇海→北仑；天津→塘沽→海河口外滨海地段；福州→马尾等）。海港城市往往还具有向水深无淤、建港条件好的岸段和进而向海域发展的趋势；由于受海湾（岸）建港条件和用于临海工业、休（疗）养以及旅游业等的岸线开发条件的制约，多呈现以母城为主体的沿海湾（岸）分散分布的形态，如山海关—秦皇岛—北戴河。①

二、海港生态物质文化

（一）渔业生产文化

新石器时代先民已对北部湾滨海地带进行开拓，在江河的入海口附近过着定居生活，形成海港。航海贸易，海洋捕捞鱼类、贝类，应该是当时海港居民的主要生产与生活活动。如北部湾海港人们的经济生活是以采蚝蛎、捕鱼为主。海滨贝丘遗址出土的贝类以海生软体动物为主，包括牡蛎、文蛤等，反映北部湾沿海的潮间带和近海资源已成为当地海港原始先民最重要的生活来源。亚菩山、马兰咀山等处遗址出土的大型石网坠和大鱼的脊椎骨，网坠是渔网的重要部件，它的发现说明当时海洋捕鱼渔网的存在，这是一种优良的捕鱼手段，表明当时海港居民捕捞的技术已达到了较高的水平。②

在现代，海港渔业以沿海都市渔业为特色，其主要类型为：（1）开展各种高科技类型的淡水或海水养殖。（2）观赏鱼养殖业不仅可美化生活，还可大幅度提高渔民收入。（3）游钓服务业可为游客创造良好的垂钓条件。（4）设施渔业采用高新技术，建立基础设施齐全，交通配套完善的渔业生产体系。主要是生产价格高、销售大、效益好的名、特、优、稀、新产品。（5）良种培

---

① 港口城市，2016—2—22。http://baike.baidu.com/link? url = oU−B1zTWs9GHvZqu1KstD6HjYcG_k0zORlSy6qRin2PrDEBv6x8p1WgQKkxQBMm。

② 廖国一：《防城港的贝丘遗址与北部湾海洋文化的起源》，《史前研究》2010年第0期。

育业主要培育适应大规模养殖的经济鱼。(虾、蟹)类苗种的新型产业。①

(二)航海文化

中国海港航海历史悠久。从隋唐五代到宋元时期,中国海港航海业全面繁荣,海上丝绸之路远到红海与东非。由于当时以罗盘导航为标志的航海技术取得重大突破和积极的航海贸易政策,中国领先西方进入"定量航

郑和宝船模型

海"时期。中国舟帆所及西太平洋与北印度洋全部海岸,与亚非 120 多个国家和地区建立了航海贸易关系,著名的海港刺桐港(福建泉州)成为当时世界上最大的国际港口。到明代永乐至宣德年间,航海家郑和率领远洋船队,先后 7 次下西洋,遍访亚非各国,其船队规模之大、船舶之巨、航路之广、航技之高,在当时无与伦比。郑和船队中的大型海船叫"宝船"。而哥伦布船队中最大的帆船长仅五丈七尺,仅及宝船的八分之一,足见中国明代造船业的强盛。此外,著名海港广州港是先秦时期形成的对外港口,自三国以

---

① 陈亚瞿等:《长江河口区渔业资源利用新模式及可持续利用的探讨》,《中国水产科学》1999 年第 5 期。

来,由于政治、经济中心南移,从广州顺北江或沿海北上,距中心地区较近,交通方便,广州的港市地位日渐上升。东吴时人们已能建造万斛大船,同时也掌握了掉樯驶风航行技术,这便可以从广州为起点,开辟离岸跨海的远洋新航线,直航东南亚各地。①

三、海港生态精神文化

(一)信仰文化

海港信仰文化也包括妈祖、龙王等。以妈祖为例,海港人从事渔猎和贸易活动,长年在大海中漂泊,前途风险难以预测,十分渴望有一个航海保护神能够保佑他们。于是妈祖信仰很早就进入海港人的生活之中。妈祖文化起源于福建莆田。原名林默娘(林湄娘),常于梦中拯救海上遇难航船,因而受到人民的尊敬崇拜,死后奉祀为海上保护神。被广泛热烈信奉之后,历代统治者也乐得顺应民心,予以赐封。宋代封她为夫人;元、明两代加封为天妃;清代晋封为天后。其庙宇便称为天妃宫或天后宫。福建人则称为妈祖庙或妈宫。②

(二)习俗文化

海港习俗文化也反映了海港人民与海和谐的美好理念。如厦门港疍家祖辈相传尊奉中华白海豚为"妈祖鱼"和"镇港鱼",据说白海豚曾救援过落水的渔民,阻止凶恶的鲨鱼进入港口,还能据其群体活动方位推测某些鱼群的洄游规律,因而被视为江海女神妈祖的化身,受到渔家的崇拜与喜爱。旧时渔船遇到"妈祖鱼",还要烧香祝愿,祈求渔事平安与丰收。③

海港台州的海洋习俗文化缘于海洋而生成。台州沿海渔民在长期征服海洋、生息繁衍的过程中形成自己独特的渔家民俗风情,如沿海渔区多妈祖庙,又多渔师庙,祈渔业丰收。渔区各渔船避风或随汛进岙口时,都要进庙供祭。除夕在海滩岙口祭海神,称"谢年",然后再至"三官庙""天后宫"致祭。祭祀结束后,船上伙计以供品聚餐,认为可保来年出海平安畅顺。渔区渔船上的装饰和名称都与古代对鱼神或龙的崇拜有关,如"头犁壁""鲤鱼跳龙门""龙目""乌鸦旗"等。渔区渔民从古至今一直把渔船的工具或位置

---

① 朱耀斌等:《港口文化》,人民交通出版社 2010 年版,第 23—24 页。
② 黄鸿钊:《澳门古文化初探》,《东南文化》1999 年第 3 期。
③ 厦港疍民习俗,2016—2—22。http://www.docin.com/p－235794987.html? qq－pf－to＝pcqq.c2c。

也编成了十二生肖,祈求平安、丰收。①

四、海港生态制度文化

随着港口经济的形成和发展,港口生态制度文化也随之产生和发展。在宋代,明州港口生态制度文化已有所发展,《庆元条法事类》《榷货总类》等贸易法规的制定,成为明州商人的行为规范。其主张对外开放的理念,有利于港口贸易。当时的明州官员就主张开放,如曾巩任明州知州,就主张扩大海外贸易,反对主张对"夷入藩商"加以限制。②

第五节　河口(海口)生态文化

一、河口概述

河口通常指入海河口生态系统和海洋生态系统之间的生态交错带,是一个与开阔海洋自由相通的半封闭的海岸水体,其中的海水在一定程度上为陆地排出的淡水冲淡。③ 河口的四个特征:(1)河口受地貌控制,并具有海岸特征而向海的水体,意味着它的侧向水体总是清晰的分界,并且对河口的环流有重要的影响;(2)河口是邻近海水连续进入的蓄水池,盐分存在着平流或扩散;(3)海水的稀释是一定程度上的;(4)淡水通常由陆地的河流和溪涧提供。Perillo 认为:"河口是半封闭的向陆延伸至潮流影响的上界,有不止一种的方式与开阔的海洋或含盐的海岸水体自由连通,并能有效地被陆地上的淡水冲淡的海岸水体。"这一定义清晰地提出了影响河口的两大动力:潮汐和河流。

从上述可见,咸淡水交汇与海洋潮汐是河口生态系统的基本生态特征,也正是这两个基本特征导致了河口生态系统与其他生态系统的显著差异,并对其中的自然生态过程有显著的影响。④

---

① 朱芬芳:《论台州海洋文化及其旅游开发》,《消费导刊》2009 年第 12 期。
② 乐承耀:《港口文化与宁波港口经济》,《中国港口》2012 年第 9 期。
③ 陆健健:《河口生态学》,海洋出版社 2003 年版,第 4 页。
④ 余兴光:《九龙江河口生态环境状况与生态系统管理》,海洋出版社 2012 年版,第 2—3 页。

从生态学角度而言,河口生态系统是位于河流、海洋和陆地之间的生态交错带上的特殊生态系统。这也决定了河口地区的生物群落与其他类型的生态系统相比,生物建群及生活的历史要短得多且由于河口生境特殊的理、化条件,该生态系统不像其他生态系统的交错区或过渡区,因生境的异质性和多样性而具有较高的生物多样性。①

河口是连接陆地和海洋的重要区域,是全球物质和能量循环的重要通道。淡水和海水在河口交汇,流域淡水、营养盐和泥沙输入以及潮汐的周期性涨落对河口生态系统具有重要意义,其生态特征包括:(1)咸淡水汇合与直接或间接的潮汐影响是河口生态系统最基本的特征,并导致了河口生态系统与其他生态系统的显著差异,造成了河口复杂多变且脆弱的生境特征。(2)河口复杂多变的生境孕育了丰富的生物物种资源,使河口具有较高的生物多样性。(3)河口营养物质富集,生产力水平很高,是许多海洋生物与鸟类的重要栖息地以及鱼类、虾、蟹等主要海洋经济生物的产卵、育幼和索饵场所。(4)河口地区通常人类活动频繁,经济发达。一方面能为人类提供食物、淡水、土地、旅游等资源,具有重要的服务价值和经济价值;另一方面,随着流域以及河口地区本身系统的自然演变及人类活动的日益频繁,河口生态系统的健康与安全遭受了严峻考验,其应有的生态服务功能也受到较大影响。②

二、河口生态物质文化

(一)盐文化

河口盐文化源远流长。淮盐因淮河横贯江苏盐场而得名。淮盐生产历史悠久,有文字记载的就有两千多年,淮盐产区是中国四大海盐产区之一。淮北盐业起始于周,发展于唐宋、兴盛于明清。而淮北日晒滩制盐,则是由宋元时期的煎盐变革而来,以海水为原料,以盐滩为主要设备,以太阳和风力为能源,将海水提炼浓缩成卤水,放入结晶池内曝晒成盐。清光绪二十九年之后,由于淮南海势东移,土壤淡化,盐产减少,煎盐逐渐被淘汰,而日益兴盛的淮北日晒滩制盐,通过滩晒技术的不断改进,从分散的小型砖池滩晒逐渐向大型泥池滩晒发展,使得淮北产盐占到两淮总盐量的80%以上,从

---

① 陆健健:《河口生态学》,海洋出版社2003年版,第4页。
② 余兴光:《九龙江河口生态环境状况与生态系统管理》,海洋出版社2012年版,第2—3页。

而奠定淮盐在我国盐业生产中的重要地位。①

对于黄河口的盐文化而言,伴随着生产规模的扩大,制盐技术也发生了重大变革。除采用传统的煮、煎方法外,明代黄河三角洲北部盐场率先采用先进的滩晒技术。《天工开物》记载:"明洪武三年,海丰有引海水入池晒成者,凝结之时,扫食不加人力,与解盐同。"《古今略》卷一《山东盐志》称:"海丰等场产盐,出自海水滩晒而成。彼处有大口河一道,其源出于海,分为五派,列于海丰、深州海盈二场之间,河身通东南而远去。先年有福建一人来传此水可以晒盐。今灶户高淳等于河边挑修一池,隔为大中小三段,次第浇水于段内晒之,浃辰则水干,盐结如冰。"试晒成功后,"本场灶户高登、高贯等,深州海盈场灶户姬彰等共五十六家见此法比刮泥淋煎简便,各于沿海一带择方便滩地,亦挑修为池,照前晒盐,有占三五亩者或十余亩者,多至数十亩者。共主滩池四百二十处。"《山东通志·盐法志》记载:"康熙十八年(1679),山东定为十场两县。登宁、石河、信阳皆从煎,永利、王家岗、永阜皆从晒。"可见,黄河三角洲的食盐生产技术当时处于先进水平。②

(二)渔业生产文化

以长江河口为例,渔业以捕捞业为主逐步过渡到以养殖业为主。凤鳞资源总体水平尚属稳定,成为目前长江河口区最主要的捕捞对象,主要措施包括:(1)控制流刺网作业,保护繁殖亲体,从限制其船只数量和许可捕捞产量及提倡流刺网抛定作业到限期逐年淘汰流网作业。(2)实施冬季休渔期,保护越冬幼鱼群体。(3)设立长江口门凤蹄幼鱼保护区,限制或禁止有害渔具捕捞凤鳞等幼鱼。(4)扶持长江渔民从捕捞生产转向养殖。③ 对长江口、杭州湾实施渔业资源增殖放流,放流海域总资源补充量增加显著,放流种类的资源密度指数呈上升趋势,放流品种的资源补充量逐年大幅增加,说明资源增殖、修复的效果非常明显。梭子蟹、海蜇等部分放流种类增殖的效果明显,产量连年大幅增加,特别是海洋开放水域的放流达到一定数量后

---

① 什么是淮盐文化? 2011 年 4 月 16 日。http://www.chinabaike.com/z/sh_zhishi/2011/0416/839082.html。

② 李靖莉等:《黄河三角洲古代盐业考论》,《山东社会科学》2007 年第 9 期。

③ 陈亚瞿等:《长江河口区渔业资源利用新模式及可持续利用的探讨》,《中国水产科学》1999 年第 5 期。

可产生较好的效果。①

三、河口生态精神文化

以黄河口居民喝茶习俗为例,黄河口人嗜好喝茶是由于早先离黄河较远和偏远的民众吃的是坑塘水或地下水,苦咸发涩,放茶叶味道好些,所以形成了喝茶的习惯。谁家有好茶,必约茶友共同分享,这种习俗长盛不衰,是黄河口人好客的一大体现。黄河口人喝茶可就地取材,当地有种野生植物叫茶棵,每当夏季,人们将采撸来的茶棵鲜叶用半开的热水焯一下,控干后上锅用文火焙干,颜色鲜绿,喝时搓上少许香油,清香略苦,非常可口。②

四、河口生态制度文化

河口生态制度文化主要体现在渔政管理。如长江口强化渔政管理,控制捕捞强度,实行休渔制。减少捕捞作业对渔业资源的损害,保护鱼类资源在产卵期和生长期的正常繁育,确保长江渔业资源的养护与可持续利用。根据长江上游等特有鱼类繁殖期多为 3—5 月,长江中下游江湖、江海洄游性鱼类繁殖期多为 4—6 月的生态特点,结合葛洲坝已将长江分隔成上游和中下游两段的实际情况,以葛洲坝为界,上游和中下游统一制度,休渔时间分段实施:长江葛洲坝以上,每年 3 月 1 日—5 月 31 日;长江葛洲坝以下,每年 4 月 1 日—6 月 30 日。长江渔业作业类型较多,按部、类、型式和五级分类系统,共分为网渔具、钓渔具、箔筌渔具、杂渔具和特种渔具等五类。在规定禁渔区域和时间内,禁止上述所有作业类型作业。③

---

① 沈新强等:《长江口、杭州湾海域渔业资源增殖放流与效果评估》,《渔业现代化》2007 年第 4 期。

② 黄河人的生活习俗,2012—2—23。http://www.sd.xinhuanet.com/lh/2012 - 02/23/content_24764282.htm。

③ 陈大庆等:《长江渔业资源变动和管理对策》,《水生生物学报》2002 年第 6 期。

第 四 章

中国各区域海洋生态文化

　　中国辽阔的海洋从北到南有渤海、黄海、东海、南海,各海域有着不同的海洋生态环境和地理特征及资源环境状况。中国的先民面对各海域的生态和资源环境,通过长期的生活实践和生产经验总结,成为利用海洋生态开展海洋生活的文化基础,这些海洋生态文化能够生生不息的可持续,也是中华民族在利用各区域海洋生态中的人与海洋的关系的延续,这些与海共生的生产生活方式、所形成的海洋生态历史观和思想认识充分反映了中国海洋生态文化的智慧和独有的生态文化内涵。

　　从渤海、黄海、东海到南海,南北跨度达到几千公里,在气候、洋流、季风、深度、水文、海洋环境和面貌等方面,各海域有着不同的海洋生态环境和地理特征与资源环境状况。自古以来中国的先民逐渐适应这些不同的海洋生态环境和地理特征及资源环境状况,结合自身的生活,利用海岛、海湾、滩涂、河口(海口),开展渔业、盐业、垦殖、航运等生产活动,并在长期的生产生活中按照各海域的海洋生态,可持续的不断适应海洋生态,创造了有各自特色的海洋文化及延续和发展了中国海洋生态文明。

　　从中国各海域的有关海洋生态文化的历史遗存、物质文化和传承至今的非物质文化,以及民族风情、民俗习惯、典籍史志、人文轶事、建筑古迹等方面来看,可以看到我们的先民在不同历史发展阶段,在不同的海洋区域,能够适应不同的海洋生态规律,并以不断适合的海洋利用技术和谐地维持人与海洋的关系,从而进化自身的生活,其生产生活方式过程,创造了海洋生态智慧和独有的海洋生态文化。同时海洋生态文化的形成也蕴含着传统文化与现代文化、本土文化与外来文化的和谐交融。因此中国海洋生态文化具有十分包容、广泛、传承、吸收并发展的交融特点,它既有海洋生态文化的共同性,亦有区域海洋生态文化的特色;既有原生态的海洋生态文化,亦有人和海洋共生的海洋生态文化,为此才使中国海洋生态文化多姿多彩。

伴随着经济社会的发展,人类对海洋生态规律的了解也越来越完善,对海洋生态的利用也越来越符合其客观的生态规律,因此现代海洋生态文化的科学、理性的内涵使我们能够更合理地利用海洋生态、保护海洋生态,其中对各区域海洋生态的认识和因地制宜的利用更是我们中国从古代先民开始就懂得各区域海洋生态的异同区别及特点。正因为中国海洋地理和区域特征有多元的形态和环境,各海洋区域中有不同的海岛生态、海湾生态、滩涂生态、河口(海口)生态和红树林生态等海洋自然形态地理特征,使我们先民能够按照这些海洋生态的特点,进行适应并利用海洋自然生态,开展海洋生产生活,也形成了各区域特色的原生态的区域海洋生态文化。

第一节　渤海海洋生态文化

一、渤海的自然特征

(一)黄渤海分界线、气候温度、水系洋流

渤海,是西太平洋的一部分,是一个近封闭的内海,地处中国大陆东部北端,即北纬 37°07′—41°,东经 117°35′—122°15′的区域。三面环陆,北、西、南三面分别与辽宁、河北、天津和山东三省一市毗邻,东面经渤海海峡与黄海相通,辽东半岛的老铁山与山东半岛北岸的蓬莱角间的连线即为渤海与黄海的分界线。辽东半岛和山东半岛犹如伸出的双臂将其合抱,构成首都北京的海上门户。放眼眺望,渤海形如一东北—西南向微倾的葫芦,侧卧于华北大地,其底部两侧即为莱州湾和渤海湾,顶部为辽东湾。渤海海域面积 77284 平方千米,大陆海岸线长 2668 千米,平均水深 18 米,最大水深 85米,20 米以下的海域面积占一半以上。

渤海,旧称北海,据山东省《莱州府志》记载,公元前 48 年"北海水溢,流杀人民"。表明当年来自北面海洋的海水,侵入内地淹没农田与村庄,给人民的生命财产造成巨大的损失。自元朝以后,"渤海"的名称一直沿用至今。

辽东半岛的老铁山西角与山东半岛北岸的蓬莱头之间的连线,作为渤海和黄海的分界,渤海的面积为 7.7 万平方千米,平均水深 18 米,总容量不过 1730 立方千米。渤海沿岸水浅,特别是河流注入地方仅几米深;而东部的老铁山水道最深,达到 86 米。渤海水系洋流渤海沿岸江河纵横,有大小

河流 40 条,其中莱州湾沿岸 19 条,渤海湾沿岸 16 条,辽东湾沿岸 15 条,形成渤海沿岸三大水系和三大海湾生态系统。

渤海地处北温带,夏无酷暑,冬无严寒,多年平均气温 10.7℃,降水量 500—600 毫米,海水盐度为 30‰。受北方大陆性气候影响,2 月渤海水温在 0℃左右,8 月达 21℃。严冬来临,除秦皇岛和葫芦岛外,沿岸大都冰冻。3 月初融冰时还常有大量流冰发生,平均水温 11℃。由于大陆河川大量的淡水注入,又使渤海海水中的盐度仅为 30PSU(Practical Salinity Unit),为中国近海中最低。自 11 月中、下旬至 12 月上旬,沿岸从北往南开始结冰;翌年 2 月中旬至 3 月上、中旬由南往北海冰渐次消失,冰期约为 3 个多月。1—2 月,沿岸固定冰宽度一般在距岸 1 千米之内,而在浅滩区宽度约 5—15 千米,常见冰厚为 10—40 厘米。河口及滩涂区多堆积冰,高度有的达 2—3 米。在固定冰区之外距岸 20—40 千米内,流冰较多,分布大致与海岸平行,流速 50 厘米/秒左右。

海浪以风浪为主,随季风的交替具有明显的季节性。10 月至翌年 4 月盛行偏北浪,6—9 月盛行偏南浪。渤海风浪以冬季为最盛,波高通常为 0.8—0.9 米,周期多半小于 5 秒。1 月平均波高为 1.1—1.7 米,寒潮侵袭时可达 3.5—6.0 米。夏秋之间,偶有大于 6.0 米的台风浪。海浪以渤海海峡和中部为最大,辽东湾和渤海湾较小。渤海的平均波高多为 0.1—0.7 米,以海峡区最大,平均为 0.8—1.9 米。

潮汐和潮流渤海具有独立的旋转潮波系统,其中半日潮波(M)有两个,全日潮波(K)有一个旋转系统。半日分潮占绝对优势。渤海海峡因处于全日分潮波"节点"的周围而成为正规半日潮区;秦皇岛外和黄河口外两个半日分潮波"节点"附近,各有一范围很小的不规则全日潮区。除此以外,其余区域均为不规则半日潮区。潮差为 1—3 米。沿岸平均潮差,以辽东湾顶为最大(2.7 米),渤海湾顶次之(2.5 米),秦皇岛附近最小(0.8 米)。海峡区的平均潮差为 2 米左右。潮流以半日潮流为主,流速一般为 50—100 厘米/秒,最强潮流见于老铁山水道附近,达 150—200 厘米/秒,辽东湾次之,为 100 厘米/秒左右;最弱潮流区是莱州湾,流速为 50 厘米/秒左右。

(二)渤海主要海产、渔场盐场

渤海沿岸有辽东湾、渤海湾、莱州湾、辽河、海河、黄河等河流从陆上带来大量有机物质,使这里成为盛产对虾、蟹和黄花鱼的天然渔场。渤海水质肥沃,营养盐含量高,饵料生物十分丰富,浮游植物年生产量 1.4 亿吨,鱼类年生产量 49 万吨。渤海是黄渤海渔业的摇篮,是多种鱼、虾、蟹、贝类繁殖、栖息、生长的良好场所,故有"聚宝盆"之称。对虾、毛虾、小黄鱼、带鱼,是最重要的经济种类。

渤海是我国最大的盐业生产基地,地质和气候条件非常适宜盐业生产。我国四大海盐产区中,渤海就有长芦、辽东湾、莱州湾三个。莱州湾沿岸地下卤水储量丰富,达 76 亿立方米,折合含盐量 8 亿多吨,是罕见的储量大、埋藏浅、浓度高的"液体盐场"。

渤海港口具有分布密度高,大型港口及能源出口港多,自然地理条件好,经济发达,腹地广阔,资源丰富等优势,是我国北方对外贸易的重要海上通道。已建和宜建港口 100 多处。渤海石油和天然气资源十分丰富,整个渤海地区就是一个巨大的含油构造,滨海的胜利、大港、辽河油田和海上油田连成一片,渤海已成为我国第二个大庆。渤海沿岸自然风景优美,名胜古迹众多,充分具备了以阳光、海水、沙滩、绿色、动物为主题的温带海滨旅游度假资源条件。

二、渤海的生态文化

(一)渤海居民的生产生活方式

渤海渔民以打鱼为生,出入在万丈碧波里,无论在渔船上打鱼,还是在海边打鱼,身上的衣服经常被水打湿,为了避免衣服被打湿,很多渔民都要穿防水衣裤。油衣油裤成为生活必备用品。油衣油裤具有鲜明的地方特色:人们把做好的白布衣裤平铺在案子上,然后用手把桐油搓在布面上。在布面上搓桐油的工艺要求非常高,不但要均匀,而且要让桐油完全浸透到布料的纤维里。只有这样,加工后的油衣油裤才会美观、柔软、耐用、不透水。加工好的油衣油裤要挂起来自然晾干,待桐油全部干透后才可以穿用。渔民穿着这一身油衣油裤,就不用担心腥咸的海水打湿衣服,便可以放心地出海打鱼,油衣油裤也是渤海渔民智慧的结晶和体现。

渤海地区的居民最喜爱的食物是海鲜饺子和海味包子。对于北方人来说,饺子是一种再熟悉不过的食物。无论平日里的家常便饭,还是接待贵宾的高档宴席,饺子都是餐桌上一道独特的风景。对位于中国渤海的人们来说,海鲜饺子是渤海赠与他们的别样礼物。在鱼馅饺子中,最经济实惠、最具特色的当推鲅鱼馅饺子。包鲅鱼馅饺子要选用新鲜鲅鱼,去掉内脏、鱼头、骨刺、鱼皮以及皮下红肉，将剩下的切成小块，加入适量调味品后按照一个方向搅拌，边搅拌边加水，直到鱼肉快全部搅碎，再加入切碎的韭菜均匀搅成馅。饺子面皮一定要揉到火候，皮要擀得薄，馅要放得足，用大锅急火煮，煮熟的饺子皮薄馅大，就像个大鱼丸子，吃起来鲜嫩清新，香而不腻，是渤海人民最爱的海鲜饺子之一。

包子也是中国传统食物之一，海洋里海味众多，用这些海味调制成的包子馅，自然也是独树一帜。可用来制作包子馅的海味有很多，既有味道鲜美的肉类贝类，也有清爽可口的海菜。在众多海味包子中，长岛的海菜包子极负盛名，被好多游客称为最好吃的包子之一，长岛一年四季均有时新海菜，可做包子的用菜。无论是海鲜饺子还是海味包子，都是聪明勤劳的渤海人民将渤海的馈赠与传统的饮食相结合的典范。皮薄馅大的饺子，热气腾腾的包子，挑动着人们的味觉神经，也寄托着渤海人民丰收的愉悦和对幸福生活的憧憬。

除海鲜饺子和海味包子外，蓬莱小面、鱼味糊糊汤和八仙宴也是渤海居民常吃的菜肴。渤海之畔的蓬莱不仅有"人间仙境"蓬莱阁，还有一种驰名中外的特色美食——蓬莱小面。作为蓬莱地区的传统小吃，蓬莱小面由人工烹制当地俗称为"摔面"的面条，加上加吉鱼熬汤兑制的卤，再加绿豆淀粉并配以其他佐料做成具有独特海鲜风味的特色美食，至今已有百年历史。随便走进一户渔民家里，常会在餐桌上看到一道具当地风味的特色小吃——鱼味糊糊汤。鱼味糊糊汤是类似疙瘩汤的一种加佐料的玉米面粥。海边人因玉米面对鱼腥有一种特殊风味而特别喜爱。其做法是在鱼汤烧开后，将掺水搅匀的玉米面下入锅内，鱼味玉米汤做出来呈浓稠状，配之以嫩绿的新鲜蔬菜，加之鱼味的鲜气，颇能增人食欲。"八仙过海"的传说家喻户晓。以此为据，1989年蓬莱宾馆厨师新创出"八仙宴"。八仙宴以大虾、海参、扇贝、海蟹、红螺、真鲷等海珍品为主要原料，由八个拼盘八个热菜和一个热汤组成。拼盘制作仿照八仙过海使用过的宝物拼成图案，造型生动别致，工艺精巧，盘盘都有神话典故，不仅味道鲜美，还可观赏助兴。热菜烹饪更为精致，呈现蓬莱多处名胜景观，巧夺天工。热汤以八种海鲜加鸡汤熬制，味道鲜美奇特。

渤海民居体现着因地制宜、就地取材的建筑风格。这和当地的自然环境特殊有关。沿海居民通常使用石头来做房屋的主体墙，用海草、茅草做房顶，这是因为石头、海草、茅草资源比较丰富，容易获取。而且，沿海多大风大雨天气，春夏季节潮湿，秋冬季节寒冷，用厚重坚固的石块做墙体，用柔软的茅草、海草做房顶既可以抵御狂风暴雨，又可以防潮防腐，生产与生活资料的共享互补，体现了渤海渔民生活的特色和智慧。

受长期居住在海边这一特殊地理环境的影响，以及终日在船上面对海洋劳作的缘故，渤海地区的居民在建造房屋时，特别注重其实用性和简洁性，而且建造的房屋与所从事的海洋性生产活动密切相关。渤海民居的内部一般都有一个所谓的地道，其实就是北方农村所谓的院子，它是用来存放渔网、渔具的地方，也是渔民捕回鱼虾蟹后在家里进行分类加工的地方，还是补网等从事海洋作业附属劳动的场所。渔民通常家家都有水井，水井大多挖在墙的侧角，或者设在厨房的灶前，这是因为沿海地区少江河湖泊，也没有水窖水库，雨水很难保存，淡水资源匮乏。"室内有口井，用水不用慌！"因此，先挖井后造房已经成为当地的习俗。渔家广厦虽然千姿百态，但离不开共同的建筑思想，而这些建筑思想所体现的也正是渤海渔民心灵手巧和聪明才智。一栋栋房舍临风而立，包容着一个个家庭的酸甜苦辣，见证着一个个家庭的悲欢离合，房屋已不仅仅是一个简单的建筑，更是远行的渤海渔民心灵永远的慰藉之所和港湾。

（二）生态文化理念、表现形态和行为方式

一代代渤海地区渔民捕鱼的习俗，是千百年来用心血和汗水打造出来的渔家文化，包含着独特的生活习俗、生产习俗、礼仪习俗等民风民俗。渔船在出海之前，渔民总要到海神庙前烧香烧纸、磕头许愿、祈求平安；早年的渔船上还设有香童，专职给供奉在船上的海神娘娘烧香上供，以示敬重。渔船在汪洋大海中作业，常遇到大鲸鱼、大海龟等海洋巨兽，为避免受其伤害，船老大往往亲自站在船头，向巨兽洒三碗米酒，谓"洒酒祭海"，求巨兽让开。旧时渔船无探鱼设备，一些较大的渔船就在桅杆上吊个木桶，渔船进入渔场后，就选择眼神好有经验的渔工攀上桅杆，站在木桶里四处瞭望，发现鱼群，就用小彩旗指挥船老大转舵，驶向鱼群处撒网，站在木桶里的瞭望人被称为"渔眼"。另外，还流传着"船上不准打海鸟"的说法，对于海上的渔民来说，海鸟不只是一种生灵，更是一份陪伴、一种鼓励、一个带给渔家人平安的吉祥物。好多渔家人也都会给渔船起一个吉祥的字号，如安泰和、福来顺、鸿盛泰等，以求一个好兆头和好运势。

渤海地区与海洋相关的节庆活动，体现出当地的海洋生态文化。蓬莱地区渔灯节朝出顺风去，暮归满载回。在渔船的驾驶舱前贴上吉利的对联，燃起大挂的鞭炮，锣鼓、歌汇成一片欢乐的海洋。傍晚时分，人们把用萝卜

制作的鱼灯送到自家的窗台和门口,或者直接送往港口、渔船,让渔灯点亮漆黑的夜空。这就是蓬莱渔家人特有的——渔灯节。每年正月十三或者十四午后,渤海沿岸渔民便以家庭为单位,自发地从各自家里抬着祭祀品,打着彩旗,一路放着鞭炮,先到龙王庙或海神娘娘庙送灯、祭神,祈求鱼虾满仓,平安发财;然后到渔船上祭船、祭海;最后到海边放灯,祈求海神娘娘用灯指引渔船平安返航。这便是蓬莱渔灯节的雏形,它是从传统的元宵节中分化出来的一个专属渔民的节日。如今的渔灯节,除了这些传统的祭祀活动之外,还增加在庙前搭台唱戏及锣鼓、秧歌、舞龙等多种群众自娱自乐的活动。

妈祖,是我国古代的海神娘娘,自宋朝以来,影响我国沿海和东南亚各国,并延伸到俄罗斯、朝鲜、日本及非洲等国家和地区,不断发展继而成为世界上独树一帜的中华妈祖文化。长岛妈祖文化节体现了渤海居民的妈祖信仰。每年的农历三月二十三日是妈祖的生日,长岛的庙岛都会举行妈祖文化节暨妈祖诞生庆典活动。节庆活动分为祭拜仪式、文艺演出、渔家海上游项目及渔家民俗文化。在此期间,游客既可以欣赏到官祭、民祭、舞龙、舞狮、民间戏剧、渔家号子等传统民俗节目,又可以参与放鞭炮、舞龙、扭秧歌等文娱活动。如今的妈祖文化节,祭奠的已不仅仅是妈祖这一位传说中的海神,更是一种民族精神,一种真善美的化身,一种对美好事物的追求和渴望,一种民族之魂。

三、古今渤海生态文化的变迁

(一)古代人类与渤海

古代渤海的海洋生态文化以贝丘文化为代表。渤海畔的贝丘遗址渤海畔的胶东半岛,这片神奇的土地气候温润,陆生资源和海洋资源都很丰富,非常适合人类居住。贝丘,又被称为贝丘遗址,是古人类居住的遗址之一,以包含大量古人类食剩、抛弃的贝壳为特征。据考证,贝丘中存在着鲍鱼、海螺、玉螺等20余种贝类化石。五六千年以前,临海而居的古代人最早与海洋接触,并在漫长的岁月中逐渐认识和利用海洋,给我们留下极其宝贵的海洋文化特征——分部于沿海及其附近岛屿的贝丘。

距今五六千年前,人类居址已经在此遍地开花,呈现空前繁荣景象。胶东地区的贝丘遗址主要分布在离海不远的丘岗高地,如烟台的白石村、牟平蛤堆顶、福山邱家庄、蓬莱南王绪、开发区大仲家、莱阳泉水头等地,甚至远离大陆的庙岛群岛也有发现。根据对这些贝丘遗址的考察研究,不难推断出当年在这生活过的人们有着怎么样的生活习性和生活方式。

1981 年,考古人员在对白石村遗址进行发掘的过程中,发现房子柱洞共计 210 多个,这些柱洞分布甚为密集,按其作用主要分为两类,一类是直接在地面上挖一个比柱子略粗的洞,然后埋上柱子,构架房屋,称为"直柱法";另一类是先在地面挖一个 1 米左右的椭圆形大坑,然后在大坑中间再挖一个与柱子粗细差不多的柱洞,称为"坑柱法"。坑柱式柱洞一般比较深,可以深栽更为粗大的房柱,而且这种柱洞的使用比例高达 34%。这说明虽然生活在远古,但这里的人们已经脱离窝棚或者洞穴式生活,掌握了较为先进的房屋建造技术。

在贝丘遗址中,还有大量陶器出土。贝丘遗址的陶器主要是夹砂陶,还有少量的泥质陶。各式鼎主要做炊具,罐、盆、钵主要做盛器,还有各式各样的支脚等。贝丘遗址出土的陶器总体上看已经比较成熟,是胶东先民长期摸索后的产物。这些陶器让当时人们的生活更加丰富多彩,也揭开他们迈向新时代的新篇章。

虽属于新石器时代,但采集和狩猎依然作为重要的生产方式延续了很长时间。考古人员在对渤海畔贝丘遗址的挖掘中发现大量碳化的榛、橡等植物的果实和多种多样的石器,这些石器不仅数量较多,而且形态各异,质地、打制方法和用途也不尽相同,可见当时人们已经学会了利用不同石质和不同的加工方法,制作不同用途的石器,做到因"石"制宜。这说明他们的

贝丘遗址出土贝壳

生产工具已经不断细化,分工已经很明确,而且很多石器采用琢制法制成,甚至出现少量通体磨制石器。随着对海洋知识的不断掌握,人们不再满足于在浅海岸滩处拾取贝壳,味道更为鲜美的鱼类使他们把目光投向一望无际的海洋。在贝丘遗址中,考古人员发现不常用的网坠和一些鱼骨,发现网

坠长度6—11厘米,其质地有长石英岩、云母变粒岩、云母片岩等,多系天然石块加工而成。当时人们靠海吃海,在他们生产力允许的范围内对海洋进行充分的利用,从而为后人创立古老的贝丘文化,并为我们的祖先过渡到更加文明的社会打下基础。

（二）当代人类与渤海

渤海为当地居民提供大量的馈赠。过去的数十年中,丰富优质的渔业、港口、石油、景观和海盐资源,使得环渤海地区经济具有快速发展的显著特征。海洋资源的开发和海洋工业成为该地区经济发展重要的领域之一。渔业、港口、石油、旅游和海盐是渤海的五大优势资源。然而也因为渤海是我国的内海,海洋流动交换比较缓慢,自净能力相对薄弱,因此如果保护不当也十分容易使渤海受到污染。

近年来,渤海地位环境污染十分严重,沿岸近百个大小港口受到油污染。黄河、小清河、海河、大辽河、滦河等40多条河流常年注入渤海。此外天津、河北、山东和辽宁等地沿海城镇工业废水和生活污水直接入海。百川归大海,大量的陆源污水和污染物随水流进入渤海。但是随着国家对生态环境的重视,渤海的生态环境的治理也在大力开展。

（三）当前人工放流、禁渔休渔和海洋牧场等可持续发展策略

由于当代人对渤海的破坏相当严重,对其保护滞后,相应保护措施必须跟上。为了保护自然环境,国家开始设立禁渔期。渤海禁渔休渔北纬35度以北的渤海和黄海海域除钓具作业外的其他海洋捕捞渔船伏季休渔时间为6月1日12时至9月1日12时,渔业辅助船与捕捞船同步休渔。定置作业休渔时间为6月1日12时至8月20日12时。渤海毛虾禁渔期为6月1日12时至8月16日12时。休渔期间,严禁生产、经营单位在为应休渔渔船提供油、冰、水等渔需物资,以及代购、代加工违规渔船渔获。所有应休渔渔船6月1日12时前必须回其船籍港停靠。

增殖放流是通过人工方法直接向近海、滩涂等水域投放或移入水生生物的受精卵、幼体或成体,以增加水体生物资源量,改善水体生态环境。近年来,黄海北部和渤海渔业资源一直呈衰减趋势。通过采取伏季休渔和增殖放流,达到海洋渔业资源休养生息的目的。增殖放流是加强海洋生态文明建设、保护和修复海洋环境、实现海洋与渔业可持续发展的重大举措。

在渤海的增值放流过程中,放流的主要品种为中国对虾、三疣梭子蟹、梭鱼、红鳍东方鲀、车虾、各种贝类、牙鲆、半滑舌鳎、黄盖鲽、大泷六线鱼根据不同水质以及底质的不同,放流品种略有不同。通过增殖放流,渤海的海洋生态环境得到了一定改善,海域内渔业资源得到明显提升。

海洋牧场(Marine Ranching)是指在某一海域内,采用一整套规模化的渔业设施和系统化的管理体制(如建设大型人工孵化厂,大规模投放人工鱼礁,全自动投喂饲料装置,先进的鱼群控制技术等),利用自然的海洋生态环境,将人工放流的经济海洋生物聚集起来,进行有计划有目的的海上放养鱼虾贝类的大型人工渔场。环渤海的三省一市,辽宁省、河北省、山东省、天津市都建立了一些海洋牧场。其中比较著名的是獐子岛集团。

四、展望未来,探寻生态文化平衡点

(一)渤海生态现状的国情分析和国际比较

在海洋承载力研究成果的基础上,定义海洋资源和生态环境承载力。海洋资源和生态环境承载力是在一定的时空范围内,海洋资源和生态环境在良性循环的条件下,能够承载人类社会经济发展规模的能力,是承载体海洋资源和生态环境与承载对象社会经济发展之间耦合关系的反映。

(二)改善渤海生态现状的方案和建议

渤海是我国的内海,是多种重要海洋生物的产卵场和索饵育肥场,渤海渔业是环渤海地区的重要产业,加强渤海资源养护、促进渤海渔业可持续发展,关系环渤海区域经济社会发展。多年来,环渤海地区在党中央、国务院的领导下,不断强化海洋伏季休渔、控制海洋捕捞强度等渔业管理措施,努力加大投入,积极开展海洋牧场建设和增殖放流等资源养护行动,为缓解渤海生物资源衰退、修复渤海生态环境发挥积极作用。但是,长期以来,受水域污染、海洋海岸工程建设和过度捕捞等多种因素影响,渤海生态环境受到严重破坏,渔业资源衰退,生态荒漠化加剧,加强渤海生物资源养护势在必行且刻不容缓。

渤海自净能力差。渤海是一个近乎封闭的浅海,纳污能力差,水交换能力更差,海水自净能力有限,渤海海水的更新周期为15年。海域环境管理薄弱也是导致渤海生态环境退化的主要原因。环渤海区域是我国经济发展较快的地区,也是污染负荷量增长最快的地区,更是环保压力日益加重的地区。但该地区环境管理跟不上地区经济发展,许多环保部门对海域环境尚未设专门机构甚至无专人管理。海洋环境保护投资比例严重失调,造成海洋环境保护队伍不稳定、组织协调工作不得力的局面。

保护渤海地区生态环境的建议自 2001 年 10 月 1 日国务院批复《渤海碧海行动计划》以来,在环渤海四省市人民政府和国务院有关部门的共同努力与积极配合下,环渤海地区环境保护工作得到一定加强。

为保护环渤海地区的生态环境,实现可持续发展,特提出以下建议:

1.尽快制定"渤海环境污染防治条例",加强对海洋污染治理的硬性约束。为了尽快改善渤海环境质量,加强渤海污染环境治理,国务院于 2001 年批准实施专门针对渤海污染环境管理治理的《渤海碧海行动计划》,要求控制近岸海域污染,恢复渤海生态环境。国家海洋行政管理部门有针对性地制定了《渤海综合整治规划》《渤海沿海资源管理行动计划》以及《渤海环境管理战略》等专项计划。这些专项计划在一定程度上遏制渤海环境质量的进一步恶化。但要从根本上改变渤海环境质量不断恶化的局面,还需有法规和制度的保障。因此,建议尽快制定"渤海环境污染防治条例",以更严格的法规和制度控制渤海海域环境污染。

2.建立渤海海域的区域性协调管理机制

目前,环渤海地区的入海河流缺乏全流域的环境综合管理。流入渤海的较大河流有海河、辽河、黄河、滦河和小清河。海域中陆源污染物的来源涉及整个流域。建议由国家环保局牵头、国家海洋局建立渤海海域的区域性协调管理机制,加强区域和流域合作,强化各省市协同治理、解决区域性海洋环境和生态保护问题。积极实施渤海环境保护总体规划,对渤海海域的主要入海河流,逐一制定流域环境污染治理规划,与陆地环境管理紧密配合,最终制定出全渤海海域环境综合治理规划和政策。

3.国家和沿海三省二市要加大投入,实行渤海湾近岸海域 COD、氮、磷总量控制。陆源入海排污超标是造成近岸海域环境污染的主要成因,因此,应作为控制与治理的重点。要加大政府投资与社会资本运作力度,改造和扩建现有污水处理厂,建设新的城市污水处理设施,提高其污水处理能力,减少污染物排放总量。严格实施排污总量控制制度。

4.尽快实施近岸海域环境功能分区管理

按照全国主体功能区规划要求,优化渤海开发空间,促进渤海开发利用规模、强度与渤海资源、环境承载能力相适应。目前,环渤海地区的一些省市已经制定了本地区的海洋功能区划,应在此基础上尽快制定环渤海地区近岸海域环境功能区划,对渤海海域实行综合的环境功能分区管理。加大实施生态治理工程,科学制定水产养殖业的发展规划,在市区和风景区近岸海域应禁止进行浮筏养殖,特殊情况可在离岸 2000 米以外海域进行浮筏养殖。严格保护湿地,保护流域和区域生态平衡,搬迁改造污染严重的企业,保护水源地。

5.贯彻科学发展观,把环渤海区域建成循环经济发展示范区

调整产业结构,合理规划沿海及近岸的企业布局,对排放废水、废气、废渣等严重污染海域的企业要限期搬迁、整改或关闭。大力发展循环经济,积极推动产业循环式组合、企业循环式生产、资源循环式利用,全面推行清洁生产,重点在煤炭、建材、电力、轻工、化工、冶金等高资源消耗行业推广循环经济的生产方式。加强对港口、船舶的环境污染监管工作。加强港口城市生活垃圾和废旧物资的回收、加工、利用,提高资源回收和循环利用水平。

(三)环境和利益之间的平衡点

环境和利益的平衡是解决渤海生态环境污染首先需要解决的问题。该问题实际上涉及两个方面的内容:一是地区产业发展定位问题,二是功能区达标问题。所有环保工作,其实都是围绕这两个方面进行的。所谓"滞后、事后、被动、补救",就是在这两个方面的"滞后、事后、被动、补救";各种专项行动,实质就是纠正违规新上不符合功能区定位的污染项目和超功能区达标要求的排污问题。一个地区的主体功能区划定好了,也就明确保护内容、发展内容的目标导向;污染物排放总量控制搞好了,也就解决了各个主体功能区环境质量达标的问题。如果产业发展定位符合主体功能区要求,污染物排放量又满足功能区达标要求,经济发展与环境保护就实现了双赢,"三个转变"也就落到了实处。

发展是产业符合主体功能区定位、污染物排放量满足功能区达标要求的发展,是经济发展与环境保护的平衡点。在明确这一认识的基础上,"多还旧账"是指还产业不符合功能区定位和污染物排放不满足功能区达标要求的旧账;"不欠新账"是指新上项目要符合功能区产业定位、污染物排放量要在环境容量容许范围之内;"加快发展"是指在产业符合主体功能区定位、污染物排放量满足功能区达标要求基础上追求 GDP 的快速增长;生态补偿的最终目标是实现不同生态功能区内部及其相互之间经济与环境的协调发展。

由此可见,协调好经济发展与环境保护的关系,实现"三个转变",关键是推进主体功能区划定和污染物总量控制这两项工作,前者主要解决产业发展定位问题,后者主要解决功能区达标问题。主体功能区划定、污染物总量控制二者密切相关、缺一不可,主体功能区划定是前提,总量控制是保障。没有主体功能区的明确,总量控制就会陷入盲目;没有总量控制,环保统一监管工作就不可能落到实处。主体功能区划定和总量控制这两项工作做好了,"三个转变"的落实就有了基础,环境友好型社会就会离我们越来越近。

第二节 黄海海洋生态文化

一、黄海的自然特征

(一)黄海的地理环境

黄海是太平洋西部的一个边缘海,位于中国大陆与朝鲜半岛之间,是一个近似南北向的半封闭浅海。它在西北以辽东半岛南端老铁山角与山东半岛北岸蓬莱角连线为界,与渤海相联系;南以中国长江口北岸启东嘴与济州岛西南角连线为界,与东海相连。黄海平均水深44米,海底平缓,为东亚大陆架的一部分。黄海的名称来源于它的大片水域水色呈黄色,由于历史上黄河有七八百年的时间注入黄海,使得河水中携带的大量泥沙将黄海近岸的海水染成了黄色。在朝鲜语环境中,则因其位于朝鲜半岛西侧也称为"西海"或者"朝鲜西海"。但国际社会一直使用中国的称呼"黄海"(Yellow Sea)。

黄海从胶东半岛成山角到朝鲜的长山串之间海面最窄,习惯上以此连线将黄海分为北黄海和南黄海两部分,北黄海面积约7.1万平方千米,南黄海面积约30.9万平方千米。黄海的西北部通过渤海海峡与渤海相连,东部由济州海峡与朝鲜海峡相通,南以长江口东北岸启东角到济州岛西南角连线与东海分界。

注入黄海的主要河流有鸭绿江、大同江、汉江、灌河、淮河等,主要沿海城市有中国连云港、盐城、南通、日照、青岛、烟台、威海、大连、丹东,朝鲜的新义州、南浦、韩国的仁川等。黄海内的岛屿主要集中在辽东半岛东侧、胶东半岛东侧和朝鲜半岛西侧边缘。濒临黄海的主要行政区有中国的辽宁、山东和江苏三省,朝鲜的新义州,韩国的仁川。

（二）黄海的生物资源

黄海的生物区系属于北太平洋区东亚亚区,为暖温带性,其中以温带种占优势,但也有一定数量的暖水种成分。海洋游泳动物中鱼类占主要地位,共约300种。主要经济鱼类有小黄鱼、带鱼、鲐鱼、鲅鱼、黄姑鱼、鳓鱼、太平洋鲱鱼、鲳鱼、鳕鱼等。此外,还有金乌贼、枪乌贼等头足类和鲸类中的小鳁鲸、长须鲸和虎鲸。浮游生物,以温带种占优势。其数量一年内出现春、秋两次高峰。海区东南部,夏、秋两季有热带种渗入,带有北太平洋暖温带区系和印度—西太平洋热带区系的双重性质。热带种是外来的,并具有显著的季节变化,基本上仍以暖温带浮游生物为主,多为广温性低盐种,种数由北向南逐渐增多。最主要的浮游生物资源是中国毛虾、太平洋磷虾和海蜇等。在黄海沿岸浅水区,底栖动物在数量上占优势的主要是广温性低盐种,基本上属于印度—西太平洋区系的暖水性成分。但在黄海冷水团所处的深水区域,则为以北方真蛇尾为代表的北温带冷水种群落所盘踞。因此,从整个海区来看,底栖动物区系具有较明显的暖温带特点。底栖动物资源十分丰富,可供食用的种类最重要的是软体动物和甲壳类。经济贝类资源主要有牡蛎、贻贝、蚶、蛤、扇贝和鲍等。经济虾、蟹资源有对虾(中国对虾)、鹰爪虾、新对虾、褐虾和三疣梭子蟹。棘皮动物刺参的产量也较大。黄海的底栖植物可划分为东、西两部分,也以暖温带种为主。西部冬、春季出现个别亚寒带优势种;夏、秋季还出现一些热带性优势种。底栖植物资源主要是海带、紫菜和石花菜等。黄海生物种类多,数量也大。形成烟威、石岛、海州湾、连青石、吕泗和大沙等良好的渔场。

二、黄海的海洋民俗文化

黄海渔民,从前都有一件宽大的被称为"老棉袄"的服装。这件夹衣其实是以一件夹袄作"底本",不断地用布钉衲,一层层的缝缝补补使得这件衣服变得异常厚重,于是便称之为"老棉袄",或者"千层衣"。为了解决防水难题,心灵手巧的黄海渔民开始动手缝制油衣、油裤。他们从油布伞得到灵感,先把普通白布裁剪成宽大的衣裤样式,再用细密严实的针脚缝制好,然后就将这些布料平摊在案子上,随即用手将桐油搓开在布面上,对布料进行油浸。桐油好处甚多,最重要的一点就是防水。完成油浸程序后,人们就将加工好的油衣油裤悬挂在阴凉处自然风干,等到桐油干透到布料的纤维之中后,就可以取下来穿。

山东沿海一带,黄海渔女有穿红装的习俗。烟台砣矶岛,世世代代生活在这里的渔女,得到海洋的哺育,受到海风的熏拂,同内陆的女子比起来,她们性格奔放。旧时有民谣唱道:"砣矶岛,三大宝,大红裤子大红袄,绣花鞋,满街跑。"堪称是对这群渔女的写真。在渔民心里,红色是热烈的颜色,代表着吉祥如意,红色可以趋利避害,彰显着生命面对大海时的昂扬斗志。身着一袭红衣的渔家女儿,一个个像精灵一样,游弋在渔村中,顾盼生姿,动人心弦。那一抹流动的红色,其实暗含对亲人海上平安的深切企盼。

腥腥锅、素锅和粑粑就鱼是黄海地区著名的特色饮食。腥腥锅是一种以鱼类为主的饭食,包括各种各样的鱼类烹饪,还包括以这些鱼类为馅的包子饺子,当然也包括用新鲜美味的鱼汤做出的那一碗碗香喷喷的鲜鱼面。这些鲜美可口的饭食,在黄海渔民的字典里都被称为腥腥锅。素锅是渔家人利用黄海的馈赠制作的一道美味。制作素锅使用的食材主要是海菜。同腥腥锅的做法类似,素锅也就是选用海菜制作而成的海味美食,吃一口下去,海菜细嫩,香鲜可口,浓浓的海味带着大海的气息扑鼻而来,挑逗着人们的味蕾。粑粑就鱼很有当地特色,在炕桌当中摆放着一个平底的小铁锅,锅底"咕嘟咕嘟"炖着鱼,周围摆了一圈金黄的粑粑(胶东人将玉米面饼子称为"粑粑"),鱼味鲜香四溢,粑粑香甜扑鼻,这就是著名的"粑粑就鱼"。因而,也就有了"圆桌,铁锅,粑粑就鱼;靠海,临山,顿顿留香"一说。

黄海地区的海草房极具当地特色。中国邮政曾经发行过一系列以各地特色民居为主题图案的邮票。在山东民居的邮票上,人们看到的是一处别具一格的屋舍:在石块或砖块混合垒起的屋墙上,有着质感蓬松、绷着渔网的奇妙屋顶,这就是极富地方特色的民居——海草房。当你走进山东的渔村,就可以看到这些以石为墙、海草为顶,外观古朴厚拙,极具地方特色的宛如童话世界的民居。这些海草房屋顶用特有的海苔草苫成,堆尖如垛,浅褐色中带着灰白色调,古朴中透着深沉的气质。传统的海草房外墙多以大块的天然石头砌成,石材不追求整齐方正。有些讲究的人家还在石块表面雕琢出木叶或元宝纹饰,给人粗犷而不粗糙的感觉。一年四季,经常会有摄影师、画家走进这个地方,用镜头和画笔来记录这些独具特色的民间建筑。

最能体现当地海洋生态文化的是黄海地区的渔家习俗。连云港一带的渔民中有许许多多不成文的船上吃饭习俗。上船后第一次吃鱼,必须把生鱼先拿到船头祭龙王以及那些在出海中不幸丧命的渔民。做鱼不能把鱼鳞去掉,也不能破肚,要把整条鱼放在锅里。鱼烹饪出来之后,最大的鱼头必须拿给船老大吃。当饭菜上桌一切都准备妥当之后,船上的渔民不能比船老大早动筷子。此外,吃饭时从锅里盛出来一盘鱼放好之后,这一盘再也不可以挪动,挪动就意味着"鱼跑了",这对于渔民来说可不是个好兆头,是坚决要避免的。此外还有一些禁忌,例如,在同一个捕鱼航次中,第一次蹲在什么位置吃饭,以后都不允许再变动,否则会被认为是不吉利的。吃饭的时候,夹菜只能夹靠近自己一边的,不能将筷子伸到别人那边,否则便被称为"过河"。如果某人由于不知道或者不注意在吃饭时不小心"过河"了,船老大要立即夺下他的筷子扔进大海,因为在航海渔民的眼里,随便"过河"是不好的征兆,一定要扔掉筷子才能破解。在船上,所有吃剩下的饭菜不准倒进大海,一定要放在缸里带回陆地之后再做处理。

渔家人在船上吃饭时特别忌讳"翻"这个字,因为出海最惧怕的是翻船。所以在吃鱼时,不可将鱼身翻过来,嘴上也不能说出"翻"字,而是要说"顺着说"或"划过来吃",有些比较讲究的地方还会说"跃个龙门"。此外,船上吃饭时饭勺也不能底朝上,因为倒扣着放的饭勺从外形上看很像翻过来的船。长期出海捕捞的黄海渔民,莫不期盼着一帆风顺平平安安,因此对这些禁忌非常在意。渔家人讲究"年年有余",所以吃鱼一般不吃光,必须留下来一碗鱼或者鱼汤,下次做鱼时再放进去,这意味着"鱼来不断"。

田横祭海节、青岛国际海洋节和山东荣成国际渔民节等,也体现了黄海当地海洋生态文化。祭海是渔民在漫长的耕海牧渔生活中创造的一种独具地域特色的渔家文化。每年谷雨前后,渔民们在修船、添置渔具等生产准备工作就绪后,选个"黄道吉日"把渔网抬上船,便开始祭海。在形形色色的渔民祭海活动中,最负盛名的便是田横祭海节。田横位于山东即墨鳌山湾畔,风光旖旎,人文荟萃。据专家对田横境内古文化遗址考证,早在6000年前的新石器时代,先民们就在田横区域渔猎为生、繁衍生息。当时因认识水平有限,人们无法解释大自然的神秘现象,对大海怀有深深的敬畏心理,出海捕鱼时都要向海神祈福求安。明永乐年间,随着当地人口聚集,这里逐渐形成村落,祭海仪式也初具规模。至民国初年,田横祭海形成以家庭或船组为单位的集体祭海活动。每逢祭海,如同我国春节般,是渔村最热闹的日子。

青岛国际海洋节初始于1999年,每年盛夏7月份举办。活动内容丰富多彩,有海洋经济、海洋人文、海洋科技、海洋文化、海洋美食等几大板块数十种活动,以自身的妩媚和风情吸引着成千上万的海内外游客光临参加。

十几年来,青岛国际海洋节已成为青岛亮丽的风景线之一。在荣成沿海渔民中流传着一句俗话,叫作"谷雨时节,百鱼上岸"。这是受所处的地理位置影响,随着谷雨时节的到来,天气变暖,所有鱼虾都向岸边洄游过来,从而形成了"百鱼上岸"的壮观景象。谷雨过后,休整了一年的渔民又忙碌起来了。捕鱼、钓鱼、赶海,一年的海上生产又开始了。按照惯例,在打第一网鱼之前,渔民们总要备上各式贡品,燃放鞭炮,面海跪祭,祈求海神保佑平安、鱼虾满舱。渔民把"谷雨"这个春暖花开的日子作为喜庆的日子,非常重视,久而久之,便演变成山东荣成国际渔民节。

三、黄海海洋生态文化

(一)黄海海洋生态的重要性

随着科学技术和海洋经济的发展,人类在开发、利用海洋并为其拓展新的发展空间的过程中,往往会采取掠夺的方式,而忽略对海洋的保护,久而久之便会形成人与海洋的尖锐矛盾,致使人类经常遭到海洋的报复和惩罚。这就迫使人类深刻反思蓝色海洋这一重要的生态环境,以及人与海洋之间的关系,由此便产生了海洋生态文化这一重新认识人与海洋关系的新概念、新理念。这既是当代海洋经济发展的需要,也是人类认知蓝色海洋生态环境的表现形式——生态文化自身发展的重要趋势。因而,海洋生态文化既是当代海洋经济和人类文化发展的产物,也是海洋经济和人类文化可持续发展的战略选择。

在全球经济一体化趋势日益加快的今天,环黄海经济圈已经开始形成。这个包括中国北京、天津、山东、江苏、河北、辽宁和日本九州岛以及韩国全罗南道、全罗北道、忠清南道、京畿道、釜山、大田、仁川的经济圈人口超过3亿,贸易额和GDP都超过东盟自由贸易区,同时黄海已经成为东北亚海上物流中心,全球30大港口不止3个在黄海。因此,黄海的经济价值、战略价值、区域价值都显得尤为关键。黄海海洋生态文化也是如此,在21世纪我国大力发展海洋经济的今天,黄海作为中国四个领海之一,扮演着重要的角色。黄海海洋生态文化在中国海洋文化中发挥着重要的和不可替代的作用。

(二)海洋生态文化对其他生态文化的重要作用

海洋生态文化是生态文化自身发展的逻辑结果。生态文化有其自身发展的规律性,它经历中国古代朴素的生态文化、西方近代以"人类中心主义"生态观为核心的生态文化、科学的生态文化三个历史发展阶段,每个阶段都有其丰富的思想内涵和特点。具体来看,中国古代朴素的生态文化包括"天人合一"的整体性的自然观、平衡和谐观,持续利用自然资源的思想,热爱自然、赞美自然的思想,以及平等生存的思想等,它的确对我国生态环境保护和古代文明持续发展产生了较为长期而深刻的影响;到近代,科技进步导致社会生产力的巨大发展,产生二元对立的存在论、还原论的认识论、分析主义的方法论,形成以"人类中心主义"为核心的生态文化,忽视对自然的尊重和保护,严重影响近代以来人类社会的生产和生活方式,致使近代以来全球性的生态危机和环境污染的出现。为了扭转生态危机和环境污染的严重局面,迫切需要有新的生态文化引领人类社会的生产方式和社会生活方式,这样,科学的生态文化出现就不可避免。蓝色海洋是美丽地球的重要组成部分,人类在海洋经济发展中也面临资源、环境和经济发展的尖锐矛盾,而要解决这些问题,同样需要全新的海洋生态文化引领人类发展,这样,海洋生态文化的出现也就不可避免。因此,海洋生态文化也是生态文化自身发展的必然逻辑结果。

第三节　东海海洋生态文化

一、自然环境条件

(一)气候条件与地形地貌(潮汐和主要寒暖流)

东海位于我国海岸线中部的东方,从海所处的地理位置来说,东海属于边缘海。顾名思义,其位于中国大陆的边缘,以岛屿与大洋分隔,但水流交换通畅。其大陆架是中国大陆向海延伸的自然部分,面积约为东海总面积的三分之二,是世界上最宽的大陆架之一,整个海区介于北纬21°54′—33°17′,东经117°05′— 131°03′之间,纵跨温带和副热带。在夏季,全海区气温大致为26 至 29 摄氏度,海区南部和北部差距并不大。在冬季,主要受亚洲大陆高压控制,冷气团南下从海洋中获得热能而产生变化,使其气温升高明显,正是这个原因导致气温年变化幅度北部可达 20 摄氏度,南部仅仅 10 摄氏度左右。夏季主要受中国东南部低压和太平洋西北部高压控制。东海不同区域的降水量没有明显的差别,一般来说,东海西侧平均 1000 毫米左右,东侧可达 2200 毫米以上。每到 6 月份,江浙沿海就进入多雨的时期,人们称之为"梅雨"期。但 7 月份后,东海区域变得少雨,但是由于台风和热带风暴,也会带来暴雨。

东海岛屿众多,东岸九州至琉球、台湾一线,有众多海峡水道与太平洋相通;东海西岸,即中国闽、浙沿岸,岸线曲折,港口海湾众多,最大海湾为杭州湾。其潮流远岸区较弱,近岸区增强,长江口、杭州湾和舟山群岛附近为中国沿海潮流最强的区域。其中河口潮汐以钱塘江涌潮最著名,其形成原因主要有三点:一是潮汐发生在农历八月十六至十八日,潮引力最大;二是钱塘江口似喇叭形,水下多沉沙;三是沿海一带常刮东南风,风向与潮水方向大体一致,助长了潮势。

东海区域主要的海流有中国沿岸流、对马暖流、台湾暖流、黑潮等。这些环流的脉络比渤海、黄海的更清晰。黄海暖流是黄海环流的重要组成部分,但在东海,它却只能算是黑潮、对马暖流的余脉,无论是流速还是流量,都远远不能与东海黑潮相比。黑潮是与大西洋湾流齐名的强西边界流,具有相当典型的地转流特性。

(二)形成饵料场,越冬场生态

饵料场即索饵场,一般指鱼虾类群摄食的水域,越冬场是鱼虾类群聚越冬的海域。广阔的东海大陆棚海底平坦,水质优良,又有多种水团交汇,为各种鱼类提供良好的繁殖、索饵、越冬条件,东海是中国最主要的渔场。其主要物产有大黄鱼、小黄鱼、带鱼、墨鱼等。其中,舟山渔场是位于东海的我国最大的渔场,四季都有鱼汛,春季有小黄鱼、鲐鱼、马鲛鱼;夏季有大黄鱼、墨鱼;秋季有海蟹、海蜇;冬季有带鱼、鳗鱼等。我国东海的主要索饵场在江苏的吕四、大沙、长江口和浙江省的舟山渔场等。

二、东海生物资源

(一)东海海域的主要物产,典型生物

东海近海中上层鱼类主要包括鲐鱼、蓝圆鲹、鳓鱼、马鲛鱼等。其中鲐鱼的产卵场主要分布于北纬 27°—28°30′、东经 122°30′以西,北纬 27°45′—30°30′、东经 122°—123°15′及北纬 34°15′、东经 121°30′以西水域,产卵期 3—5 月。索饵场主要分布于北纬 30°—32°30′、东经 122°30′—125°00′和北纬 32°30′—34°30′、东经 123°—125°30′水域,索饵期 5—10 月,越冬场主要

位于北纬 25°30′—30° 和北纬 31°30′—34°、东经 126°—128°30′,越冬期 11—2 月。马鲛鱼的主要产卵场有 6 个,分布于从福建近海到江苏海州湾,水深 20—30 米的水域,产卵期 2—6 月;索饵场主要位于北纬 33°45′—35°00′、东经 123° 以西和北纬 29°—33°、东经 123° 以西水域,索饵期 5—11 月,越冬场主要位于浙闽近海和长江口以北的沙外、江外渔场,越冬期 12—3 月。

底层鱼类主要包括带鱼、大黄鱼、小黄鱼、银鲳、灰鲳等。其中带鱼的主要产卵场在北纬 28°—31°30′、东经 122°00′—124°00′ 海区,产卵期 3—8 月;主要索饵场位于海礁、长江口、黄海中南部,水深 20—60 米范围,索饵期 8—11 月;主要越冬场在北纬 26°30′—28°30′,水深 60—100 米范围,越冬期 12—3 月。大黄鱼的产卵场分布于从南到北 30 米以浅的河口、港湾和岛屿之间的近岸水域,主要在厦门近海,浙江岱山和吕四近海,产卵期 4—6 月;索饵场位于上述产卵场外围,索饵期 6—10 月;越冬场主要位于北纬 30°30′—32°30′、东经 124°—126°,北纬 24°30′—30°00′,水深 30—60 米和北纬 32°00′—34°00′ 水深 50—70 米水域,越冬期 1—3 月。

虾类主要包括葛氏长臂虾、哈氏仿对虾、中华管鞭虾、鹰爪虾等,其中葛氏长臂虾的产卵场位于浙江北部及江苏沿岸,水深 10—40 米海域,产卵期 3—7 月,索饵场位于北纬 30°00′ 以北,东经 125°00′ 以西,索饵期 8—11 月;越冬场位于北纬 30°00′ 以北的沙外、江外及舟山渔场,越冬期 12—2 月。哈氏仿对虾的产卵场位于浙闽沿岸,水深 10—40 米水域,产卵期 5—9 月;索饵场位于浙闽近海,水深 30—50 米水域,索饵期 9—11 月和 3—4 月;越冬场位于浙闽近海 50 米水深以东水域,越冬期 12—2 月。

(二)丰富的渔业资源

东海物种丰富,很多类群已经与人类的生活密不可分,并成为一种可以创造巨大价值的经济物种,这里主要介绍四种生物。

1.海带:我国海带源于日本,后引进繁殖,成为经济种。海带自然分布的范围,中国仅仅限于辽东和山东两个半岛的肥沃海区,60—70 年代海带遗传育种获得新品种,而后随着海带配子体克隆繁育研究技术的深入,海带保种、新品种培育、育苗生产取得重大进展,对海带养殖业的发展起到了极大的促进作用,于是东海沿海也有了海带的踪迹,并成为主要物产。嵊泗列岛的岛礁上生长有野生紫菜(如花鸟岛),每当潮水退去,礁石露出海面,在太阳的照晒下,水分蒸发,野生紫菜就会变干,这时岛上的居民就会下到礁石上采集紫菜,采集到涨潮时刻,已经收获颇丰,这才心满意足离开了。现于黄海渤海自然生殖,在东海浙江福建一带人工繁殖。海带是一种营养价值很高的蔬菜,同时具有一定的药用价值,含有丰富的碘等矿物质元素。海带含热量低、蛋白质含量中等、矿物质丰富,研究发现,海带具有降血脂、降血糖、调节免疫、抗凝血、抗肿瘤、排铅解毒和抗氧化等多种生物功能。在中医中叫昆布,是一类碱性食物代表。海带可与其他食物煮食,还可制海带酱油、海带酱、味粉,甚至加工成脆片,海带脆片成为新的海洋类休闲食品。中国百强县前列的山东荣成市一家大型的海产品加工养殖企业,已经研发生产出这类新产品,这无疑将更加丰富海带产品的产品链,同时加大中国海带产业的深精细加工的发展。工业上用海带提取钾盐、褐藻胶、甘露醇,用来代替面粉浆纱、浆布,制酒时用作澄清剂,还可作医疗用品。

2.三疣梭子蟹:三疣梭子蟹俗名海螃蟹、海蟹、枪蟹,是中国沿海的重要经济蟹类。其生长迅速,养殖利润丰厚,已经成为中国沿海地区重要的养殖品种。三疣梭子蟹的渔汛一年有春秋两次,渔期长,产量高,肉多,脂膏肥满,味鲜美,营养丰富。每百克蟹内含蛋白质 14 克、脂肪 2.6 克。鲜食以蒸食为主,还可盐渍加工"呛蟹"、蟹酱,蟹卵经漂洗晒干即成为"蟹籽",均是海味品中之上品。其卵巢可供作上等调味品。肉除鲜食外,还可制作罐头,畅销国内外。壳可作药材用,又可提取甲壳质,广泛用于多种工业。黄海和东海年产量各有 1 万—2 万吨上下。为中国最重要的海产蟹,经济意义重大。

3.牡蛎:牡蛎被称为"海里的牛奶",富含大量蛋白质和人体所缺的锌。食用牡蛎可防止皮肤干燥,促进皮肤新陈代谢,分解黑色素,是难得的美容圣品。在中医中,《本草纲目》认为其有化痰软坚,清热除湿,止心脾气痛,痢下,赤白浊,消疝瘕积块、瘰疬结核之功效。西方称其为"神赐魔食",日本人则称其为"根之源",还有"天上地下牡蛎独尊"的美誉。而在现代医学上牡蛎有七大功效,强肝解毒、提高性功能、淤血净化、消除疲劳、滋容养颜、提高免疫、促进新陈代谢。加工后的牡蛎干和新鲜牡蛎一样有巨大的经济价值和营养价值,餐桌中日益多见。牡蛎还可分泌珍珠质,将外物层层包起而形成珍珠,珍珠是常见女性首饰品。经济价值之大可以见得,也因此人工养殖繁多。

4.鳗鲡:鳗鲡也叫鳗鱼,是舟山的四大特产之一。鳗鲡的肉、骨、血、鳔等均可入药。其肉性味甘、平,有滋补强壮、去风杀虫之功效。入药对治疗肺结核经久不愈而造成的身体虚弱、结核发热、赤白带下、风湿、骨痛、体虚等症有疗效。李时珍认为:"鳗鲡所主诸病,其功专在杀虫去风"。科学研究也表明,鳗鲡是含 EPA(二十碳五烯酸)和 DHA(二十二碳六烯酸)最高的鱼类之一,不仅可以降低血脂,抗动脉硬化,抗血栓,还能为大脑补充必要的营养素。DHA 能促进儿童及青少年大脑发育,增强记忆力,也有助于老年人预防大脑功能衰退与老年痴呆症。医学专家还发现,鳗鲡兼有鱼油和植物油的有益成分,是补充人体必需脂肪酸和氨基酸的理想食物。鳗鲡中的锌、多不饱和脂肪酸和维生素 E 的含量都很高,可防衰老和动脉硬化,从而具有护肤美容功效,是女士们的天然高效美容佳肴。鳗鲡在江苏、浙江一带列为上等鱼品;福建、广东、四川则视为高级滋补品,称之为"水中人参",经济利益极大,出口价格也极高,用其表皮做成的工艺品也极其昂贵。

三、东海生态文化的中华哲学思想基础

生态文化的灵魂是生态哲学,体现为生态智慧。生态智慧主要变现在对生态系统的准确认识,对人与自然关系的深刻反思。生态哲学把世界看作"自然—人—社会"类型的复合生态系统,对生态系进行哲学层次的思考,从哲学的角度,来揭示生态系统的有机创造性和内在联系性。对生态进行哲学方面的探索,不同的研究者对此有着不同的称谓,例如:"生态哲学""新自然哲学""深层生态学""生态伦理学"等,但是虽然说法多种多样,其实都是同一研究领域。

中国文化博大精深,源远流长。先秦诸子百家的思想,以儒家思想为突出代表,融汇佛、道教和其他流派的观念,蕴含深邃丰富的生态智慧。在大力发展生态文明的今天,传承弘扬中华民族的传统文化,对于我们国家当今的建设有重要意义。

(一)道法自然

道法自然,是出自《道德经》的哲学思想,意思是"道"所反映出来的规律是"自然而然"的。"人法地、地法天、天法道、道法自然",老子用了一气贯通的手法,将天、地、人乃至整个宇宙的生命规律精辟涵括、阐述出来。"道法自然"揭示了整个宇宙的特性,囊括了天地间所有事物的属性,宇宙天地间万事万物均效法或遵循"道"的"自然而然"规律。

道家的基本思想包括道统万物、抱朴守真、自然无为、崇俭抑奢、柔弱不争、重生养生等方面。道教的智慧是空灵的智慧,超越物欲、歌颂生命,肯定物我之间的通体融合,道教尊崇"道法自然","天道无为,任物自然"的思

想,对唤醒人们爱护自然、保持与自然的和谐关系意识具有积极的意义。道教提倡无为的原则,主张对自然进行最小的干预,相信事物会管理好自己,这是符合自然规律的。

"道法自然"是老子为我们提供的最高级的方法论。道法自然即道效法或遵循自然,也就是说万事万物的运行法则都是遵守自然规律的。最能表达"道"的一个词就是自然规律,同样我们可以反过来说与我们这里所说的自然规律最相近的一个字就是"道"。这包括自然之道、社会之道、人为之道。道就是对自然欲求的顺应。任何事物都有一种天然的自然欲求,谁顺应了这种自然欲求谁就会与外界和谐相处,谁违背了这种自然欲求谁就会同外界产生抵触。所以在这里蕴含了我们看待世界的基本认识论和方法论。每一件事物都有着它本身的天性和本质,每个人都有自己独特的思维方式和个性特征。我们应该意识到的是:改造一个人的效果是有限的。我们需要做的不是试图消除这些缺失,而是把他们的优点合理地加以利用,尽量避免他们的缺失,并力图帮助每个人在其独特天性的基础上持续进步,去放大其中有益的部分。

(二)"仁者以天地万物为一体"

在中国传统思想中,人们把天地万物看成一个整体,并且把人和万物看作是天地自然衍生的结果,五行学说是从整体上说明世界上各种物质是相互转化、相互制约的。五行学说与现在生态系统理论有很多相似的地方,都解释了事物多样性、统一性的关系。

北宋程颢和明代王阳明等理学家,在儒家"爱人"思想的基础上,进一步提出"仁者以天地万物为一体的"的整体观念。所谓"天地万物为一体",是说通过人生而具有的仁爱之心,由"爱人"扩展到"爱物",从而把天地万物构成一个息息相关的有机整体。

王阳明发挥孟子的生态伦理思想,认为仁者"见鸟兽之哀鸣觳觫,而必有不忍之心,是其仁之与鸟兽而为一体也。鸟兽犹有知觉者也,见草木之摧折而必有悯恤之心焉,是其仁之与草木而为一体也。草木犹有生意者也,见瓦石之毁坏而必有顾惜之心焉,是其仁之与瓦石而为一体也",这是说,不管是有知觉的动物、有生命的植物还是如瓦石之类的无生命的物体,当它们受到破坏和损害时,每个人都会从内心产生"不忍人之心""顾惜之心",并且视它们为身体的一部分加以爱护。

宋明儒者提出的"仁者以天地万物为一体"的观点,不仅承认动物、植物乃至整个自然界都有内在的价值和生存的权利,而且也自觉地把天赋的仁爱之心,由传统的人际道德向生态伦理拓宽,从而使之成为现在生态伦理学的主要内容和理论基石,这是值得充分肯定的。

四、东海地区生态资源的开发利用

(一)东海资源开发利用状况

东海的渔业资源开发极其重要。带鱼是东海区最重要的底层鱼类,通过增大捕捞强度,扩大捕捞区域,大量捕捞带鱼幼体等手段,近些年带鱼产量得到提高,带鱼资源并没有明显好转,仍然处于过度捕捞的状态。小黄鱼也是东海区重要的底层鱼类,近些年的渔获物分析表明,小黄鱼种群个体越来越低龄化、小型化,并且大量的捕捞对小黄鱼资源也造成了巨大的冲击。鲐鱼类、鲳鱼、头足类、虾蟹类是东海地区重要的中上层经济物种。

东海区域生物资源丰富,油气储量也很大。对于我国来说,东海资源的开发利用情况具有重要的战略意义。东海海域的油气勘探历史较短,迄今仅40余年。1974年9月,我国开始对东海开展以油气为主的大规模地质综合调查工作。经过40余年的油气勘探,目前在东海海域圈定局部构造约300个;发现了残雪、断桥、天外天、春晓、平湖、宝云亭、武云亭、孔雀亭、丽水共9个。油气田和玉泉、孤山、龙2、龙4及石门潭5个含油气构造;获探明加控制地质储量约 $2500×108$ 亿立方米(气当量)。

(二)获取效益和持续发展的关键是生态平衡和生态效益

东海丰富的资源会为我们带来巨大的经济效益,但是如果掌握不好其中的"度",就会产生量的质变,也许会给我们带来无法估计的损失。正如陆上的情形一样,我们不能走"先污染,后治理"的老路,那样得不偿失。我们需要竭力创造一个生态平衡的海洋环境,从中获取生态效益,资源的开发和恢复要同时进行,章法有度,有张有弛,在海上走"可持续发展"的道路。

海洋经济可持续发展的基础是海洋生态环境,必须尽快建立健全海洋环境综合管理体系,完善海洋环境保护法规建设。加强执法队伍的自身建设,提高执法人员的整体素质。海洋生态环境保护要实行"防治结合,以防为主"的方针,"谁污染、谁治理;谁破坏、谁恢复;谁使用、谁补偿"原则。应该结合我国国情和海洋实际情况,科学系统地制定我国海洋污染控制战略以及海洋资源开发战略,为我国海洋经济的可持续发展奠定良好基础。强化海洋管理,加强海洋科学技术创新,合理开发利用海洋资源,建立和完善海洋生态环境监测系统与评价体系,加强海洋污染控制与整治,制定海上事故发生的应急预案。

五、融合海洋生态文化的有益探索

在大力推进生态文明建设的新形势下,我国生态文化产业呈现出方兴未艾、蓬勃向上的发展态势。各地利用独具的资源优势和文化特色,结合新的需求,继承创新,逐渐探索出属于一些符合本地实际发展的经验和模式。伴随国民经济的持续发展,我国城镇居民的收入不断提高,在渔业转型的大背景下,国内不少海洋渔村开始尝试开发旅游业,大多取得了不错的经济效益和社会效益。但是我国现有渔村旅游业,往往以海鲜餐饮为主,其重大意义尚未发挥,建议将海洋渔村体验与国民海洋意识教育相结合。

(一)东海生态旅游、休闲游钓,渔民文化旅游

结合东海的环境特点,东海地区发展出具有东海特色的生态旅游产业。利用东海沿岸的湿地资源,建立湿地自然保护区,通过合理调整保护与利用的关系,积极探索湿地促进绿色增长的有效模式,引导农牧民、渔民转变生产生活方式,合理利用湿地资源,实现生态保护与农民增收的平衡发展。近10年来,湿地公园从无到有、从小到大,已经成为湿地保护与合理利用、生态与民生双赢的有效形式。以舟山为例进行分析。

在国家政策经济发展带动下,特别是被国务院批准为舟山群岛新区以来,舟山市成为了著名的休闲渔业旅游目的地。在此,以舟山的休闲渔业为例进行一些阐述。现今,休闲渔业旅游已经遍布舟山群岛新区的各个行政村落。舟山群岛建成特色鲜明、在海内外具有较强吸引力的国际性亚热带群岛型海洋休闲旅游目的地,就必须在开发理念、开发与管理体制和模式等方面实行创新,在旅游发展空间布局上突出"一体两翼三大中心",在旅游产品开发方面重点塑造"海天佛国渔都港城—中国舟山群岛"整体旅游形象品牌,突出海洋文化和海洋休闲两个主题,精心打造海洋观光、海洋文化、海洋休闲、海鲜美食等九大旅游产品,开发好一片特色无居民海岛。舟山市海岛休闲旅游产品、休闲渔业旅游,岛屿专项旅游产品、海岛文化旅游产品、海山风光避暑疗养产品、战争史迹遗存海洋主题旅游产品等特

色产品的开发构想,以提升舟山市海岛旅游产品的吸引力。舟山把渔业产业和休闲旅游相结合,搞出特色的旅游。而休闲渔业旅游就是一个很好的载体。

舟山群岛新区旅游的目标也不断清晰。突出海岛旅游,挖掘海岛文化,注重历史保护,建立可持续发展的新兴海岛旅游模式,"海洋经济"和"舟山群岛新区"已经成为浙江省新型的发展模式。除此之外,大力发展休闲渔业旅游业成为舟山群岛新区未来发展的主要方向。关于东海生态旅游提出如下建议:

1.转变传统饮食文化

在传统海鲜饮食文化中,人们往往仅重视野生海鲜,而忽视养殖海鲜。这种"重野生轻养殖"的饮食文化,不利于海洋渔业资源的长足稳定发展。通过海洋渔村体验,让游客参观养殖场,可以普及渔业知识,传播可持续发展理念,转变传统饮食习惯,从源头上保护海洋渔业资源。

2.举办海洋宣传日活动

每年的6月8日是世界海洋日暨全国海洋宣传日。海洋渔村与海洋关系密切,建议将全国性的海洋宣传日活动放在海洋渔村举办,既可以提高海洋渔民群体和海洋渔村的社会影响力,还能带动海洋渔村旅游业。

3.设立科普教学基地

为了增进国情教育,国内不少城市的高中将"学工"和"学农"纳入中学教学课程体系。建议在沿海城市,开设类似的"学渔"活动。这不但可以帮助城市学生了解渔村生活,同时通过与渔民同吃同住同工,还能提升他们的海洋意识。

4.发展海陆联动旅游

2012年"海洋强国"战略确立后,国家旅游局随即将2013年的旅游主题确定为"2013中国海洋旅游年",但是国内现有的海洋旅游存在"海陆分离",海洋的邮轮旅游和渔村吃海鲜没有有机整合。建议通过发展渔村旅游,将海洋旅游和陆地旅游打通。游客在陆地体验海洋渔村丰富旅游资源之后,出海垂钓,领略大海的无限风光。

5.创建东海特色的生态文化

东海地区海洋生态文化颇具特色,以舟山群岛为例,舟山群岛新区由1 390个岛屿组成,而每个岛屿的资源类型又各不一样。因此,舟山市政府在海岛生态旅游资源的开发过程中,把文化作为旅游的核心,以旅游产品为载体,充分的利用海岛自然资源,探索一岛一主题的群岛型特色海洋旅游开发模式,打造了"佛岛"(普陀山)、"侠岛"(桃花岛)、"钓岛"(白沙)、"泥岛"(秀山)、"沙岛"(朱家尖)等主题岛屿,这些岛屿相互独立,但又相互发展,使游客在岛屿项目选择上有很大的空间,不同的特色也带动了区域整体经济的发展。

舟山群岛新区历史悠久,不仅物质文化遗存众多,非物质文化也非常丰富。舟山的先祖们在长期的渔业劳作和渔业生活中,形成了种类繁多、风格独特的非物质文化遗产,包括口头文学、民间美术、民间音乐、民间戏曲、传统手工艺等方面。这些丰富的非物质文化遗产是舟山人民智慧的结晶,是舟山文化的重要组成部分,也是吸引游客的重要方面。这些渔村文化与旅游的有机结合是非常重要和成功的尝试,它赋予了休闲渔业旅游的文化内涵,彰显出了蓬勃的生命力。

海洋渔村文化是渔民在其生存的海洋自然环境中一切社会实践活动成果的总和,其中不乏优秀的渔村文化资源,应该对其进行保护和开发。为了更好地保护和开发,建议设立专门工作组或课题研究组,对全国现存传统海洋渔村进行保护性调查研究。首先对传统渔村物质文化和非物质文化进行信息采集,然后归档整理,并聘请专家组对相关材料进行评估,确定其保护价值和完成级别认定,之后对商业化开发的可行性进行论证。对那些适合商业开发的项目,进行扶持、提炼、加工。渔歌文化是海洋渔村文化的重要组成部分。入选国家级非物质文化遗产名录的海洋渔村非物质文化遗产中,有一半是渔歌文化。国家主席习近平在《提高国家文化软实力》中提出:"让收藏在禁宫里的文物、陈列在广阔大地上的遗产、书写在古籍里的文字都活起来"。应该对渔歌文化进行创新,对渔歌进行提炼和升华,有选择地进入城市的歌剧院演出,甚至可以到国外进行巡回公演。渔民画申遗,渔民画是渔村文化的重要组成部分,例如浙江石浦鱼拓、上海金山渔民画等,具有很高的艺术价值,值得很好的保护。但是该类文化申遗较少,国家级非物质名录中尚没有,应该抓紧申遗工作,使其得到更好的保护和发扬。

当今时代,社会高速发展,人民生活水平飞速提高,对于资源的需求和利用度也越来越大。东海地区作为我国经济的支柱区域之一,其发展更是与国家发展息息相关。20世纪60年代,人类在遭受了生态环境恶化所带来的一连串打击和报复后,终于开始针对人与自然的关系进行深刻的文化反思,从而认识到生态灾难和生态危机的根源往往是以"人类为中心"的文化导致的生态价值观的堕落,悟出了人类要实现可持续发展必须首先尊重自然、与自然和谐共处的真谛。如今,追求人与自然的和谐、经济社会发展与资源环境的协调,已经成为一种全球性的生态文化价值观。所以,我们必须在坚持发展的同时,真正地做到与东海自然生态同呼吸、共命运。

现阶段,我们要重建人与自然的和谐统一,实现时间与空间的协调,遵循更广泛更具有意义的平等,即人与自然的平等,当代人之间的平等,当代人与后人的平等,确保社会系统与生态系统和谐发展。实现人与自然的和谐发展,最终实现一个"自然界与人类同一"的整体。

第四节 南海海洋生态文化

一、南海

南海(South China Sea)是中国南方的边缘海。不同历史年代对于南海的地域概念和范围各有差异,南海在古代除了称为"涨海""南海""炎海"之外,还有"朱崖海"。远在1500年前中国人民已经认识南海和南海诸岛,至汉文帝十二年(前168)时期的《地形图》是现存最早标绘南海的地图。《地形图》的方位是上南下北,从全图看,主要区域绘制精确细致,其他部分则精度下降。从主区向上往南直到南海,图上画有河流,海岸线象征性地画为半月形曲线。古人认为南海指中国南方海洋及附近洋面,随着航海技术的发展,认为南海的地理范围更加广阔,还包括东南亚和印度洋东部海域。

二、南海的地理环境

南海海底主要以大陆架、大陆坡和中央海盆三个部分呈环状分布。中央海盆位于南海中部偏东,是大陆坡围绕的一个东北—西南走向的狭长海盆,大体呈扁的菱形,面积约40万平方千米,海底地势东北高、西南低,其北部水深3400米,南部4200米,最深在西北部为5559米。大陆架沿大陆边缘和岛弧分别以不同的坡度倾向海盆中,其中北部和南部面积最广。在中央海盆和周围大陆架之间是陡峭的大陆坡,分为东、南、西、北四个区,南海海盆在长期的地壳变化过程中,造成深海海盆,海盆内大部分地区比较平坦,可视为一个"深海平原"。虽称之为"平原",但它的地形很复杂,其上矗立着 27 座高度超过 1000 米的海山(其中不少高度超过 3400—3900 米)以及 20 多座 400—1000 米高的海丘。中国管辖就断线以内 210 万平方公里左右的范围,平均水深 1212 米,中部深海平原中最深处达 5567 米。南海海水表层水温较高从 25℃到 28℃左右,年温差 3℃到 4℃,盐度为 35‰,潮差平均 2 米。

南海位居太平洋和印度洋之间的航运要冲,四周大部分为半岛和岛屿,在经济上、国防上都具有重要的意义。南海北靠中国大陆和台湾岛,东接菲律宾群岛,南邻加里曼丹岛和苏门答腊岛,西接中南半岛和马来半岛。南海东北部经巴士海峡、巴林塘海峡等众多海峡和水道与太平洋相沟通,东南经民都洛海峡、巴拉巴克海峡与苏禄海相接,南面经卡里马塔海峡及加斯帕海峡与爪哇海相邻,西南经马六甲海峡与印度洋相通。南海诸岛就是在海盆隆起的台阶上形成的;东沙群岛位于北部陆坡区的东沙台阶上;西沙群岛和中沙群岛则扎根于西陆坡区的西沙台阶和中沙台阶上;南沙群岛形成于南陆坡区的南沙台阶上。

西南中沙群岛共有大小岛礁 200 多个,中国西南中沙群岛的岛屿属于海洋岛,有珊瑚岛(沙岛、岩岛)、火山岛之分。沙岛是由珊瑚碎屑、贝壳碎屑和其他沙粒堆积在珊瑚礁礁盘上,日积月累而形成的珊瑚沙岛,西南中沙群岛绝大部分是这一类岛屿,岩岛是由珊瑚沙岩和珊瑚石灰岩结成的坚固的珊瑚岩岛,西沙群岛中的石岛就是一个典型的岩岛。火山岛是由海底火山喷发物质堆积而成的岛屿,西沙群岛中的高尖石是南海诸岛中唯一的火山岛,上述的岛屿在中国渔民中称之为"峙""峙仔"。

沙洲是已经露出海面的陆地,一般不被海潮淹没,只是台风和大潮时才被淹没。沙洲的外形不稳定,面积较小,由于受潮水冲刷,植物很少生长。沙洲和沙岛一样,是由大量松散的珊瑚碎屑、贝壳碎屑和其他泥沙堆积在礁盘上而形成的。沙洲和沙岛的区别在于:形状稳定与否,离海面高低,面积大小,植物多寡等。中国渔民一般把两者都称为"峙""峙仔"或"沙帽",亦称沙洲为"沙仔"。暗礁也称礁,是接近海面的珊瑚礁体。涨潮时多数被淹没,退潮时多数可露出水面。有巨大礁盘的暗礁,经过地壳上升的作用,或者经过海浪的冲积,是形成沙洲的良好地点。中国渔民称之为"线""沙""铲",等等。

暗沙是淹没在水下的较浅的珊瑚沙层或珊瑚礁滩,海水最低潮时也露出水面,也可以说它是水下的珊瑚沙洲。中国最南的领土曾母暗沙就是这一类的沙洲,它的面积有 2.12 平方千米,最浅处仅有 17.5 米。中国渔民把暗沙称为"线排""沙排"。暗滩也称滩，是隐伏在水面以下较深处的珊瑚礁滩地。暗滩由海底突起，滩面呈广阔平坦的台状，偶有礁墩向上隆起，甚至上升到海面附近，中国渔民称之为"廓"。

南海地处热带，海中分布着许许多多的珊瑚礁和珊瑚岛，它们像一颗颗璀璨的明珠镶嵌在湛蓝的海面上。这些岛礁总称南海诸岛，分为东沙群岛、西沙群岛、中沙群岛、曾母暗沙、南沙群岛和黄岩岛；西部有北部湾和泰国湾两个大型海湾。汇入南海的主要河流有珠江、韩江以及中南半岛上的红河、湄公河和湄南河等。

中国在南海中的重要岛屿有海南岛和东沙、西沙、中沙、南沙四大群岛以及黄岩岛等。南海海区主要属热带、赤道带气候，温度高，年变化小，生物种类丰富。沿海河口一带为良好渔场，稚鱼成长后又向近海洄游。在深海区有随海流前来的金枪鱼、旗鱼、鲣鱼、鲨鱼等远洋性鱼类。在珠江口、莺歌海、西沙群岛等海域海底均已发现石油。南海为太平洋与印度洋间的交通要冲，但岛礁众多，水深变化大，有些海域是航行上的危险地带。

三、南海的生态资源状况

南海周边浅海滩涂广阔，中国广东省、广西壮族自治区、海南省沿海滩涂总面积约 35 万公顷，其中广东为 20.42 万公顷，适宜于农业围垦和水产养殖的面积占总面积的 90% 以上；广西壮族自治区为 10 万公顷，可利用的有 6.67 万公顷，占总面积的 66.3%；海南省可供养殖的滩涂面积为 2.57 万公顷；这些都是宝贵的后备土地资源。

南海海域还蕴藏着丰富的石油资源，最大的蕴藏区域是中国台湾和海南岛之间的大陆架一带；另外，越南到加里曼丹岛之间的最宽陆架区，其中生代和第三纪的沉积厚度很大，已探明石油储量为 6.4 亿吨，天然气储量 9800 亿立方米，是世界海底石油的富集区。南海周边国家已在南沙海域钻探了 1000 多口油气井，找到了 97 个油田和含油构造，95 个气田和含气构造，其中位于我国断续线以内的油田 28 个，气井 225 个；石油总产量每天达两百多万桶，主要开采国家为马来西亚（每天 75 万桶）、越南（35 万桶）、印度尼西亚（21 万桶）、文莱（19 万桶）、泰国（17 万桶）；天然气产量达 25100 亿立方英尺（马来西亚 14370 亿立方英尺，文莱 3340 亿立方英尺）。南海蕴藏 5 万亿吨以上的锰结核、约 3100 亿吨镁、170 亿吨锡和铜、29 亿吨镍及锰、8 亿吨钴、5 亿吨银、800 万吨金、60 亿吨铀、250 亿吨重水等比陆地丰富得多的矿产资源。此外,黄金、水泥灰岩、花岗石材、矿泉水等分布较集中,矿种相对配套,开采方便,所以具有重要的开发价值。

南海海洋鱼类品种多样化,南海北部大陆架已有记录的鱼类1064种,虾类135种,头足类73种。本海区海洋捕捞渔获量80%来自南海北部沿岸近海水域。南海中南部油气当量地质资源量占53%,可采资源量占66%,若被他国掠夺,中国海域将失去约2/3的可采油气资源。西沙群岛、中沙群岛的水下阶地也有上千米的新生代沉积物,是大有希望的海底石油和天然气产地。南海蕴藏巨大的潮汐能、波能、温差能、密度差能、压力差能等海洋动力资源,若能科学地加以利用,其社会和经济效益将不可估量。

可燃冰是甲烷和水结合而成的水合物,在海底的低温和压力下,甲烷被包进水分子中,形成一种冰冷的白色透明结晶,称为"甲烷水合物",由于它外表看上去像冰,但又具易燃特性,能像蜡烛一样燃烧,故又称为"可燃冰"。可燃冰由海洋板块活动而成。当海洋板块下沉时,较古老的海底地壳会下沉到地球内部,海底石油和天然气便随板块的边缘涌上表面。当接触到冰冷的海水和在深海压力下,天然气与海水产生化学作用,就形成水合物。可燃冰有很强的吸附天然气能力,1个体积单位的可燃冰可以分解为164个单位的天然气及0.8个单位的水,也就是说,1立方米的可燃冰释放出来的能量,相当于164立方米的天然气。由于特殊的物理性能,天然气和水可以在温度摄氏2度至5度内结晶,而南海海底600米至2000米以下的温度和压力都很适合"可燃冰"的生成。据估计,我国南海海底有巨大的"可燃冰"带,能源总量估计相当于中国石油总量的一半。

四、南海原住民的宗教信仰

(一)南海四大水神

南海神庙始建于隋,是隋文帝下诏修建的皇家祭祀海神的"国庙",距今已有1400多年历史。为充分体现岭南地区水神文化的特色,生动地演绎了岭南地区的海神崇拜文化。水神文化比其他宗教文化更为丰富多彩,信众除了共同的祈福、求运、求财、求子、求缘、消灾等实用祈祀之外,还有求雨、止涝、固堤避洪、伏波渡海、顺风扬帆等神灵诉求。其他神像固定在某个区域,水神却随波逐流,漂洋过海,在航船上安家。南海神"洪圣大王""天后妈祖""玄武大帝""西江龙母"齐聚南海神庙,各显姿态,各展神韵。

洪圣大王本名洪熙,是唐代的广利刺史,廉洁爱民,精通天文地理,曾经设立天文气象观测所,使出海的渔民和商人都颇受其益;一个比较可靠的传说,洪圣大王顺着帽子望去,只见无数虾蟹在海中游动,拨弄潮水。洪圣大王立即醒悟过来,原来良马菩萨在调兵遣将,这班"良"字号的虾兵蟹将在作怪。洪令随从拿来笔墨,挥写"海不扬波"四个大字,并盖上"南海广利洪圣大王之印"的玉玺,迅速镇住了汹涌的波涛,大海恢复了先前的平静。洪圣大王又请来顺风耳和千里眼两位天将,站在庙前两旁。两位天将眼观六路,耳听八方,监视四周的动静。那些虾兵蟹将终于失去了威力,任凭拨弄也翻不起波浪。从此,南海神庙又出现香火缭绕、娱乐升平的景象了。根据阴阳五行来说,北方属水,故北方之神即为水神。王逸《九章怀句》云:"天龟水神。"《后汉书·王梁传》曰:"玄武,水神之名,司空水土之官也。"《重修纬书集成》卷六《河图》:"北方七神之宿,实始于斗,镇北方,主风雨。"因雨水为万物生存所必需,故玄武的水神属性,深受人们的信奉。

天后妈祖,天后林默(960—987),民间称之妈祖,是沿海百姓崇祀的海神。她是宋代福建湄洲屿的一个奇女子,短暂的生命留下了许多行善济世、救助海难的动人传说。妈祖是流传于中国沿海地区的汉族民间信仰。妈祖文化肇于宋、成于元、兴于明、盛于清、繁荣于近现代,妈祖文化体现了汉族海洋文化的一种特质。更流传一种"有海水处有华人,华人到处有妈祖"的现象。林默从小就聪明颖悟,过目成诵,她洞晓天文气象,熟习水性,平素精研医理,教人防疫消灾,终生以行善济人为事,矢志不嫁。传说她能"乘席渡海"。她还会预测天气变化,事前告知船户可否出航,所以又传说她能"预知休咎事",被称为"神女""龙女"。妈祖是海上航行的保护神,妈祖文化沿广东、福建至京津及东北的海上漕运航线传到渤海湾沿岸,并与地方文化相融合,与城市发展形成良性互动,妈祖文化迅速得以传播,逐渐成为当地的民众信仰。浩瀚宇宙,苍莽无垠,而人却是宇宙的主宰。妈祖文化通过民间贸易传播由南至北,再由北沿"东方海上丝绸之路"传到朝鲜半岛和日本等东北亚国家,最终北上穿过白令海峡,到达北美洲地区,作为我国北方沿海地区妈祖信仰与妈祖文化传播中心的登州古港,同样起着不可替代的作用。古代登州是东方海上丝绸之路的始发港。古代一种航海习俗:在新船下水出航时,必须同时制作一只模型供奉在妈祖庙内,因此使其留下了大量的古代船模。妈祖一生奔波海上,救急扶危,济险拯溺,护国庇民,福佑群生,航海人敬之若神。死后,她仍以行善济世为己任,救逢凶遇难于众,人们最终将妈祖奉为名副其实的"海上女神"。

玄武大帝,又名祖庙北帝、真武、玄天上帝、黑帝等,在珠江三角洲民间

武当山玄帝殿

则多称为北帝。作为北帝崇拜的载体,佛山祖庙从宋代元丰年间(1078—1085)建立以来,以其"历岁久远",成为佛山"诸庙之首",很早就形成了乡耆、士绅来祖庙议事的"庙议"规矩,使祖庙成为一个集政权、族权、神权于一体的著名庙宇,华南著名的汉族民间信仰中心之一。每年的农历三月初三为佛山祖庙北帝神诞,在诞期不仅要建醮贺诞,而且还举办各种祀神庆典活动。北帝诞的活动内容分为两部分:一是北帝诞庆典期间的仪式,包括设醮肃拜、北帝巡游、演戏酬神和烧大爆等;二是与北帝诞相关的祭祀活动,如正月初一至十五及每月的初一、十五的行祖庙,正月初六至三月三十的北帝坐祠堂,二月十五、八月十五的春秋谕祭,九月初九的北帝崇升"飞升金阙"等,因此祭祀仪式规模宏大,"举镇数十万人,竞为醮会"。改革开放后,随着人们的精神文化需求的不断扩大,民间信仰得到尊重,民间遂自发恢复起北帝诞活动,并呈现出一年比一年兴旺的景象。北帝诞又开始逐步呈现古代北帝诞"鼓吹数十部,喧腾十余里"的盛况。玄武大帝作为佛山最大的群体性祭祀和娱乐活动,有着广泛的全民参与性、极力表现北帝诞生时"繁华鼎盛"的宗教性和辐射海内外的广泛影响力,是海内外佛山人认同的精神维系。因此,对北帝诞和祖庙的保护是研究岭南地区汉族民间信仰的一把

龙母祖庙

钥匙,具有提纲挈领的重要作用。

西江龙母,姓温,秦时人。自小能预知祸福,且乐善好施,人称神女。传说有一天,温氏在西江边濯洗时偶拾到一大卵,孵出五只小动物,能为温氏捕鱼。长大后五物竟变成头角峥嵘、身皆鳞甲的五条真龙。温氏让它们施云播雨,保境安民。人们便称温氏为龙母。后来龙母仙逝,五龙悲痛欲绝,化作五秀才,将龙母葬于北岸的珠山下。后人感于五龙的孝心,就此建庙,名曰"孝通庙",后改为"龙母祖庙"。龙母出生于广西梧州市占藤州。战国时期,百越民族生活在福建、江西、两广西江流域一带,当时的西江流域一带还属于蛮荒之地,地理环境和自然环境险恶。龙母率领南越、西瓯的群众开荒山、治旱涝、导江河,战胜许多自然灾害,使苍生得以安居、生息、繁衍,且因有豢养五龙、雨泽万方,秦始皇派专使礼迎进京未果的神话传说,而受人们的爱戴和拥护,成为万众膜拜的神祇。古代生产力落后,西江流域自然环境非常恶劣,社会不文明,灾害严重,人们害怕水旱灾害,恶浪惊涛,渴望风调雨顺,农渔丰收,安居乐业。探讨龙母文化对研究神话的起源和作用,对认识我国古代,特别是战国、秦汉时期百越民族的生活和思想,对弘扬中华民族"龙"的精神,对保护、宣传和利用文物,对开发文物旅游资源,都有积极意义。

(二)南海黄大仙庙宇

黄大仙祠庙先后在广州、佛山、香港建立起来,而在东莞、新会等地,附会黄大仙的地方传说与祠庙同样推动着黄大仙信仰深入民心。黄大仙文化不断融入了岭南地方社会的特质,逐渐被作为积善行德、惩恶扬善、恩怨分明、能表达民众理想生活的模式加以赞颂、传播和朝拜。为数不多的依附于黄润福的传说主要围绕古庙地理、风水而展开,主要类型有信徒从古庙所在的金校椅岭跌落或淹入东江而毫发无损,黄润福升仙时的种种奇迹,坠江处的风物传说,以及与广州、佛山相似的表明自身是香港黄大仙流出地的传说。虽然在可见的将来,他们的黄大仙必然不断与更高层面更有影响力的神灵发生对抗、结盟与相互吸收的关系,同时自身将不断被稀释,似乎在某些方面会不可避免走向同质化的结局。可是地方社会与民间的想象力却还在创造它,因为一切都是建立在民众需要的基础上,建立在地方社会权力与自身权威的基础上,并随着时代而变换着角色与存在的方式。

五、南海生态文化的发展展望

南海海洋生态文化是中国海洋生态文化的重要组成部分。南海为水乡泽国,河道纵横,低地遍布,这与人们日常生产、生活关系极大。因此,反映人们对水资源的认识、开发、利用以及防洪治涝活动的地名就甚为普遍。这类与水有关的地名正是蓝色海洋文化的一部分,在整个南海区的地名中占有显著优势。

近年来,南海环境恶化严重。近岸局部海域水体污染和陆源入海污染物超标排放等环境问题依然突出,大部分海域呈重度富营养化;部分珊瑚礁和海床生态系统出现退化;受台风影响,监测岸段海岸侵蚀程度加重。主要污染指标为化学需氧量、活性磷酸盐、石油类和无机氮。海啸发生后,海浪卷杂大量的悬浮物进入海洋,将污染海域环境。比如 2004 年的海啸就导致悬浮物长期漂荡在海面上,透光度降低,影响海洋生态环境,一些需光量大的生物就会死亡。另外,巨大的海啸也会将海底的深海生物卷到海面,环境的改变也将导致这些深海生物的死亡,进而导致食物链的改变。此外,海啸还可能引发藻华污染。由于地震海啸破坏了海岸环境,并可能有大量陆地营养盐被卷入海洋,引起沿岸海水富营养化。

从海洋生态系统的角度来看,南海海洋产业的管理方向应该由过去的开发型管理向管理型管理方向转变。就人与海的关系而言,人类必须彻底摒弃"人类中心主义"和"自然至上主义"的海洋价值观念,人、海生态系统有着相同的命运,海洋生态系统的全局利益涵盖了人类的利益并且高于人类的利益。所以,人类不能够损害海洋生态系统的完整性,而应该将涵盖海洋在内的地球生态系统或生物圈的健康生存,当作人类自身生存的前提条件。海洋经济发展方式和人类生活方式的转变要求海洋生态文化出现。推进海洋经济发展方式从资源依赖型向技术带动型转变、从数量增长型向质量效益型转变,以及人类生活方式向自觉遵循自然规律,开发、利用并保护海洋思想转变的要求。建设海洋生态文化能够引领我国海洋事业的科学发展,早日实现中国梦和建成小康社会的奋斗目标。

建设海洋生态文化是我国海洋生态环境保护实践经验的理论升华,也是我国海洋经济科学发展的战略选择。建设海洋生态文化既能够为我国的海洋生态环境保护工作提供理论指导、借鉴服务和决策依据,又有助于解决当前我国海洋经济发展中存在的开发、利用和保护,以及资源、环境和经济发展的矛盾,具有十分重要的实践意义。海洋生态文化建设可以帮助人们逐步形成新的价值观、伦理观、思维方式,以及生产和生活方式等,这将进一步发展海洋文化、生态文化和海洋生态文明研究成果,丰富社会主义文化建设理论体系。建设海洋生态文化不但会丰富海洋生态建设的理论宝库,而且为深化海洋生态文明建设提供理论支撑,为建设和谐蓝色海洋奠定理论基础,有助于加深人们对马克思主义关于海洋思想的理解;同时,还可以帮助人们树立海洋生态文明观,形成尊重海洋、热爱海洋、保护海洋、建设美丽海洋的理念,提高人们对海洋资源节约、海洋环境保护的文化自觉,有利于深化人们对马克思主义关于人与海洋关系的认识。深海网箱相较于传统的捕捞方式更安全,经济效益更好。提倡深海网箱养殖,能够实现快速养殖、绿色养殖。对于环南海地区的渔民,要加大政策扶持和政策引导,转变传统渔民生产方式,由捕转养,带动他们再就业。依靠南海良好的温度条件和水质条件大力发展生态型水产养殖业,推广无公害绿色、有机养殖方式。

南海外海海域蕴藏着极为丰富的海洋渔业资源,渔业资源潜在量有几百万吨。目前,我国海洋捕捞产量中多属近海捕捞,外海远洋捕捞所占比重较少,且多采取消极开发和单一利用模式。拓展外海远洋捕捞,才能减轻近海渔业资源压力,维护渔业生态环境,确保渔业的可持续发展。加快发展南海渔业,是实现南海绿色崛起的应有之义,也是捍卫家南海主权和服务国家南海战略的必然要求。

必须树立合理开发、利用并保护海洋的思想,加强陆源海源污染防治,实现海洋高端产业发展和节能减排,有效保护海洋生态环境,积极推进海洋经济绿色发展。通过大力发展绿色经济、循环经济和低碳经济,转变海洋经济发展方式,调整优化海洋经济结构,整体提高海洋资源的利用率和海洋经济对国民经济的贡献率,不断增强海洋生态环境保护和海洋生态恢复能力,实现海洋环境与海洋经济和谐发展。一是要建立提高全民海洋生态文化意识和素养的导向机制;二是要建立取得海洋生态文化理论研究新成果的驱动机制;三是要建立加强海洋生态文化法律制度建设的约束机制;四是要建立创新发展海洋生态文化管理体制的长效机制。

坚持以政府为主导,充分发挥政府综合决策的作用,把生态保护目标和经济发展目标结合起来,统筹考虑、综合决策,把海洋生态文化纳入当地国民经济和社会发展总体规划,所需经费列入地方财政预算,按照财政收入,逐年提高对生态文化建设投入的比例;拓宽投融资渠道,采取"企业筹一点,动员个体大户拿一点,群众自愿捐一点"的方式,筹集地方生态文化建设专项基金,为海洋生态文化建设奠定物质基础。鼓励社会积极参与,建立生态海洋建设引导资金,采取财政贴息、投资补助等手段引导社会资本进入生态保护与建设领域,推动生态建设和环境保护项目的社会化、市场化运作。实现生态海洋文化建设的常态化和长效化,归根到底靠制度的保障。

理顺海洋管理体制,加强海洋开发利用保护工作的宏观管理,协调地区间、行业间、产业间及海洋开发单位和个人的权益关系,维护海洋资源有序开发,引导海洋产业健康持续发展。保护渔业环境可采取以下措施:第一,控制废水污染物的浓度和污染物的排放总量。工业废水和生活污水应经严格处理后方可排放入海。第二,有针对性地、人为地保护和改善鱼类栖息环境。诸如设立水生生物资源保护区、建设人工渔礁,人工孵化场等。第三,实行严格的休渔制度。规定特定时间和特定水域不得从事捕捞作业,使渔业资源得到保护和恢复。

第 五 章

海洋生物对海洋生态文化的影响

　　自然界的海洋生态环境中,海洋生物也是海洋生态中重要的组成部分,海洋生物是海洋生态环境中具有生命的生物总称。海洋是海洋生物重要的生命支持系统。不同的海洋区域孕育着和海洋环境相适应的海洋生物,因此海洋生物门类繁多,各门类的形态结构和生理特点可以有很大差异。在不同的海洋环境中,这些海洋生物为了生存,不仅与不同的海洋环境适者同存,同时还进化了各种各样的适应生活习性,形成具有十分适应性的动物本能。而海洋生物的各种各样巧夺天工的自然完美的本能也被人类察觉,海洋生物的某些习性和本能,我们可以理解成海洋生物的文化,甚至成为人类学习、模仿、思考、借鉴、象征的元素,成为人类社会生活文化的重要元素。

　　中国的先民在长期的海洋生态资源的认识和利用过程中,劳动人民将海洋生物的生态习性借鉴作为人类生活的文化元素进行利用。海洋生物文化现象对人类海洋生态文化产生重大影响。海洋生物的生活习性、形状颜色、千姿百态等生态要素被人类利用,成为海洋生态文化的多元构成要素。

　　在自然界中,人类和生物都是在一个共生的生态系统中,在海洋生态系统中,有些海洋生物比人类还早出现在自然界,它们能够在海洋生态环境中生生不息,一定是有它们对于海洋生态环境的适应,一定是有符合海洋生态规律的能力,因此当我们人类在利用海洋生态开展生活生产时,学习、模仿、借鉴海洋生物的生活习性、形状颜色、千姿百态就能够更好地适应海洋生态环境,利于人类的海洋生态利用。而人类的学习、模仿、借鉴能力再加上思考和象征的文化,让人类在利用和认识海洋生物的同时,创造出人类的海洋生态文化。

　　无论是海洋生物的生活习性、形状颜色,还是它们的千姿百态,通过我们人类的利用,成为我们在物质创造、精神象征方面的海洋生态文化的组成部分。比如渔船上的鱼眼,年年有余(鱼),体现了生态比喻象征的海洋生物文化在人类海洋生态文化中的影响。

第一节　海洋生物链给予人类生态文化的启迪

一、海洋洄游鱼类特性

大多数海洋鱼类在每年或其一生中,会进行主动的、集群的定向和周期性的长距离迁徙活动,即洄游。洄游是鱼类运动的一种特殊形式,是鱼类对环境的一种长期适应的结果。根据洄游的不同目的,鱼类洄游可分为生殖洄游、索饵洄游和越冬洄游三类。

(一)生殖洄游

生殖洄游又称产卵洄游。鱼类从越冬场或育苗场向产卵场迁移。生殖洄游的特点是鱼类往往集成大群,在性激素的刺激和生活环境的变化下,引起产卵要求,便开始生殖洄游。我国近海大部分鱼类的生殖洄游在春秋季进行,带鱼是典型的洄游鱼类。黄海带鱼每年4月上旬离开济州岛附近的越冬场,开始向北作生殖洄游,5、6月到达渤海湾等海域产卵,直到秋季水温下降时,才陆续离开渤海,渐次南移,12月回到黄海。东海中部越冬的带鱼,也在4月向西部沿岸洄游,6月在舟山群岛附近产卵,秋季水温下降时集结南归。[1]

生殖洄游可以只在海中进行,也可以由江河到海洋,实行降河洄游,或者由海洋到江河实行溯河洄游。鲟鱼、鲑鱼、鲱鱼就是典型的溯河洄游鱼类。鲑鱼生在河里,长在海里,主要栖息在鄂霍次克海、白令海等海区,在海中生活4年后,每年的8、9月间性成熟时,从外海游向近海,进入我国东北的黑龙江等河川产卵。整个洄游历时半年到1年,行程近1万千米。我国产的鳗鱼是降河洄游鱼类,平时在淡水生长,生殖季节时便顺江河而下,到琉球群岛附近的海洋产卵,幼鱼经过变态在海中发育生长到一定大小后,再从江河口溯流而上,进入淡水成长,洄游里程可以长达几千千米。[2]

(二)索饵洄游

索饵洄游又称育肥洄游。鱼类从产卵场或越冬场向索饵场迁移。索饵

---

[1]　成庆泰:《鱼类的洄游》,《生物学通报》1984年第6期。
[2]　刘文萍:《鱼类的洄游》,《四川文物》1994年第1期。

洄游是生殖之后或越冬以后的成鱼以及具有一定游泳能力的幼鱼,因觅食而向育肥场进行的迁移。大多数鱼在生殖前不食或少食,经长距离的生殖洄游和产卵繁殖,消耗大,体质弱,需要大量摄食以补充营养,增强体质,为越冬和第二年繁殖做准备,因而会由产卵场向育肥场洄游。如我国小黄鱼在渤海产卵后,会洄游到黄河口外海等海区进行育肥。鱼类从越冬场向育肥场的洄游,是为觅食而去。育肥场通常很宽广,鱼群可以从饵料丰富的一个海区摄食后转移到另一个海区继续索饵,幼鱼喜欢游往河口的浅水区进行育肥。鱼类的主要食物是浮游生物以及小型鱼类,而浮游生物和小型鱼类常随海流、波浪、水温等转移和变化,鱼类要寻找这些食物,需要辗转几千米长途迁移。绝大多数鱼类的索饵洄游,都在海岸附近的浅海区域,这些区域营养物质多,水中含氧和从有机物质分解出来的氮多,在阳光照射和水温上升的情况下,浮游生物会快速繁殖起来。另外,在海底隆起的海岭、礁堆等处,海水交换多,有机物质或营养盐类上下拢和,提供繁殖浮游生物的有利条件,那里也成为鱼类索饵洄游的目的地。

(三)越冬洄游

越冬洄游又称适温洄游,是成鱼和幼鱼从育肥场向越冬场进行的迁移,通常向水温逐步上升的方向迁移。鱼类为变温动物,水温是影响鱼类生命活动重要的因素。我国沿海大部分地区由于季风影响,冬夏气温差别大。水温随季节转移而变化,鱼类也随水温高低,选择适宜的环境迁移。当秋季气温下降水温变低时,鱼类感受到水温的变化,便重新集结,从觅食的水域转移到水温适宜的越冬水域。我国沿海海区一些喜暖性的鱼类,如带鱼、小黄鱼、比目鱼等,都有越冬洄游现象。

洄游是长期以来鱼类对外界环境条件变化的适应结果,也是鱼类对外界刺激的一种必然的反应。影响鱼类洄游的因素非常复杂,涉及鱼类内在原因和外在环境变化。内在原因与鱼类自身的生理状况有关,最重要的因素是性激素的变化,当生殖腺成熟时,内分泌激素促使鱼体代谢作用发生变化,会引起鱼类的洄游。此外鱼体的血液、渗透压调节机制的改变也与洄游有关。外在环境因素也是洄游的重要原因,温度、盐度、水流、水质、光线、饵料等的变化都对洄游有直接或间接的关系。总之鱼类的洄游是鱼类为了创造最有利的繁殖条件、营养条件和越冬条件,以保证维持种群繁衍的一种生物适应。

二、海洋洄游对生态文化的启迪

洄游是鱼类长期以来对外界环境变化适应的结果,也是鱼类内部生理结构发展到一定水平,对外界刺激的一种自然反应。通过洄游,更换不同时期的生活场所,以满足不同生活时期对生活条件的不同需要。鱼类洄游横跨江海湖泊,纵横千里,不仅是一种生物学现象,也衍生出生态文化意义。

(一)世界大同、相连相通

洄游是鱼类主动、定期、定向、集群移动。以鲑科和鲱科鱼类为典型代表,在海洋中觅食成长,性成熟后在海洋中集群进行长距离洄游,经河口溯河进入淡水,在河川中产卵生殖后代。我国的大马哈鱼属鲑科鱼类,是著名的冷水性溯河产卵洄游鱼类,大马哈鱼出生在我国黑龙江、乌苏里江和图们江,生长在太平洋中,一条鱼即要横跨中俄两国水域。产于大西洋北部和北美的大西洋鲑是溯河洄游鱼类,它在淡水江河上游的溪河中产卵,产后再回到海洋育肥。幼鱼在淡水中生活 2—3 年,然后下海,在海中生活 1 年或数年,直到性成熟时再回到原出生地产卵。大西洋鲑的生长、繁殖要跨越加拿大、丹麦、冰岛、挪威和美国等多个国家和地区。

鱼类的洄游,将世界水域连通起来。在世界经济一体化的背景下,鱼类的洄游,构成生态一体化。为了进行渔业资源保护,《联合国海洋法公约》确认了鱼源国对洄游鱼类具有主要的利益和责任,要求鱼源国制定在其专属经济区水域中的捕捞和适当管理措施。1994 年中俄两国政府达成《中华人民共和国政府和俄罗斯联邦政府关于黑龙江、乌苏里江边境水域合作开展渔业资源保护、调整和增殖的议定书》,其中规定,根据溯河性鱼类的生物特性和国际法的有关规定,双方将在边境水域以外的其他水域对增殖保护溯河性鱼类资源进行合作。为了保护鲑鱼资源,建立人工孵化放流站,以人工增殖鲑鱼、鲟鱼、鳇鱼的资源,在放流苗种时,应该邀请对方代表到现场进行观察,并共同观测鱼类回归的结果,双方还要采取必要措施,保证一定数量的溯河性鱼类进入产卵场。1982 年,加拿大、丹麦、冰岛、挪威和美国签订《北大西洋鲑鱼养护公约》,通过国际合作收集和分析有关北大西洋鲑鱼群体资料,推动大西洋鲑鱼资源的养护、恢复和增殖及合理利用。这些公约、协定、相关制度设计,使得原本生物学意义的洄游现象,上升到政府间的政策沟通、协调、统一层面。

(二)互助合作、和谐共赢

鱼类洄游,在渔业生产上具有极其重要的意义。重要经济价值的鱼类集群洄游,其游经路线和群集产卵、索饵、越冬的地点往往就形成了集中捕捞的场所,形成"渔汛"或渔场。大西洋鲑的洄游对保持附近地区的生物多样性大有帮助,产卵期的鲑鱼是棕熊、海鸥和其他动物提供夏季食物的来源,这些动物会在夏季储存足够的食物,迅速地增加体重,以储存过冬用的脂肪。另外,水电建设、农场、牧场、采矿、伐木、道路建设和工业的污染等使得水域被污染,河流被阻断,洄游性鱼类的生存受到严重威胁,甚至有些鱼类已消失。保护鱼类洄游与产卵不受环境影响,不仅能保持鱼类种群的繁荣,也能间接地保护沿岸的生物多样性。人类对鱼类的保护不能仅局限于某条单一的河流或者地区的保护,而是要全面保护更广范围的河流水文条件。

人类活动,尤其是水库大坝的建设,在带来经济效益的同时,也永久改变了河道的水生环境,使鱼类的生存环境发生了重大变化。美国哥伦比亚河流域是鲑鱼等溯河产卵鱼类的栖息地,19世纪80年代初,在此水域开始水力发电时,建设方在流域下游通过鱼梯、幼鱼旁路系统、幼鱼运输系统,改变幼鱼过坝途径和加大流量等措施,建设鲑鱼的替代洄游通道,并通过增殖放流、异地建立保护区或保护河段、模拟创造人工生境等措施加以保护。洄游鱼类的保护需要实施多地协作、陆海统筹,在重要渔业海域限制开发区,在重要渔业海域产卵场、育幼场、索饵场和洄游通道禁止围填海、截断洄游通道等开发活动,在重要渔业资源的产卵育幼期禁止进行水下爆破和施工,维持良好的水域环境。种种措施的推进,使得工业生产和生物生态能相对平衡,达到合作共赢的目的。

第二节 海洋生物生态文化的精神象征

海洋生物千奇百怪,有着生产力、神秘、富贵、生殖、邪恶等生态精神象征。

一、生产力的生态精神象征

生产力是人类征服自然、改造自然、利用自然以获取物质资料的能力。

在人类社会进步和发展过程中,生产力一直扮演着重要的角色。但是,生产力被界定为提高经济效益的工具,不仅未把生态系统纳入生产力的视野,反而视自然界为一种敌对的力量,将人类摆放在自然界征服者的地位,人类对大自然的大肆掠夺和索取,人类忽视海洋,向海洋索取的资源越来越多,却将大量的废弃物还给海洋,导致生态环境的迅速恶化,自然灾害频繁发生,人类的生存和发展以及海洋生态环境受到前所未有的挑战。

近些年来,人们逐渐摒弃生产力是人类与自然作战的工具,开展了以生态化为典型特征的科学生产力理论的研究。随着环境伦理学、生态学、海洋科学、管理学等学科的不断发展,当代人对于海洋的认识有了进一步的深入。从根本上看,人类同自然界的较量不可能有最终胜利者,我们祖先的"天人合一"思想,把天、地、人看作一个有机联系的系统,人类应遵循人、海洋、社会和谐发展这一客观规律。生态系统是生产力赖以存在和功能实现的基础,尊重自然和保护自然是利用自然的前提。以征服、破坏生态系统形式获得生产力,最终会因破坏自然生态环境而破坏自己的生存根基。

生态系统不是"取之不尽,用之不竭"的,生态系统是有限的,承载力也是有限的,建立一种从自然索取与对自然馈赠的平衡机制,在对自然资源超常规利用而削弱或破坏生态环境功能面前,人类必须承担修复、治理、保护、建设的责任,提高资源、环境价值的保值和增值。

二、神秘的生态精神象征

海洋,占地球表面积的71%,即使到现代,人类也只探索了海洋的极少部分,绝大部分海洋世界人类还未知。海洋是地球生命的摇篮,浩瀚的海洋孕育了多姿多彩、形态各异、本领独特的海洋生命,力大无比的鲨鱼、聪明灵巧的海豚、晶莹透明的水母、美丽无比的珊瑚等,海洋生物的千姿百态同样迷惑、吸引着人们。

古代中国人对海洋的印象是从神秘莫测开始的。古代先民的生产力极其低下,很难摆脱海洋的控制和威胁,认为海洋具有强大力量、凶狠险恶、变幻无常且无法被认知,他们对浩瀚无际又变幻莫测的海洋始终怀有敬畏、崇拜之情。在敬畏恐惧之下为了取悦海洋,实行图腾崇拜,创造了很多海洋神话和海洋崇拜的内容,更为海洋及海洋生物增添了神秘色彩。

随着技术进步,各国不断加大对海洋、海底、深海的探险和勘探,美国"阿尔文号"载人潜水器、法国的"鹦鹉螺号"潜水器、俄罗斯的"和平号"潜水器、日本的"深潜"潜水器,到我国的"蛟龙号"载人潜水器,越来越多的海洋探索正在进行,海洋作为神秘的空间,有太多的未知亟待解答。

三、富贵的生态精神象征

"富贵"中,富字由房子、人口、田组成,表示家境宽裕,有余粮。贵可拆分为虫和贝,分别表示海洋生物和货币。因此,富贵历来与海洋生物有关。在"财"和"货"两个字中均含有"贝"。贝壳象征着富饶的物产和无尽的财富。贝壳一度作为货币存在,贝币出现在我国距今三千年的商代,是钱币的始祖,由天然海贝加工,主要出产于我国的东海、南海等地海域。经过加工的天然贝币形体一面有槽齿,贝币光洁美观,小巧玲珑,坚固耐磨,便于携带。

物以稀为贵,一些海洋生物由于资源稀缺、品相华贵、疗效显著等,被视为富贵的象征。玳瑁是一种具有数千年应用历史的药食及装饰之用的海洋动物。作为一种珍稀海洋动物,玳瑁最早以其独特的解毒药效被人们所重视。因其甲壳具有美丽独特的斑纹、温润如玉的质地,极具装饰性,作为名贵珍宝,被选为朝贡与赏赐品。由于玳瑁价格不菲,只有特殊阶层和有钱人才能消费,故而与珠玉、象牙、犀角、孔雀、翡翠等一道成为富贵奢华生活的代表。珊瑚也一直被人们视为吉祥富贵的象征。红珊瑚因生长慢、寿命长、色彩艳丽、产量稀少而身价不菲。

四、生殖的生态精神象征

海洋生物中的鱼腹多子,繁殖力强,成活率高,令生产力水平低下的古人羡慕。从外形来看,鱼的轮廓与女阴的轮廓相似。当时的人们只知道女阴的生育功能,认为女性是自己独立生育后代的,处于生殖崇拜阶段的古人视孕育生命的女阴为神圣之物。由于鱼具有女阴的象征意义,这样就由崇拜女阴进而崇拜女阴的象征物——鱼。在我国传统年画中,常有一个穿红肚兜的男孩,骑着一条活蹦乱跳的大鲤鱼的形象,这个就是生殖崇拜的象征。鱼一方面是女阴的象征物,另一方面又是具旺盛生命力的神,所以人们崇拜它、祭祀它,希望女性像鱼一样具有旺盛的繁衍能力。

山海经《鲧禹治水》记载:"洪水滔天,鲧窃帝之息壤以堙洪水,不待帝命。帝令祝融杀鲧于羽郊,鲧复生禹。"这是有关人类起源的神话,作为鱼的鲧在被杀之后却借助强大的生殖能力,生出禹。在河姆渡文化中出土有鱼生命树、鱼华冠华盖,都刻画在陶盆和陶钵外壁。

《诗经》也有大量和"鱼"相关的描写,实际是性隐喻。闻一多的《诗经》研究提出"鱼"的多种隐语,提出"鱼"是"匹偶"或"情侣"的隐语,即鱼是性交对象的隐语象征。诗经时代的劳动人民在打鱼、钓鱼时亦是在潜意识中虔诚地执行一种两性结合前的求偶神圣仪式。鱼的生殖神性观念在世界范围内的诸多民族文化中,得到了虔诚的认可和尊崇。闻一多认为"以鱼为象征物的观念,不限于中国人,现在的许多野蛮民族都有着同样的观念,而古代埃及,西部亚洲以及希腊等民族亦然。崇拜鱼神的风俗,在西部亚洲尤其普遍,他们以为鱼和神的生殖能力有着密切的关系。至今闪族人还以鱼为男性性器官的象征"。

五、邪恶的生态精神象征

邪恶是指性情、行为不正而且凶恶的生物。纵观人类的发展史,人与海洋的博弈一直没有停止。远古时期,人们对于海洋的恐惧,把海洋看成是魔鬼,是无法征服的。其后,将对海洋的恐惧部分转为祭拜等宗教仪式,认为是上帝/龙王等对人类的惩罚。《庄子·应帝王》中认为自然是魔鬼化的,由于航海过程中往往会遇上蛇、蜥蜴、鳄鱼之类凶猛恶毒的兽类,海洋及海洋生物成为邪恶的象征,人们既厌恶又恐惧。

第三节 海洋动物生态文化与图腾崇拜

一、尊奉为龙的鲸崇拜

鲸鱼是大型海洋哺乳动物。鲸鱼体积巨大,种类繁多,具有洄游特性,有些鲸鱼的洄游路线超过上万英里,我国渤海、黄海、东海都曾经出现过鲸鱼成群结队洄游的壮观场面。在我国鲸鱼有多个别称,如鱼䲜、鲲、海鳅、鲸鲵、鱼昔等。自秦汉时期,我国对鲸鱼就有详细记载,《庄子·逍遥游》之言,"北冥有鱼,其名为鲲。鲲之大,不知其几千里也。"如《说文解字》:"鱼䲜,海大鱼也",鱼䲜即鲸。我国南海地区在清代开始有一些小规模的捕鲸,黄渤海、东海地区多是对鲸鱼的崇拜,鲸鱼时常会攻击渔民、毁坏渔具、妨碍渔民作业、争食渔网内的捕获物、驱散鱼群等,渔民大多躲避、敬畏鲸鱼,鲸鱼一度被奉若神明。

　　黄渤海地区渔民将鲸鱼尊称为赶鱼郎、巡海夜叉、龙兵过、老赵、老人家等。称鲸鱼为"老赵",是因为鲸鱼能给渔民带来收获,类似于遇到了财神。山东民间信仰的财神中有一位是赵公明,"老赵"的称呼便是从赵公明而来。称鲸鱼为"老人家"则是一种比较亲近的称呼。把鲸鱼叫作"赶鱼郎",是因为鲸鱼在海中追食鱼群,渔民随其后撒网,一定会获得丰收。称"龙兵过",是指鲸鱼群在海中排列整齐地前进,片片鱼鳍树立的场景。渔民认为龙兵越多,海里的鱼虾就越多,龙兵的多少成为渔家能否丰收的征兆。因此每当鲸鱼经过时,渔民会奔走相告,聚集观看。传说中,这些鲸鱼就是龙宫中的"巡海兵",担负着扶正祛邪、安定四海的重任。海里的渔船若是遇上鲸鱼群,须顶礼膜拜,焚香烧纸,并向海里撒大米,扔馒头、饺子等,以饱鱼腹,才能换得平安。

蓝鲸

　　龙王是黄渤海地区渔民最普遍信奉的海神。黄渤海地区的渔民普遍认为,龙王能给他们带来平安和富裕的生活,所以通过修建龙王庙、祭祀龙王等方式以求避难。在龙王庙里,主神为龙王位置居中,两边分别为"女童子"和"巡海夜叉",而"巡海夜叉"所展现的就是鲸鱼的形象。

东海的舟山群岛把鲸鱼称为"乌耕将军",乌耕露面,意谓鱼群涌至。出海时,如遇鲸鱼,渔夫敲锣打鼓放鞭炮,并举行盛大的海祭。撒米,赠船旗,叩拜祭典,以求鱼神庇护,喜获丰收。

二、智慧表征的海豚崇拜

人们印象中的海豚,友善,喜欢与人亲昵,水族馆里的海豚能够表演各种动作,拥有超常的智慧和能力。我国的中华白海豚,性情温顺,敏感好奇,喜群居嬉戏,智力发达,被誉为"第二灵长类""海中高等动物"和"海上大熊猫"等等。

海豚与人一样,同属于哺乳动物。科学家试图通过解剖学和行为学上的研究,寻找海豚智慧的来源。从海豚的大脑外形上来看,很像人类的大脑。而且海豚脑部神经细胞的数量、大脑皮质的皱褶数目与人类相当,因而海豚脑部的记忆容量或是信息处理能力,均与灵长类动物不相上下。

观察海豚的野外行为、海豚表演,从行为目的与功能方面观察,发现海豚的适应及学习能力都很强。海豚能了解人类所传递的信息,并采取行动。海豚之间能用名字互相称呼。每只海豚都有其独特的信号作代表,在与其他海豚保持联系时,使用的始终是这一独特信号。海豚还会模仿另一只海豚的独特信号。在捕捉猎物时,海豚还会与金枪鱼结成临时的"互助组",更有效地合力围捕鲭鱼群。作为群居动物,海豚会拉山头搞帮派,组建小团体。

海豚还具有医疗救助作用,海豚疗法在墨西哥、美国等国家和地区采用。许多因重病失去活动能力的儿童,通过与海豚的接触,逐渐恢复了活动能力,减轻了疼痛,或者使说话能力得到改善。医学专家在对"海豚疗法"进行研究后认为,海豚之所以能治病,主要在于它能够产生超声波。当海豚经过一定的训练,这些聪明而又温顺的哺乳动物,就能将所发出的超声波,对准患者的某些部位,从而激活人类恢复健康的一系列作用过程的发生,其疗效会因患者与温顺又讨人喜欢的海豚的愉快接触而加强。

由于海豚聪明伶俐、乐于救助、协同共生,人类通过研究其习性、特点,学习其表达、行为和思维模式,衍生出商业社会中新的管理理论,即海豚管理学。海豚管理着力于激发员工自主性和创造性。海豚式管理尊重下属,对下属员工宽容、仁慈,慎重对待下属的要求,赏罚分明,善于听从下属的意见,勇于面对各种批评,努力赢得员工忠诚,对员工坦率公平,善待下属技

海豚

能,鼓励员工创新,对下属的业绩和下属的感受同等关心,与下属保持密切关系,成果与人情并重。海豚式管理是蛛网式管理,在管理组织中既强调等级,更注重协调,适度用权,适度放权,必要时授权,注重和员工共享计划和目标。

三、速度象征的剑鱼崇拜

剑鱼,又名箭鱼、青箭鱼,是全球性分布物种,广泛分布于太平洋、大西洋和印度洋,是热带、亚热带海洋中一种常见鱼类。因上颌长、下颌扁平、中间厚两边薄,如同一柄锋利的宝剑而得名剑鱼;因其游泳速度快,如同离弦之箭又得名箭鱼。

剑鱼游泳速度在海洋里仅次于旗鱼,能达到每小时 110 千米。剑鱼独特的身体构造,造就了其高速游泳能力。剑鱼流线型的身材,圆而瘦,没有鳞片,不但水中的阻力变小,而且肌肉发达,力量加大。剑鱼的周身还覆盖有一层光滑的黏液,能够减小水的摩擦力。剑鱼的心脏十分有力,可以让剑鱼维持长时间的快速游泳。剑鱼又长又尖的上颌,能划开水面,减少阻力。剑鱼尾鳍虽然不是特别大,但却十分粗壮,这样的尾鳍在游泳时如同在船尾装了个助推器一样,可以给剑鱼提供更充足的动力。剑鱼背鳍则在游泳时

剑鱼

可以放下来,如同风帆一样,减少阻力。剑鱼的上颌骨头呈蜂窝形状,中间充满了油液,这样就达到防震目的,适应快速运动。

剑鱼快速游泳的体型为飞机设计提供了仿生样本,仿照剑鱼外形,在飞机前安装一根长针,这个长针可以刺破飞机高速飞行时产生的音障,使超音速飞机得以问世。

四、温顺意象的翻车鱼崇拜

翻车鱼,又称翻车鲀、曼波鱼、头鱼,栖息于热带、亚热带海洋、温带或寒带海洋。中国沿海均产。翻车鱼游泳动作相当笨拙,在水中游动如同跳曼波舞一般,故名曼波鱼。在我国南方,由于其喜食海蜇,也被称作蜇鱼。翻车鱼身体上常附着许多发光生物,游动时便如发光的月亮一般,被称为月亮鱼。翻车鱼是世界上体型最大、形状最奇特的鱼之一。翻车鱼个体大,最大体长可达 5 米,重达 3500 千克,为大型大洋性鱼类。鱼身和鱼腹上各有一个长而尖的鳍,而尾鳍却几乎不存在,因此又称游泳的头。

翻车鱼

　　尾部呈扁圆形,身型短而两侧肥厚,游泳主要靠背鳍和胸鳍的摆动,十分笨拙。翻车鱼经常将身体侧翻,平展着浮在海面上晒太阳;遇到敌害时,就潜入深处,用扁的身体劈开一条水路而逃之夭夭。翻车鱼体高侧扁,头很小,头上生有两只明亮的眼睛和一个小小的嘴巴,身材又圆又扁,性情温顺、动作迟缓、体态呆萌,受到人们的喜爱。

五、力量体现的鲨鱼崇拜

　　鲨鱼,又称鲛、鲛鲨、沙鱼,是海洋中的巨大鱼类,鲸鲨可长达 12 米。鲨鱼长相凶猛,尖牙利齿,身体坚硬,肌肉发达,力大无比。当鲨鱼饥饿、受到骚扰时会进攻人类。鲨鱼用牙齿剪开及锯开食物,并以旋转身体、扭动头部和身体,将颚部突出,牙齿竖直并紧咬不放。鲨鱼象征着未知的、难以预料的危险,长期来受到世界各国人民的敬畏。

　　鲨鱼是有悠久历史的鱼类,数亿年的自然进化和选择,进化出优异的水动力性能。鲨鱼属于软骨鱼类,全身为软骨。鲨鱼的软骨,既支持肌肉运动,保护内脏,又轻巧富有弹性,能够降低身体的比重,运动更加灵活,利于鲨鱼庞大的身躯适应海洋中的生活。鲨鱼体型为流线型,这样的体型能够

鲨鱼

有效地减少运动中水的阻力,使它们能够更迅速地捕获食物。鲨鱼有着独特的尾巴,可产生巨大的推力和速度。

鲨鱼具有敏感的嗅觉能力,能闻出数里外的血液等极细微的变化,并追踪出来源。有的鲨鱼对电信号具有超感能力,它们的身体对于受伤或被困之鱼发出的电信号极其敏感;有的鲨鱼的眼睛能够控制光线,很好地适应黑暗的海底环境,看清楚水下的情况;有的鲨鱼有着敏感的嗅觉,能够感知到水里化学成分的变化;有的鲨鱼拥有令人难以置信的触感,能够感知到水体中微小的变化;有的鲨鱼有着敏锐的品尝食物的味觉,它们会先咬一口猎物,以确定是否值得花力气去猎取;有的鲨鱼能够敏锐地感觉到身边任何物体的活动。

六、群体力量的沙丁鱼崇拜

沙丁鱼是集群性洄游鱼类,分布在东北大西洋、地中海沿岸。沙丁鱼为近海暖水性鱼类,细长、银色、小鱼,喜欢在上层海水中成群结队地活动。沙丁鱼洄游时,会有数十亿条沙丁鱼沿海岸洄游,以获取暖流中浮游生物。这些银色的鱼天生具有统一行动的本能,会形成6—7千米长的鱼群带,宽度则达到1—2千米,相当壮观。

沙丁鱼是一种密集群居动物,群居中表现出互相作用、互相影响的群体行为方式,在感应水流、光照或者同伴等发生细微变化时保持反应一致,集群行动。在洄游时,成千上万的沙丁鱼会自动聚拢成直径几米到几十米的球形鱼团,对于这样一个庞大的群体同时集体游动时,沙丁鱼的捕食者仿佛面对一堵变化游动的墙,能迷惑捕食者,使捕食者举棋不定地选择具体的猎物,只好依靠横冲直撞,来找一些来不及随群体转向而落单的个体下口。个体小的沙丁鱼依靠这种群体力量,集群御敌,与捕食者周旋,牺牲掉的只是老弱病残,而那些精壮的个体则能够最大限度地生存下来。

七、母性象征的鲑鱼崇拜

鲑鱼以肉质鲜美、营养丰富闻名于世。鲑鱼是典型的生殖洄游鱼类,生在河里,长在海中。鲑鱼主要栖息在北半球大洋中,以鄂霍次克海、白令海等海区最多。它们在海里生活至性成熟时,成群结队地从外海游向近海,进入江河,跋涉千里,回到出生地产卵。产卵后孵出的幼鱼在产卵河流中短暂生活后,便游向大海生活,到长大发育成熟时,又游回到出生地的河流中再次产卵,孕育新的生命。

鲑鱼洄游的道路漫长而艰险。鲑鱼洄游时,首先借助潮流从海洋进入河口,再从河口逆水而行,要奋力飞越瀑布和堰坝等横在河流中的障碍物。还要面对各种天敌,鲑鱼洄游时,岸边的灰熊、空中的飞禽等凶猛禽兽都会蜂拥而至。灰熊会候在湍急的河流边,待逆水而行鲑鱼奋力跃上水面时,张口咬鱼。海雕等猛禽则在空中盘旋,伺机俯冲而下,发动攻击。历经万险的鲑鱼许多被沙石磨去了全身的鳞片甚至死在沙滩中。部分侥幸者终于九死一生,回到了出生地的溪流。然后,雌雄鱼双双婚配产卵。产卵后,精疲力竭的鲑鱼,还要守护在卵床前,直到死亡。100多天后,小鱼才从卵中孵出,来年春天,它们又顺流而下,游向大海。

鲑鱼生于淡水,生活在海洋。鲑鱼洄游,散发着牺牲自我,成就新生的母性光芒。鲑鱼洄游之路,既是死亡之路,同样也是新生之路。为了繁衍后代,不顾一切阻挠,将自己的精卵留存下来,用自己的性命去换取延续后代的生命。

第四节　生态文化创意与海洋动植物
艺术形象的人文思想

一、生态文化典型创意"太极图"

传统太极图又称阴阳鱼太极图或阴阳鱼,太极图的原型是双鱼相交。"两鱼相交"被道家寓意为生命不息的阴阳宇宙观,其阴阳观念以鱼的形象为载体表现出来,形成"太极"为代表符号延续至今。太极图是抽象的鱼纹图形,图的核心是一个完美的圆形,由一个大圆加两个内切圆构成。圆,是万物之本体,它代表了生生不已、回旋不息的循环往复。太极图以"S"形线将整圆分割成两个部分,即"双鱼"形,一白一黑两条阴阳鱼互相环抱,方向相逆、首尾相接、合抱成圆。白鱼代表阳,黑鱼代表阴,阴阳鱼纹在均衡之中显示出活泼与生动,两鱼相互追逐充满了运动的张力。阴阳鱼太极图不仅可以用来确定八卦方位,在道教中,其阴阳消长及八卦方位还可以用来描绘内丹修炼的功夫。

二、海洋动植物艺术形象的人文思想

在中国传统作品如《山海经》《庄子》等,有关海洋动植物的内容甚多,如下:

鲲,中国传说中生活在"北冥"中的大鱼。"终北之北有溟海者,天池也,有鱼焉,其广数千里,其长称焉,其名为鲲。"(《列子·汤问》)"北冥有鱼,其名为鲲。鲲之大,不知其几千里也。"(《庄子·逍遥游》)

玄龟,出自《山海经》,形状如龟,鸟首蛇尾,叫声像劈开木头的声音。佩之不聋,可以用来治疗足茧。总觉得和后世的玄武形象有关(龟+蛇+鸟)。

鲑鱼,出自《山海经》,长得像牛的鱼,住在山上;蛇的尾巴,有翅膀,翅膀在肋骨下面。叫声像牦牛。冬生夏死,吃了它,不会生毒疮。

赤鱬人面鱼,叫声像鸳鸯,吃了它不会长疥疮。

鳛鱼,出自《山海经》,长得像鲫鱼,却有猪的尾巴,叫声像小猪。预示着天下大旱。

文鳐鱼,出自《山海经》,像鲤鱼,鱼的身体长有鸟的翅膀。苍色花纹,白色的头,红色的嘴,从西海游到东海,在夜间飞行。叫声像鸾鸟一般。肉味酸酸甜甜的,吃了它可以治疗狂病。看见它,是庄稼丰收的预兆。

冉遗鱼,出自《山海经》,也作"无遗之鱼"。鱼身蛇首,六只脚,眼睛像马的耳朵。吃了它可以使人不产生梦魇,可以规避不吉利的事情。

赢鱼,出自《山海经》,鱼身鸟翼,叫声像鸳鸯。看见它,是城邑发大水的征兆。

鳋鱼,出自《山海经》,像鳝鱼的一种鱼,大规模迁徙意味着城邑会有兵灾。

鲋鱼,出自《山海经》,体型像黄鳝,背部是红色的,叫声支支吾吾的,吃了它可以治疗体表长的瘤子。

何罗鱼,出自《山海经》,一首十身,叫声像犬吠。吃了它可以治疗皮肤和皮下组织的化脓性炎症。

䱤鱼,出自《山海经》,长着鸡脚的鲤鱼,吃了它可以治疗由人类乳头瘤病毒引起的皮肤表面赘生物。

鲭鱼,出自《山海经》,鱼身狗头,叫声像婴儿。

箴鱼,出自《山海经》,长得像鲦鱼,嘴像针,吃了不会有疾病。

儵蟵,出自《山海经》,长得像黄蛇,有鱼鳍,出入有光;见到它,预示着城邑会迎来大旱。

珠蟞鱼,出自《山海经》,形状像肺,四目六足,身上有宝珠;味道酸酸甜甜的,吃了不会感染瘟疫。

三足龟,出自《山海经》,三只脚的乌龟,吃了的人不会生大病,可以消除浮肿。

大蟹,出自《山海经》,生活在海中的巨大螃蟹,举起蟹钳可以夹住大山。《太平御览》中,曾有人把浮出海面的大蟹错当成陆地的故事。

陵鱼,出自《山海经》,又一种人鱼。人面,手足,鱼身,居住在海里。

大鳊,出自《山海经》,巨大的鳊鱼,居住在海里,其余不详。

禺䝞,出自《山海经》,生活在东海中的小岛上,人面鸟身,用两条黄蛇作为耳环,脚踩着两条黄蛇。皇帝的后裔,东海之神。

禺京,出自《山海经》,禺䝞的后裔,北海海神。也作禺彊、禺强;兼有风神、海神和瘟神的权能。身体像鱼,但是有人的手足,乘坐双头龙;风神禺彊据说字"玄冥",是颛顼的大臣,形象为人面鸟身、两耳各悬一条青蛇,脚踏两条青蛇,支配北方。据说禺彊的风能够传播瘟疫,如果遇上它刮起的西北风,将会受伤,所以西北风也被古人称为"厉风"。

谨头国民,出自《山海经》,其人面有翅膀,鸟嘴,捕鱼。依靠翅膀而飞行。

弇兹,出自《山海经》,居住于西海中的小岛上,人面鸟身,耳朵上穿了两条青蛇,脚踩两条青蛇。西海之神。

鱼妇,出自《山海经》,有一种鱼,半身偏枯,一半是人形,一半是鱼体,名叫鱼妇。据说是颛顼死而复苏变化成的。颛顼是昌意之子,在他死去的时候,刚巧大风从北面吹来,海水被风吹得奔流而出,蛇变成了鱼。已经死去的颛顼便趁着蛇即将变成鱼而未定型的时候,托体到鱼的躯体中,为此死而复生。后来人们就把这种和颛顼结合在一起的鱼叫作鱼妇。

三、海宝的人文思想

2010年世博会的吉祥物海宝体现了海洋生态文化。吉祥物从各个层面反映了东道国的历史发展、文化观念、意识形态以及社会背景,实现"充分体现主办国家的文化"。世博会吉祥物,不仅是世博会形象品牌的重要载体,而且体现了世博会举办国家、承办城市独特的文化魅力,体现了世博会举办国家的民族文化和精神风貌,它已经成为世博会最具价值的无形资产之一。

2007年12月18日晚上8点,万众瞩目的2010年上海世博会吉祥物"海宝"终于掀开了神秘面纱,蓝色人字的可爱造型让所有人耳目一新。海宝,以汉字"人"为核心创意,配以代表生命和活力的海蓝色。它的欢笑,展示着中国积极乐观、健康向上的精神面貌;它挺胸抬头的动作和双手的优雅姿势,显示着包容和热情;它跷起的大拇指,是对来自世界各地的朋友发出的真诚邀请,向世人展现当代中国的海洋生态文化。

第五节　海洋生物医药与生态文化

海洋生物医药是利用海洋生物研制海洋药物的医药产业。海洋生物医学应用历史悠久,应用范围广。随着生物技术、制药工程的快速发展,现代海洋医药逐渐成为区域经济发展的重要组成部分。

一、历史悠久的海洋药物利用

在我国,海洋生物的医药应用有着悠久的历史,是我国医药学宝库的重要组成部分。我国是海洋大国,海岸线总长度达 3.2 万多千米,拥有黄海、渤海、东海和南海四大海域,含有丰富的海洋动植物资源。我国是世界上最早将海洋生物作为药物的国家之一,早在 3000 多年前,我国就有了利用海洋生物资源入药治病、入膳强身的记录,积累了很多宝贵的临床经验和可靠的文献资料。公元前的《尔雅》内就有关于蟹、鱼、藻类药物运用的记载。《山海经》《神农本草经》《本草纲目》《本草纲目拾遗》等先后收集海洋本草药物达 150 余种。夏商时期,《山海经》记载了用于治疗疾病的海洋鱼类。《黄帝内经》记载了用乌贼骨和鲍鱼汁来治疗贫血的药方。《本草纲目》共记载海洋药物达 111 种。①

二、当代生物技术的海洋药物制造

当代海洋医药是以现代生物技术为基础的新兴制药工业,通过研究海洋生物的药物来源、分布、形态、鉴别、采集加工、化学成分、药理、炮制、制剂、临床前研究及临床应用等,借助生物基因手段和临床试验等方式,提取海洋药物活性物质,来生产海洋生物医药品。

海洋是一个与陆地截然不同的生态环境,海洋生态系统中丰富的动植物基因库资源、天然产物资源以及海洋生物多样性,在海洋生物医药中具有广阔的发展前景。海洋生物长期生活在低温、高盐、高压、无光照的封闭环境之中,蕴含着大量独特的化学结构、独有的生物活性物质。这些海洋生物制成药物与保健品,能够降血压、降血脂、降血糖、抑制或杀伤肿瘤细胞生长、防治癌症的作用。还可以调节人体代谢功能、提高免疫力、抗衰老等作用,对治疗与预防人类疾病起到很好的效果。

海洋生物制药技术产业已经成为一个难度高、科技含量高的新兴产业。现代海洋生物医药的研究主要包括临床前研究和临床研究两部分,前者又包含了海洋天然产物的发现阶段,先导化合物的合成阶段和药效阶段的研

---

① 王长云、邵长伦、付秀梅等:《中国海洋药物资源及其药用研究调查》,《中国海洋大学学报》2009 年第 4 期。

究。海洋药物研究的基础是海洋天然产物,海洋天然产物主要指海洋生物代谢物中分子量较低、结构特殊的次级代谢物,它们具有各种生物活性,往往具有抗菌、杀虫、降血脂、抗肿瘤、抗癌等药效。

我国自 2007 年 5 月 1 日起实施的《海洋及相关产业分类》中对海洋生物医药业进行了规定,是指以海洋生物为原料或提取有效成分,进行海洋药品与海洋保健品的生产加工及制造活动,主要产品包括药品和保健品。现代海洋药物研究始于 20 世纪 40 年代,兴起于 20 世纪 60 年代,美国是最早从海洋生物体分解特殊活性化合物用于药品生产的国家。从 1967 年美国召开首次海洋药物国际学术讨论会至今,世界各国已经从海葵、海绵、腔肠动物、被囊动物、棘皮动物和微生物体内分离和鉴定了 3000 多种新型化合物,它们的主要活性表现在抗菌、抗病毒、抗凝血、镇痛、抗炎、抗肿瘤和抗心血管疾病等方面。[①] 我国现代海洋药物的研究与开发,发端于 20 世纪 70年代。在 1978 年全国科技大会提出了"开发海洋湖沼资源,创建中国蓝色药业"的战略构想,这是我国对海洋生物医药领域开始发展的重要契机。1979 年,卫生部在山东召开"中国首次海洋药物座谈会"。1980 年设立了"海洋药物学术组",1982 年,在青岛召开了"全国第一次海洋药物学术会议",同年山东省海洋药物科学研究所成立,这是我国第一家海洋药物研究的专业科研机构,随后,我国其他地区逐渐建立了相关科研机构,现代化的海洋药物制造资源、人才和政策制度逐步建立起来。

三、海洋生物医药与区域经济发展

1990 年,第 45 届联合国大会作出决议,敦促世界各国把开发海洋、利用海洋列为国家的发展战略。1992 年联合国环境与发展大会通过的《21世纪议程》把海洋作为重要的组成部分之一。1994 年,《联合国海洋法公约》正式生效,标志着现代国际海洋法律制度的建立,为全球海洋资源与环境的可持续发展奠定了国际海洋法律基础。1996 年《中国 21 世纪议程——中国 21 世纪人口、环境与发展白皮书》出台,把"海洋资源的可持续开发与保护"作为重要的行动方案领域之一,认为 20 世纪 90 年代和 21 世纪的长时期内,实现现代化建设是中国的主要战略任务,中国应该实行以发展海洋经济为中心的海洋战略。此后围绕海洋可持续发展,我国在海洋生

[①] 卞俊:《国内外海洋药物研究进展和展望》,《海军医学杂志》2007 年第 1 期。

态环境保护、海洋资源开发、蓝色经济发展等领域推出了一系列重要的法律政策措施,如《中华人民共和国海洋环境保护法》《中华人民共和国海域使用管理法》《中华人民共和国海岛法》《国家海洋事业发展规划纲要》及《全国海洋开发规划》等,为我国海洋可持续发展提供了重要制度保障,推动了我国蓝色经济和海洋生态环境保护的健康发展。

1996 年国家"863"计划,确定了海洋动植物技术主题,将海洋药物的研究作为重要的研究领域。1998 年,我国制定出了《"九五"和 2010 年全国科技兴海实施纲要》。科技兴海是指从开发新产品、使用技术推广、重点技术开发、示范区建设这四项领域中重点围绕海洋生物资源进行深加工,充分利用海洋资源发展海洋生物制药技术产业。2003 年,国家发展和改革委员会、国土资源部、国家海洋局组织制定了《全国海洋经济发展规划纲要》,规定我国要积极开发工业、农业海洋生物制品及海洋保健品,到 2010 年海洋医药产业要形成一定规模。2005 年,《国家"十一五"海洋科学和技术发展规划纲要》规划建议稿中也明确地提出发展海洋经济。2011 年,《国家"十二五"海洋科学和技术发展规划纲要》明确提出,"十二五"期间海洋科技对海洋经济的贡献率要由"十一五"时期的 54.5% 上升到 60%。海洋开发技术自主化要实现大发展,科技成果转化率要显著提高。海洋科技将从"十一五"时期支撑海洋经济和海洋事业发展为主,转向引领和支撑海洋经济和海洋事业科学发展。这些为我国大力开展海洋药物研究创造了极佳的客观条件。

海洋生物医药业发展迅速。已有 7 种海洋药物获国家批准生产,另外省级批准的海洋药物约 15 种,全国生产海洋药物的企业有 20 多家。海洋药物研究发展迅速,已知药用海洋生物约有 1000 种,分离得到天然产物数百种,制成单方药物 20 多种。复方中成药近 200 种,持有卫"健"字文号并投产的海洋保健食品超过 300 种。

海洋使沿海地区成为经济、社会和文化最发达,人口最密集的地区。蓝色经济是海洋可持续发展理念下海洋经济的高层次发展模式。海洋生物制药产业是生物技术产业类群的一个分支,是开发利用海洋资源、发展海洋经济、促进社会发展的重要手段。海洋生物制药具有高投入、高收益、高风险、长周期的特性,海洋生物制药有着巨大的市场需求和市场潜力,在治疗、诊断、预防、控制乃至消灭疾病中发挥着越来越重要的作用。从海洋生物中制备的很多生理活性组分可以对抗现代人常见的心血管疾病,可以提高机体免疫功能,可以调节机体代谢功能,促进生长发育,等等。海洋生物技术药物具有很高的利润回报率,只要海洋生物新品上市,就能很快收回投资,投资企业可以收获丰厚。

20世纪90年代后,随着海洋可持续发展理念的提出和实施,依靠科技进步促进海洋领域经济发展方式转型、发展高端海洋产业和蓝色经济逐步成为世界主要沿海国家不约而同的重大战略选择和优先发展领域,在发达国家已形成了相互协作、相互交流和区域协作的产业集群。我国沿海开发开放战略开始转变经济发展方式,调整完善区域产业结构,建立低能耗、高附加值的环保型产业发展体系,科学开发海洋资源、合理保护海洋生态环境及促进海洋产业高端化发展。

区域化的沿海经济带不断构建,山东半岛蓝色经济区、辽宁沿海经济带、浙江蓝色经济发展示范区、广东蓝色经济综合试验区、福建海峡西岸经济区、广西北部湾经济区、江苏沿海经济区、天津滨海新区、海南国际旅游岛、黄河口高效生态经济区等被相继批准为国家战略。在强化区域内产业链衔接、资源整合、公共平台集约利用的同时,按照“点、面、群”立体推进的思路,开展海洋领域的高新技术应用研究与产业化工作,坚持对外开放,实现区域内外相关产业配套,促进海洋新兴产业和产业群的形成与发展,最大限度地降低海洋生物制药技术产业化发展成本。

第六节 海洋仿生学的生态文化智慧

一、海洋仿生与艺术设计

仿生学是一门研究生物系统用来改进工程技术系统、艺术设计、社会管理的科学。仿生学最早应用在工程技术领域,通过研究和探索生物系统的结构特性、能量转移、信息控制过程,用来改善现有的和创造新的建筑构型、工艺过程、自动装置等。现代仿生学已经拓展到广大领域,在自然科学领域,研究生物的遗传过程及原理与生物技术结合,进行人工生物系统的开发设计;在社会科学领域,模仿生物的生活规律和管理系统,发展出管理领域和经济领域的系统管理模式;在艺术设计领域,模仿生物的结构、色彩等,应用到服装、交通、建筑等各方面。

仿生设计是基于传统仿生学和设计学基础上发展起来的一门新兴学科。仿生设计以能够给设计活动带来重要启示或实际意义的生物体的形态、结构、功能、色彩与肌理等为主要研究对象,通过对仿生物的学习、模仿、再创造,进行创新设计。仿生设计广泛应用于工业产品设计、建筑设计、服装设计等多个领域。海洋生物形态多样,变化多端,在海洋元素各类设计中,不仅带来另类视角,而且更加具有创意性和时尚性。

(一)工业设计的海洋仿生生态文化

工业化时代以来的生产,越来越注重挖掘人与自然的关系,在产品设计中以生物原型为依据,研究海洋生物结构、材料、形态、功能,通过创造性思维,进行二次甚至多次创新来获得设计的形态,创造功能完备、结构精巧、用材合理、形态优美的新兴现代工业产品。

法拉利车头巨大的进气口就是源于鲨鱼,既表现凶猛强劲的力量,又能极致运用空气动力学。福特 S-MAX 车身下格栅两侧类似于鲨鱼鳃的通风口设计,不仅显得十分有活力,而且当汽车高速行驶时,通风口可减少汽车高速行进时侧面空气的阻力,增强行驶中的稳定性,提高行驶速度。奔驰汽车出产过一款箱鲀式汽车,模拟箱鲀鱼头骨的结构设计而成。箱鲀身上如盔甲般坚硬的外表及独特的骨骼结构,展示了如何利用最少的材料来达到最大的车身强度,而且箱鲀的盒形身体形状也与车厢的形状非常相似。为了尽量保留箱鲀的整体形态特征,设计人员将其主要特征提取出来,进行简化处理,将带棱角的外部轮廓简化成汽车车顶边线轮廓和裙边轮廓,车身尾部也处理成与鱼尾部相吻合的楔形,具有非常出色的流线特征。①

(二)建筑设计的海洋仿生生态文化

仿生是建筑设计的重要手段,模仿动植物的外部造型、生长过程、结构和功能,从而在建筑设计中实现美观、低碳、节能、环保等目的。鸟是天空的代表,在机场建筑中经常出现。鱼是海洋的象征,在表现灵动、动感的很多建筑中多会出现。贝类壳体曲面自然、流畅,波浪状的几何表面具有强大的抗压强度,在大型场馆中多出现。

上海浦东的南汇嘴观海公园,位于临港新城东南面、上海版图的最东南临海处。据史料记载,南汇嘴的由来因大海环其东南,扬子江水出海后受海潮顶托,折旋而南,与钱塘江水在此交汇,故称南汇嘴。公园的标志性雕塑是一条司南鱼。司南,是世界最早的指南针,相传出海渔民巧将磁条嵌于鱼

---

① 聂夏杰、宫浩钦:《仿生理念在设计创新中的应用》,《科学传播》2013 年第 1 期。

南汇嘴观海公园

嘴,浮于水盆,仿司南以辨航向,故有司南鱼之称。据《司南鱼记》记载:"公元 2002 年起,上海洋山深水港、东海大桥、临港新城起步建设,此乃构筑上海国际航运中心的重大举措。时值建设热潮之际,翌年仲夏一日,一尾丈余幼鲸乘潮游入南汇嘴不慎搁浅。建设者见之救助于滴水湖保护,而后护送至东海放生。鲸重返大海,鱼水交融,摇头摆尾,欢畅不已。腾挪海中,频频回首,若解人意,以示盛谢。"巨鲸般的司南鱼雕塑,由不锈钢管构成的双层网架结构、总用钢量约 120 吨。整体雕塑富有海洋般的动感,寓意着发现、交流和开放。

(三)服装设计的海洋仿生生态文化

在服装设计中,设计师将海洋生物的形态、结构纹理、色彩等运用到服装设计中,可以产生新鲜的感官刺激,达到柔滑飘逸、舒展自如、刚柔相济的效果。

鱼鳞片状、鱼尾的摆动姿态作为设计的结构,进行有规律、有层次的组合,能够产生层次分明、大小不一的视觉效果,也可以产生柔顺自如的审美感受。螺类、贝类外壳坚硬、曲度均匀的结构,以及螺旋结构的空间感、纹路的走势可以表现服装的层次感。海洋生物多姿多彩的色彩赋予设计师丰富而又绚丽的服装设计灵感。对海洋生物形态和色彩进行模仿,可以对手链、耳环、项链、鞋、帽、手套、围巾、提包、发饰等进行构思和想象①。鳄鱼皮的拎包、皮夹、皮带等产品很畅销,但价格昂贵,不利于动物保护。通过研究鳄鱼皮的表皮特征和质感,利用表面镀饰工艺,人造皮革酷似天然,可以大批量生产人造皮革,美观而又价廉。

根据鲨鱼的结构特性,在工业、军事、体育等领域仿生鲨鱼,制造出了仿鲨鱼机器人、机器设备、飞机、游泳衣等。2008 年,北京奥运会,游泳天才索普穿着鲨鱼皮泳衣一举夺得 8 枚金牌,鲨鱼皮泳衣是其得力助手。鲨鱼皮泳衣是一种模仿鲨鱼皮肤制作的高科技泳衣,鲨鱼皮肤表面粗糙的 V 形皱褶可以大大减少水流的摩擦力,使身体周围的水流更高效地流过,鲨鱼得以快速游动。鲨鱼皮泳衣采用纤维模仿鲨鱼皮肤结构,在它的表面有一系列的皱褶,这和鲨鱼皮上细小的鳍状结构类似。这些皱褶可以在游泳者周围产生微小的漩涡,扰动沿游泳者身体的水流,从而减小水中的表面阻力。泳衣材料选用弹性、轻薄、防水、速干而又无束缚感的纺织材料,把服装设计的特殊又实用,使流线型的泳装能够减少比赛的阻力和能耗,为运动员提供动力,可以提高游进速度 3%—7.5%。

二、海洋仿生与食文化

以海洋资源为主要原料,利用食品工程手段,从形状、风味、营养上模仿天然海洋食品而加工制成的食品即为仿生海洋食品。

仿生蟹肉食品,以海杂鱼肉、面粉、鸡蛋、盐、豆粉、土豆泥、酒和色素为主要原料,加上螃蟹壳熬制的浓汁,搅拌均匀后,再用成形机压制成柔软的蟹肉样。这种仿蟹腿肉肉质洁白、口感细腻,色、形、味与天然蟹肉几乎一样,而成本却远低于螃蟹肉,并且易于贮存和运输。

仿生海洋食品的出现,使仿生食品具有海鲜品质,为人们的生活开辟了新的途径。因为它具有许多无可比拟的突出优点,充分利用海洋资源。此外,由于仿生食品均由低值海产原料精制加工,成本低,能满足广大消费者对海鲜的需求。

---

① 李莹:《海洋仿生元素在女装设计中的应用》,《济南纺织服装》2012 年第 2 期。

三、海洋仿生与工业进步

人类社会进步与重大工业革命密切相关。18 世纪中叶第一次工业革命,以蒸汽机的使用为技术标志,以机器代替人工,以蒸汽机代替人力、畜力,大大提高了生产能力和劳动生产率,大规模大批量生产成为可能。19世纪 70 年代的第二次工业革命,以电力和内燃机为技术标志,生产流水线的发明,显著降低了生产成本,为人类带来了大批量、廉价、标准化的产品。20 世纪下半叶开始的第三次工业革命,以计算机、生物工程、原子能、空间技术为主要技术标志,在新能源、新材料和互联网运用等领域,发生了革命性的技术创新。可见,每一次工业革命都使人类生存和发展的状况得以彻底改变,用机器代替人手,用煤、油、气、电等工业能源代替人力、畜力等原始动力。生产力极大提高,极大地丰富了人类生活、生产的物质与精神需要。

近年来,德国等欧洲国家又提出第四次工业革命,预言将是绿色工业革命或是智能化工业革命。我国仍存在大量劳动密集型为主的传统产业,迫切需要转型升级。海洋产业和海洋经济已经成为工业产业链中一支生力军,仿生学在产业发展,在新材料、新装备、新设备等技术改进和设备更新中具有巨大潜能。

仿生机器鱼是一种水下机器人。海洋生物中的鱼类,种类繁多、形态各异,经过亿万年的进化,具有了非凡的游动能力。鱼类通过身体运动推动周围的水,以此来获得推进力,对于涡流的精确控制使得鱼类游动推进效率高、机动性好。模仿鱼类的游动推进模式,研制出高效低噪、灵活机动的仿生机器鱼,用以进行水下复杂环境作业,具有海洋勘测、海底探查、海洋救捞、海底管道检测,以及水下侦查和跟踪功能的水下机器人,已成为探索海洋、开发海洋和海洋防卫的重要工具。[①]

仿生草技术是一种海底防冲刷技术。在海洋工程设计中,最常见的海底防冲刷措施为水下抛石、沙包、混凝土沉排垫以及钢管桩等,这类防冲刷都是采用堵截方式,通过一些不怕冲刷的物体来阻止水下冲刷的发生。而海底仿生技术防冲刷系统,采用仿生海草原理,通过仿生海草的黏滞阻尼作用,降低海流流速,能有效控制海底结构物的冲刷,并可有效防止冲刷范围

---

① 王扬威、王振龙、李健:《仿生机器鱼研究进展及发展趋势》,《机械设计与研究》2011 年第 2 期。

的扩展,可为河流、海底等类管线提供有效保护。①

仿生水声通信技术是一种基于海豚叫声的仿生伪装水声通信方法。水声通信网在海洋环境监测、自然灾害预警、港口及近岸检测,特别是对于水下侦察与作战群体的管理、指挥与调试等方面都有十分重要的作用。为防止水声通信网工作时节点暴露、非友好节点接入或节点间交互信息时被侦听,水下通信时对隐蔽性的要求越来越高。海豚有其独特的叫声信号,对海豚叫声信号进行分割,建立一个基于海豚叫声的仿生信号库,这样,在具体的通信过程中只需要从该库中选择适当的叫声信号用于通信,达到了隐蔽通信的目的。②

四、海洋仿生与社会管理

自20世纪90年代以来,人们发现仿生学的研究方法能在管理领域中应用,认为生命系统内蕴藏着管理的精髓。2004年,路甬祥经过研究认为,随着信息技术向网格和智能化方向发展以及神经发育生物学的进展,现代仿生学逐渐向智能化与认知仿生学以及可持续经济仿生学、管理仿生学等方向发展③。

仿生管理学是一门管理学与仿生学等多学科交叉的边缘学科,是从生物学的视角出发研究社会组织的管理问题,以模仿、借鉴、类推、创新等手段,旨在组织建构的和谐与组织运营的高效。仿生管理学是一种赋予没有生命的事物生命的管理理念、机理和模式。生命是自然界完美无缺的事物,生命体在结构、功能运行、内部控制、外部适应等方面有着适用环境的机理和模式,在社会管理上用生命的原理、机理和模式来模拟、设计和运行,会使得社会结构上更合理,功能更协调,运行更有效,是管理趋向于自我发展、自我完善、自我激励、自我约束的成熟状态,减少改革的成本和社会振荡。

生命现象本质的特征是新陈代谢、应激性、生长发育等。新陈代谢是指生物体的各个有机组成部分通过化学物质的合成和降解而不断与外界环境

---

① 刘锦昆、张宗峰:《仿生防冲刷系统在埕岛油田中的应用》,《中国海洋平台》2008年第6期。

② 刘淞佐、乔钢、尹艳玲:《一种利用海豚叫声的仿生水声通信方法》,《物理学报》2013年第14期。

③ 夏国英、潘成彪:《仿生管理学研究的对象与规范》,《齐齐哈尔大学学报(哲学社会科学版)》2006年第1期。

之间进行物质更新和能量交换的过程。社会管理中的各种要素,人流、物流、信息流、资金流、技术流等,必须具备新陈代谢的特征。生命现象的应激性是指生物对外界刺激所产生的反应,应激性是一种动态反应,在比较短的时间内完成。应激性的结果是使生物适应环境。在社会管理中应及时调整内部功能,适应不同的环境变化。生命现象的应激性具有自身规律性,在管理中,要顺应自身规律,顺势而为,既不能用硬性的政策规定,也不能用单纯的行政手段。

鲶鱼效应是著名的仿生管理学事例。鲶鱼,一种生性好动的鱼类;沙丁鱼,生性喜欢安静。为了提高喜静的沙丁鱼在长途运输中的成活率,避免因缺氧窒息死亡,在运鱼船舱放入几条鲶鱼,鲶鱼由于环境陌生,便四处游动。沙丁鱼见了鲶鱼十分紧张,左冲右突,四处躲避,加速游动。这样沙丁鱼缺氧的问题就迎刃而解了,沙丁鱼也就不会死了[①]。在管理上,各级组织要不断补充新鲜血液,把那些富有朝气、思维敏捷的生力军引入队伍中,给那些故步自封、因循守旧的懒惰员工和官僚带来竞争压力,才能唤起沙丁鱼们的生存意识和竞争求胜之心。同时要不断地引进新技术、新工艺、新设备、新管理观念,增强生存能力和适应能力。

鳄鱼法则是另一个广泛适用的事例。如果被鳄鱼咬住了脚,妄图挣扎,想要用手去帮忙挣脱,越是挣扎,就被咬住得越多。因为鳄鱼就是在咬脚的同时,等待挣扎动作,以便彻底制服。而正确的方法就是当鳄鱼咬住脚的时候,果断抛弃自己的脚,以免葬送生命。鳄鱼法则是投资界一个交易法则,即当发现自己的交易背离了市场的方向,必须立即止损,不得有任何延误,不得存有任何侥幸,否则,越挣扎,陷得越深、损失越大。鳄鱼法则同样适用于企业管理、战争、社会管理等。一些企业在市场情况不佳时,采取关闭或缩减生产线、裁减员工、压缩开支,等待经济温暖和复苏。这种策略也许是不得已,但却也是最低风险、最见效果的方法。在过往的经典战役中,指挥官不得不暂时放弃某个重要战区,以退为进,最后获得整个战役。

除此之外,根据鲨鱼的行为特性,在企业管理中,发展出了鲨鱼式管理。鲨鱼式管理强调竞争,强调优胜劣汰,鼓励个人英雄主义,好权力,严厉无情,效率和成绩高于一切。同时,产生了一些"鲨鱼企业",通过强力、肉食、掠夺性来进行企业发展。

---

① 彭宗明:《关于高等院校"鲶鱼效应"人才管理模式的思考》,《中南民族大学学报(人文社会科学版)》2004 年第 4 期。

在利用海洋自然丰富生活方面,仿生自然生物的形状、习性、规律的运用及象征,也是一种自然的生态观念,对海洋生物的仿生,不仅有物质方面,还有精神方面,这说明我们中华民族在利用海洋生态资源上,更融合于自然生态,这些仿生海洋生物的文化行为,体现了我们中华民族对海洋生态的观察和了解并具有科学观的生态文化。

第 二 编

中国海洋生态文化发展的传统智慧

第 一 章

中国传统的海洋生态文化意识与追求

我国是一个地大物博的国家,拥有广袤的大陆面积和海洋面积,这给中国海洋生态意识的产生与发展奠定了基础。自我国有文字记载以来,传统海洋生态意识就在中华传统文化中留下了永久的烙印。比如作为最早的成熟文字系统,甲骨文除了在牛骨上书写,更多的是在来自深海的龟甲上书写,这暗示着在当时海洋的气息已经深入人们的生活,而且在可辨识的1000 个甲骨文字中,与舟船有关的就有 30 多个。① 毫无疑问,这些都显示出先秦时代海洋文明的曙光。到了秦汉时期,随着人们对海洋探索活动的增加,海洋生态意识逐渐萌芽并发展。经过漫长的探索与实践,我国古代逐渐形成了内涵丰富的海洋生态意识,之后并得以继承和发展,成为中华传统海洋文化的重要组成部分。

中国传统海洋生态文化以"天人合一""物我共生"理念为核心的海洋生态审美、资源保护、生态安全等意识,是对海洋和谐社会、和平世界的原始追求。我国传统海洋生态意识以"天人合一"为哲理基础,具体包括海洋生态审美意识、海洋生态安全意识、海洋资源保护意识和海洋社会和谐意识。

而关于海洋社会和谐意识早在先秦时期就已初步形成。具体表现为"四海一家"的天下意识和"声教四海"的国家理念。我国古代典籍涉及天下观常以"四海"或"海内"等词语来称说。比如《墨子·非攻下》"一天下之和,总四海之内";《韩非子·奸劫弑臣》"明照四海之内";《淮南子·要略》"天下未定,海内未辑";汉代泰山刻石文"四海之内,莫不为郡县";等等。"四海"这个词与"中原"相对,表示夷狄等外族居住的边远地区。《尔雅·释地》:"九夷、八狄、七戎、六蛮,谓之四海。"郭璞注:"九夷在东,八狄

---

① 刘家沂、肖献献:《中西方海洋文化比较》,《浙江海洋学院学报(人文科学版)》2012 年第 5 期。

孔子像

在北,七戎在西,六蛮在南,次四荒者。"①对于"中原"与"四海"之间的关系,上古先哲们都以家的关系来形容。比如《论语·颜渊》:"君子敬而无失,与人恭而有礼,四海之内,皆兄弟也。"在孔子看来,不论是居住在中原地区的汉人,还是居住在远方世界的夷狄外族,都是一家人。而战国末期另一位儒学大家荀子也表达了相同的意思。《荀子·议兵》:"四海之内若一家,通达之属莫不从服。"基于此,在处理华夏民族与周边民族的问题上,历代统治者皆以"声教四海"的国家理念为主导原则。《尚书·夏书·禹贡》:"东渐于海,西被于流沙,朔南暨声教,讫于四海。禹锡玄圭,告厥成功。"意思是将华夏文明传播到外部夷狄居住的地方。孔子进一步指出:"故远人

_____

①　王子今:《上古地理意识中的"中原"与"四海"》,《中原文化研究》2014年第1期。

不服,则修文德以来之。"(《论语·季氏》)孔子认为国家不能仅凭武力来征服四方夷狄,而应通过"修文德"来构建优越的华夏文化,从而吸引四方夷狄诚心归附,最终实现"天下大同"的局面。《尚书·商书·说命下》:"四海之内,咸仰朕德。"《盐铁论·能言》:"言满天下,德覆四海。"《新书·时变》:"威振海内,德从天下。"这些论述也都沿袭着海洋社会和谐意识。从建立现代海洋生态伦理学的角度来说,这些认识和主张,都可以作为我们构建新时期海洋生态伦理学的重要思想资料。

第一节　海洋与人类的"天人合一"整体意识

人是自然的产物,与自然同源同体,相互依存,相互制约。早在原始社会,人类就通过简单的采集狩猎活动,意识到必须依赖自然环境获取资源,实现生存繁衍。随着生产力的逐步提高,人类不断积累经验,开始改变自然状态,渐渐掌握了关系到生存繁衍的各种各样的自然规律,比如四时节律、阴阳五行等。在漫长的与自然互动的实践过程中,人类对于人与自然关系的思考一直未曾中断。我国古代对于该命题的思考主要体现在"天人合一"思想上。这一思想为自然系统与人类社会系统之间架起了桥梁,可以说是中国文化的重要特质和主要线索。同时,这一思想影响了社会生活、科技文化等各个层面,无疑也构筑了传统海洋生态意识的哲理基础。

一、"天人合一"观概说

(一)"天人合一"观的起源与演变

"天人合一"是我国哲学的古老命题。"天人合一"的思想可以溯源于商代的占卜。《礼记·表记》:"殷人尊神,率民以事神。"殷人把有意志的神("帝"或"天帝")看成是天地万物的主宰,万事求卜,凡遇征战、田猎、疾病、行止等,都要求卜于神,以测吉凶祸福。这种天人关系实际上是神人关系,由于殷人心目中的神的道德属性并不明显,所以殷人与神之间基本上采取了一种无所作为、盲目屈从于神的形式。

西周继承了商代的思想,天人关系还是一种神人关系,但有了新的发展。西周时期的天命观明显地赋予神(即周人的"天")以"敬德保民"的道德属性：“天”之好恶与人之好恶一致，“天命”与“人事”息息相通。“皇天无亲,惟德是辅。”(《左传·僖公五年》)道德规范是有人格意志的“天”为“保民”而赐予人间的。人服从天命,是一种道德行为,天就会赏赐人,否则,天就会降罚于人。这就说明,“天人合一”的思想在西周的天命观中已有了比较明显的萌芽。周公提出的“以德配天”,更是“天人合一”思想的明确表达。从这里也可以看出,中国传统的“天人合一”思想,从开始起,就与道德的问题紧密联系在一起。

到了春秋战国时期,“天人合一”的哲学思想体系基本形成。当时诸子百家从不同角度来探讨人与自然的关系,虽然侧重点有所不同,但整体思维取向相同。其中,道家的生态观占据重要的地位。《老子·第四十二章》:“道生一,一生二,二生三,三声万物。万物负阴而抱阳,冲气以为和。”《老子·第二十五章》:“故道大,天大,地大,人亦大。域中有四大,而人居其一焉。”老子认为“道”是天地万物发生的根源和基础,在“道”的基础上,天地人成为统一的整体。《孟子·尽心上》:“尽其心者,知其性也,知其性则知天矣。”孟子也主张天人相通,人与自然是息息相通的一体。汉代董仲舒《春秋繁露·立元神》明确提出:“天、地、人,万物之本也,天生之,地养之,人成之,三者相为手足,不可一无也。”王符在《潜夫论·本训》亦曰:“天本诸阳,地本诸阴,人本中和,三才异务,相待而成,各循其道,和气乃臻,机衡乃平。”即天、地、人三者,既各循其道,又相互协调平衡。到了宋代,张载明确提出“天人合一”这一命题,他认为世界本原是太虚,太虚即气,天人合一的基础是气。明清之际,王夫之继承张载学说,并进一步认为人道和天道是道德原则和自然原则的同一,即“天与人异形离质,而所继者惟道也”(《尚书引义》)。上述所有讨论都置天地人于整体系统的框架之中,共同特征是把宇宙万物看成是由同一根源化生出来的,人要与自然浑然一体,遵循自然界的和谐秩序,平等地对待万物,以此实现人与自然的和谐。这是一种典型的生态智慧,道出了人类发展的永恒命题。

(二)“天人合一”观的涵义与实质

第一,宇宙的本真状态是生命秩序的和谐。在天人合一的观念里,宇宙被视为万物富有活力的生命发生和展开过程,呈现着各种生命过程之间的有机联系。“天地之大德曰生”(《周易·系辞下》)。整个大自然被看成一个大的生命整体,在这一生命整体内部的万事万物互相联系、互相渗透,相互感应、相互贯通。气化流行,衍生万物,气凝聚而成万物,气散而物亡又复归于宇宙流行之气,天上之日月星辰,地上的山河草木,飞禽走兽,一切皆由气生。因为气是生命之本,所以人与自然之相通、万物之间的相通,都是生命的交通。儒家认为,万物并育而不相害,道并行而不悖。道家认为事物的多样性甚至会表现出极端对立的特点,但就是在这种对立中,才显示出事物统一的深刻性,事物的多样性才使宇宙充满活力。中国佛教认为,从缘起关系来看,任何事物都相互依存,一即一切,一切即一,都是真如的显现。如果从平常心、欢喜心、慈悲心去观察,就会发现众生平等,圆融无碍。

第二,人类只有实现自身生命秩序的和谐,才能拥有真正的生命。作为生命整体有机构成的人类,与宇宙万物一样,具有生长发育的本性。这个本性是什么? 孟子曾经有明确的解释,认为就是恻隐之心、羞恶之心、辞让之心、是非之心,是人身上仁爱的力量、正义的力量、秩序的力量和理智的力量。人类的生存与发展,最终是为了使爱心更加丰富,使尊严更加稳固,使社会更加和谐,使理性能力得到提升。只有使最真实的本性得到表达,人类的生命过程才会得到完整显示。当然,在中国文化中,对于人类生长发育的本性的认识并不完全一致,如庄子认为真正的人性是回归自然的超越情怀,中国佛教认为真正的人性是众生超越生死轮回、追求理想佛国的品性。但这些超越性的情怀都被内化于孟子所揭示的人性范畴,认为对仁爱、尊严、秩序和理性的顺应是实现其他超越品性的基础。只有顺乎本性,人类的生命才会展现绚丽的风采。

第三,宇宙整体生命意义的彰显依靠人类的德性。天人合一的观念中,一方面,人类从自然界禀受了生命价值,要以人类特有的形式完成自己的人性;另一方面,人类又为天地立心,通过人的目的性的创造活动使自然的目的真正实现出来。[①] 宇宙是有意义的存在,但"人能弘道,非道弘人",宇宙意义的彰显离不开人类的实践活动,对生命本性有所彻悟的人类才能彰显宇宙的意义。《中庸》曰:"唯天下至诚,为能尽其性;能尽其性,则能尽人之性,能尽人之性,则能尽物之性,能尽物之性,则可以参天地之化育;参天地之化育,可以与天地参矣。"即是说,对生命本性有所彻悟的人类才能参与天地万物的大化过程。

总之,"天人合一"思想是我国古代自然哲学的基本理论,其思想体系包括宇宙、天地、气化、阴阳、五行等基本观念及相关学说,构筑了中国传统文化的理论基础。因此,我国传统海洋生态思想在其发生发展的过程中,同

[①]　蒙培元:《为什么说中国哲学是深层生态学》,《新视野》2002 年第 6 期。

样受到它的影响。"天人合一"最能体现我国传统整体系统思维方式的特点,这为中国传统海洋生态意识提供了思想源泉和哲学依据。传统海洋生态审美意识、海洋生态保护意识、海洋生态和谐意识等,都在这一思想的框架之中。它们很好地诠释和丰富了"天人合一"的思想内容。

二、海洋与人类的整体意识

(一)重视海洋资源环境的保护

中国古代哲人认为,人虽然是自然界的一部分,但不是万物中的普通成员,不能混同于一般的自然物。《尚书》:"惟天地,万物之母;惟人,万物之灵。"《孝经》:"天地之性人为贵。"认为人是天下最珍贵的,为万物之灵。基于此,人在天地万物生生不已的运化过程中就负有特殊的使命。

在强调人的能动作用的同时,先哲们又肯定了人类具有超出万物的生命价值和赞助天地之化育的能动力,但这并不意味着把人视为自然的征服者。相反他们认为人必须尊重自然规律,服从自然法则。《周易大传》:"天地交,泰。后以裁成天地之宜,以左右民。"还提出"先天而弗违,后天而奉时"的观点。这些思想表明要发挥人的能动性,节制、开发、调整自然,必须在掌握自然规律的基础上进行。无论是在自然界变化之前的行动,还是在自然界变化之后的措施,都要合乎于自然的本性。在人类与自然界相协调的基础上,达到满足人类要求的目的。荀子说:"天行有常,不为尧存,不为桀亡,应之以法则吉,应之以乱则凶。"这里强调了自然规律的先在性及其对人类的制约作用。

因此,古代哲人在主张"兼爱万物"的同时,把爱护生物、尊重一切生命的价值提高到衡量人们行为的善恶尺度的地位上。曾子说:"树木以时伐焉,禽兽以时杀焉。夫子曰:断一树,杀一兽,不以其时,非孝也。"他把伦理行为推广到生物,认为滥伐树木、滥杀禽兽是不孝的行为,把保护自然提高到道德行为的高度。宋代程颐说:"生生谓之易,是天之所以为道也。天只是以生为道,继此生理者,即是善。"他认为生物的生存繁衍是自然的根本机理,维护这一机理就是善的表现。

基于此,孟子提倡养护动植物,反对"以利为本"地利用生物资源,主张将利用与养护结合起来。他指出:"苟得其养,无物不长;苟失其养,无物不消。"即是说,如果得到很好的养护,什么植物都可以生长出来,如果失去养护,什么植物都会消失。荀子继承和发扬了这种思想,指出:"草木荣华滋硕之时,则斧斤不入山林,不夭其生,不绝其长;鼋鼍、鱼鳖鳅鳝孕别之时,则网罟、毒药不入津,不夭其生,不绝其长也。"也就是说,在山上的草木正在生长的时候,不应过早的砍伐利用,而应让其继续生长;当河里的鱼类繁殖产卵的时候,不应将毒药投入河中,而应使其继续生长;如果能把握好对动植物资源的养护利用的时机,那么资源永远不会枯竭。指出了保护可再生资源的重要性。正是在这些强烈的环境伦理意识的影响下,我国自周朝起几乎历代都制定了保护自然资源的法令,其目的是使开发和利用自然资源不超过自然生态系统所能承受的限度,使可再生资源可以再生,从而为人类持续享用。

(二)农耕文化与海洋文化的和谐共融

中华文明主要发端于黄河流域和长江流域,大陆土地广袤,而且物产丰富,大陆文明悠久而发达,但也没有减弱中国先民向海洋拓展的积极性,在很长一段时间内,农耕文明与海洋文明是和谐共生的。

中国大地幅员辽阔、土地肥沃、物产丰富、自然生态良好,非常适合人类生存。华夏先民在这里狩猎、放牧、农耕,奠定了农耕文明的良好基础。祖祖辈辈生活在这片热土上,吃穿用住都离不开它,便把绝大部分的精力投入到土地,依靠广大的陆地和千万条河流生存并发展,于是催生出灿烂的农耕文明。

与此同时,中华民族在数千年的历史发展进程中,不仅创造了灿烂的农耕文化,也创造了辉煌的海洋文化,并在华夏文明中占有显著地位。我国是最早走向海洋的民族之一。早在7000年以前的河姆渡文化时期,我国的先民们就已认识海洋、走向海洋,并进行了伟大的冒险航行。根据考古材料发现,当时沿东海、南海、黄海、渤海出现了一系列区域性海洋文化,并开始在各区域文化间相互渗透交流。文化交流使得各文化群内涵更加丰富,如具有仰韶风格的彩陶也出现于大溪文化、大汶口文化、红山文化中,类似大溪文化的白陶普遍出于南中国的广大地域。到了春秋战国时期,中国的航海事业超过希腊,出现了征服海洋和经略海洋的第一个鼎盛时期。《易经》中就有"刳木为舟,剡木为楫,舟楫之利以济不通,致远以利天下"的记载。这一时期,虽然古人对海洋的认识还处在天人感应阶段,但是在向东、向南拓展疆域的过程中,以中原为代表的农业文明与东夷、诸越文明相融合,使华夏文明中增添了崭新的海洋文化因素。之后,我国又经历了诸如从秦始皇巡海、徐福东渡到汉代开辟海上丝绸之路再到宋元时期航海贸易的空前繁荣,从对海洋的"渔盐之利"的初步认识到建立完备的市舶制度以谋求航贸之利。这种开放表现在积极拓展航路、发展官民并举的中外双向航贸关系，积极与外域建立多方面的联系等方面。比如唐宋时期"海上丝绸之路"的形成与发展，对中外经济文化交流起到了极大的促进作用，也极大地丰富了我国的海洋文化。

总之，中华民族不但率先于世界其他民族走向海洋，而且在搏击茫茫瀚海的过程中，创造了璀璨的海洋文化，并滋润丰富了中原农耕文化，共同构建了灿烂的中华文明。

专栏：唐宋时期的"海上丝绸之路"

海上丝绸之路是指古代中国与世界其他地区进行经济文化交流交往的海上通道。它成于秦汉，发展于魏晋，繁盛于唐宋。唐代，我国东南沿海有一条叫作"广州通海夷道"的海上航路，这便是我国海上丝绸之路的最早叫法。在宋元时期，中国造船技术和航海技术的大幅提升以及指南针的航海运用，全面提升了商船远航能力。这一时期，中国同世界上60多个国家有着直接的"海上丝路"商贸往来。

第二节　海洋生态审美意识

在人们与海洋长时间的接触过程中，随着社会经济的发展，人们对海洋的认识不断加深，并在此基础上，生态审美成为可能。纵观历史，每个时代对于海洋的审美意识都不尽相同。

一、我国传统海洋生态审美原则

（一）道家"道法自然，自然无为"的生态审美原则

先秦道家认为，人类与宇宙的根源就是"道"。先秦道家的"道法自然"思想，认为自然之道是宇宙万物所应遵循的根本规律和原则，人类应遵守自然之道，绝不为某种功利目的去破坏自然、毁灭自然。这里包含着极为丰富的自然无为与自然协调的哲理。《老子·第二十五章》说："故道大，天大，地大，人亦大。域中有四大，而人居其一焉。"人法地，地法天，天法道，道法

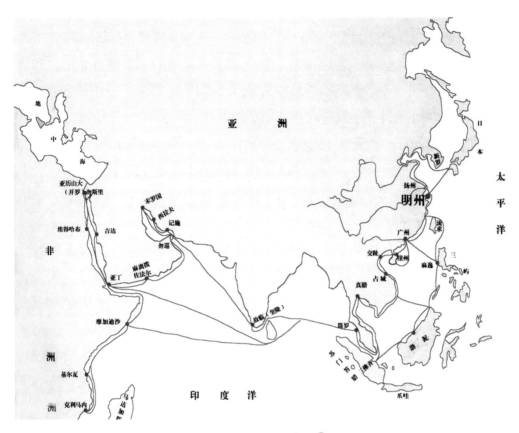

海上丝绸之路示意图①

自然。在老子看来,自然是道、天、地、人所遵循的根本法则。老子的"自然"有"自然而然""本来如此"的意思,鱼在水中游是"自然",鸟在天上飞是"自然",万物都有自然之理,天、地、人、道都遵照本身的自然规律发展变化。天道、地道、人道之本是"生态"之道,"道"遵循的是自然而然的原则。"自然而然"就是美,"道法自然"形成了"生态之道美"的自然主义审美意蕴。《老子·第二十五章》说:"有物混成,先天地生。寂兮寥兮,独立而不改,周行而不怠。"《老子·第五十一章》说:"物莫不尊道而贵德。""道法自然"既是《老子》中自然观的体现,又是生态美的重要特征。"大自然"体现了道的原则和精神,所以天地有大美而不言。② 道之本性是自然、生态,离开了"生态之自然",也就不成其为"道",生态之美就成了无源之水、无本之木。王弼《道德经注》说:"道不违自然,乃得其法。"③就是说道本身无所作为,而应顺应事物之自然,表现了一种自然生态的无为之道,这种"道",体

---

① 资料来源:http://history.people.com.cn/n/2014/0520/c385134-25040882.html。

② 潘显一:《大美不言》,四川人民出版社1997年版,第118页。

③ (魏)王弼:《道德真经注·道藏》,上海古籍出版社1988年版,第278页。

现了生态美的意蕴萌芽,"道法自然"也就成了生态美学的根本原则。

庄子继承了"道法自然"的思想,《庄子·天运》说:"夫至乐者,先应之以人事,顺之以天理,行之以五德,应之以自然。然后调理四时,太和万物。"所以,《庄子·秋水》说:"无以人灭天,无以故灭命。"《庄子·缮性》说:"阴阳和静,鬼神不扰,四时得节,万物不伤,群生不夭;人虽有知,无所用之,此之谓至一。当是时也,莫之为而常自然。"可见庄子所赞赏的是自然而然的状态,庄子认为,人与万物有着共同的本原和共同的法则,这个共同的本原和法则就是"道",正是"道"把天地万物联系起来,构成了一个有机的不可分割的整体。

道家讲"道法自然",讲道的本性是自然而然的,落实到人的实际行动之中,就是要做到"自然无为"。《庄子·应帝王》中说:"无为名尸,无为谋府,无为事任,无为知主,体尽无穷,而游无朕。"又如《庄子·在宥》中说:"君子不得已而莅临天下,莫若无为。无为也而后安其性命之情。"这里的"无为"显然是"不为",但并不是一切都不为,而是为我所为。庄子明确反对外在的人为强行破坏事物之内在自然本性的做法,呼吁"无以人灭天"(《庄子·秋水》),对待自然,人类就当"不开人之天,而开天之天"(《庄子·达生》)。庄子强调要顺应自然之道,尊重事物发展变化的客观规律,顺之以天理,应之以自然(《庄子·天运》),因为"为事逆之则败,顺之则成"(《庄子·渔父》),"无为也,则用天下而有余;有为也,则用天下而不足"(《庄子·天道》),无为,才能使万物滋生,用之不尽。庄子把既懂得社会发展规律又懂得自然规律的人称为真人、至人,"知天之所为,知人之所为者,至矣"(《庄子·大宗师》)。"真人"处处与自然协调,叫作"与天为徒"。而那无视自然规律,随心所欲,叫作"与人为徒",这种人是注定要失败的。因为天与人不相胜也,人终究战胜不了天,自然的客观规律是人的意志改变不了的。既然如此,就需要认识自然规律,"天地固有常矣,日月固有明矣,星辰固有列矣,禽兽固有群矣,树木固有立矣。"(《庄子·天道》)天地、日月、星辰、禽兽、树木都有其内在的本性和规律,所以人类必须顺应自然之道,倘若刻意用外力改变自然,"乱天之经,逆物之情,玄天弗成"(《庄子·在宥》),就必然造成"云气不待族而雨,草木不待黄而落,日月之光盖以荒"(《庄子·在宥》),以及"灾及树木,祸及止虫"的灾难性后果和生态危机(《庄子·在宥》)。

对此,李约瑟指出:"简单地说,道家确信人们在更多懂得自然运行的规律之前,是没有能力真正治理好人类社会的;道家有两条有名的格言:

'自然'和'无为'。'自然'即事物依其本性自然地发生发展；'无为'即不要强制而要允许事物依其本性按自己的规律发展，丝毫也不要违背自然意愿。他们甚至这么认为，如果人们任其自然，遵循自己本性的支配，那么，一切都会和谐地相处。强迫人们做他们所并不真正愿意做的事情，就有可能使他们受到损害和屈从于压力。如果每个人都按自己的意愿行事，就会有一种自然的合作、自然的幸福，那么世界将成为一个真正的生活乐土。"①

（二）儒家"执两用中"的生态审美原则

《中庸》讲究"执两用中""中和""中庸"，并把它推广到宇宙万物之中，让万物处于一种正常有序的状态，强调人类在对待自然时，要无过无不及，真正符合天地万物发展变化的准则。也即是说只有采取"中庸"或"中和"，才能使人与自然和谐发展。虽然古代思想家没有明确提出"适度"的概念，但是众多思想家在阐释他们的观点时不同程度上流露出的"适度"因素仍然值得今人借鉴。在中国古代，适度思想在《尚书·洪范》《尚书·大禹谟》《论语·尧曰》等著作中早有论述。孔子言谈中就有许多关于"适度"的思想。他在称赞舜时说："执其两端，用其中于民。"《论语·子路》中说："不得中行而与之，必也狂狷乎！狂者进取，狷者有所不为也。"孔子把"中"看作两极中最好的状态，对它的接近则是最和谐的。孟子强调"适时"和"可行"，称"可以止则止，可以久则久，可以速则速"。朱熹也解释"中道"是事物要有个恰好的道理，不偏不倚，无过不及。在这些思想家们看来，"适度"是事物一个不偏不倚的和谐状态，"过度"和"过分"都是没有掌握好恰当的火候，超过了应有的限度，只有掌握好恰当的尺度，才能达到平衡和恰到好处的"适度"。由此可见，"适度"思想最早限于伦理道德领域。但是，面对日益严峻的生态问题，应把"适度"的适用范围扩展到生态伦理的领域，并在资源的利用中贯彻这一原则。

除此之外，古人在充分了解自然、认识自然规律的基础之上，全身心地融入自然之中，感悟生命的神奇与强韧，获取身心的愉悦与快感，是一种"天人合一"的生态审美。比如孔子在《论语·雍也》篇中提出的"乐山乐水"观，不仅站在"仁者"的角度爱护自然万物，更是融入自然之中，因山水而乐，与山水同乐，达到一种"天人合一"的境界。"智者乐水，仁者乐山；智者动，仁者静；智者乐，仁者寿。"（《论语·雍也》）其中美学上的情感体验，

---

① 李约瑟：《中国科学思想史》，科学出版社 1990 年版，第 268—269 页。

是深入山水之中方能体会的,其中也带有对自然(即天)的发自内心的尊敬与热爱。正如蒙培元所说:"这正是仁智之人热爱大自然的写照,是人与自然和谐相处,从中得到无限乐趣的合伦理与审美为一的境界。"这也是"知之者不如好之者,好之者不如乐之者"(《论语·雍也》)的真实写照。孔子所强调的"与天同乐"就是能够体会万物的生生不息,而达到"与天地同流"的境界。在《论语·子罕》篇中记载孔子站在河岸上,仰观俯察河川里的流水,故而兴起感叹"逝者如斯夫! 不舍昼夜"。这里的"逝者",没有特定的所指,可以包罗自然万象。孔子仰观天文,观日月运行,昼夜更始;俯察地理,看花开花落,四时变迁。天地如此,生在天地间的人,亦不例外。由河川流水想到生命变化,将人的生命历程融入自然界的生命流转之中,还原一个生命整体。在《论语·先进》篇中,孔子让弟子们各自谈谈理想,最后问及曾皙,曾皙这样说:"莫春者,春服既成。冠者五六人,童子六七人,浴乎沂,风乎舞雩,咏而归。"暮春时节,穿着新衣裳,带着几个朋友孩童,洗澡吹风,十分逍遥自在,这种理想让孔子喟然叹曰:"吾与点也。""吾与点也",深刻地表明回归大自然乃是孔子的志向,与自然亲近,在自然之中寻找存在感,在自然之中享受和乐美好的生活,才是最大的快乐,也是最大的追求。①

二、我国传统海洋生态审美意识的具体表现

海洋生态审美是从美学的角度对海洋生态系统进行的整体关照和价值整合,它的关注点在于人与海洋的自然和谐。上述这些原则虽然都以人与自然的审美关系为基点,并未专门强调人与海洋的审美关系,但由于海洋是天地自然的重要组成部分,这些思想所倡导的原则也成为我国传统海洋生态审美意识的基本原则和主要内容,并体现在我国古代不同时期以海洋为题材的绘画、诗歌、小说等文艺作品中。

(一)文学方面

古代涉及海洋审美的诗词歌赋小说等文学作品很多。随着海上活动的日益频繁,古人了解海洋的机会越来越多,文人在对海洋文学进行创作的时候,海风、海浪、海涛、海鱼以及海鸟等,都成为文人笔下对海洋的描述对象。

---

① 胡培真:《四时思想与先秦生态审美研究》,山东大学 2014 年硕士学位论文,第40 页。

比如曹操的《观沧海》："东临碣石,以观沧海。水何澹澹,山岛竦峙。树木丛生,百草丰茂。秋风萧瑟,洪波涌起。日月之行,若出其中;星汉灿烂,若出其里。幸甚至哉,歌以咏志。"诗中,诗人以"澹澹"一词描写大海水面浩渺的样子,并在此基础上用"树木""百草""日月"来衬托海洋的广袤无垠,将诗人的胸怀与广阔的海洋结合在一起,更加形象地表现了诗人的雄心壮志,成为诗人"索物寄意"的现实对象。此外,《文选·木华》的《海赋》也是描写海洋的一篇经典之作,诗人在对大海进行描述的时候写道:"洪涛澜汗,万里无际……腾波赴势,江河既导,万穴俱流,掎涸五岳,竭涸九州,沥滴渗淫,荟蔚云雾,涓流泱瀼,莫不来注,於廓灵海,长为委输,其为广也,其为怪也。宜其为大也……"这篇赋以超乎寻常的语句,豪迈阳刚的激情,描述了大海瑰奇壮阔的景观,以"天轮"和"地轴"两个经典比喻,树立了海洋经天纬地、周旋于整个世俗空间的巨大能量,将海洋塑造成横亘天地的最高存在,表达了对海洋的赞叹和敬畏之情。

到了唐五代,涉海小说开始走向成熟。据统计,当时涉及海洋的小说95篇,题材内容包括海外奇珍、海上历险、神仙主题等多个方面①,并在海洋生活的描述中体现了高雅浪漫的审美情趣。想象奇特,为我们渲染了一幅幅奇异多彩的海洋美景。比如《白幽求》篇中真君吟诗,其中有两句"鸟沉海西岸,蟾吐天东头",描写了海上的夜晚,飞鸟西沉,蟾蜍吞吐。牛僧孺的《幽怪录·柳归舜》篇中有一首描写海洋的早晨的诗:"露接朝阳生,海波翻水晶。玉楼嗽寥靡,天地照相明。"这四句诗,描写了朝阳从海上升起,光线照在翻滚的海面,闪烁着水晶般美丽的光芒,天地仿佛都被照亮了。这些文章用细致的语言描写了海洋,具有逼真的效果,让人感觉波澜壮阔的海洋如在眼前一般。而在这些诗歌中,海洋的景色是波澜壮阔、奇异多彩的,有着超越俗世景观之上的审美内涵与意蕴。

还有李峤的《海》,诗中有云:"习坎疏丹壑,朝宗合紫微。三山巨鳌涌,万里大鹏飞。楼写春云色,珠含明月辉。会因添雾露,方逐众川归。"诗人以"三山""万里""巨鳌"和"大鹏"比较,不仅写出了海洋作为物理空间的宽广无垠,而且从隐喻的角度点明了海洋是神秘的空间存在。再如卢肇的《海潮赋》、姚合的《杭州观潮》以及吴融的《海上秋怀》等,都是直接将海洋作为观察对象,以海洋为媒介抒发自己或慷慨、或深远、或超脱的不同情感,海洋成为诗人倾诉情感的凭借。后世则有柳永的《望海潮》、罗隐登的《三

---

① 罗丝:《唐五代涉海小说研究》,湖南师范大学 2014 年硕士学位论文,第 15 页。

宝太监西洋记》等作品,他们大多赞美了瑰丽壮阔的海洋风光,表达了人们亲海近海的喜悦,以及对人与海洋和谐这一审美境界的追求。

专栏:《三宝太监西洋记》

《三宝太监西洋记》,又名《三宝太监西洋记通俗演义》《三宝开港西洋记》,简称《西洋记》。它是我国明代作家罗懋登创作的一部以海洋漫游为题材的长篇神魔小说,全书共一百回。该书以明初郑和、王景弘等人下西洋为史料背景,详细地描写了下西洋经过各地方的风土人情、物产资源,以及经济、政治制度等情况,表达了人们对海洋的关注和对外部世界的探求。该书还穿插了许多神魔故事和奇事异闻,比如"第一至七回为碧峰长老下山,出家及降魔之事;第八至十四回为碧峰与张天师斗法之事;第十五回以下则叙郑和挂印,招兵西征,天师及碧峰助之,斩除妖孽,诸国入贡,郑和建祠之事也",这使郑和等人的航海过程带上了许多神秘色彩。

(二)艺术方面

"师法自然"是我国古典绘画美学的根本要求。"自然"就是"道",就是"美"。魏晋南北朝绘画美学有三大命题:"传神写照""澄怀味象""气韵生动"就传承了这一理念。山水画要表现宇宙生机,天地造化,并把这一原则作为终极的美学追求。唐代画论家朱景玄在《唐朝名画录》序中说:"伏闻古人云,画者,圣也。盖以穷天地之不至,显日月之不照。"清代画家龚贤说:"书画,与造化同根,阴阳同候……心穷万物之源,目尽山川之势。"宋代美学家提出"身即山川而取之"。明代美学家提出"吾师心,心师目,目师华山"。可见,古人认为画家必须以"万物为师,以生机为运",亲近自然,效法自然,才能达到审美效果。这也是把握宇宙本体"道"的基本途径。因此,早在原始社会,先民们就已在艺术领域建立了人海和谐的关系。比如新石器时代的陶器上经常刻有鱼纹图案。人和水的关系就像鱼和水的关系一样,带给我们最美的审美体验。

由于在我国历史上多数自然水域都有传统渔业活动发生,后世的传世山水画作中也多以渔业活动场景作为画面的点缀。这反映了古人的大自然生态系统整体观和重视生产活动与生态系统运行之间需保持平衡和谐关系的信念。先祖们深刻地认识到,渔业生产活动必须依赖于良好的自然生态

千里江山图（局部）

环境,人们自身的生态觉悟、生态情怀和生态实践对于维护人水和谐、提高生存质量、获取精神愉悦都起着至关重要的作用。这一切都表征在传世涉渔名画等我国传统文化瑰宝中。比如五代南唐董源的《潇湘图》,五代南唐赵幹的《江行初雪图》,北宋许道宁的《渔夫图》《雪溪渔父图》,北宋王诜的《渔村小雪图》,北宋王希孟的《千里江山图》,北宋徽宗赵佶的《雪山归棹图》,北宋末期李唐的《清溪渔隐图》,等等。其中,《江行初雪图》《雪溪渔父图》《渔村小雪图》《雪山归棹图》《雪江游艇图》《雪江捕鱼图》《雪山图》《雪溪放艇图》《寒塘渔艇图》等反映了渔人在冬季捕鱼或垂钓的情景。这说明古人鲜少在夏季或秋季的前中部分从事捕捞业生产,这起到了在鱼类生长繁育期养护水生生物、促进渔业资源种群更新、进而维护生态系统平衡的作用,以及人海和谐的审美情趣。

此外,我国古往今来表现渔业劳动与海洋生态之间和谐关系的音乐,在不同地区、不同文化阶层中,都大量地产生,其中被民众演绎不衰、传承至今者为数不少,例如,唐教坊曲《渔歌子》、古琴曲《欸乃》(原曲为《渔歌》)、古筝曲《渔舟唱晚》、古琴曲《渔樵问答》、古琴曲《潇湘水云》、古琴曲《鸥鹭忘机》、赫哲族民歌《乌苏里船歌》、湖南民歌《洞庭鱼米乡》、汉族民歌《渔歌》、笛子曲《水乡船歌》等,各自蕴含着"天人合一"的生态情趣。

专栏:中国古代绘画理论

古今画品,论之者多矣。隋、梁以前,不可得而言。自国朝以来,惟李嗣真画品录,空录人名而不论其善恶,无品格高下,俾后之观者何所考焉。景玄窃好斯艺,寻其踪迹,不见者不录,见者必书,推之至心,不愧拙目。以张怀瓘画品断神、妙、能三品定其等格,上中下又分为三。其格外有不拘常法,又有逸品,以表其优劣也。

夫画者以人物居先,禽兽次之,山水次之,楼殿屋木次之。何者?前朝陆探微屋木居第一,皆以人物禽兽,移生动质,变态不穷,凝神定照,固为难也。故陆探微画人物极其妙绝,至于山水草木,粗成而已。且萧史木雁风俗浴神等图画尚在人间,可见之矣。

近代画者,但工一物以擅其名,斯即幸矣。惟吴道子天纵其能,独步当世,可齐踪于陆、顾。又周昉次焉。其余作者一百二十四人。直以能画定其品格,不计其冠冕贤愚。然于品格之中略序其事,后之至鉴者,可以诋诃,其理为不谬矣。

伏闻古人云:画者,圣也。盖以穷天地之不至,显日月之不照。挥纤毫之笔,则万类由心;展方寸之能,而千里在掌。至于移神定质,轻墨落素,有象因之以立,无形因之以生。其丽也,西子不能掩其妍;其正也,嫫母不能易其丑。故台阁标功臣之烈,宫殿彰贞节之名。妙将入神,灵则通圣,岂止开厨而或失,挂壁则飞去而已哉?此画录之所以作也。吴郡朱景玄撰。

——《唐朝名画录》序

第三节　海洋生态资源保护意识

海洋是自然生态系统中最大的生态系统,因有丰富的资源、能源而在我们的生活中占有越来越重要的地位。人类应遵循人、海洋、社会和谐发展的客观规律,坚持人与海洋、人与人、人与社会和谐共生,友好相处的良性循环。我国传统文化思想中蕴含有古代思想家、科学家总结并提出的许多保护海洋、人与海洋关系的重要见解,回顾并从中提炼出的超前的海洋生态文化意识,对今天的我们更好地利用海洋、可持续发展海洋有着重大的启示意义。

自先秦始,我国历代的思想家多对人与自然、海洋的关系提出过自己的见解,反映出其朦胧的生态意识,对人们探索自然、海洋一直有着重要的启蒙意义。

一、古代海洋生态资源保护意识的萌发

海洋蕴藏着丰富多样的生态资源,在长期采捞、捕食等海洋实践生活中,人们逐渐意识到海洋生态资源的重要性。

春秋时期齐国为富国强兵称霸诸侯,积极发展渔盐之利,对诸侯各国采取"使关市几而不征(税)"、以利"通齐国之鱼盐"的政策。齐国的沿海渔民深知海洋有利可图,"渔人之入海,海深万仞,就波逆流,乘危百里,宿夜不出者,利在海也"①。韩非子曾指出:"历心于山海而国家富"②,荀况也认为:"东海则有紫绌、鱼、盐焉,然而中国得而衣食之;西海则有皮革文旄焉,然而中国得而用之。故泽人足乎木,山人足乎鱼"③。这些记载言说充分反映了我国先民对海洋生物资源的重视和利用。类似的对海洋资源的记载和评述在《诗经》《史记》《汉书》等古代的经典之作中也多有出现,如司马迁在《史记》中写道:齐国姜太公"修政,因其俗,简其礼,通商工之业,便鱼盐之利,而人民多归齐,齐为大国"④,又写道:"楚、越之地,地广人稀,饭稻羹鱼……果隋蠃蛤,不待贾而足,地势饶食,无饥馑之患",而燕亦"有鱼盐枣栗之饶。"⑤这些文字进一步说明当时已经十分重视对海洋资源的利用,而且海洋资源在沿海区域的社会生活中有着重要的地位和作用。

新石器时代我国沿海区域多有贝丘分布,考古发现贝丘遗址仅记有牡

---

① 《管子·禁藏》。
② 《韩非子·大体篇》。
③ 《荀子·王制篇》。
④ 《史记·齐太公世家》。
⑤ 《史记·货殖列传》。

蛎、海蛤等软体动物就有20多种,可见已产生了区分认识海洋生物的类别观念。《尔雅·释鱼》中记载有较多的海洋生物的类名异称,其分类原则主要是根据生物的个体大小、颜色及其搭配形式、形态特征以及生活环境,在历史上产生了一定的影响。汉代的《相贝经》《汉书·食货志》等书中也有关于海洋生物的分类记载,表现出对海洋生物的高度重视,由此可知对海洋生物的分类和命名已取得了不少成就。海洋中的某些鱼类在秦汉时期已经作为食物珍品,并有了对鱼质的评价,还认识到某些鱼种有毒。东汉王充就曾指出:"人食鲑肝而死"①,鲑即是河鲀。《说文解字》中就记载有多种海鱼的名称及产地,如"鱀鱼"出自"东莱","鲈鱼"产于"吴淞江"。将海洋生物用于观赏,也在古籍中有记载。约从西周开始,珍珠已进入装饰品的行列,而后则有珍珠贵重的记述。产于南海的珊瑚在秦汉大统一时期被命名为"烽火树""女珊瑚",并被当作贡品运送至长安供人展览观赏。

我国古代对海洋生物的认识主要有两个特点:一是对海洋生物的认识种类繁多、极为丰富,而且随着时间的推移对新发现的记载不断增多。从古籍史书中我们看到海洋鱼类、海洋鸟类、海洋哺乳动物、海洋爬行动物、海洋软体动物、海洋藻类等均有记载,古人已有了不同程度的认知。二是对海洋生物进行分类和命名,并给予特性上的考证与描述。随着对海洋生物的不断认知,人们已慢慢发现并总结各种生物的类别、生长发育和习性及分布等,注意到因时间或区域不同而存在的特性差异。通过不断观察总结海洋生物的生长规律、习性差异、区域分布等对海洋各种资源的认识评价和有效利用,逐渐产生了对海洋生态资源的保护意识。

自古以来,我国就非常重视对海洋资源的保护,提出了诸多合理利用与保护海洋生物资源的主张。在众多海洋生物中,鱼应该是古代先民们较早认知的一种动物,而且成为他们捕获的主要对象之一。因此,对水生鱼鳖等动物,在捕获时间、捕获工具和捕获手段等方面,古人们都做了明确的保护性规定。

首先是限定海洋生物的捕获时间。尤其是对雌性或怀孕动物,不能伤害或捕杀。比如《国语·鲁语上》:"今鱼方别孕,不教鱼长,又行网罟,贪无艺也。"韦昭注:"别,别于雄而怀子也。"杨倞注《荀子·王制》:"鼋鼍、鱼鳖、鳅鳝孕别之时,罔罟毒药不入泽,不夭其生,不绝其长也。"上述这些论述都指出要遵守时禁,保护怀卵的海洋生物,从而有助于实现海洋种群的繁

---

① 《论衡·言毒篇》。

衍。此外,自春秋或更早时期以来,我国就有保护幼小动物的传统。比如
《孟子·梁惠王上》:"数罟不入洿池,鱼鳖不可胜食也。"赵岐注:"鱼不满尺
不得食。"指出严禁捕鱼者捕猎小鱼。其次是限制海洋生物的捕获工具。
比如针对禁止捕获幼小鱼类这一条,古人提出细密之网不得入水。赵岐注
《孟子·梁惠王上》载孟子语"数罟不入洿池"曰:"数罟,密网也,密细之网,
所以捕小鱼鳖也,故禁之不得用。"朱熹进一步解释道:"古者网罟必用四寸
之目,鱼不满尺,市不得粥,人不得食。"毛亨、孔颖达在解释《诗经》时代鱼
类众多的原因时,也有相同的说法。毛亨曰:"古者……庶人不数罟,罟必
四寸,然后入泽梁。"孔颖达亦曰:"庶人不总罟,谓罟目不得总之,使小言使
小鱼不得过也……罟目必四寸,然后始得入泽梁耳。"此外,古人在限制相
关捕获工具的同时,还提倡在捕获海洋生物时,使用对动物生长、繁殖有利
的工具。比如捕鱼,钩钓与网捕相比,"钓则得鱼少,网则得鱼多"。因此,
以孔子为代表的先哲们本着仁爱之心,"钓而不网",号召大家不要过度开发
海洋生物资源,要有所节制和有序开发。最后是限制海洋生物的捕获方式或
手段。其中影响最大的论述是严禁竭泽而渔。比如《礼记·月令》主张在鱼
类繁殖生长的仲春时节"毋竭川泽,毋漉陂池"。不止是二月如此,即使是在
允许捕鱼的季节,通常也严禁竭泽而渔。《吕氏春秋·义赏》:"竭泽而渔,岂
不获得?而明年无鱼。"倘若不择手段地捕捉鱼类资源,虽然可能短时致富,
但其后果是不能实现对鱼类资源的可持续利用。此外,古人还禁用药物捕杀
海洋生物。我国古代以药物捕捉鱼类的做法较为普遍。比如春秋战国时期
的医学名著《万物》中,就有"杀鱼者以芒草"的记载。对此,许多先哲们都极
力反对这一捕获手段。《周礼·秋官·雍氏》:"禁山为之苑、泽之沈者。"贾
疏:"沈者,谓毒鱼及水虫之属者,谓别以药沈于水中以杀鱼及水虫。"

二、古代保护海洋生态资源的哲学思想

　　我国很早就有了保护海洋生态资源的思想,在各种海洋实践活动中形
成了"以顺天地时利之宜,识阴阳消长之理"的思想,形成了仁爱万物,"取
有时,用有节""不涸泽而渔"的基本法则。为达到保护生态环境、维护生态
平衡的目的,我国古人强调要顺应自然,遵循万物发生、发展的客观规律,才
能使自然万物蓬勃生长,各得其所,各尽其宜,使生生不息的生物资源能得
到长期的合理利用。这些思想认识蕴含着有关生态平衡、海洋生物资源的
保护和利用等在内的生态哲学内涵。

（一）顺应天道，热爱自然

在中国古人的思想观念里，天地乘于元气，万物之生，皆秉元气，所以，"山水与人，其气本相流通"，这就是在中国古代思想领域占重要地位的天人合一思想。这种思想虽然成为历代"君权神授""三纲五常"政治理论的哲学基础，但它同时也促成了古代中国人与自然间形成的和谐关系，可以说，它是中国古代海洋意识文化内涵的哲学内核所在。中国古人以花草为友、以林泉相娱自不待言，即使是面对生活圈子外的浩瀚凶猛的大海，他们也以自己固有的思维习惯极力将其同化。

在我国古代哲学家的思想中，"天人一体"不仅是一种认识，而且也是一种感受、责任及道德规范，人们应顺应、关心和保护天地万物，从而使人的自然生态意识与伦理道德观念合而为一。宋代思想家张载指出："乾称父而坤母，予兹藐焉，乃混然中处。故天地之塞吾其体，天地之帅吾其性。民吾同胞，物吾与也。"①意思即是天可称父，地可称母，天地是万物和人的父母，人是天地间万物之一员，天、地、人三者浑然共处于宇宙之中。天地万物与人的本性都是一致的，故天地之性就是人之性，所以人类是我的同胞，万物是我的朋友。在他看来，人的生命活动不仅有调整人与人之间相互关系的道德意义，而且有调整人与自然界之间的关系的超道德意义，故人生的最高理想应是双重的："为天地立心，为生民立命，为往世继绝学，为来世开太平。"②从中反映出张载主张顺应自然，遵循"天道"，使人与自然之间始终处于和谐平衡的状态，同时顺应并遵循"四时行，百物生"的万物自我生育、荣枯以及其循环发生、发展与生生不息的客观规律。

古代其他思想家也都有过"天人一体"、热爱自然的朴素的生态哲学意识的表述与见解，宋学的集大成者朱熹即主张顺应天道、热爱自然，他认为人性与物性有相通的一面，"人是天地中最灵之物"③，从"人物所得以生之理"④这一点上看人与物是相同的。人与天地具有同样的特性，都是具有内在生命结构的有机体，人与天地的不同只是规模有大小之别而已，都是由其阴阳之气孕育而成。

---

①　（元）脱脱：《宋史》卷 427《张载传》。

②　《张子全书·近思录拾遗》。

③　《孟子集注》卷 11《告子章句》。

④　《孟子集注》卷 8《离娄章句》。

（二）"仁"爱万物，尊重生命

儒学中仁爱的深层本质是爱护生命，人的爱心是源于天地生物育物之心，因此，"仁"不仅是人的道德心，也是天地本身所固有的普遍性品格，"仁是天地之生气"，"仁者，天地生物之心"。古代以儒家为代表的思想把对待生物生命的态度作为区别仁与不仁的根本标准，反映了当时人们对生物资源认识的深化与重视。

宋代的周敦颐认为：我与天地之间在于皆有生意，"天以阳生万物，以阴成万物。生，仁也；成，义也。故圣人在上，以仁育万物，以义正万民。天道行而万物顺，圣德修而万民化。"①二程也认为："仁者浑然与物同体"，"仁者以天地万物为一体"②，即人与万物是有生命的整体，血脉相连，痛痒相关，如头、脑、心、肺、四肢之间的关系一样；仁人对于自然界受到损害，如己身受到损害相同，应有切肤之痛。不关心天地万物的生命的人，是由于他与天地一体这个大生命之间的命脉不畅，处在麻痹的病态之中，故"医书言手足痿痹为不仁"③。因此"国家本仁义之用，达天地之和"，使"鸟兽虫鱼"万物，"宜各安于物性"，"庶无胎卵之伤，用助阴阳之气"。鸥鸟知己的意象非常典型地代表了中国人推崇的对待大海的心态：古时海上之人有好鸥鸟者，每日清晨必与海鸥游玩，彼此相亲。后其父闻知，让他带几只回来玩。翌晨到海上时，鸥鸟则盘旋不下。从中可看出我国古人的若能不忮不求、不存己心，可与白鸥同游，与大海交融。

（三）"盗天地之时利"

古代哲学思想中从不同侧面论述过维护生态平衡、保护生态资源的见解，尤其注重顺乎自然之利。海的潮涨潮落、波起浪涌，正与人生命脉搏的律动息息相关。"天行健，君子以自强不息"，人们在此找到了与海洋的契合点。

宋代朱熹提出了"因天地自然之利"的生态哲学观，他说"一草一木，皆天地和平之气"，认识到人类必须尊重、顺应自然客观规律，合理地利用自然资源，对天地自然之利因势利导，维护生态系统的平衡。春秋战国时期齐国在开发利用海洋资源的同时就注意到如何加以保护，《管子》中有这样的话："江海虽广，池泽虽博，鱼鳖虽多，罔罟必有正，船网不可一财而成也。

---

① （宋）周敦颐：《通书·顺化》。
② 《二程集·河南程氏遗书》卷4《二先生语四》。
③ 《二程集·河南程氏遗书》卷4《二先生语四》。

非私草木爱鱼鳖也,恶废民于生谷也。"①这是明确地告诫人们网罟捕捞多少的大小必须要有所限制,船网不可一截而成,否则就会毁掉自己的生活源泉。人类只有"因天地自然之利",才能合理地利用生物资源,维护人类自身的生存环境,保护生态环境。因此人们的生产方式要"顺天地时利之宜,识阴阳消长之理",即要认识、掌握并顺应生态环境变化的客观规律,保持生态环境的平衡。人类不仅应该顺应、利用自然环境,"顺天时,量地利",而且应该发挥人的主观能动作用,在遵循自然规律的基础上改造自然环境,即"盗天地之时利"。

我国传统文化思想中不仅有天人共生一体、天人和谐相适的生态价值取向,而且有人与人的和谐、人与自然相一致的社会生态观,还有热爱生命、热爱自然,包括天地万物等在内的泛爱情感及其所表现出来的生态伦理观念。这种重视保护和合理开发利用海洋资源的科学思想,仍值得好好继承与发扬。

第四节　海洋生态安全意识

海洋生态安全为国家安全的重要组成部分,海洋生态安全意识的缺失,将会给人类自身带来不可逆转的灾难。早在数千年前,我国古人就有了探索和认识人与自然、人与海洋关系的某些生态安全意识,从而为我国现代的生态环境保护提供了一些具有积极意义的经验与值得认真吸取的教训。

一、对海洋自然现象及灾害的早期探知

我国古代对海洋潮汐、海市蜃楼、海洋风暴等自然现象与灾害的科学认知已经达到我们今天难以想象的高度。

(一)对海洋潮汐的探知与应用

我国古人对潮涨潮落的海洋潮汐现象做过种种猜测解释,长期以来积累的潮汐理论十分丰富。《周易》中有"习坎有孚"的经文,有研究者对此这样翻译解释:"坎是象征水这一种物质的。水,经常地连续不断地穿过险阴,按时往来,永远遵守着一定的时刻,没有差错过",因此认为"实际上,这

---

① 《管子·八观》。

里所描述的便是潮汐现象"①。中国古代自然观认为天、地、人等自然界万物有着复杂的内在联系，"把月亮和大地截然分隔开来的想法是和中国人的整个自然主义有机论的世界观相违背的。"②古人很早就用朔望月，并越来越关注到潮汐与月亮的关系。战国时期的《黄帝内经》已较为清楚地提到二者之间的相互关系："月满则海水西盛"、"月郭空则海水东盛"③。东汉王充在《论衡·书虚篇》中则提出了"涛之起也，随月盛衰"的科学结论，明确地把潮汐成因和月球运动密切联系起来。自此形成的传统潮论均是从海水与月亮相互关系去深入探索的。

古代沿海人民不断认识潮流、潮汐的规律并积累着相关知识，用来指导发展多种海洋活动。最广泛的应用莫过于航海。古代航海常按潮候进港停泊，船舶进港出港根据涨潮落潮了解难易快慢。潮汐涨落十分有规则，导航用的更路簿、针经、海图中常载有航线的潮汐情况，沿海许多地方志中常记载有潮汐表用来航行。古代一些港口还专门将潮汐表刻成石碑立于港口以供航海者参考。

（二）对海市蜃楼的探知

在烟波浩渺的海面上，往往出现远处有物体影像的奇幻景象，就是海市蜃楼。海市蜃楼也是重要的海洋自然现象之一，在我国古代引起极大的兴趣，并有不少生动的描述，还对其成因作出过不少探索和解释。

海市蜃楼在中国古代有不少名称：海市、蜃气、蜃楼、蜃市等。《山海经》中有记载："大人之市在海中"④，又载："东海之外，大荒之中，有山名曰大言，日月所出。有波谷山者，有大人之国。有大人之市，名曰大人之堂。有一大人踆其上，张两臂。"⑤不少《山海经》的注释家均解释所载为登州海市。⑥《史记·天官书》《汉书·天文志》等均有海市蜃楼景象的记述："海市蜃气象楼台，广野气成宫阙然。"古代描写海市蜃楼的作品着实不少，如北宋苏东坡的《登州海市》诗、南宋诗人林景熙的《蜃说》、明陶性的《观海市》诗、王世贞的《和呈峻伯蓬莱阁六绝》等诗。

---

① 《中国古代潮汐论著选译》，科学出版社1980年版，第5页。
② 李约瑟：《中国科学技术史》第4卷，科学出版社1975年版，第287页。
③ 《黄帝内经·灵枢·岁露》。
④ 《山海经·海内北经》。
⑤ 《山海经·大荒东经》。
⑥ 袁珂：《山海经校注》，上海古籍出版社1980年版，第325页。

作为浩瀚缥缈海面上的奇幻现象,海市蜃楼引起人们的很大兴趣,对海市发生的时间、地点、条件等进行了一定的总结,并对其成因进行了较为科学的解释。古代之所以普遍称海市蜃楼为蜃气,是以为海中生物——蜃吐出的气。海市蜃楼是蛟蜃之气所形成这一说法显然不对,但将成因归之于水汽却是符合本质的认识。

（三）对海洋自然灾害的认识

海洋有着可以阐释总结的现象规律,但也有令人难以预测、无法估算的自然灾害。比如海洋风暴是沿海主要的灾害性天气之一,台风、龙卷风、海啸等给古代沿海生活以及航海带来很多严重的灾难。早在商周时期人们对海洋风暴有了初步的认识,《尚书》《竹书纪年》等已有不少详细的描述记载。我国近海,六级以上大风四季都可能出现,暴日或飓日逐月都有。为了更好地为航海服务,对一年中国的风暴进行具体的研究,了解不同季节风暴的特点及其与航海的关系。北宋时期已有这方面的知识。沈括的《梦溪笔谈》中即写道:"江湖间唯畏大风,冬月风作有渐,航行可以为备。唯盛夏风起于顾盼间,往往罹难。"清徐宗干的《测海录》有"十二辰风雨记",其中不仅有台湾海峡全年十二个月的风期表,还总结了不同时期风的特点和航运关系。

古代海啸灾害十分严重,沿海地方志中屡有记载。重大海啸,正史中大都有记载;古代一些笔记、小说中往往有某些海啸的详细纪实。海啸在古代有过多种名称,最常用的名称为"海溢"。由于海啸的危害很大,人们迫切需要了解海啸的规律。中国历代有关海啸的记载为规律的探讨创造了条件。在中国漫长的沿海区域,海啸虽然到处都有,但毕竟在频度上存在着明显的差异。明代已对海啸的地理分布作了总结。清代的丁虞撰写了《甲寅海啸记》,总结海啸的多种预报方法。

与海洋自然灾害的斗争在中国古代是旷日持久而且极为艰难的。除了束手无策进而相信并祭拜海洋神灵之外,在种种残酷的事实面前,古人为免受灾害侵袭也采取了积极防御、抵挡的多种对策措施,像海塘工程自先秦时期就已经产生。海塘和万里长城、大运河一起为我国古代三项伟大的工程,其规模之大、工程之艰、动员人数之多都是十分惊人的。虽历经千年无数次的冲垮、修筑、扩建,海塘工程至今仍在发挥着巨大的作用,并一直成为中国劳动人民与海洋灾害斗争的生动的历史记录。

（四）海洋气象的发展

要进行任何海洋活动,都需掌握未来天气状况。这不仅决定了海洋活动能够正常进行,而且直接关系到人的生命、财产的安全。因此生活在沿海区域的先民们在长期的海洋实践中,对海洋气象和海洋水文的变化产生了一定的认识,努力探索天气变化规律。

在天人感应思想的影响下,人们相信据天象能预测吉凶,海洋占候就是最重要的表现之一。早在殷商甲骨卜辞中就有了关于风雨、阴晴、霾雪、虹霞等天气状况的字,并占有一定的比例。《甲骨文合集》中设有"气象"专类。甲骨卜辞中求雨的记载不少,天晴或天雨的卜辞很多。《诗经》《道德经》等古代典籍中记载有多种预报天气的方法。在《汉书·艺文志》的"天文类"中提到有关海洋气象的《海中日月慧虹杂占》有 18 卷,说明海洋气象预报已有了相当发展。

由于生产和军事活动所需,更因迷信活动的盛行,中国古代占候十分发达。宋元时期海洋占候便从一般的占候中独立出来,这与唐宋以来航海事业的巨大发展,对海洋气象预报提出越来越高的要求有很大关系。南宋时的水手、渔民的预报天气能力已有相当高的水平。元代的朱思本将世代相传的海洋占候谚语辑录于《广舆图》中,并加以韵语化,供广大渔民、水手使用。《广舆图》内容十分丰富,分门别类,共八大门:占天、占云、占风、占日、占虹、占雾、占电、占海,对后来海洋占候的发展起了很好的作用。明代郑和领导的庞大船队七次下西洋,得以平安远航的"先进的传统科学技术水平"之一就是传统的海洋占候技术。

二、海神的敬畏与信仰

中国古代时期生产力相对落后,对于大海无法解释的现象,人们的精神世界里萌生诸多神仙观念,也产生了许多神话故事,出现了所谓的海神,进而发展为海神信仰。我国古人对海洋灾难最主要的态度是相信大自然神灵如海神、潮神等的左右控制,因而历代都有不少神灵祭拜活动,至今仍遗存在各地的海神庙、镇海塔、镇海楼、海神坛等即是明证。

先秦典籍中就有诸多关于海神的记载。《山海经》中详细记载了"三海"海神的名号、由来、形状等。《山海经·大荒东经》云:"东海之渚中有神,人面鸟身,珥两黄蛇,践两黄蛇,名曰禺猇,黄帝生禺猇,禺猇生禺京,禺京处北海,禺猇处东海,是惟海神。"从中我们得知东海神名曰禺猇。"同书中的《大荒北经》记载："北海之渚中有神,人面鸟身,珥两青蛇,践两青蛇,名曰禺彊。"有的典籍中把"禺彊"记为"禺强",也有把"禺强"记为"禺京",其实为一人。例如在《庄子·大宗师》中亦曰:"北海之神,名曰禺强,灵龟为之使。"再如郝懿行笺疏:"《大荒东经》云:黄帝生禺虢,禺虢生禺京。禺京即禺彊也,京、彊声相近。"至于南海神,在《大荒南经》中又有这样的文字:"南海渚中,有神,人面,珥两青蛇、践两赤蛇,曰不廷胡余。"这些早期典籍中关于海神的记载不仅记录有具体的名字,模样的描述都十分详细,这说明早在先秦时期海神信仰已作为一种信仰方式而存在。

对于海神的记载也屡见于史书中。《史记·秦始皇本纪》中记述东海的山上住着海神:"齐人徐市等上书言,海中有三神山,名曰:蓬莱、方丈、瀛洲,仙人居之。请得斋戒,与童男女求之。于是遣徐市发童男女数千人,入海求仙人。"①这里海中山上的神仙即是为海神。《史记·淮南衡山列传》明确记载秦始皇派人入海求见海神获取长生药:"又使徐福入海求神异物,还为伪辞曰:臣见海中大神,言曰:'汝西皇之使邪?'"《史记·秦始皇本纪》中也有秦始皇夜梦海神的记载:"始皇梦与海神战,如人状。问占梦,博士曰:'水神不可见,以大鱼蛟龙为候。今上祷祠备谨,而有此恶神,当除去,而善神可致。'"从中得知海神作为一种神灵受到了秦始皇的封赐,并以侯的待遇加以拜祭,这足以说明海神在秦始皇心目中的地位,也可看出海神这一神灵在秦代社会的青睐及重要性,进而说明了海神信仰在秦代社会的存在。

秦代以后海神信仰已普遍存在于社会生活中,且信仰的内容更加丰富,信仰的形式趋于多样性。汉代祭祀海洋已被纳入国家祭祀体系中,武帝建元元年五月诏曰:"河海润千里,其令祠官修山川之祠,为岁事,曲加礼。"元封五年,武帝"北至琅邪,并海,所过礼祀名山大川",夏四月"会大海气,以合泰山",郑氏曰:"会合海神之气,并祭之"。② 汉武帝也像祭祀山川河流一样祭祀海神,可见他对海神的重视程度。汉武帝还为了求仙需要派人寻找海神,《汉书·郊祀志上》曰:"上遂东巡海上,行礼祀八神。齐人之上疏言神怪奇方者以万数,乃益发船,令言海中神山者数千人求蓬莱神人。"蓬莱为传说中海神居住的海岛。汉代时期还有其他住着海神的海岛,比如东方朔在《十洲记》中记载有这些海岛:"汉武帝既闻西王母说八方巨海之中,祖洲、瀛洲、玄洲、炎洲、长洲、元洲、流洲、生洲、凤麟洲、聚窟洲,有此十洲,

---

① （汉）司马迁:《史记》卷6《秦始皇本纪》,中华书局1959年版,第247页。
② （汉）班固:《汉书》卷6《武帝纪》,中华书局1962年版,第157—196页。

乃人迹所稀绝处",这些海岛传说都住有海神。

汉代把对海神的信仰祭祀以诏书的形式固定下来。汉宣帝曾下诏祭祀海神:"夫江海,百川之大者也。今阙焉无祠,其令祠官以礼为岁事,以四时祠江海洛水,祈为天下丰年焉。"[1]海神信仰官方化的倾向出现的同时,汉代海神信仰还出现了下移的趋势,民间对海神的信仰内容也发生了巨大的变化,形式上也有所调整,民间给一些海神赋予新的名字,并为每个海神配以夫人,人性化色彩浓厚。《纬书集成》卷六记载,"东海君姓冯名青,夫人姓朱名隐娥;南海君姓赤名视,夫人姓翳名逸寥;西海君姓勾大名丘百,夫人姓灵名素简;北海君姓是名禹帐里,夫人姓结名连翘。"[2]海神信仰由官方向民间下移,并在民间产生重要的影响,使民众参与到海神信仰之中,这更说明了民间信仰的社会普遍性。

从统治者的角度分析,掌握祭祀权包括对海神的祭祀是其维护统治权威的重要体现,是其实现对民众有效控制的重要手段,因此大型的祭祀主要掌握在官方手中,《汉书·郊祀志上》记载,"始皇遂东游海上,行礼祠名山川及八神,求仙人羡门之属"。然而,对海神的崇拜也是对像发生海溢现象等不可抗拒性自然灾害的妥协和畏惧,祭祀海神也成为他们祈求平安的方式和手段。《汉书·天文志》记载,汉元帝初元元年"五月,渤海水大溢。六月,关东大饥,民多饿死,琅邪郡人相食"。《后汉书·质帝纪》记载,"(本初元年五月)海水溢。戊申,使谒者案行,收葬乐安、北海人为水所漂没死者,又禀给贫羸。"同书《五行志》亦记载,"质帝本初元年五月,海水溢乐安、北海,溺杀人物。"海溢类似于现在的海啸,它的出现往往给人们的生命财产造成巨大威胁,甚至出现"人相食"的局面,据王子今先生考证,汉代共发生海溢灾害达七次之多。面对灾难而又无力改变,祭祀他们所认为掌管海洋的海神便成为必然选择,海神的崇拜演变成为海神信仰而广受社会所接受。

另外,从大海中获取一定的利益也是海神信仰的重要原因。《史记·齐太公世家》曰:"修政,因其俗,简其礼,通商工之业,便鱼盐之利,而人民多归齐,齐为大国。"从大海中可以获取鱼盐之利,秦始皇曾东巡海上"令入海者赍捕巨鱼具,而自以连弩候大鱼出射之"。汉代时期的百姓可以从大海中获取利益,《汉书·食货志下》曰:"浮食奇民欲擅斡山海之货,以致富羡,役利细民。"《汉书·王莽传》记载,王莽"忧懑不能食,亶饮酒,啖鰒鱼"。

① （汉）班固:《汉书》卷25下《郊祀志下》,第1249页。
② ［日］安居香山、中林璋八:《纬书集成》卷6,河北人民出版社1994年版,第1152页。

"鳆鱼"即为海中的鲍鱼,《史记》也称其"珍肴美味"。从事渔业成为沿海百姓的收入来源之一,政府也明令收取渔业税,《汉书·食货志上》记载,宣帝时"又白增海租三倍,天子皆从其计。御史大夫萧望之奏言:'故御史属徐宫家在东莱,言往年加海租,鱼不出。长老皆言武帝时县官尝自渔,海鱼不出,后复予民,鱼乃出。'"可见,汉代海洋渔业之发达程度。从各种史籍材料可以看出,秦汉时期人们已经在海洋中从事鱼盐作业,海洋给他们带来了丰厚的利润,海成为民众尤其是沿海百姓生活的一部分,要想平安地获取海洋利益,祈求海洋中的神灵的庇护已成为他们的选择,随着海洋开发的深入开展,海神信仰意识必然愈加浓厚。

此外,我国古人也在不断的海洋实践中从历次出海经验中懂得顺天者成、逆天者亡的道理,大海为那些无视或不懂自然规律的人们制造了多少船毁人亡的惨剧? 于是,古代海洋文化里出现了"一帆风顺"的祝愿之词,"顺应潮流"的明智之举,这种种意识都是我国传统海洋生态安全意识的重要内容。天人合一思想在海洋意识中的渗透突出地表现在海洋与社会人事的对应。古代认为国家的盛衰亦有天兆,国衰则可能出现"百川沸腾,山冢崩崒,高岸为谷,深谷为陵"的征象,如逢盛世,人们常喻以"河清海晏",如梁简文帝所云"海逢时而不波,河遇圣而知清"。唐代梁洽的《海重润赋》、石岑的《海水不扬波赋》、明代屠龙的《溟海波恬赋》、殷都的《海晏赋》等,其旨都不在描写海本身,而在颂君之德、扬君之威、赞君之明。

第五节 海洋社会和谐、世界和平意识

一、"四海"所指区域的演变

文献材料中最早出现"四海"一词的应是《尚书》和《诗经》。《禹贡》云:"九州攸同,四海会同。"《皋陶谟》云:"予决九川,距四海,濬畎浍距川","外薄四海,咸见五长。"《诗·商颂·玄鸟》写道:"邦畿千里,维民所止。肇域彼四海,四海来假,来假祁祁。"不过,这里的"海"是不是江、河所汇"海"的概念,还是需要进一步讨论。

早期文献中的"四海"往往是"四裔"的代名词。《尔雅》卷一《释地》有"九夷、八狄、七戎、六蛮,谓之四海"。郭璞注:"九夷在东,八狄在北,七戎在西,六蛮在南,次四荒者。"《初学记》卷六引《博物志》云:"天地四方皆海

水相通,地在其中盖无几也。七戎、六蛮、九夷、八狄,形类不同,总而言之,谓之'四海',言皆近于海也。四海之外,皆复有海云。"可见古时的"四海"是与"中原""中土""中国"相对应的地理概念,不仅包括"中国",还囊括了"夷""狄""戎""蛮"等中国以外的地方,几乎涵盖了古人视野所及的整个世界。在古人地理观、宇宙观中,中国处于世界的中心,四海则是世界的四个极限,有时也指中原大地汉族以外的少数民族。人们表述中原文化辐射渐弱或未及的远方的地理符号,有所谓"四海"。四海之内成了中国的代称,四海之外是异族居住之地,这就形成了中国天下与四海这五方之民统一于天子的政治模式。在古人心目中,海外是蛮荒落后的所在,为迁客逐臣流放之地,这个词后来更演化成了外国的统称。这种封闭的地理观和根深蒂固的本土意识奠定了海洋美学的基调。

古代中国对"四海"也有确切的水域含义,只是与现代意义上的"四海"有很大不同。关于《尚书》中"四海"所指,孙星衍在《尚书今古文注疏》中有过详细的论述,总结而言应该是:东海就是现在烟台以东的黄海海面,西海就是蒲昌海,又名渤海,南海就是今江、浙以东的黄海海面,北海就是现在天津、沧州东的渤海。① 孙星衍所说,大致反映了春秋战国时人的四海观念。

南海、东海所指在秦汉时期有所改变。根据《史记》卷六《秦始皇本纪》记载:秦始皇三十三年(前214),"发诸尝捕亡人、赘婿、贾人略取陆梁地,为桂林、象郡、南海,以适遣戍。"南海郡的属地包括广东、广西的部分境地。同传又云:"三十七年(前210)十一月,至钱塘,临浙江,水波恶,乃西百二十里从狭中渡。上会稽,祭大禹,望于南海,而立石刻颂秦德。"这里的"南海"是指今浙江宁波市东的海面。可见尽管在岭南地区设立了南海郡,但习惯上仍将浙江以东的东海称为南海。到了南越破灭以后,"南海"被稳定地作为五岭迤南的郡名。

众所周知,中国只有东、南两面临海,西、北则见不到海,那么"四海"中的西海、北海是否并不存在? 各种文献证明,古代中国人已经知道国土西北方有海的存在。古人有把今天的贝加尔湖、巴尔喀什湖和黑海称为"北海"的记载。"西海"之称较早见于《山海经·南山经》:"南山经之首曰鹊山,其首曰招摇之山,临于西海之上。"在汉代的文献中,西海所指有数地,如青海湖、居延湖等,或指今西方域外之大海。也就是说中国人很早就与阿拉伯人

---

① (清)孙星衍:《尚书今古文注疏》,中华书局1986年版,第92页。

有交往,知道西面有海。

二、四海一家、天下大同的世界意识

在古人心目中,"中国"意思是"中央之国",不仅是首都、京师,还居于世界地理的中心,是"天下之中"。中国语汇里频繁出现的"天下"的概念是包容全人类的,显然儒家所谓"溥天之下,莫非王土;率土之滨,莫非王臣"的说法就是在这个意义上来表述的。儒家对知识分子的要求就是"齐家、治国、平天下",齐家治国虽各有不同,但对天下的关怀人人一致。《墨子·非攻下》记载,"古之仁人有天下者,必反大国之说,一天下之和,总四海之内";《荀子·不苟》亦言:"总天下之要,治海内之众"。概括起来即"和而不同",但最终要达到天下大同、四海一家。

作为重要的治国理念和意识形态,传统海洋社会和谐意识贯穿于我国古代各个历史时期。比如中国历代王朝都始终本着"四海一家"的意识来处理中外关系。比如汉匈战争,唐与突厥、土蕃之间的战争,宋与辽、金、元之间的战争,明与清之间的战争多以防御性为主,而近代鸦片战争以来的中外战争更是彻底的反侵略性质的战争。[①] 就海事活动而言,著名的有徐福东渡、郑和下西洋等事件,他们也都不以侵略为目的,而是为了以中国人传统的政治道德理念,尝试建立和平与和谐的国际社会秩序。徐福东渡是公元前中国历史上的壮举,秦始皇派徐福三次东渡求仙药,徐福求药不成,却把秦帝国高度发展的造船、航海技术和政治制度、文化艺术、生活方式,还有冶炼、农耕、建筑、医药、文字、货币、宗教、武术、服饰、瓷器和当时世界最先进的科学技术带到了日本,还带去了一批谷物种子等,对于开发、发展日本的生产力是十分有利的,三千人繁衍生息的同时,也传播了中华民族的传统文化。在汉朝,汉武帝继承秦始皇开辟海上之意愿,并进一步发扬光大,不仅巡视海滨,还在开辟西域"丝绸之路"的同时,积极开辟了"海上丝绸之路"。在开发过程中,并未以侵略强占其他国家为目的,而旨在发展经济与友好往来。在明朝,郑和七次下西洋期间,率领船队到达了亚非30多个国家,除了与这些国家进行丝绸、茶叶、瓷器等海外贸易外,还向他们传播了我国书法绘画、建筑雕刻等优秀文化,巩固和发展了与海外各国的友好关系。

---

① 乔泰运:《天下体系与中国的世界理想》,中共中央党校 2014 年硕士学位论文,第49 页。

上述这些传统海洋生态意识,对于构建现代海洋生态伦理学、指导当代海洋生态保护工作、促进社会和谐与凝聚力都有着非常重要的意义。具体来说,有以下几个方面:

首先,有利于构建现代海洋生态伦理学。20世纪以来,我国在海洋产业等方面取得了辉煌的成就。可是,在征服海洋的喜悦和富有成就感的背后,却隐藏着威胁人类生存的重大问题,如资源匮乏、环境恶劣、生态破坏。针对这一现象,近年来,我国非常重视保护海洋生态环境,一大批专家学者试图在理论上进行探讨研究,海洋生态伦理学应运而生。但与西方相比,我们这一方面还较落后。纵观历史,传统海洋生态意识的内容,可以为我们今天所整合和提炼,服务于当代中国海洋生态伦理学的建设。传统海洋生态意识是我国传统海洋文化精髓的集中体现,核心内涵是人与海洋的和谐相处、共存共荣,它具有广泛的社会基础。儒家秉承仁爱之心,主张"天人合一",重视天地万物的内在价值,体现了以人为本的价值取向和人文精神。道家奉行"道法自然",强调人要尊重自然,按照自然规律办事。几千年来,这些传统意识影响了一代又一代的中国人,并成为我国海洋文化永恒的价值追求。

其次,有利于指导当代海洋生态保护工作。作为人类生命系统的基本支柱,海洋生态系统与人类的发展息息相关。因此,保护海洋生态系统使其可持续性地为人类所用,不论对于过去、现在还是将来,都是至关重要的。我国早在先秦、两汉时期,就对海洋生态保护问题有了较为深刻的认识,并在维护生物多样性、促进生态良性循环等方面积累了极为宝贵的经验。如前所述,古人主张在利用海洋生态资源时,要坚持"以时禁发"原则,做到"取予有节",从而维护海洋生物资源的再生能力,满足人们对海洋资源的永续利用。这对于解决我国沿海地区普遍存在的海洋环境污染、海洋资源耗竭等问题具有重要意义。目前我国海水养殖的模式大多以追求经济效益为主,造成对海水的过度利用,导致海水环境质量下降、海洋生态系统失衡。古人倡导在鱼产卵期禁止捕捞、爱护幼小的水生动物等生态管理观念都值得我们坚持和借鉴。此外,在《孟子》《吕氏春秋》等著作中先哲们都反对滥捕滥杀,强调既要合理利用海洋生物资源,不可无度,要有节制,我们也可将这一主张充实于当代海洋生态保护实践之中,约束我们的行为,进一步推动当今海洋环境保护工作。

最后,有利于促进社会和谐与凝聚力。随着当前海洋产业高歌猛进式的发展,我国海洋生态环境问题十分突出,各种海洋生物资源急剧减少、近岸海域严重污染、赤潮等灾害频发。这些问题动摇了我国人民赖以生存的自然根基，它迫使我们进行深刻的反思，去寻找一条稳定生存、持续发展的道路。传统海洋生态审美意识是将审美活动转向人与海洋的和谐，表现出对海洋生态环境的关爱。这符合人们对人与自然和谐价值观的精神追求。因此，整合传统海洋生态意识并指导当下，将有利于满足人们亲近自然、回归自然的需求，提高人们的生活质量和幸福指数，从而促进社会和谐与凝聚力。此外，传统海洋生态意识就是天地人物的协调统一，即把海洋自然环境、海洋生物活动与人的活动视为一个统一的整体，而处于海洋生态圈的各个成员都应和谐相处。因此，我国古代一直秉持着"四海一家"的文化理念来处理与周边国家的关系。目前，随着全球经济一体化的增强，我国面临着诸多与邻国之间的海洋问题。毫无疑问，传统海洋生态意识对于构建现代海疆观念，营造海洋社会的和谐氛围等都有非常重要的启示作用。

在古代中国，"海"除了现代同行的"海洋"之意以外，还与先人的政治思想有关，这里的"海"已经脱离了最初的原意，渐变成一种具有政治色彩的社会意识。从"四海之内""海内"等词语的出现不难看出，追求天下统一已成为他们共同的政治愿望。

秦的大一统真正创造了"六王毕，四海一"的局面。起初的秦国地处内陆，与海洋少有联系，但以秦始皇为代表的秦国君主却没有止步于偏隅的内陆，纳四海始终是他们的政治愿望，从秦始皇在二十八年琅琊台刻石的铭文就可以窥出，铭文曰："六合之内，皇帝之土。西涉流沙，南尽北户。东有东海，北过大夏。"秦始皇坚信"四海之内，莫非王土"，最终实现了大一统，使秦代的疆域"地东至海暨朝鲜，西至临洮、羌中，南至北向户，北据河为塞"，至此海被纳入秦的统治范围。秦统一后，秦始皇用自己的思维和方式来践行他的海洋理念，占有和控制便成为他的最直接的海洋政治观。秦设南海、东海等郡来加强沿海的控制，"徙黔首三万户琅邪台下"，《正义》引《括地志》云："密州诸城县东南百七十里有琅邪台，越王勾践观台也。台西北十里有琅邪故城。《吴越春秋》云：'越王勾践二十五年，徙都琅邪，立观台以望东海，遂号令秦、晋、齐、楚，以尊辅周室，歃血盟。'即勾践起台处。"从材料中可以看出琅琊台在东海附近，秦始皇一次性迁徙"三万户"于琅琊台，这在秦代迁徙史上规模算是比较大的，从始皇以后数次巡视琅琊台足以看出他对该地区的重视。海洋自始至终就与秦始皇结下了不解之缘，他数次出游，到达海上就达七次之多，如始皇二十九年"遂之琅邪，道上党人"，三十七年春游"祭大禹，望于南海，而立石刻颂秦德"，频繁的巡守海洋，并且几乎每次都要刻石颂德,从最初的对海洋的向往变成了占有,以对海洋的占有来宣示"富有四海之内"的海洋政治观。东游海上,并且几乎每次都要刻石颂德,这一历史现象的出现除应有的政治意义外,对文化的宣扬也是其中的目的之一。如秦始皇二十八年东巡海上于琅琊刻石曰:"古之五帝三王,知教不同,法度不明,假威鬼神,以欺远方,实不称名,故不久长。其身未殁,诸侯背叛,法令不行。今皇帝并以海内,以为郡县,天下和平。"①从刻石铭文中可以看出,秦在古今对比中来宣扬自己的制度,以期来宣介以秦文化为主体的大一统文化,来达到"并以海内"的目的。秦二世也曾巡海刻石:"二世元年,东巡碣石,并海,南历泰山,至会稽,皆礼祠之,而刻勒始皇所立石书旁,以章始皇之功德。"

　　汉武帝也曾经数次巡海,太始三年二月,汉武帝"行幸东海,获赤雁,作《朱雁之歌》。幸琅邪,礼日成山。登之罘,浮大海"②。《汉书·武帝纪》记载,元封元年春"东巡海上","后行至泰山,复东巡海上,至碣石",又在元封五年冬、太初元年冬十月、太初三年春正月等东巡大海封禅泰山。引人注意的是汉武帝对海洋的关注往往与对泰山的尊崇放在一起,几乎每次海巡都要去祭祀泰山,也可以说在去封禅泰山时也不忘去大海巡视祭祀刻石歌功颂德,秦始皇也有类似的行为。封禅泰山是一种权力的象征,通过封禅祭祀向世人宣示自己的功德和对天下的统治,而巡守海上也是为了"会大海气,以合泰山",师古曰:"集江淮之神,会大海之气,合致于泰山,然后修封,总祭飨也。"把泰山和大海作为一种神圣的组合,用封禅和巡视来证明自己的政治抱负。汉武帝在东巡海上时曾经"宿留海上,予方士传车及间使求仙人以千数"③。秦皇汉武帝皆用巡海刻石的途径来宣扬秦汉文化,而刻石的地点选择在了海边琅邪,意义非凡,这也成为古代海洋文化的重要组成部分。

　　我国古代文人在歌颂赞美大一统王朝的强盛时多表现在疆域的广大、版图的辽阔,族类纷繁。在对传说中的五帝进行赞美时,就采用了这种手法,比如唐尧时期是"四海之内,舟舆所至,莫不说夷"。传说中的圣王都统治着辽阔的地域,是整个天下的主宰。土地广阔、人口众多,古人在称颂大一统王朝疆域的广阔时其中也包括对民族构成多样性的肯定。商朝由天子

---

① （汉）司马迁:《史记》卷6《秦始皇本纪》,第246—247页。
② （汉）班固:《汉书》卷25上《郊祀志上》,第1205页;卷6《武帝纪》,第206—207页。
③ （汉）司马迁:《史记》卷28《封禅书》,第1397页。

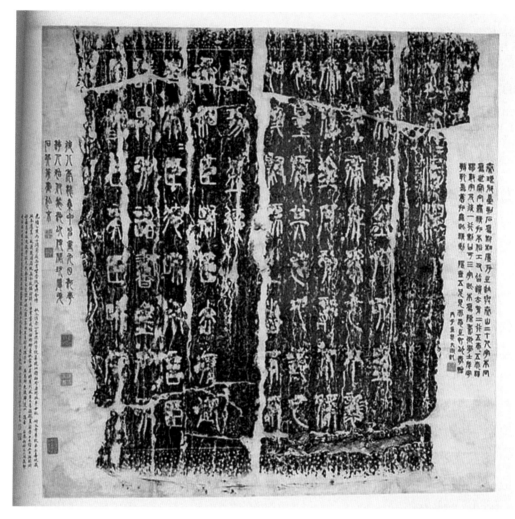

琅琊刻石

直接管辖的地域方圆千里,那里居住着众多的百姓。它的疆域远达四海,四海之民纷纷前来归附。商王朝辽阔的版图和众多的臣民作为同一问题的两个侧面出现,都是大一统王朝昌盛的象征。班固在《两都赋》称东汉王朝的影响所及:"西荡河源,东澹海裱。北动幽崖,南耀朱垠",所列四界都是边远之地,赞扬东汉天子的威德远达四方,实际上是告诉人们边疆各族成员都沐浴在浩荡的皇恩之中。张衡的《二京赋》对东汉朝廷亦有类似描述:"惠风广被,泽泊幽荒",四方所达之处是:"北爕丁令,南谐越裳,西包大秦,东过乐浪。"丁令、越裳、大秦、乐浪都是实有其地,那些地方居住的是少数民族成员。张衡用夸张的笔法向人们显示,东汉帝国疆域辽阔,众多民族都在大一统王朝领辖之下。总之,通过称颂疆域的辽阔而暗示民族构成的多样性,以此赞美大一统王朝的声威,是古代文人惯用的笔法。

　　在中国悠久漫长的历史中,出现过多次"天下合久必分、分久必合"的反复,但华夏"大一统"的观念始终是根深蒂固且深入人心。虽然蒙、满等少数民族建立的元、清等中央集权制的封建王朝一度用武力征服过其他领地,但总的来看华夏民族的对外文化扩张是有一定限度的,"统治精英带着一种创痛的忧虑来看待北方的游牧民族。而另一方面,海却给人一种自然的安全感。"①

三、"四海之内皆兄弟"的和平意识

古代中国的"夷夏之辨"强调了"诸夏"文化对"夷狄"区域的优越感,两者之间虽然有民族性、区域性的区分,但更主要的是礼仪与非礼仪、道德与非道德、文明与野蛮的差别。"夷"经过教化是完全可以归并于"夏"之中的。华夷同风,四海为一,是王道大行的体现,是天子行使教化的结果。"四海"遥远,中原"仁人"期待其文化影响敷布"四海",实现所谓"四海之听",而"四海之民不待令而一",被视为"至平"之治。"四海""而一"是相当完美的政治理想。《逸周书·太子晋解》所谓"善至于四海,曰天子";《逸周书·武寤解》所谓"王克配天,合于四海,惟乃永宁",发表了大致同样的意见;蔡邕《明堂月令论》引《月令记》"王者动作法天地,德广及四海",也是相类同的政治文化理念宣传。

由多民族构成的大一统王朝,客观上适应了等级制和中央集权制的需要,符合历史发展的趋势。毋庸讳言,古代文人对多民族大一统王朝的歌颂、对各族相安共处局面的赞美渗透了对皇权的崇拜,还与儒家的大同理想相契合,非常容易引起各族成员的共鸣。儒家有关大同理想的论述最初著录于《礼记·礼运》,文中假借孔子之口追述"大道之行也,天下为公"的远古时期,并且提出:"故圣人耐以天下为一家,以中国为一人。"这一论断成为后代帝王纲领性的口号,连少数民族王朝的君主也乐于接受。金国海陵王完颜亮发布的《迁都燕京改元诏》称:"朕以天下为家,固无远迩之异;生民为子,岂有亲疏之殊!"他把整个天下视为一个家庭,所有百姓都是他的子民,各民族成员理所当然都归他统辖,诏书还包含各族成员一律平等之义。

"以天下为一家,以中国为一人",也成为古代文人歌颂大一统王朝的

---

① ［英］冯客:《近代中国之种族观念》,杨立华译,江苏人民出版社1999年版,第6页。

理论根据。北宋吕大钧的《天下为一家赋》、元代李洧的《大都赋》等作品都详细描述了作者心目中大一统王朝繁荣昌盛的理想画面：疆域辽阔，民族众多，各民族之间没有任何矛盾，在待遇上也不存在差异，是典型的大同社会。

在中国古代，生活在大一统王朝下的边疆各族，要派使者定期前往京城朝拜天子。古代各民族代表朝拜大一统王朝的天子，有一套固定的礼仪，并且早在周代就已经形成。古代朝廷集会最隆重的莫过于朝正，即百官及各民族首领正月朝见天子，通常是在正月初一。班固《两都赋》写道："春王三朝，会同汉京。是日也，天子受四海之图籍，膺万国之贡珍，内抚诸夏，外绥百蛮。"正月初一是年、月、日之始，故称三朝。元日朝会是对大一统王朝权威的检阅，也是各族使者聚会的良机。文中的诸夏指主体民族，百蛮指边远地区的少数民族。

《大戴礼记·五帝德》在叙述颛顼的功绩时写道："乘龙而至四海，北至于幽陵，南至于交趾，西济于流沙，东至于蟠木。"颛顼是否四处巡游到遥远的边疆现在还难以考定，我们姑且不论，但确实是作为传说时代大一统天子出现的。《隋书·北狄传》还记载，隋炀帝对西突厥处罗可汗说过如下一番话："今四海既清，与一家无异，朕皆欲存养，使遂性灵。譬如天上止有一个日照临，莫不宁帖。若有两个三个日，万物何以得安！"杨广的话有一定道理。从历史上看，各民族的友好交往，多民族大家庭的形成，都有大一统王朝所起的积极作用。中国古代史籍作品在反映大一统王朝对各少数民族的统辖关系时，民族观和一统观交织在一起，展现了华夷同风、"四海之内皆兄弟"的历史画卷。

我国古代对海洋生态有很多的哲学思考和认识，特别是对保护海洋生态环境、合理有度地开发海洋、使海洋经济可持续发展有着重要的现实意义。那么如何对传统海洋文化进行利用改造，发掘古代海洋意识文化内涵中的积极因素，为当今更深更广的海洋开发和日益新兴的海洋产业服务，是我们面临的迫切而重要的课题。

第 二 章

中国传统海洋生态文化信仰

第一节 图腾崇拜与海神信仰

一、以"中国"为中心的宇宙观

在中国古代的宇宙观里,今天为人们所熟知的或许有"天圆地方"的"盖天说",抑或"浑天如鸡子,地如卵中黄"的"浑天说",这些都是建立在以中国为中心的"四海说"基础上的,而"四海说"中的"海"是方向、边界的概念,不同于今天我们知晓的"海"。以中国为中心,没有海洋空间观念是中华民族先民的宇宙观的表现。

受制于生产力发展水平,发源于黄河流域,建立农耕文明的中华民族先民们,对世界的认识大多只能靠双脚丈量,双目观察。他们举头环视,看到天总是在地的上方;他们登高远眺,看到天与地相接在极远处;他们昼出夜归,看到太阳一次次由东升起至头顶,而西沉至地下,第二日又从东复升,太阳走出了一个圆弧线——于是得出结论,天像一个大圆盖子扣在大地上,这便是"天圆"。天既然是个盖子,地必然是有限的,而通过比照太阳的运行,人们获得了四方方位观念,大地在四个方向上均有尽头,因而大地也就被想象成四边形的实体。天如锅盖一样笼罩着大地,而大地四面由大水围绕,像一块大方木板,由神人托起或神龟等神物驮着漂浮在大海上,大地的每一条边外都有一个海,即东海、南海、西海、北海,"四海"相连相接,呈环形环绕着大地。这就是古人的天圆地方、大地环水、地载于水的宇宙观,即所谓的盖天说,这里,由众多星体组成的茫茫宇宙称为"天",把立足其间赖以生存的田土称为"地",这是没有"海洋"空间的"天圆地方"。

而晋代天文学家何承天描述浑天说的宇宙结构为"天形正圆,而水周其下,四方者,东旸谷,日之所出,西至濛汜,日之所入"。浑天说就是把天地看成一个半浮在巨大面积的海洋之上的内部充满了水的球体,球体的一半在水面之上,为人所居,另一半浸在海水里,人类无法居住。中国就在这个世界的中心,四周环海,海支撑着大地。这里的"海"的意义不同于今天我们生活中所认识的海洋,所谓"海"其实是作为一种边界。

"四海,犹四方也。""四海"一词,首见于商遗民所作的《诗·商颂·玄鸟》:"邦畿千里,维民所止,肇域彼四海"。"海",在中国古代曾是方向的代名词,不是我们今天认识的"海"。所谓"中原""中土",即"中国"居中,与其对应的地理概念是"四方"。古人既然将海视为世界的边际,所以四方往往被表述为"四海",与四海相对的正是中央的中国。

《尔雅·释地》云:"九夷、八狄、七戎、六蛮,谓之四海。"中国古代宇宙观认为,"中国"是世界的中心,四周是东夷、西戎、南蛮、北狄。这些在四周居住的人们没有受到中华文明教化,被认为是半野蛮人,比较低级,因而使用了"夷、戎、蛮、狄"这样歧视性的命名。而四周之外是海,即一大片水域,由四海龙王来管理,这个"海"完全不同于今天作为人类重要生活资源的"海",是宇宙观的认知。这种以"中央—四海"表述的观念在中华民族先民对自然的初步认识阶段流传了很长时间。

随着生产力水平的逐步发展,中华民族先民们逐渐发明出代步工具,从借用兽力到制造帆船,视野得以扩大,如果说张骞出使西域还局限在陆地范围,之后隋唐宋时期的航海、造船等工艺都曾达到了领先世界的高度,明郑和下西洋更是官方浩浩荡荡的海事活动。历朝历代的人们其实不断通过陆路与海路,拓展了自己对世界的认知,然而令人惋惜的是,这些认知并没有形成系统的知识体系,代代传承下来,这要归咎于知识传承体系的弊端。

中国古代社会讲究的学习内容多为修身、齐家、治国、平天下的儒家经典和文史辞章等人文学科的知识。隋唐宋时期的科举制度仍有较多类的考试,如秀才科遴选需要文理两方面都出类拔萃。到了元明清时期,科举考试内容则日益褊狭、空疏,科举考试内容框范在了儒家经典著作之内。教育系统对于自然科学知识是排斥的。于是,与科举考试无关的自然科学乏人问津,人才与知识结构极不合理,使社会文化知识的传播和接受出现畸形。

这样一方面导致已有的自然科学知识未得到应有的重视,著作佚失严重。在古时典籍文献尤其不易保存的情况下,许多这类著作未得到悉心保护,逐渐失传:隋唐以来本有大量的边疆和域外史地著作,除法显《佛国记》《慧生行传》等佛教著作外,现在均已失传;郑和下西洋的全部官方文献被毁,仅存随从者马欢、费信所著的《瀛涯胜览》《星槎胜览》;《四库全书总目提要》中真正有关"外纪"的国人著作共38部,明清时期外的仅存9部。同类性质著作的大规模失传,许多珍贵的对于世界的认知湮没于历史之中。

另一方面导致真正了解中国以外世界的人没有能力以系统性的文字总结保留下他们的认知。在这种儒家思想主导的知识传承体系下,有文化的"读书人"走的是治国平天下之道,相对文化程度低的黎民百姓才走商业交通之道。因而那些有机会认识到世界的广阔,即从事海洋活动的人文化程度不高,他们虽然见到了中国以外的世界,但没能力以系统性的方式将其记录下来。

而与此相反,在葡萄牙,由亨利王子创办的航海学校却渐渐成长为积累世界认识的纽结点,为欧洲人的大航海奠基了系而丰富的海洋知识。当时的葡萄牙王国地处地中海向太平洋过渡的半岛上,因而不同于黄河长江流域地大物博的中国农耕社会,葡萄牙很早便意识到自己必须通过寻找大西洋上可能的航线来生存发展。亨利王子代表葡萄牙这种宏伟目标,创办了亨利王子航海学校。在他的感召下,整个欧洲的冒险家、航海家等都聚集在亨利王子手下,成为了不起的绘图员、船长、造船师,组成了一支又一支冒险团队,通过一次次的航行,向南探索大西洋东岸的非洲海岸线,发现了大西洋上诸多岛屿,逐步积累起葡萄牙人的大西洋知识。这些知识由航海学校这个专门的载体得以代代传承,步步完善,逐渐形成了世界地图,促成了欧洲的地理大发现。

明代的耶稣会传教士曾以世界地图、浑天仪等实物试图改变中国社会知识体系,可惜清代《皇朝文献通考》中,人们依然认为:"中土居大地之中,瀛海四环。其缘边滨海而居者,是谓之裔;海外诸国亦谓之裔。裔之为言边也。"即中国居世界之中心,君临四海,其他各国如众星拱月一般护卫着中国。清朝的统治者仍然认为"徒知侈张中华,未睹寰瀛之大"。道光皇帝直到鸦片战争后两年,仍不知道英国在何方,国土有多大。"所谓欧罗巴者,尔时不知为何地,以为不过南洋诸夷之类。"

因此在"四海说"之后,中国虽然曾在比较广阔的范围内进行过探索,但由于知识传承体系的缺陷,人们对中国以外的世界仍然置若罔闻或不求甚解,以"中国"为中心的宇宙观依然没有发生根本改变。

坤舆万国全图（局部）

二、龙文化的来龙去脉

（一）图腾合并的产物

龙是华夏民族自上古以来一直崇奉的神异动物,人们多知晓龙为华夏先民的图腾,是不存在于生物界中的一种虚拟生物。这种虚拟想象是如何形成的呢？

动物崇拜是原始宗教的重要形式之一。《山海经·大荒西经》:"女娲,古神女而帝者,人面蛇身,一日中七十变,其腹化为此神。"《山海经·海内经》中,黄帝轩辕氏是由象征云气的"四蛇相绕"而生。这些都说明上古时期,蛇被认为是人类的始祖而受到崇拜。除了禁忌崇拜的因素之外,蛇也作为生殖崇拜对象,即女性生殖器的隐喻与象征,体现为女娲"人首蛇身"的形象特征。

蛇的象征分化为两个方向,一种是继续保持为蛇的形象,另一种是以龙的形象在后世流传。中国古籍中,常有龙蛇并提,如《左传·襄公二十一年》载:"深山大泽,实生龙蛇",龙、蛇互相代替,甚至龙蛇互变记载。看到

伏羲女娲图

龙的形象时也会发现,龙的主要部分是蛇身。闻一多先生在著作《伏羲考》
中提到,龙的基调是蛇。"大概图腾未合并以前,所谓龙者只是一种大蛇,
这种蛇的名字便叫做'龙'。"龙即大蛇,蛇即小龙。他认为,蛇氏族兼并别

的氏族以后，"吸收了许多别的形形色色的图腾团族（氏族），大蛇这才接受了兽类的四脚、马的头、鬣的尾、鹿的角、狗的爪、鱼的鳞和须"。即龙之所以包含了许多动物的特征：蛇身、兽腿、鹰爪、马头、鱼尾、鹿角、鱼鳞……是由于强大的蛇图腾团族兼并了其他许多团族，将各族的图腾元素融入自己的图腾之中，产生了龙这一"由许多不同图腾糅合成的一种综合体"。

从文字的演化也能直观地看到龙蛇的渊源。康殷所著的《文字源流浅说》中谈到，甲骨文龙字为兽首蛇身之状，头顶着一个表示刀状器的"辛"字符号，龙字就是"辛"与蛇形合意所成"蛇形威权动物"。闻一多先生也运用了文字学，即金文"龙"字和"龚"字的偏旁皆从"巳"，古人王充、郑玄、许慎都以"巳"为"蛇"，不但"巳"的古字"𠂤"像蛇形，古音"蛇""巳"亦相近，一定程度佐证了龙的主体原型是蛇。

可见，我国古代神话、传说中的龙，是古代图腾社会的遗迹，是多种图腾经过选择加工后演变糅合成的一个综合体。

（二）农业文明的雨神

鱼是华夏民族最古老的司雨之神。渔猎经济时期，鱼类在先民的食物结构中占有极为重要的地位。人们生活中对鱼的依赖和偏爱可以从出土的大量的鱼纹彩陶和捕鱼器具上略窥一斑。随着时代推移，网鱼纹演变成为网点纹。陶思炎在《中国鱼文化》中提出："圆点实为鱼纹高度图案化后的浓缩，也作为星辰的指代。"天文学是我国农业经济发展到一定阶段时的产物，先民在这一阶段产生了水天相连、天水一体的宇宙观。早期农业生产特别依赖雨水对作物的灌溉，祈盼雨水的先民自然地求助于交通于天地的鱼类，将鱼类奉为司雨之神。古代鱼祭之日往往又是祈实之期，鱼与农业生产密切相关。

随着我国传统农业社会的发展，古人观察到雷电和雨水的关系，误以为雨水是雷电带来的。巧合的是春雷始震，也是地下的蛰虫苏醒的季节，蛇和雷因而被联系在一起。于是，古人将雷电这种自然现象与带有蛇的影子的龙图腾相结合，创造出了农业社会的司雨之神——龙。从《说文》中对龙的形状的具体描绘来看，龙"能幽能明，能细能巨，能短能长"，和闪电变化莫测、稍纵即逝的情形相似，而"春分而登天，秋分而潜渊"则与雷电现象起止的季节相互印证。鱼作为老的司雨之神逐渐退居到次要地位，这一地位交替演变为鱼龙幻化思想。《礼记·礼运》在言及鱼、龙时说："故龙以为畜而鱼鲔不淰。"表明龙为鱼长。

古代文献资料中用龙来求雨的记载相当多。商代甲骨文中已经有关于对龙的水神崇拜的记载："其作龙于凡田，又雨。"（《甲骨文合集》，10，29990）表明当时的人们已经开始通过制作龙的形象来进行祭祀求雨。在周代，关于龙的水神形象的记载就更多了。《左传·昭公二十九年》曰："龙，水物也。"《管子·水地篇》认为"龙生于水，被五色而游，故神"。《吕氏春秋·召类》曰："以龙致雨。"《山海经·大荒东经》中载曰："应龙处南极，杀蚩尤与夸父，不得复上，故下数旱，旱而为应龙之状，乃得大雨。"《山海经·大荒北经》曰："（应龙）乃去南方处之，故南方多雨。"应龙是黄帝的神龙，它的出现能带来充足的雨水。汉代也有通过模仿龙的形象来祈雨的。《淮南子·齐俗训》记载道："土龙以请雨也"，这样做的目的是为了让地上的土龙与天上的真龙相互感应而致雨。关于设土龙求雨的具体方法，高诱在《淮南子·齐俗训》的注中说道："用土垒为龙，使二童舞之入山，如此数日，天降甘霖。"可见当时已经形成了一套土龙求雨的程序，春夏秋冬还有不同的规格。

（三）掌管水体的"海神"

在以农业文明为主体的华夏文明中，掌控雨水的龙在百姓心目中占有神圣的地位。龙特有的高贵、神秘、威武、有力量等特征极为符合皇帝神化自己的要求，出于巩固统治的需要，龙被封建统治者引为政治符号，受到了特别的优待。统治者借助龙在整个民族中的崇高地位树立起自己的政治权威，龙成为社会信仰、制度文化的唯一选择，象征着至高无上的皇权，神圣不可侵犯。《史记·高祖本纪》记载："其先刘媪尝息大泽之陂，梦与神遇，是时雷电晦冥，太公往视，则见蛟龙于其上，以而有身，遂产高祖。"表示刘邦身为龙种，天生高贵，命中注定要成为真龙即皇帝。

掌控雨水的龙愈发得到人们的重视，逐渐成为天下之水的神主。于是，江中有江龙、河中有河龙、湖中有湖龙、井中有井龙、海中有海龙。凡是有水的地方都有龙的主宰。而人们又认为海洋是所有水之源的根本，海龙的地位自然也就高于了其他水体中的龙，被称为龙王。宋朝时期宋太祖赵匡胤根据唐代旧典规定了对龙的祭奠，题龙神庙的匾额为"会应"，意思是"有求必应"。从全国各地纷纷为龙神建立龙祠，龙王庙更是遍布沿海地区，曾有"一州一府，每数十处"的说法。明成祖时期郑和下西洋的大规模航海之举后，统治阶级正式将龙册封为王。人们将龙王人格化，仿照当时的封建结构，在龙王之下有虾兵蟹将龟相之属，又有后宫龙太子龙公主之类。龙成为封建帝王在海洋神界中的化身和代理人。

　　必须强调的是,虽然四海龙王是中国官方最早承认和册封的"海神",但实际上是掌管气候的农业神,其形象和职能建构于中国传统主流的农业文明之上。我们在上一节已经论证过,四海在中国古代宇宙观中代表大地之外的区域,与今天所说的海完全不同。四海龙王受中原文明派遣前去守着四海,是中国古代宇宙观的一种表述,和现实生活中的海洋活动没有联系。

三、其他江河湖海的图腾崇拜

（一）水族鱼崇拜

　　水族主要聚居于贵州、广西、云南三省,在江西吉水有少量水族人居住。鱼图腾崇拜根植于水族观念中,水族的祖先与神灵和鱼构成了不可分割的统一体。水族起源神话中这样提道:洪荒年代,藏身于葫芦瓜中的兄妹俩靠着双鱼的承托逃过一劫,成为水族再兴的始祖。水族墓碑上出现双鱼托葫芦的石雕,就是鱼和水族祖先永远连接在一起的象征。水族人将鱼作为图腾物,视之为水族的亲属、祖先和保护神,具有超自然的生命力,给水族人民的生存带来希望。水族人的生产和生活因为鱼图腾而显示出它的神圣性,显示出整个民族的生命力。

　　水族先民早期生活在邕江流域一带,鱼类是当时最主要的食物资源,受到人们的顶礼膜拜。水族先民迁移后,生产方式由渔猎采集变成了垦食骆田,水族先民对变得难以获得的鱼类更加向往和敬畏,通过图腾崇拜的方式将其固化下来。因此,鱼的形象产生了明显的两重性:一是实实在在能果腹的美味的鱼;二是精神领域中超现实的充满神秘的崇拜对象。水族人在祈求祖先赐福免灾的祭祀和节日活动中,通常使用鱼包韭菜、炕鱼或煮全鱼,来宾以能吃上一筷祭典供鱼为荣。水族人在祭祀中分食鱼是为了使人与图腾合一、与祖先神灵沟通,是一种"图腾圣餐"活动。另外,鱼腹多子,繁殖力强,鱼也被视为生殖的象征。在水族观念里,鱼代表了水族的子孙后裔。水族涉及鱼的婚姻习俗不少,如用小干鱼作为说亲信物,用代表鱼的金刚藤叶和罩鱼笼作为接亲信物,等等。在水族地区,男婴称鱼,女婴称虾,梦见鲤鱼是孕育男婴的吉兆。

（二）侗族鱼崇拜

侗族居住在湘、黔、桂三省交界地,大多傍水而居,擅长以"稻鱼鸭共生"为特点的稻田养鱼技术。侗族的传统观念认为,水中的鱼不是一般的动物,而是鱼神,是最洁净吉利的、能给人们消灾赐福的超自然存在物,把鱼作为本民族的图腾虔诚崇拜。侗族传说中提到是鱼造就了侗族的祖先。相传古时候,有一对兄妹听到鲤鱼提醒,造了葫芦瓜船躲避洪水,又在鲤鱼的指点下成婚并生下一团肉,肉切成的很多小片随风飘散变成了男男女女,成为侗族人的先祖。

侗族人对鱼的崇拜体现在社会生活的各个方面。逢年过节、红白喜事或是请客送礼,鱼都是不可或缺的珍贵物品。侗族祖先三鲤鱼共头的图腾被侗族村民雕刻在建筑物上,特别是每座桥头铺路的青石板上,因此,"一脚踩三鱼"成为侗家区分同族的暗语。在民间,稻田养鱼经验丰富的中老年人不直称其名,而是称呼为"相丧俱",以示敬重。琵琶歌师们喜欢把"相丧俱"的养鱼事迹及经验编为《养鱼琵琶歌》,凡有丰收聚庆传统佳节,及各种聚会、娱乐场合,他们便当众弹唱,使之家喻户晓,人人皆知。

（三）布依族鱼崇拜

布依族主要居住在贵州省。布依族摩经中其最具代表性的作品《安王与祖王》在开篇追述氏族始源时叙述了这样的故事情节:"盘果去河边,见到一条鱼,称赞她的鱼鳞很美丽。鱼变作漂亮的姑娘来与盘果结为夫妻,生下了儿子安王"。布依族各地区流传着多种氏族支系祖先诞生的神话传说,虽然故事情节不尽相同,但都反映了一个共同的原始观念,即原始祖先与鱼有血缘关系,鱼显然是布依族原始先民的图腾物。

在布依族集居的一些地区,至今还有把鱼作为祖先祭祀的活动。每逢过节,人们要用面捏成花鱼,放在神龛上祭奠。现镇宁慕役一带的布依族,生育后的中年妇女,都要改戴银碗。碗上织有水纹和鱼、虾、蟹等图案,银碗下吊有一对小银鱼,走起路来,叮铃作响。由于鱼产子多,其腹内多子,因此鱼的原始寓意是象征生殖,佩戴银碗体现了对鱼的生殖能力的崇拜。

（四）福建蛇图腾崇拜

福建地区对蛇图腾的崇拜由先秦前的古闽越人就开始了。东汉许慎《说文解字》称:"闽,东南越,蛇种。"福建地方志书中,清代《侯官乡土志》

写道:"蜑之种为蛇,盖即无诸国(闽越)之遗民也","其人皆蛇种"。可见,古闽越族人及其他们的后裔遗民对蛇图腾十分崇拜,将自身视为蛇的后裔。

福建地处东南沿海,许多人居住在江河湖海之中,长期与水打交道,常在船上供木龙(木雕蛇像)祈祷。明代郁永河《海上纪略》就说道,"凡(闽)海舶中,必有一蛇,名曰木龙,自船成日即有之。平时曾不可见,亦不知所处,若见木龙去,则舟必败。"由此可见,蛇是水上人家最重要的保护神之一。

历史上,福建各地都有蛇王宫、蛇王庙以祭祀蛇神。沙县罗岩岭"半岭有蛇岳神祠";长汀县有灵蛇山,"山多旧蛇,下有佛庐及蛇山庙";福清、莆田有蛇王庙称"青公庙";《闽杂记》卷十二《蛇王庙》中记载:漳州府城南门外有南台庙,俗称蛇王庙,其神乃一僧像,"相传城中人有被蛇噬者,诣庙诉之,其痛自止。随有一蛇或腰断路旁,或首断在庙中阶庑间,俗谓蛇王治其罪也。"

蛇王庙

至今福建民间还留有许多古闽越人崇蛇的遗风。南平市樟湖镇,蛇被看成水神——连公师傅,当地人每年七夕都要举行迎蛇赛会,每年元宵要举行规模浩大的"游蛇灯"活动。福建闽侯至今仍有洋里、青竹境和蕉府行宫等供奉蛇王的宫庙,在永丰村的蛇王庙青竹境,每年三月初一蛇王诞辰都要举行"迎灯笼蛇"游舞活动。南平市樟湖坂镇的福庆堂主祀"连""萧""张"

三蛇王;连江品石岩蛇王庙也供奉着蛇王"蟒天洞主"。另外,泉州、闽南地区拍胸舞者至今仍将蛇形草缠顶在头上。这些都是古闽越人以蛇作为图腾崇拜的实证。

第二节　精卫鸟身份的嬗变与中国海洋信仰的错位

一、精卫鸟身份的嬗变

"精卫填海"首见于《山海经·北山经》:

又北二百里,曰发鸠之山,其上多柘木。有鸟焉,其状如乌,文首、白喙、赤足,名曰精卫,其鸣自詨。是炎帝之少女,名曰女娃,女娃游于东海,溺而不返,故为精卫。常衔西山之木石,以堙于东海。

说精卫本是炎帝神农氏的小女儿,名唤女娃。一日女娃游于东海时,溺于水中。死后其化作发鸠山上的神鸟精卫,形状像乌鸦,头上的羽毛有花纹,白嘴巴,红爪子,发出"精卫、精卫"的悲鸣。其每天从山上衔来石头和草木,投入东海。

这段叙述里,包含了精卫鸟由人变鸟的第一次身份转变。精卫在化鸟前是炎帝的小女儿。《潜夫论·五德志》载:"有神龙,首出常羊,感任姒,生赤帝魁隗。身号炎帝,世号神农,代伏羲氏。其德火纪,故为火师而火名。"炎帝改造了伏羲纪时的方法,发明了以火纪时的火历,因此被人们奉为太阳神,尊称为炎。在此后的流变中,炎帝便被尊为太阳神或火神,管理着天下。对比西方神话中,不同神在太阳神宙斯的统领下各司其职的模式,可以想见,在太阳神炎帝的统领下,也是各方神分工管理,各尽其责。回到原文,精卫是女娃溺死而化身成的,女娃溺死这一事件是由于"女娃游于东海"导致,那么女娃为什么要"游于东海"呢? 女娃作为炎帝的女儿,在海中活动,说明女娃是管理海洋的,也就是女娃其实是一个海神。而作为海神的女娃不幸于东海溺亡,死后化身为精卫去填海,这便是从海神到填海者的身份嬗变。

之后,东晋张华《博物志》中:"有鸟如乌,文首、白喙、赤足,名曰精卫。昔赤帝之女名女媱,往游于东海,溺死而不返,其神化为精卫。故精卫常取西山之木石,以填东海。"郭璞注《山海经》时写的《山海经图赞》"精卫"令条:"炎帝之女,化为精卫。沉形东海,灵爽西迈。乃衔木石,以填波害"等,皆不出于此范围。

而到了南朝,任昉于其《述异记》记载:

"昔炎帝女溺死东海中,化为精卫,其鸣自呼。每衔西山木石填东海。偶海燕而生子,生雌状如精卫,生雄如海燕。今东海精卫誓水处犹存,曾溺于此川,誓不饮其水。一名鸟誓,一名冤禽,又名志鸟,俗呼帝女雀。"

精卫鸟与海燕结成了夫妻。它们所生的后代,雄的是小海燕,雌的是小精卫,小精卫也如先辈们一样,日复一日地填海。可以看到,从《山海经》到《述异记》,精卫填海的故事被加工扩充了,精卫的形象又发生了一些变化。

首先,《山海经》只是客观地叙述女娃在东海溺死,变成精卫鸟衔木石填海的故事;而在《述异记》中,增加了"精卫誓水处""曾溺于此川,誓不饮其水"的情节,精卫有了情感和行动上的激烈反应——对东海的仇恨并因此而矢志不渝地填海,相比《山海经》的叙述,女娃溺死与精卫填海这两个情节之间的因果关系被"誓不饮其水"的情节加强了,显示出精卫与大海间的仇恨之深和精卫立誓填海的坚定决心。

其次,《山海经》中的精卫只是一只鸟,不停地从西山衔来木石填海,由于溺死的女娃灵魂的执念而产生了这种本能而机械的填海行为;而《述异记》中的精卫"偶海燕而生子",其所生的后代,雌的小精卫也日复一日地填海。此时,进行填海事业的已不再只是一只单独的小鸟,而有成群结队的小精卫,世世代代地衔着木石填海。这里增加了精卫将填海事业代代传承下去的情节,是对填海这件事的决心的强化,对于海洋的仇恨使得精卫不仅自己日复一日与海洋斗争着,还将年复一年,代复一代地,让子孙承续对海洋的恨意。

再者,《述异记》还补充了精卫的别称,"一名鸟誓,一名冤禽,又名志鸟,俗呼帝女雀",进一步强调了精卫是一只身怀冤屈的鸟,拥有"无与伦比的填海"精神和决心,而"帝女雀"的称号蕴含着人们对其锲而不舍斗争精神的赞颂。

于是,经过《述异记》的再加工后,精卫鸟原来简单的填海举动被强化为了带着强烈对海"恨"意的复仇行为。

"仇海之冤禽"逐渐成为激起后代文人共鸣的艺术形象:陶渊明"精卫衔微木,将以填沧海";顾炎武"我愿平东海,身沉心不改";梁启超有"杜鹃再拜忧天泪,精卫无穷填海心",悲壮的赞美之情已跃然纸上。文人们自比为精卫,抱着对现实某部分的"恨",决心坚定不移地付诸行动,执着精神一代代感动着后人,渐渐地,"精卫"的形象成为一种精神性象征,其填海所体现的不屈不挠的抗争精神,成为坚持不懈、勇敢无畏者的人文借喻。

今天,大多数人对于精卫的印象都是一个锲而不舍的典型形象,应该学习精卫对"填海"这一艰巨事业的不屈不挠、矢志不渝的精神。检索"精卫填海"神话,会看到许多诸如"执着""不懈努力""坚韧不拔""意志坚定,不达目的决不罢休的伟大精神"的描述。"精卫填海"本身也成为词典里比喻意志坚决、不畏艰难的常用成语。对于精卫填海精神的赞颂已成为一种共识性思维,人们基本着重于把精卫塑造成一个具有锲而不舍、迎难而上精神的可歌可泣的艺术形象。

二、中国海洋信仰的错位

遥远的神话经历了岁月的洗涤最终流传下来时,免不了在这个过程中融合进了一代代传承者的意识形态。反过来说,通过不同时期神话的演变可以窥见各个时期人们观念的变化。

精卫经历了"海神—填海者—仇海者—象征矢志不渝的艺术形象"的身份嬗变,这个漫长的历史过程使得今天人们对它的描述是一个"艺术形象",而不是一个海神。这在一定程度折射出了我们民族海洋观念的演变,海洋文化基因的丢失,海洋信仰的错位。

精卫生前身份为炎帝的女儿,女娃会"游于东海",说明女娃和东海是亲近的,会主动和海发生关系,从中可以反映我们的祖先在最早是不畏惧海的,愿意靠近海,会主动和海亲近,并安排了女娃作为一个神灵去管理海。

之后随着生产力的发展,我们的祖先越过了采集和渔猎原始经济阶段,学会了耕作,步入了以种植为主体的农业社会。这个阶段的特质是以陆地为主要活动舞台,土地是人们赖以生存的基本要素,人们具备了一些改变自然的能力,但生产和生活方式仍然受到自然环境的很大制约。上古时期烧林成田导致了大片原始森林的消失,人们在改造自然的同时也为自己的改造付出了代价,海平面的不断升高,潮汐的不平稳成了威胁人们生存的又一隐患。

尤其对于沿海部落,由于他们生活的环境在海边,有时海水席卷而来,海浪威胁着人们的生命,也威胁着土地的安全。于是在进入农耕时期后,人们对海的惧怕越来越强,对大水泛滥的忧虑产生了对海洋深深恐惧的心理。

这种对海洋由亲近转恐惧的心态过渡需要一个载体——人们便在神话

中设计了海神女娲溺亡于东海的情节。掌管海洋的神灵溺亡,东海蒙上了一层恐怖的阴影,"东海"是一个溺死人的"杀手""邪恶之地",人们对海洋的恐惧似乎就找到了依托。于是海洋被视为灾难之源,是凶险和荒蛮的代名词,是阴森恐怖的死亡之所。如《释名》训海为"晦":"主引秽浊,其水黑而晦",认为地下世界的黄泉之水同围绕陆地的海水是相连为一体的,是一个充满黑暗、令人恐惧的地方。这种恐惧一代代传下来后就变成了主流文化对于海洋的恐惧,在社会上造成了长期的影响。由此我们看到,海洋信仰错位的一方面表现是,由于对海洋的恐惧,我们的祖先人为地把海神"淹死"了。

此外,还有值得注意的是,女娲这个"海神"不是作为海上保护者的海神,而只是一个管理者;最为人们熟悉的海神四海龙王,其职能主要是掌管人间气象,保佑风调雨顺,祭祀龙王的动机多为天旱求雨或大涝止雨,实际上是保佑社稷风调雨顺的农业神。也就是说,在妈祖之前的掌管海洋的中国海神,无论是精卫鸟还是四海龙王,并不具有保佑海面风平浪静、渔船顺利出海、渔民平安收货、在海面上求渔的真正的海神的功能。这便是海神信仰错位的另一方面表现:所谓海神,是"伪"海神,甚至是农业神。

这种错位要回溯至自史前迄秦汉时代,东西向夷夏之争,南北向汉越之争,都是海洋族群与大陆族群的抗争,说明海洋文化是中国古代文化的重要一支。但两度抗争大陆族群都获得了最后胜利,因而中国大地上形成了以大陆性格为重的发展模式。此外,中国丰厚的发展内陆农业文明的天然条件,使得先民在陆地上获取生存资料远比海洋容易,而且足够支撑起群体发展。因此,两方面原因促成了中国古代以中原地区为中心的发展格局,同时,中原农业经济也成为主导经济类型。如此背景下,海洋文化也只能在狭长的滨海地区亦即边缘地带存活、传承,很难进入主流文化,纳入统治者的视野。海洋文化受到排挤,长期处于从属地位,只是零星存在而未能得到充分发育。海洋文明被边缘化,传统的海洋生态已经变成了农业生态,海洋文化被农耕文化所覆盖,海神信仰作为民间信仰的一部分,自然也摆脱不了整个社会大环境的影响,海神的职能为农耕文化所重视的雨水祈求所覆盖,因而造成了海洋信仰的错位。那么,重建中华文明本来拥有的海洋知识体系,挖掘出中华文明远古源头时期的海洋文化本土基因,便是今天我们认识到这种错位以后肩负的重要责任。

第三节　佛教中的海神

一、佛教传入中国与观音的性别演变

佛教起源于古印度,西汉末年开始传入中国时,先依附于流行于汉代的道术(方术),魏晋时,又依附于玄学。东晋以后,佛教在中国有了广泛的传播,经过四五个世纪的流传,到隋唐后,达到了鼎盛时期。到南北朝,佛经的翻译与研究日渐发达,民间的佛教信仰日益广泛。"南朝四百八十寺,多少楼台烟雨中",就是当时佛教兴盛的真实写照。

在佛教的众多菩萨中,观世音菩萨最为民间所熟知和信仰。作为佛教大乘菩萨之一,观世音于东汉明帝永平十年(67)随佛教一起从印度传入中国。梵文称为 Avalokit eśara(阿缚卢积低湿伐逻),意译为观世音或光世音。唐朝时,因避唐太宗李世民讳而称观音。

在中国民间传说中,观音是一个慈母的形象。她头戴缨洛珠冠,身穿锦袍,外罩披肩,腰束纳带,光脚踏一朵莲花座,右手执杨枝,左手托净瓶,瓶内装的是甘露,可以救苦救难。当众生遇到任何困难和苦痛,如能至诚称念观世音菩萨,就会得到菩萨的救护。在中国的江、浙、闽、广、台湾,在中国以及南洋华侨间,观音信仰极为普及,观音庙香火长盛,庙内常有诵经聚会,善男信女们或施长明灯油,虔诚地向观音菩萨烧香祈拜,以保平安,或供长蟠,祈求得子。

传说观音能示现 33 种形象,能适应众生的要求,对不同的众生,便现化不同的身相,说不同的法门,常见的化身有杨柳观音、过海观音、白衣观音、鱼篮观音、水月观音、普陀观音、送子观音、千手千眼观音等。

观音信仰在流传过程中,常常与当地的历史、风物等相联系,形成了各具特色的观音信俗。观音信仰传入中国后,其身世、显化、灵感、道场等大乘佛教中的几个信仰要素都相应中国化。

据印度佛经记载,观音菩萨原是转轮圣工无净念的大太子,他与弟弟一起修行,后成正果,侍奉阿弥陀佛,成为"西方三圣"之一。大约在南北朝以前,中国佛教依然忠实恪守着印度佛教关于观音菩萨的一切说教,所以,在身世信仰上,观音继续保持着"伟丈夫"的潇洒形象,这从中国早期的观音造像作品大都为男子汉形象这一点可以得到证明。随着传入时间渐长,观

南海观音像

音形象逐渐发生了重大的变化,其形象脱离外来印度传统伟丈夫模式而本土化,代之以中国化的慈祥女性形象,由男性神过渡为女性神。

观音传入中国后之所以变为女性形象,和中国传统文化的特征有密不可分的关系。

印度佛教的观音身世男性说是在印度传统佛教轻视女性,甚至认为女性得道只有在转为男身之后才能实现的观念背景下产生的。而中国佛教的女身说则明显与中国传统认为女性慈悲善良、和蔼可亲、更易接近的观念分不开。另一说认为中国的传统文化主要是大陆文化,海洋文化在中国历来是下层人民的民俗文化。中国人认为世界是阴阳二元生成的,大陆是阳,海水为阴,因此,既然大地的主宰者是具有阳刚之美的、雄健的男性神,诸如民间信仰的关帝,那么海洋文化作为配角,它的神就应是具有阴柔之美的温和女性,这反映了中国人阴阳相应的世界观。

此外,印度佛教的观音身世信仰是在印度古代文化的氛围中诞生的,从而留下了印度文化的烙印,显得非常圣洁而高远,与现实社会和现实人生有相当大的距离。而中国的观音身世信仰却具有很强烈的人间性。因为,它是在可以顾及的时间内、发生于我们这个世界的、从一般凡人开始的、具有现实人生情趣的故事。且中国的传说着力说明观音得道的艰难曲折,这与中国儒家所说的天将降大任于斯人则必先使其历尽磨难的看法一致。而观音身世传说在传入中国后也夹杂进了中国式的家庭伦理道德观念。这种中国化是观音信仰适应中国社会背景与文化传统而必然发生的一种文化嬗变。

二、观音在舟山群岛成为海神

浙江的舟山群岛,自古以来一直被视为观世音菩萨的应化道场,位于舟山群岛的面积仅 12.5 平方公里的小岛普陀山,是我国最著名的观音道场,作为中国佛教四大名山之一,每年吸引了近 200 万香客来这片佛国圣土烧香礼佛,虔诚朝拜。而对于舟山群岛当地的民众来说,观音在他们心目中一直是最重要的海神。这与舟山独特的海岛自然条件有关。

舟山四面悬海,岛民以舟为车,日日与海相伴,有着与大海割不断的复杂情感。舟山是我国著名的四大渔场之一,得天独厚的渔业资源,自然地使海洋渔业生产成为古代舟山群岛人群维持生存的最佳手段。以前,渔业生产工具简陋,舟山渔民终年提心吊胆地过着"三寸板里是娘房,三寸板外见阎王"和"前有强盗,后有风暴,开船出洋,命靠天保"的日子。人们出入于浩瀚无垠的大海,享受着大海的惠赐,有着丰收的无比喜悦;也经历大海变化莫测的凶险,承受着种种不幸的痛苦。渔业生产的流动性和作业方式的特殊性、海洋生活的危险性,迫使广大渔民去寻找自己的某种精神寄托。他们面对着无常的大海,迫切希望能有一个超凡的力量来保佑他们的幸福和安宁。大慈大悲的观音菩萨正好符合舟山岛民的殷切期盼。据史料记载,舟山群岛本岛在东晋年间即有了观音庵,观世音"诸恶莫作,众善奉行,大悲心肠,怜悯一切,救危济苦,普渡众生"的教义,很能引起广大渔民的共鸣,观音便很自然地被塑造为海上保护神。

隋唐时期,海上丝绸之路更加繁荣,舟山群岛位于当时中国海上丝绸之路的航路上,其中普陀山地处舟山群岛东部外缘,扼守长江口、杭州湾,"东控日本,北接登莱,南亘闽粤",是中国江南各港口通往东北亚、东亚、东南亚、南亚的海舶停靠、启航、候风、纳潮的地方,许多海船停泊于普陀山。而日本、朝鲜和东南亚诸国往来中华的使者或商贾、僧侣,大多经普陀进入明州(宁波)港,普陀山在国际航海中具有重要的不可替代的作用。因此,普陀山虽是海上岛屿,但人员流动颇多,航海者避凶祈福的共同愿望使普陀山上的观音道场逐渐兴盛。

唐大中年间,已有不少外国僧侣到普陀山礼拜观音。后梁贞明二年(916),日僧慧锷想把五台山的楠木观音圣像请回国,船至普陀山时,风浪大作,不能前行。慧锷夜梦一胡僧谓之曰:"汝但安吾此山,必令便风相送"。明白原来菩萨不愿东去,便靠岸将佛像置于普陀山供奉,称为"不肯去观音院"。之后海上风平浪静,船只平安回国。于是"不肯去观音"作为海上保护神更加传扬开来,普陀观音道场的影响也随之而扩展到其他国家,成为中外文化交往的一个纽带。

宋朝,统治者提出"开洋裕国"国策,"市舶之利最丰,若措置合宜,所得辄以万计,岂不胜取之于民?"中央政府支持海洋贸易,号召对外开放,且向海外招商,不光以招商引资为基本国策,更以开拓海疆为发展战略,对于航海尤其重视,位于舟山广为流传的海上保护神观音自然进入了统治者视线。宋太祖乾德五年(967),赵匡胤特遣太监工贵到普陀进香,朝拜观音,从此形成朝廷朝拜普陀观音的祖制。宋高宗绍兴元年(1131),高僧真歇和尚在高宗的赏识和支持下,动员全山700多户渔民迁往外岛,使普陀山成为"有宅皆寺,有人皆僧"的名副其实的清净佛国。宋宁宗嘉定七年(1214),指定普陀山为重点供奉观音的道场。自此,普陀山便与供奉普贤菩萨的峨眉山、供奉文殊菩萨的五台山以及供奉地藏菩萨的九华山一起,被称为中国佛教四大名山。由于统治阶级的重视和提倡,普陀山观音道场成了"官办"的佛教圣地。观音一跃而成为钦定的海上保护神。

明代万历年间,普陀观音道场曾达到史无前例的兴旺时期,朝廷先后六次差遣内宫宦官到普陀进香,赏赐大量金银并钦赐"护国永寿普陀禅寺"和"护国镇海禅寺"御匾两块。清康熙、雍正年间,不仅拨出大量金银兴修寺庙,而且派出总兵蓝理到普陀督造佛殿,拆南京明皇宫的九龙殿和琉璃瓦建造了法雨寺的"九龙观音殿",并且颁旨大卜,宣布普陀山观音道场"乃朝廷香火","务令臣民共种福田"。

到清末民初时期,舟山渔村已是"岛岛建寺庙,村村有僧尼,处处念弥陀,户户拜观音",并且由于舟山岛民为外洋火轮撑船或侨居国外经商者甚多,这些侨居海外的舟山人,把救苦救难的观世音菩萨也带到了侨居国,在那里供奉、朝拜、念诵佛号。观世音在国外的影响,开始主要在亚洲、东南亚地区的一些国家,近20年来,在欧美一些国家也逐渐盛行起来,据说,美国现在已有60多座佛教寺院,大多供奉观音菩萨。

每年农历二月十九、六月十九、九月十九是舟山"观音道场"的三大香期,香火鼎盛。据传,二月十九是观世音的诞辰日,六月十九是观世音的成道日,九月十九是观世音的出家日,每当香期,舟山诸岛的善男信女纷纷到普陀朝山进香、礼拜敬佛。信徒们坐夜宿山,以示对观世音的诚心,登上佛顶山,赶插"头炷香",吃斋供佛,念诵"大慈大悲救苦救难广大灵感观世音菩萨"。今天的舟山民众,海上遇到风暴时,求观世音保佑;家里有人生病时,求观世音救治;渔业生产丰收时,认为是托观世音的福;有了天灾人祸,则怨自己拜观世音不诚。观音信仰已经深深融入他们的血液,成为一代又一代人的精神宝藏。

第四节 道教中的海神

道教与海洋文化有着密切的联系。道教是"水教",以水为天地万物的本源,人及天地万物皆由水生。在南方特别是东南沿海地区,先民相信"水"是通往仙界的"神道",凡水死者一皆称为"水仙"。水崇拜作为道教的文化渊源之一,在道教的神仙谱系中随处可见。

东南沿海地区众多的海神形象都是道教结合民间的传说信仰创造出来的,为充满凶险和挑战的涉海生活提供精神护佑,尤其宋元以后东南沿海出现的一些地方海神和专司某一海洋事项的专业海神等更是如此。通过每一次重大海事活动中进行渡海册封的仪式,地方性海神的地位得到国家的肯定。

一、通远王

泉州南安向阳乡,有一座五台山。与北五台不同的是,南安的五台山是道教圣地。早在 1300 年前,这里就诞生了海上丝绸之路最早的海神——通远王。

通远王又名乐山王、灵乐王,俗称"白须公",其最初为山神,经历水神、雨神的演变,最后成为海上丝绸之路上第一代航海保护神。

一种传说为,通远王原名李元溥,为唐末进士,官拜云南团练副使,其是四川乐山嘉州人氏(今四川省乐山市),为避战乱,弃官隐退。李元溥沿着官道从四川一路游走,最后到达闽南位于南安、永春交际的向阳五台"乐山"。五台乐山古官石道是宋元时期泉州经乐山、永春前往福州、南平进京赶考赴任的驿道,车水马龙,李元溥遂茸庵于此,带来了天府之国的种植技术手把手教当地老百姓,在古道旁免费给路人煮茶奉粥,他还略懂医术,常给周边的老百姓看病,以供粥采药、治病救人为乐。而我们认为李元溥应该是同清水祖师一样的闽南本地人,凭借在本土多年的生活经验,熟悉自然条件、当地人体质,就地取材制药,博施济众,为善最乐。

李元溥在五台乐山行善几十载,直至头须皆白,人称"白须公",坐化后,乡人尊其为"乐山王",供奉其为五台乐山山神。

唐咸通(860—873)年间,九日山下延福寺圮废后重建大殿,寺僧四处寻找巨木。有僧慕名前往乐山,在山上遇到一位白须翁,相传就是李元溥。

白须翁指点寺僧找到建寺的巨木材。但是,乐山和九日山相距甚远,交通不便,寺僧面对巨木无可奈何。李元溥又言,不用担心他有办法。不久,天空便普降大雨,山上的木头借着山洪,沿溪流漂到了九日山下的延福寺的古井中,并从古井里一根一根涌出,取之不竭,大殿得以修建。为表达对"乐山王"李元溥相助的感激之情,延福寺修建了"灵乐祠"(后亦称"灵岳祠"),礼奉"乐山王"。因此"乐山王"亦称为"灵乐王"。而这位与水运有关的乐山老人也就成了第一代"水神",灵乐祠也成了"有求必应"的灵祠。

据载,北宋蔡襄在至和、嘉祐年间(1054—1063)知泉州(即任泉州知府),9年中先后3次到向阳五台乐山供奉"乐山王"的寺庙求雨,每次均灵验,"乐山王"名声远扬。因求雨成功,泉州府上报朝廷,宋朝皇帝遂敕封"乐山王"为"福佑帝君",成为一代"雨神"。

唐宋以来,九日山下的金溪港船舶来往众多,渔民每每出入,都会到灵乐祠烧香礼拜,向"灵乐王"祈求平安。所求者每每灵验,"灵乐王"名声愈加显赫,灵乐祠(灵乐寺)香火也越来越旺。

北宋年间(960—1127),传说从泉州府运贡品经海路北上京都,遇大风大雨,"灵乐王"显灵,竟然平安无事;泉州官府奉朝廷之命,从刺桐港运陶

通远王神殿

瓷到波斯湾大食去,海上惊涛骇浪,有"灵乐王"保佑,也平安到达;随着泉州地区海外贸易日渐繁华,远航的船主也都慕名前来烧香,祈求平安。北宋皇祐五年(1053),泉州开始建造洛阳桥,桥址位于海水和江水相交之处,工程浩大,郡守蔡襄请此神至洛阳,意在镇海造桥。《泉州府志》记载:"昭惠庙在万安桥,北宋郡守蔡襄建……《隆庆府志》载庙神即永春乐山白衣叟。"万安桥即洛阳桥。

可见在北宋末年,"灵乐王"已由山区到海边,能保佑"风息涛平",成为泉州海外交通发展的"海上保护神"。因其庇佑航海平安,敕封为"通远王",意即保护船只平安远航。

南宋时,伴随着海上丝绸之路日渐繁华,通远王被官方奉为海神。泉州州官会同市舶司、宗正司的长官,每年夏、冬都要到九日山举行两次典礼,"冬遣舶、夏回舶",向通远王"祈风",迎送番舶往来,望船只能平安到达目的地。仪典隆重肃穆,规模很大,礼毕勒石记事,至今九日山上留下的"祈风石刻"详细地记载了南宋前后近200年间(1127—1279)泉州船队出海远行时官方举行的祈求船舶顺风的"祈风仪式"的点点滴滴。

由于"祈风仪式"的兴盛,渐渐地通远王成了宋代泉州海外交通、贸易的保护神,演化成我国历史记载中民间与官方共同承认的泉州最早的名副其实的"海神"。

蒙古族入主中原后,元朝抑制南宋官方大力渲染的海神通远王,另外抬出海神"妈祖"与之抗衡并取代其位,通远王信仰迅速被妈祖所取代,逐渐湮没,几至消亡。如今,通远王在部分泉州百姓中继续得到信奉,较有影响的有洛阳桥南的昭惠庙、安平桥头安海街上的昭惠庙和南安英都镇的昭惠庙。

二、陈靖姑

陈靖姑,又称陈夫人、临水夫人、顺懿夫人、通天圣母、顺天圣母、陈太后等,最早流传于闽江流域,是福建地区最有影响的女神之一。除了作为"护妇保婴"的女神,她也是可与妈祖、卜福、陈文龙比肩的海上保护神。

陈靖姑为福州藤山(仓山)下渡人,生于唐大历二年(767),能降妖伏魔、医病却瘟、解厄除灾、扶危济难;奔走于闽中各地,治病救人,替人接生顺产,为民众做了许多善事、好事,深受人们的爱戴和敬仰。因她家住闽江边的下渡,面江而居,受到闽江流域水上居民的崇拜而成为"水仙",也掌管江河安全,尊为"临水夫人"。

临水夫人妈庙

　　而陈靖姑成为"海神",与中国明、清两朝中央政府对琉球国的"册封"有密切的关系。

　　琉球当时处于中山、山南、山北三国鼎立的局面。"林木稀疏不茂密、厥田沙砾不肥饶","地无货殖,商贾不通"。琉球要发展,必须仰赖强大的明王朝政治上的庇护、经济上的扶持、文化上的影响,但两国相距遥远,又隔着大海,"浪大如山,波迅如矢,风涛汹涌,极目连天"。琉球航海技术又薄弱,制约了这种联系。据《明太祖实录》载:朱元璋推翻元朝统一中国后,于明洪武五年(1372)即派杨载为使臣持诏前往琉球。在诏书中明确指出:遣使此行的目的是"播告朕意,使臣所至,蛮夷、酋长称臣入贡。惟尔琉球,在中国东南,远处海外,未及报知。兹遣使往谕,尔其知之"。明洪武二十五年(1392),又"赐闽人36姓,谙水性、善操舟、能航海者移居琉球,令往来朝贡"。对此,琉球国方面作了积极的回应。中山王察度于同年派其弟泰期随杨载入明朝贡。从此开启了长达507年之久的中琉两国藩属关系历史的新篇章。

　　明成祖永乐二年(1404),明朝廷对琉球国又建立了"册封"制度,在当时航海技术落后的条件下,册封使前往琉球必冒极大的风险,只能依靠神灵的庇佑。在多一个神灵就多一层庇佑的观念指导下,福州作为明清两朝"册封使团"前往琉球的始发地,册封使先后也就近将福州的三位神祇——"临水夫人"陈靖姑、"江河之神"拿公和"水部尚书"陈文龙,与妈祖同航前往琉球,陈靖姑从而由内河交通安全保护神,升格为海上交通安全保护神。

明嘉靖十三年(1534),第十一次册封琉球正使、吏科给事中陈侃和副使、行人高澄,赴琉球册封尚清王时,当册封舟在海上遇险,众人求救于天妃。经扶乩显灵说:"吾已遣临水夫人为君管舟,勿惧,勿惧。"果然应验,风平浪静,转危为安,众人称奇。册封使团回到福州后,副使高澄偶然间漫步在"柔远驿"附近的福州水部门外,发现有一座"临水夫人祠"。他忙入祠中请教道士。道士告诉他:"神乃天妃之妹也,生有神异……证果水仙,故祠于此。"又说:"神面上若有汗珠,即知其从海上救人还也。"从此以后,册封舟上除供奉妈祖外,又增加了临水夫人陈靖姑的神像。

临水夫人陈靖姑作为民间信仰的"海神"之一,随着明末清初福建向台湾的移民传到宝岛。台湾省内各地大都建有"临水夫人庙",作为民间纯正信仰礼拜的场所。其中最早的有建于清顺治十八年(1661)的台南白河镇"台南临水宫"、清康熙四十六年(1707)建的高雄大社"碧云宫"和清乾隆元年(1736)建的"台南临水夫人庙"等,由此印证了海峡两岸民间信仰"木水同源"的关系。

三、陈文龙

陈文龙,福建兴化(今莆田)人,官至参知政事,南宋抗元民族英雄。元朝入主中原后,元兵入闽,他率兵抵抗,后兵败不幸被俘,宁死不屈,押至杭州,绝食而亡,被埋葬在西湖边的葛岭。民众将他与岳飞、于谦并称"西湖三忠肃",将他视作岳武穆再世。百姓对其崇高的民族气节十分崇拜,进而把他当神来崇祀。

而陈文龙最初成为水神是由于与海神妈祖并祀。兴化客商在福州阳岐化龙道码头设立小庙妈祖亭,供祀海神妈祖,并祀兴化籍的民族英雄陈文龙。阳岐水道为乌龙江水路交通要津,为兴化行旅入福州的首选。曾经因下游峡兜官渡水险难渡,阳岐一度成为官民共用码头。长期以来,这里帆樯云集,人员会聚。聚集在这里的与水运商贸有关的商人和水上疍族渔民,成为最初的陈文龙信徒。祀庙临水,便滋生水神的功能,更何况最早的信徒的职业和日常生活与水有密切关系,极为需要陈文龙这位生前富有忠烈勇猛气魄的英雄,作为镇压水里妖魔的神灵护佑他们。随着信仰的传播,明朝又以陈文龙能保佑航运、渔民,加封其为"水部尚书"。

明清时期,历朝皇帝都委派新科状元率册封团赴琉球、台湾册封当地官

陈文龙像

员。因"市舶提举司"从泉州移址福州,福州成为册封使团前往琉球的始发地。册封使团为祈保平安往返中琉之间,最初只有妈祖神像随册封使团同行。在"溟洋浩荡中,无神司之,人力曷能主张"的思想支配下,册封使认为多一个神祇就多一种保护,同前述的"临水夫人"陈靖姑一样,福州的"水神"陈文龙便也与妈祖神像随册封使团同行,将陈文龙像立于船中祭拜,祈求海上行船平安。陈文龙由内河保护神升格为海上保护神。清乾隆年间,为褒扬陈文龙在发展中琉两国友好关系的贡献,在明初三次"敕封水部尚书"的基础上,皇帝加封陈文龙为"镇海王"。陈文龙的海神地位再次上升,有了"官船拜尚书、民船拜妈祖"之说。陈文龙信仰在闽台两地广为流传,被两岸民众尊为妈祖一样的海神。

明清以来,农历正月及陈文龙诞辰的日子,各地尚书庙会举行隆重的庙会,如万寿尚书庙在尚书公"出海"的前一个月,雇请熟悉造船工艺的名师巧匠,在庙内制造仿真"官座船"。船上的布置一如官邸陈设,旗杆上挂"水部尚书陈"和"宋陈忠肃公"旗帜。船上的四周挂满了民众敬赠的供品,象征尚书回乡"省亲"时赠送给家乡父老的"礼物"。正月十八一早,举行"告别"仪式后,在十番伬吹奏《满江红》的乐曲声中,趁闽江涨潮时刻,由"八家将"鸣锣开道,"皂班"有节奏地吆喝,各境、铺、社神像随行。有名望的商绅数十人抬着"官座船",在千人的簇拥下,往台江第一码头或瀛洲河下水。送行的民众欢声雷动,嘴里喃喃细语:"祝尚书公一路顺风"。此外还有"迎尚书"和"送状元船出海"等民俗,至今盛行不衰。

四、妈祖

妈祖,民间称天妃娘娘、天上圣母、妈祖婆,在闽东霞浦、福安、寿宁的一些民间道坛中被作为道法之神,而称"天妃圣母",是历代船工、海员和渔民共同信奉的神祇。古代在海上航行经常受到风浪的袭击而船沉人亡,航海者就把希望寄托于神灵的保佑,在启航前要先祭天妃,祈求保佑顺风和安全,在船上立天妃神位供奉。

相传妈祖出生在福建莆田一户普通的林姓人家,因为不爱啼哭,起名林默。因她识些天文,懂点医理,又急公好义,助人为乐,生长在大海之滨的林默,还通晓天文气象,水性极好。莆田湄洲岛与大陆之间的海峡有不少礁石,大海深不可测,风浪又无情,渔民出海频频遇险。年轻的林默练就一身好水性,又能驾船如飞,自愿担起海上救援任务,在这海域里遇难的渔舟、商船,常得到林默的救助。她并未出嫁,一心救助海上遇难的渔民舟子。她还会测吉凶,会事前告知船户可否出航,所以又说她能"预知休咎事",称她为"神女""龙女"。在一次海上救援中,林默不幸遇难,乡亲们悲痛欲绝,谁都不信她真的没了,更愿意相信 28 岁的林默羽化升天,成了海神,永远护佑他们平安顺利。当地乡民在莆田湄洲岛为她建庙祭祀,敬称其为妈祖,逐渐成了人们心目中的海洋女神。

也许有人注意到,林默去世升仙时只是一位 28 岁的未出阁的姑娘,却被赋予了"妈祖"这一用于家中女性长辈的称呼。这是为什么呢? 其实这样的称呼转变表达了东南沿海的海洋文化具有了中华文明属性。当出海捕鱼、经商的年轻男性在海上遇到风险时,他们便对着天空高喊"妈祖救我",妈祖既是家中的长者,又是神灵,即是在告诉天上所有的神灵,此时与风浪的搏击不是为了个人而是为了家里的幸福,是为了家中长辈的幸福,这正是中华文化最核心的孝道的体现。因此,这样的出海行为是正当的,神灵一定会保佑。这其中折射出中国的海洋文化进入了中国儒家文化的核心体系。

元朝起,由于元时海外贸易的持续繁荣,对海运的重视依赖,元朝统治者对这位深得民心的海神推崇备至。公元 1281 年,忽必烈便诏封妈祖为"护国明著天妃"。公元 1329 年,元朝皇帝曾派遣"天使"进行了一次规模空前的进香之旅,耗时半年,行程万里,沿途拜谒淮安、苏州、杭州、绍兴、温州、福州、湄洲、泉州等重要港口的十五座妈祖庙,并代表皇帝呈献祭文。至此,妈祖已升为国家级的航海保护神。

清代的妈祖信仰进入发展的全盛期,从康熙到同治,有六位皇帝十余次加封,妈祖的称号也由明代的天妃升至天后,封号多达 64 个字,地位尊贵,无以复加。并且随着东南沿海居民的迁移,信仰妈祖的范围辐射至澳门、台湾、南洋各地乃至更远。

今天,中国沿海的地方或内陆河道,以及世界各地有华侨聚集的大小埠头,几乎都有妈祖的宫庙。据不完全统计,全世界共有 3000 多座妈祖庙以及 2 亿多崇信者。她的影响力从南方沿海辐射开去,遍及港澳台地区以及亚洲、北美等 20 多个国家和地区。

五、水尾娘娘

水尾娘娘即水尾圣娘,亦称南天夫人。水尾圣娘信仰发源于海南省文昌市东郊镇,因建庙之地位于水尾(海边),故名"水尾圣娘庙"。

水尾圣娘是海南东北部沿海居民乃至东南亚各国琼籍华人共同信仰的海神,她与妈祖信仰不同,妈祖源于历史上的真实人物,属于历史人物的神化,而水尾圣娘则是海南本土的自然神。

水尾圣娘信仰的来历,一说她本名莫丽娘,元末明初出生在琼州府定安县梅村炯龙马田村(现海南省定安县岭口镇水尾田村)。16 岁时,某天去坡地干活,再也没有回来。据言被玉帝选中,肉身归天而成神圣。另一说,二百多年前的海南文昌县东郊镇清澜港水尾村有一个心地慈善的潘姓渔民,捕鱼时捞不到鱼,而是一块木头,如此反复,后来渔民许愿只要能捕到鱼,就将木头供奉。渔民果然如愿以偿,满载而归,于是他将这支神木雕刻成形奉祀于不远处的坡尾。民间传说此木即是女神的化身,护身求财,十分灵验,从此被广为崇信。据载,清朝时琼州府定安县人张岳裕(1773—1842)高中探花后,回乡亲临文昌水尾圣娘庙泼墨写出"慈云镜海"匾额敬奉水尾圣娘,他还将搜集到的水尾圣娘神迹呈报朝廷,最终,嘉庆皇帝敦封莫丽娘为"南天闪电感应火雷水尾圣娘"。

海南人普遍信仰水尾圣娘,与闽粤两地民众虔诚信仰的妈祖地位相当。水尾圣娘信仰随海南人漂洋过海"移民"海外,尤其是东南亚地区。马来西亚登嘉楼水尾圣娘庙,据称清朝道光年间就已存在,1800 年重建。另一间历史悠久的吉兰丹州道北天后宫,其正中神像中并列供奉天后及水尾圣娘,右边神完供奉先贤牌位,左边神完供奉一百零九兄弟及大伯公。槟城丹绒武雅琼谊社南天宫,崇祀主神为水尾圣娘。在柔佛州昔加末的利民达,当地

南海水尾圣娘庙

海南人也建有水尾圣娘庙。

海南人祭祀的海上守护神是水尾娘娘,不过当年海南人漂洋过海到南洋谋生时,供奉的是闽粤沿海居民所祭祀的海神妈祖。水尾圣娘虽是南天夫人(电神),但在实际信仰中,她充当的却是海神妈祖的作用。从它的故事传说中可以看出其与渔民的生活息息相关,具有保护渔业、航海的职能,与妈祖一样都具有保护航海的职能,但是他们并不是同一个神灵。你若问当地村民水尾圣娘的姓氏,他们十有八九会说姓林。姓林的女性海神,除了妈祖林默娘,估计没有别的了。由此可见,当地村民的底层信仰仍残留有妈祖信仰的痕迹,或者说在海南信徒的观念中,妈祖其实是水尾娘娘的化身之一。从某种程度上看,水尾圣娘更像是南天夫人和天后圣母(妈祖)的结合体,说她是妈祖的本土化也不为过。

六、南海神

南海神是中国古代东南西北四海神之一,地处广州的南海神庙是祭祀南海神的庙宇,始建于隋,海祭延续千年,是四海神庙中唯一完整保存至今的海神庙。

南海神与南海神庙见证了广州港市发展的历史进程,是广州历史文化海洋性的重要体现。同时,南海神在东南西北四海神中地位显赫,据唐代韩愈《南海神广利王庙碑》,"考于传记,而南海神次最贵,在北东西三神、河伯之上",历代帝王循礼崇封,官民祈禳祝佑,备受推崇。南海神与南海神庙声名远扬,流波扩散,在以广州为中心的珠三角等地广见南海神分祀庙宇。南海神成为岭南沿海影响巨大的一个地域性海神,南海神信仰地方化、庶民化所形成的南海神诞"波罗诞""洪圣诞"至今犹存。

广州从秦汉直到唐宋一直是中国最大的商港。中国古代海上丝绸之路从西汉时就已经开始形成,到了隋唐时期达到了鼎盛阶段。尤其是唐代,从广州出发的贸易船队,经过南亚各国,越印度洋,抵达西亚及波斯湾,最西可到达非洲的东海岸。明清之后更远至欧美。这条航线长达1万多公里,沟通了东西方政治、经济和文化的交流,扩大了中国在世界上的影响力。

南海神庙由于处于这条航线重要位置上,在古代就建有码头,码头面临大海——南海,南海实际是太平洋靠近东南亚大陆部分,大海又紧连着太平洋,通往印度洋。出海航船或来自远方的航船,都须经过坐落在南海神庙的这个古码头。于是众多的商船顺路经过这里均停下来上庙祭祀,以祈求航路平安、生意兴隆、一帆风顺。

南海神庙门前有石牌坊,额题"海不扬波"。古时出海的人,就在这里祈愿"海不扬波"。

南海神庙

在秦汉以前的周代礼制中,涵括有南海神信仰的四海祭祀就已纳入国家礼制之中,并设有祠庙专门祭祀。隋代结束了魏晋南北朝三百余年的分裂局面,重新建立大一统帝国。隋文帝开皇十四年(594),以廷臣建议,以为海神灵应昭著,望祀非虔,宜就各方创庙奉事,以答元贶,于礼为协。"闰十月,诏东镇沂山,南镇会稽山,北镇医无闾山,冀州镇霍山,并就山立祠。东海于会稽县界,南海于南海镇南,并近海立祠。及四渎、吴山,并区侧近巫一人,主知洒扫。并命多莳松柏。"南海镇即广州扶胥镇。近海立祠奉祀南海神与隋代整合与完善岳镇海渎国家礼制有直接关系。而随着广州南海神庙的修建,以往供奉于庙堂之上的南海神得以名副其实地坐落于南海之滨,庇佑南海民众。地方祠祭南海神,搭建了国家祭祀与民间信仰互动的平台,促进了南海神信仰地方化、庶民化的变迁过程。

隋唐以来,历代帝王循礼崇封,多次册封南海神,或派遣使者、地方官员到南海神庙致祭。唐玄宗天宝十年,四海并封王,封南海神为广利王。五代十国时期,南汉后主刘鋹封南海神为昭明帝,庙为聪正宫。宋仁宗康定二年,四海并封王,南海神被封为洪圣广利王。元世祖至元二十八年,南海神加封为南海广利灵孚王。明太祖洪武三年,去前代封号,南海神改称南海之神。清雍正二年,南海神加封"南海昭明龙王之神"。同时,历代也都对南海神庙进行过维修,官民祈禳祝佑,南海神庙与南海神信仰延续千年。

南海神庙所在的广州,地处南海之滨,以其独特的地理、区位优势,开海贸易源远流长,千年不衰,广州海洋文化绵延发展,从未断层。南海神与南海神庙也见证了广州港市发展的历史进程,是广州历史文化海洋性的重要体现。

南海神庇佑广州地方安定,为来往舟船保驾护航,成为广州通海放洋的"精神灯塔"。舶来的海神达奚司空、巡海蒲提点使陪祀南海神亦是广州海事兴盛,多元文化汇聚的表现,这让南海神信仰增添了不少异域风情。南海神信仰逐渐地方化、庶民化,成为岭南沿海影响深远的地域性海神。

第五节 海洋祭祀:崇拜、祈愿、感恩

海洋祭祀活动(俗称"祭海")是一种由海洋崇拜所派生出来的宗教行为方式。海洋祭祀的主要特点,就是利用某些与海神交通的具体宗教行为方式,如焚香、点烛、设供、叩拜、祈祷、演戏等,来向海洋表示崇拜、感恩,或

者祈求的愿望,以求海神对于人类的恩赐与佑助。

一、渔民的海洋祭祀

在近几十年的社会政治、经济、文化的变化过程中,渔业生产方式和生活水平都发生了非常巨大的变化。但是,由于渔业生产作业本身所具有的风险性仍然存在,致使产生渔民海神信仰和祭祀仪式的基本条件没有发生变化,因此,在各地区渔民的精神生活中,海神信仰和相关的祭祀仪式至今还有它的生命力。

(一)日照"上杠"

山东沿海渔民有"谷雨百鱼上岸"的说法,因此,山东渔民一般在谷雨前后进行春季祭海。渔业生产中的祭祀活动春季祭海仪式实际上就是一年渔业生产的开工仪式。春祭中,日照地区的人们要举行"上杠"仪式,也称"敬龙王",每年正月初五举行。在海边的渔船上,船头上摆整猪为供品,猪脸要用刀划一个"十"字,并抹进豆瓣酱,放上两棵大葱,还要摆上糕点、馒头、水果等。有的渔民还把大红公鸡在船头上杀出血,经船眼流下,名曰"挂红"。待上香发纸之后,船员在船主的带领下,面对大海磕头,祈求龙王保佑,赐给一个平安丰收的好年景。祭拜仪式结束后,船主设宴款待船员,席间共商当年生产计划,如捕捞去向、捕捞品种以及分红等事宜。

过去,稍大一点的船上都专设神龛,供奉海神娘娘,有的海上运输的帆船还有专管上香的香童。日照一带渔民,每当渔船遇到风浪,放椗抛锚后,船老大要率领全船人员祭拜海神娘娘。祭时,船老大站在船面上,口含清水朝东南漱一次,再进仓为海神娘娘上香敬酒,口中念念有词,祈求风平浪静。平安返航时,有的人家在龙王庙唱大戏,以筹谢神灵。据老渔民讲,在渔船遇到风浪时,海神娘娘送来的灯,以挂在不同椗杆的不同方位昭示此行的安危凶险,给人们以鼓舞和启示。

(二)威海"过龙兵"

威海地区渔民还把鲸鱼和海鳖当作海神来祭祀。渔民称鲸鱼为"赶鱼郎",有的地区还称其为"老赵""老人家"。把鲸鱼叫作"赶鱼郎",是因为鲸鱼在海中追食鱼群,渔民随其后撒网,一定会获得丰收。称鲸鱼为"老赵",是因为山东民间信仰的财神中有一位是赵公明,而鲸鱼能给渔民带来收获,如海中财神一般。

威海地区渔民把见到鲸鱼称为"龙兵过"或"过龙兵"。过龙兵时,走在最前面的是押解粮草的先锋官对虾,它所押解的是成群的黄花鱼和鲅鱼;先锋官后面充当仪仗的是对子鱼,仪仗队后面是夜叉,龙王坐着由十匹海马拉着的珊瑚车,鳖丞相在车左边,车两边就是各四条大鲸鱼,俗称炮手,由它鸣炮前进。

在捕捞或航运过程当中,如果遇到鲸鱼群,即"龙兵过"时,都要停止作业,举行祭祀仪式。所有船只必须避让,焚香烧纸,敲锣打鼓(专营海运的大帆船都带有响器),并向海里倾倒大米、馒头,为龙兵们添粮草。等到鲸鱼过后,渔货船才能够恢复作业或航行。

(三)温州"做鱼福"

温州民间的海洋祭祀活动也十分盛行,当地俗称"做鱼福"。每年开春出海捕鱼时,当地渔民必先要祭祀海神,届时渔民们敲锣打鼓放鞭炮,将所奉仰的海神(如龙王爷、妈祖、陈十四娘娘等)从庙宇中抬至沙滩上,然后设祭坛、烧香点烛祭拜,场面十分壮观。《东瓯采风乐府》云:"冥锭累累燃爆竹,海滨鱼神做鱼福。举网为祝多得鱼,鱼福得力果如何!"描写了当时温州渔港中热闹欢快的海洋祭祀场面。

(四)岱山"谢洋节"

岱山祭海历史悠久,普及广,影响大,不仅在岱山所处的舟山群岛诸多渔家习俗中具有代表性,而且在我国东部沿海民风民俗中也具有共通性。每逢渔汛开洋、谢洋时节均要举行祭海仪式,渔民称"谢龙水酒"或"行文书",礼仪定式讲究,程序完整。此习俗千百年来,代代相传。

谢洋,是岱山渔区的专用名词,意即渔汛结束,渔船拢洋,网具上岸。"谢"在《说文解字》指辞去之意,《康熙字典》有"退也、衰也、凋落也"的解释。谢洋即指海洋捕捞结束,鱼类资源进入凋落、衰退期,无鱼可捕。岱山民间就有农历六月二十三大谢洋之说。渔民谢洋后,祭海仪式一般在当地龙王宫进行,无龙王宫的村落则在码头海滩边进行,以丰盛的菜肴酬谢回报龙王给予的恩赐。

舟山渔民注重祭龙王等海神,祭海形式繁多,其中岱山的"样桅"祭海富有地域特色,且偏重于远洋捕捞所为。所谓"样桅",即两枝二三丈高的小竹,在顶尖周围留有竹叶,竹竿上部用棕榈捆扎,竹根伸入石磉子固定,然后插于渔网边的棕绳网上,随风浪漂浮在海面上。两条高高的装饰竹竿,形若船桅,意桅墙林立,增强捕鱼队伍气势。开洋前夕,必选定良辰吉日,贫苦渔户,就背着"样桅"上船,供祭海神,一切从简;富裕渔户,排场非常讲究,使用两面大铜锣开道,随后由渔民背"样桅",五色旗、其他彩旗,抬着全猪、全羊的"五牲",各色荤、素菜,白盐、黄糖、水豆腐及糕饼、水果的杠箱,沿途鞭炮齐鸣。祭海神队伍抵达泊于海埠船上后,即供祭于准备好的供桌上,猪、羊分供于左右专架上,华桌前铺有桌帏,太师椅背上挂着缎子被面,点香插烛,随着海潮的上涨,先后上香。其间,以船老大为首,其他渔民分列两旁施礼三跪九叩首于拜伏凳上。祭海结束,以酒杯采各样供品点滴,朝天抛入海中。此时,铜锣巨响,鞭炮大鸣,敬送龙王,渔船乘风破浪驶向浩瀚大海。

截至目前,舟山渔村仍沿袭着这一传统的民间习俗,保留了祭海的粗犷、纯朴的原生态文化风貌,展示着东海海域渔民龙信仰的独特传统文化与深厚的民俗内涵。

（五）霞浦"妈祖走水"

地处闽东地区的霞浦,传说是妈祖外婆的出生地,由于没有过多外来文化介入,至今保留了最传统最原始的妈祖崇拜仪式,今天在霞浦县依然保留有妈祖庙至少 28 座,主要分布在沿海的十个乡镇。在霞浦城关附近的松山天后圣母行宫,始建于宋天圣年间(约 1030),历史上别称"妈祖行宫""靖海宫""阿婆宫"。其中霞浦的妈祖信俗中最具有原初传统意义的是妈祖走水。

传说妈祖能化身于海上救自己的父亲、兄长和其他航海者,水性很好,能在水上飞,然而今天大部分地区的妈祖信俗活动中已很少看到这种原初元素。而在霞浦,依然保留着妈祖走水的祭祀活动,是十分可贵的。在妈祖的诞辰日农历三月二十三,霞浦便会举行"妈祖走水"和"妈祖抢水"的活动。"走水"象征妈祖亲临海滨巡视,保佑渔业、行船安全。"抢水"则因妈祖所经之地,不但物产可望丰盈,而且人畜平安,所以,各村均选派精壮青年,候在妈祖回宫路道旁,拦路抢轿,让轿子途经自家村子回宫,谓之"抢水"。

（六）台湾达悟族"飞鱼祭"

达悟族是台湾原住民中人口最少的一族,靠海维生,在兰屿过着自给自足的生活,捕鱼是最主要的生产方式。和捕鱼相关的祭典,如飞鱼祭是其最重要的活动。飞鱼祭中首先举行的是"招鱼祭",每个男人都会着上礼服和银帽,戴上银手环,配礼刀,拿小米及一节或三节蘸祭品血的竹子,到自己的鱼船组参加飞鱼祭的祭典仪式。等到组员到齐后,领祭的长辈起身,会以银盔、水瓢或手势招呼飞鱼快快游到附近的渔场内。在整个飞鱼祭典里,会杀鸡或小公猪为祭品。所以每个男人都以食指蘸血,点在海滩的石子上,作为祝福自己捕鱼平安的象征,并吟唱歌谣,期待飞鱼丰收。

当飞鱼渔汛期结束之后,达悟族人还会举行飞鱼"终食祭"。这天,家中所贮存的飞鱼干要全部食用完毕,否则,会被视为暴殄天物。"终食祭"通常在秋季举行,天未亮前,妇女就必须先准备祭品,在地瓜、芋头上面铺几条飞鱼干。"终食祭"时,男女都要盛装以待。用餐前,男人会先说礼语,借以答谢神的祝福,族人把飞鱼的来去,当成极为重要的仪式,深信唯有尊重的对待,飞鱼才会年年不断地游过来,才能年年有飞鱼吃。

二、海商的海洋祭祀

自海上丝绸之路形成以来,海上贸易发达,一代又一代的富有冒险精神的"海商"集团往返于世界各地,奔波于茫茫大海间。由于海上贸易的周期长,风险大,海商对海神信仰十分虔诚,贯穿于航程始终。海商的经济实力比渔民强,祭祀海神的仪式常常更为盛大隆重。

(一)湄洲妈祖祖庙"分灵"

《漳州府志》:"海澄县天妃宫在港口,凡海上发舶者皆祷于此。"东南沿海的海商出海前一般都会到妈祖庙祭祀,有的商人要请道士做"安船科仪"。反之,如果出海前没有祭祀神灵就有可能遭遇不幸。而由于海商群体的流动性,每次都要回到妈祖祖庙祭祀有诸多不便,因而便产生了妈祖的"分灵"习俗。

分灵系指地方新建庙宇,或者信徒欲在自宅供奉某一尊神明时,先到历史悠久、神迹灵验的大庙去求取神明的灵力。经过特殊的仪式之后,新塑的神像被视为祖庙神明的分身,具有相同的灵力,但是每年必须重新回到祖庙来进香、刈火,方能保持灵力不衰。分灵习俗并非妈祖信仰独有,但其影响力以妈祖最钜。

大凡历史较为悠久的妈祖庙,都会成为邻近地区妈祖庙和信徒自宅供奉妈祖的祖庙,层层分灵传布出去后,形成一个蛛网密布的信仰系统,并且透过热闹的进香、刈火仪式,强化信仰的深度。信徒们也普遍相信,层级较高的妈祖庙,其神力灵感也较为强大。如台湾的大甲妈祖因是随郑成功最早到达台湾的妈祖分灵,在台湾妈祖信仰中拥有最高地位,"大甲妈祖绕境"也成为全台湾最重要的宗教盛事。"绕境"即是妈祖巡视"辖区",借此驱邪除魔、安定人心。

分灵庙在神诞或其他重要庆典期间,经常要前往福建湄洲妈祖祖庙进香乞火,邀请祖庙神灵赴分庙绕境巡游,以此获得来自祖庙神灵的超常"灵力",进一步增强与祖庙的"血缘"联系。

在千百年的辐射传播中,妈祖通过一次次的分灵,已经成为一尊跨越国界的国际性的神。每年农历三月二十三妈祖诞辰日,来自海内外的妈祖信众陆续从四面八方赶回湄洲妈祖祖庙祭祀进香。除了进香外,一些罕见的大蛤壳、海螺壳、大龙虾壳等都作为供品陈列,大小节日庆典,则用面粉蒸制各种象征水族或其他神兽的供品。在许多宫庙中还藏着为数众多的船模,这是航海者和船工们奉献给妈祖的供品。每年二月初一,即湄洲岛习俗的"头牙"。人们在妈祖神像前问卜祈安,如"卜杯"同意,则在祖庙做祈安法事,演戏等;如"卜杯"不同意,则将湄洲全境 15 宫的妈祖同祖庙的妈祖抬出巡游后再圣驾回銮。

(二)广州南海神庙"游波罗"

刘克庄《即事》诗写道:"香火万家市,烟花二月时。居人空巷出,去赛海神庙。东庙小儿队,南风大贾舟。不知今广市,何似古扬州。"描绘的是广州盛大的庙会景观,祭祀南海神的"波罗诞"。

南海神是岭南沿海影响巨大的地域性海神,地处广州的南海神庙是祭祀南海神的庙宇,始建于隋,海祭延续千年,是古代东南西北四海神中唯一完整保存至今的海神庙。其得以源远流长的很大原因在于广州特殊的地理位置造就了海商群体信仰南海神的传统。

中国古代海上丝绸之路从西汉时就已经开始形成,到了隋唐时期达到了鼎盛阶段。尤其是唐代,从广州出发的贸易船队,经过南亚各国,越印度洋,抵达西亚及波斯湾,最西可到达非洲的东海岸,明清之后更远至欧美。

南海神庙由于处于这条航线重要位置上,在古代就建有码头,码头面临大海——南海。南海实际是太平洋靠近东南亚大陆部分,大海又紧连着太平洋,通往印度洋。出海航船或来自远方的航船,都须经过坐落在南海神庙的这个古码头。南海神庙门前有石牌坊,额题"海不扬波"。古时出海的人,就在这里祈愿"海不扬波"。于是众多的商船顺路经过这里均停下来上庙祭祀,以祈求航路平安、生意兴隆、一帆风顺。

相传唐朝时,一位天竺(印度)属国波罗使者来华,因故误了归期,终老于广州,后被封为"达奚司空",建海神庙供奉。因其来自波罗国,带来波罗树,在南海神庙种植了波罗树,神庙在汉族民间又被称为"波罗庙",设定的生日也被称作"波罗诞"。因此南海神诞也就被称作"波罗诞"。

古代每年农历二月上旬,方圆数十里的城乡居民就络绎不绝地前来南海神庙参拜祈福,俗称"游波罗"。古时的南海神庙近海,附近一带河网交错,人们多从水道前来。波罗诞的那几天,只见楼船花艇、大舟小舸在河面连泊十余里。有些船无法靠岸,只好架长篙接木板作桥,经过数十重船才能登岸。到了晚间,各船头高高挂起进香灯笼,千万盏明灯与珠江相映,十分壮观,这样连续十多个昼夜,管弦齐作、爆竹连声,犹如天宫海市。特别每年农历的二月十三的正诞日,更是热闹非凡。

农历二月中旬的波罗诞正值春汛期,珠江水位上涨,海水淹没了黄木湾的沙田,淹没了"海不扬波"牌坊前面的泥滩。由于前来拜祭的人很多,庙前的船艇云集,犹如一个船艇赛会。所以,每条前来拜祭南海神的船都会装饰一新,争艳斗丽。船艇为表明自己的身份,插上各式彩旗,还要插上本村或本族身份的标旗和罗伞,船尾挂大小各式灯笼,船头和船尾点着香火。有的船头还要布置一平台,用来表演具有乡间特色的戏曲、歌舞等。到了夜晚,南海神庙前一带的海面就更热闹了,上下波光,流灯溢彩。东莞来的船艇燃放五彩缤纷的烟花;佛山来的船艇挂满千姿百态的灯饰;番禺来的船艇表演令人叫绝的飘色;顺德来的船艇表演擅长的粤剧。有的船艇敲锣打鼓在舞狮,有的在舞刀弄棍,表演功夫……人们在船上听曲唱戏,搓牌赌博,饮酒猜拳,品津美食,谈古论今,挥毫雅集,暄寒叙旧,其乐无穷。正如崔弼在《波罗外纪》所言:"入夜,明烛万艘与江波辉映,管弦呕哑嘈杂,竟十余夕,连声爆竹,灯火通宵。登舻而望,真天宫海市不过如是矣。"如此人间盛事,海上会景,如神仙过的日子,一年只有那么短短的几天,难怪民谣说"第一游波罗,第二娶老婆",折射出波罗诞在民间的至高地位。

南海神诞"波罗诞""洪圣诞"至今犹存。如今,每年农历二月十三南海神正诞,广州南海神庙都会举行盛大的祭祀庙会。

(三)泉州九日山"祈风"

泉州九日山以"山中无石不刻字"而饮誉海内外。今九日山上留下的

"祈风石刻"详细地记载了南宋前后近200年间（1127—1279）泉州船队出海远行时官方举行的祈求船舶顺风的"祈风仪式"的点点滴滴。

九日山现存摩崖石刻75方，有13方详细记载了从南宋淳熙元年至咸淳二年（1174—1266）冬季起舶、夏季回舶的祈风仪典。举行祈风活动是为祈求海神保护、舶航顺风。

早在唐代，泉州刺桐港就是中国四大外贸港口之一，在宋元时期与埃及亚历山大港齐名，被誉为"东方第一大港"。古时，每年夏、冬两季，九日山下昭惠庙都会摆设祭坛，由泉州郡守率领市舶司、南安县令及其他幕僚、乡绅、国内外船户商家，举行祈求海船出行、归航顺风平安的典礼仪式。

北宋时期，泉州已设立市舶司（职能如现在的"海关"，但职权比较大），每逢番舶扬帆之际，泉州郡守和市舶等官员，都要到昭惠庙，在通远王祠为番舶祈风，并刻石留记。

当时船舶出海需要借助风力，来泉的番舶要在春夏时乘东南风而归，秋冬时则顺西北风而去。石刻上的"回舶南风，遵彝典也""待潮"等字句，真真切切地记录了祈风的内容。

祈风石刻记载从北宋崇宁三年（1104）至南宋咸淳二年（1266）泉州官员为航海船只举行祈风典礼的情形。由于当时经济中心南移，泉州港成为"东方港"。当时，出入泉州港的许多番舶船队，夏季御西南风而来，冬季乘东北风而去。由于当时的远洋航行全靠风驱动，没有风只能靠祈求神的帮助。泉州的太守、县令以及市舶司等参与人员，就会到九日山下延福寺侧的通远王祠（后改称昭惠庙），举行隆重的祈求海舶顺风的典礼。

九日山举行祈风仪典的盛况，《水陆堂记》中曾记载："每岁之春冬，商贾市于南海暨番夷者，必祈谢于此……车马之迹盈其庭，水陆之物充其俎，牲物命不知其几百数焉。已而散胙饮福，觞豆杂进，喧呼狼藉。"据以上描述可知，祈风仪式的繁荣场面不可小觑，而且兼具官方与民间商贾两种祈风活动。商人的财力比较雄厚，祭品种类繁多，祈风场面不免奢华。

民间的祈风活动普遍，而官方主持的祈风祭典最大。每年春夏秋冬之交，泉州府郡及市舶司的高级官员，都在九日山南麓的延福寺、昭惠庙举行"冬遣舶、夏回舶"两次祈风盛典，敬祭海神，向通远王祈求赐风，让商舶在海上往返畅行。祈风典礼一次在农历四至六月间，为回舶祈风；一次在八到十二月间，为遣舶祈风。《宋史》云："故凡遣舶，祷风之役，自郡太守以下皆与祭事。"仪典由泉州郡守、南外宗正、提举市舶主持，率领僚属等，祭祀海神通远王，宣读祈风祭文，隆重肃穆。礼毕勒石记事。

祈风仪式贯穿宋代始终,反映了封建统治阶级对发展海外贸易的重视和外商来华贸易的关怀,客观上促进了泉州海外贸易的发展,同时也是泉州港对外交通和对外贸易繁荣的一个缩影。

第六节 海洋禁忌:海洋生活的"安全宝典"

"禁忌文化"是人类普遍具有的文化现象,是人们对于神的或不洁的、危险的事物所持的禁忌心理及行为。海洋的无常是人类难以掌握的,渺小的人类漂荡在大海之上时产生的听天由命之感,让"安全"成为海洋上的人们最重要的追求。当大家追求安全时,那些和不安全形态相似的东西就都被作为禁忌,加以避讳。海洋中繁复的禁忌,源于人们对安全的看重,对不安全的害怕,是海洋生活的"安全宝典"。

此外,人类在海洋上的活动都要依靠工具进行,工具成为人与海发生关系的联结者。人们对于安全的祈望也理所当然地寄托在工具之上,把工具神圣化,随便提及或使用,便贬低了它的神性,是一种亵渎行为。违反这种禁忌会招致不幸,遵循这一禁忌,就能带来幸福、平安。种种海洋禁忌实质上也是人类追求与海洋与自然和谐的文化符号和文化系统。

一、渔业生产的海洋禁忌

渔业生产不同于农业生产和其他生产,渔民赖以生活的劳动工具是渔船。这种工具又漂泊在人力无法抗衡的海洋上,自然灾难随时直接威胁着人们的生命安全。生产方式的落后和生产力水平的低下,使渔民在生产过程中充满着对生产工具和生产方式的迷信以及语言和信仰的求吉避凶意识,从而形成了不少有关渔业生产的禁忌。

(一)渔具的禁忌

渔业生产中,渔船不仅是渔民生产不可或缺的捕捞工具,更承载着渔民的生命和希望。旧时的渔船主要是木制的帆船,帆船之"帆"音与"翻"同,渔民忌讳,因称"帆船"为"风船",称"船帆"为篷,称"升帆"为"掌篷"。

造船时,船头不能用桑木,船底不能用槐板。因为"桑""丧"同音,不吉利,所以不能用在船头。船头必须用一块香椿木,大小不限,一般都是很小的一块。传说香椿是百木之王,必须有它才能破风斩浪,所向无敌。同时,"椿""冲"谐音,取破浪前冲之义。槐木是福气的象征,不能踩在脚底下,另外槐木不是很结实,如果泡水很容易腐烂或者虫蛀,所以底板不能用槐木,只能用在船上的梁上。旧时造船的材料就是木材和螺丝钉,用螺丝钉将木板连接在一起。船底中间的一块板比一般的木板稍宽一些,叫龙骨。俗话说"是船三千钉",即船身无处不着钉。但船底龙骨上不能打钉子,渔民把船看作是有生命的,将龙骨比作人的大脊梁骨,如果钉上钉子就把船给钉死了,危及人船安全。

南方沿海的船上有三件"太平物",即太平斧、太平篮、太平锚。这三件"太平物",平时不准对它有丝毫触动,不准从它上面跨过去,更不准在它面前做犯忌的事。与南方沿海不同的是,黄海渔船上还有一个"太平"——"太平凳"。船上船老大坐的凳子叫太平凳,腿比较短,凳面比普通板凳宽一点儿,是船老大掌舵时坐的。其他人一律不许坐,坐了不仅是对老大的不尊敬,也不安全。在船上,太平凳只能用肩膀扛,扛在肩膀上就扛来了好运气,就会发财,不能用胳膊夹,渔家认为凳子很"噔",你用胳膊夹就把财气夹掉了,就会倒霉。

船上渔具、渔网严禁妇女跨踏。旧时,妇女是不能上船的,渔民认为妇女臊气、不干净,怕秽气冒犯了渔具,对捕鱼不利。除了船以外,妇女还不能跨过海滩上晾晒的渔网,说什么"女人跨船船要翻,女人跨网网要破""女人上船船要翻,女人迈网不发财"。船上的网筐、鱼筐不能倒扣,那是预示着空网,不吉利。

船员家中如有红白喜事甚至牲畜产育,都要用石榴枝蘸符水喷洒船身、渔具、渔网,同时还要用一对香烛及一条红布结于船头,烧些金纸,方可开船出海。

(二)捕鱼的禁忌

渔民捕鱼时,不可赤脚,最起码也要穿一双蒲鞋。不准敞头,必须戴帽,就是脱光衣服下水也要戴帽下水。俗谓不戴帽子的头在水里发亮,很远的怪鱼可以看到,会来吃人。渔民的帽子起着"安全帽"的作用。

渔船在捕捞作业时,下网、捞鱼、潜水时禁忌颇多。船在渔场撒网,讲究先来后到,后来的决不能拦人网头。下网时在船上不能乱喊,船长悄声告诉伙计说:"准备啊",就立刻放网。如果大声说话,鱼的听力很灵敏,听见以后哩的就走了。渔网下完后,不能说"网下完了",而要喊"丈杆子朝前咯",或说"满咯,这网满咯"。网鲐鱼鲅鱼时,在网底下收网,鱼就出不去了。收网的时候最忌网衣、绳索拖泥带水,一旦落水缠摆,船将有"翅"难飞,有"腿"不能行。拾鱼的时候不能用手拾,要直接倒,谨防鱼咬人。

首次起网时,只要见到鱼,无论多少,要从网中捞一些,放在开水锅里淖一下,盛入钵子,祭海龙王。船上要挂起大桅旗、小桅旗和后舵旗,焚香烧纸,敲锣鸣鞭炮,伙计们拿着捞兜分立于左右船舷,用捞兜从水里捞一下向舱里倒一下,并齐唱渔歌,把钵子里的鱼倒入海里,祈求海龙王保佑"打一网装两船"。

在船上忌拍手,意味两手空空,无鱼可得。眼看上网的鱼跑掉,不可生气,更不能责骂不已。在海上遇到异常物,应置之不理,不得故意打扰,因为异常物的出现是为了考验渔民的耐心和决心。渔民们确信,招惹异常物会大难临头。网到海龟、海鳖等珍稀海生动物,务必要予以放生。

二、航海的海洋禁忌

(一)语言的禁忌

航海过程中有许多语言禁忌,这是因为通用语言中的许多词语发音与凶祸词谐音。因而翻、沉、破、住、离、散、倒、火、霉等这些谐音词在凶险难测的海上便成为大禁忌。

例如禁说"漏""扣",要说"明""转""划"或"划过来";出海不说"远""近",要说"高""低";卸完鱼、虾,不说"卸完""没有",要说"满了";帆要叫"篷";饺子煮碎了要说"挣了";煎鱼或炒菜等要翻动时,所有"翻"要改说为"顺";"打官司(灌死)"要换言"告状";绳子断了要说"升了";"初十"(触石、出事)以"俩五"代替;剩饭菜倒入海中不能说"倒掉",要说"过鲜";东西碎了禁说"碎",要说"笑了";碰到鲨、鲸等老鱼,不能直呼其名,要称"老人家";行船时,严禁吹口哨、说笑话。船靠岸不能说"到了",讳"船倒了",也怕水鬼听到跟上岸。忌说"坐"字和"翻"字。行船走海的人对此最为禁忌。即使是客人到来,也不能说"请坐";不管是生人还是熟人,都不能叫船上的人为"老板",而要称"船老大"。忌与掌舵人顶嘴,否则会影响船行安全。在船上禁止吹口哨,"吹"象征着不吉利,会"招风引浪"。

(二)行船的禁忌

船舶择吉日起航。每年正月逢七首航,二月逢八不开航。渔民忌第一艘开航"开海门",最后一艘归航"关海门"。解决的办法是借妈祖上船助威或神前卜杯。个别地区,亦有习俗认为落水者是水鬼在找替死鬼,因而不能立马去救,至少要等到他们三沉三浮后才能去救。

遇到"水客"(即浮尸),忌因气味难闻而直吐口水,这是对死者的不恭敬,将会受到口水长流的惩罚;而渔民在海上碰到"水客",忌装作没看见而离开,一定要打捞收埋,称他们为"好兄弟""人客公"或者"头目公",否则将受到惩罚。船载尸体,应在桅杆挂件雨衣,并遮"龙目",别船看到也应该遮龙目,到港放鞭炮去衰气。

忌"八"字。船上设施或人员,都要尽量避开"八"这个在陆上认为最吉利的双数,如合伙造船,要避免八位股东,船上的人员构成,多要讲究奇数,或五人,或七人,不可有八人。行船人忌八,和八仙过海的传说有关。"八仙过海,各显神通",八仙过海必风起云涌,龙王见了要责怪,翻船下海。所以,行船人对"八"字忌而避之。

"行船三不要,不打不闹不睡觉。"在船上,坐、立、行、走都有规矩。上船时应先跨右脚;下船时,脚不能踢中船头。船上的人都不能翻卷裤腿。不准将手背在身后,因为这些行为是心不在焉、思想松弛的表现,背手还有"打背网"之意,意味着运气不佳,多获无望。在船上走动脚步要轻,忌讳跑跳。不能坐船头,更不能坐大主或船后的后主上,不能坐船帮,忌人坐在仓口边,双脚往仓里吊着。双脚不能甩在船舱外,避免"水鬼拖脚"。更禁止把脚伸进水里,说这是对龙王和海神的亵渎,要遭报应。忌讳头搁膝盖,手捧双脚的姿势,这被认为是哭泣的姿势,不吉利。

有个说法叫"左红右绿当头白,对头行船互相躲。"这是行船的公德。船上左边的是红灯,右边的是绿灯,正面头上的是白灯,这也跟陆上红绿灯似的,两船迎头相遇,都要走右边,不能走左边,绝对不能乱抢道。"浅海下锚拴锚漂,夜间停锚要掌灯。"渔船下锚要有锚浮,以防伤着往来船只。夜间雾海行船、下锚要掌灯,要喊叫或者敲打响器,主要是从安全的角度考虑,谨防船只相撞,利人利己。在海上下锚,也有规矩。老大发出抛锚令后,抛锚人掀起锚尾投锚时,要喊"给它锚了!"意在告知龙王闪开,以示尊崇,另意是为了避免伤害船周围可能出现的潜水者。不能喊"抛锚"或者"下锚",这样不吉利。行船人发现蛇游在水面,须极力使船抢在蛇的前面,以免带来不祥。无论发生什么情况,都不能将自家船上的锚链搁到别人船上。不能将船上的设备借给另一条船,即使遇到紧急情况非借不可的话,则必须先将那设备"杀死",即在上面轻轻地划道刀痕或敲个小坑,方可借出。

第 三 章

中国传统的海洋生态文化艺术

第一节　史前海洋文化艺术遗存

　　沿着中国 18000 多千米的海岸线,滨海的原始先民与海洋发生了不同的联系,创造出了区域性的海洋文化。我们可以从一些现存的涉海文化遗存中看出中国早期海洋文化艺术和海洋族群先民审美的大致发展状况。

　　人体装饰品是人类审美活动的主要表现形式之一。中国沿海地区诸原始文化遗存普遍出土有人体装饰品,以质地分为玉、石、骨、陶等类,从类型看有珠、管、坠、珏、璜、镯、笄、佩以及冠饰、额饰、牌饰、带钩等多种。生产工具和生活用品除了实用之外,也从造型和装饰等方面体现了先民对美的追求,是实用和审美的统一。

　　史前时期的陶器通常被视为人类历史步入新石器时代的标志。几何印纹陶文化是东南沿海地区早期古文化的代表,其特点是陶器装饰上拍印成形的几何形纹饰,也有刻画、戳印、彩绘等创作手法。器形以圜底器、圈足器最为典型。除了长江中下游流域由于较接近黄河中下游文化区受其影响之外,与黄河中下游地区以素面和绳纹灰陶为主、以三足器和袋类器为特点的器物群差异较大。

　　岩画是先民自我认识、自我表达的创作形式,是生产关系、先民思维与原始宗教的综合反映。我国东南沿海地区发现了丰富多样的史前岩画,分布在江苏、福建、广东、香港、澳门、台湾等地区,反映了人物、动物、器物、舟船、建筑、活动等主题。中国岩画分布上的特殊地理位置、历史背景及鲜明的造型风格充分显示了其珍贵的价值。

　　由于篇幅有限,本书只选取了几处最具代表性的海洋文化遗址作为说明。

一、浙江河姆渡海洋文化

1973年，浙江余姚江北河姆渡村发现了我国长江中下游和东南沿海地区最具代表性的新石器时代文化遗址。其文化堆积内涵丰富，由四个文化层组成：第四文化层（一期）距今约7000年，第三文化层（二期）距今6000多年，第二文化层（三期）距今5000多年，第一文化层（四期）距今5000年，具有相互衔接、一脉相承的特点，是我国新石器时代文化中最为重要的发现之一。

7000年前的河姆渡距海岸线较近，地理环境决定了河姆渡文化中的海洋特性。当时河姆渡先民渔猎活动非常频繁，捕鱼业十分发达，除了淡水鱼遗骨外，遗址中还发现了鲨鱼、鲸鱼、鲻鱼、裸顶鲷等海洋生物的骨骸，说明当时人们的捕捞范围已从滨海的河口扩展到了海上，海洋已进入河姆渡人的生活之中。在河姆渡遗址出土的文物中，与水上活动关系最为密切的是舟的陶瓷模型和雕花木桨。陶舟长7.7厘米，高3厘米，宽2.8厘米，仿造独木舟形状而成；雕花木桨做工精细，其桨柄与桨叶结合处刻有弦纹和斜线纹图案。这说明了早在七千多年前先民就开始利用舟楫之便进行水上交通或渔猎活动。拍印绳纹是河姆渡文明陶器最主要的装饰手法，其他常见装饰还有刻划纹、戳印等，器形特征以圜底、小平底和支座为代表，是东南地区早期文化几何印纹陶的典型。

鸟形图案是河姆渡文化的标志之一，贯穿了河姆渡遗址四期，很多器具上雕刻了精美的鸟形图案，兼具美观和实用。河姆渡遗址出土的双鸟朝阳纹象牙碟形器是一件罕见的早期象牙雕刻艺术珍品，考古专家推断其为一种用于祭祀、祈福的工艺品，是河姆渡人最高艺术成就的代表。图案中央外围饰有火焰纹的重圈纹，代表太阳，两侧对称刻着一对与其相连的鸟纹，周边衬托着精细的羽状纹，反映了河姆渡人对太阳和鸟的崇拜，是沿海地区鸟图腾崇拜盛行的典型表现。

河姆渡遗址出土的雕刻艺术珍品还有稻穗纹敛口钵、猪纹圆角长方钵、蚕纹盖帽形器、五叶纹陶块等，主要集中在第一、第二期，也有猪塑、羊塑、鱼塑、鸟塑、人头塑像等圆雕作品。在人体装饰品方面，河姆渡文化出土了玉、萤石制的瑛、玦、管、珠，骨制的珠、管、坠、笋和牙饰，陶制的环、珠、兽形饰等，种类丰富，加工精美。在河姆渡文化遗址还出土了骨哨和陶埙，学者仿制之后均可以当作乐器吹奏。

余姚、慈溪、宁波以及舟山群岛等地都发现有河姆渡文化的遗址。与河姆渡遗址一海之隔的舟山定海马岙文化遗址距今约 6000 年,属河姆渡文化分支,这里最早的居民应是从大陆浮海而来,体现了海洋文明典型的迁移性、扩散性,为更广阔的文明交流提供了可能。

二、福建壳丘头、昙石山海洋文化

中国沿海的史前遗迹中有大量贝丘遗址,以包含人为造成的规模化贝类堆积为主要特征,我国的贝丘遗址以新石器时代居多,目前已发现 400 余处,总的分布趋势是沿海多于内陆,长江以南多于长江以北。福建闽江下游地区的壳丘头、昙石山海洋文化遗址是典型的贝丘遗址。近半个世纪以来,包括壳丘头、昙石山海洋文化遗址在内,福建许多区域的考古发现表明生活于海峡两岸的福建先民已经由江(河)及海,形成了渔猎为主,其他农业与种植业为辅的生存方式。

壳丘头文化遗址于 1964 年发现于福建平潭县海坛岛,分上下两个文化层堆积,经测定其年代距今大约 6500—5500 年间,是福建省迄今为止最早的新石器时代遗址。出土文物包括以石锛为主的石器、玉器、贝器、骨器、陶器,其中鲨鱼、石斑鱼等海洋鱼类骨骼数量较多,海贝也有 19 种之多,证明壳丘头居民已经具备了一定的海洋采集和捕捞能力。壳丘头文化遗址出土的陶器以手制夹砂陶为主,装饰方法有拍印、压印、刻画和戳点几种,拍印的麻点纹、细绳纹装饰面积较大,一般用于器物腹部,压印、刻画、戳点等纹饰一般用于局部,并常常组合出现。据出土陶器的特点判断,壳丘头文化遗址与福建平潭南厝场、闽侯昙石山下层、金门富国墩、台湾大岔坑、广东潮安陈桥遗址等新石器时代早期文化遗址同属一个类型。这些遗址大多位于沿海地区或海岛上,表明壳丘头文化具有明显的海洋文化特征。周边地区在年代上与之最接近的是浙江河姆渡文化,从陶器群特征分析,两者均盛行圜底器、圈足器,反映出东南沿海地区文化传统特征的一致性。

昙石山文化遗址位于福州闽侯县甘蔗镇闽江畔,1954 年以来经过十次考古发掘,出土文物千余件,是新石器时代中期文化的代表。昙石山文化遗址包括下层红陶类、中层灰陶类、上层彩陶类和表层灰硬陶类、粗陶类为代表的几个不同阶段遗存,其中中下层的新石器时代文化部分被确认为昙石山文化,距今 5500—4300 年左右。昙石山文化堆积层以介壳为主,经学者鉴定大多产于近海与河海交界处,并有为数极大的鱼骨及海龟遗骸。对人骨、动物骨骼的分析结果同样表明,昙石山人消费的动物类食物以海洋类动物为主。据考察,5000 年前昙石山一带曾是闽江的入海口,可见当时人们的渔猎活动已由江而延伸至海,先民已具有了典型的海洋行为。目前,属于昙石山文化的遗址还有闽侯庄边山下层、白沙溪头下层、福清东张下层等。

昙石山文化和壳丘头文化有许多共同点,如石器均以小型石锛为主,陶器器形、装饰相似,昙石山下层具有典型特征的素面红衣夹砂陶和泥质磨光红陶在壳丘头遗址中少量发现,壳丘头陶器中的纹饰在白沙溪头下层陶器中得到沿袭等。昙石山文化和壳丘头文化之间存在不可否认的共性和承续关系,均属东南沿海地区海洋文化的典型。更有意义的是,有段石锛在福建新石器文化遗址的发现,特别是距今有 6000 年左右、目前最早的有段石锛在壳丘头遗址的发现,与其他考古发掘共同证明了福建新石器时代文化与南岛语族之间的联系,国际学术界的最新研究已将这两个遗址确立为"南岛语族"最早的生活区域之一。

三、海洋族群早期岩画岩刻

连云港将军崖岩画位于江苏省连云港市锦屏山南麓北侧,背山面海,一般认为距今约 4000 余年。按其内容和位置可分为三组:第一组岩画在山坡西侧,刻有人面、兽面和农作物图案,全部朝着日出方向,位于南面的第二组岩画中描绘了三日并出的图案和星云图,位于东面的第三组岩画中以鸟兽、人面夹杂着星象图案,被认为是一组天象图。将军崖岩画中人面、兽面图案与龙山文化玉器、良渚文化玉器上的图案颇为相似,但造型更为原始。大量的天体特别是太阳图案,反映了沿海先民对宇宙的认识和对太阳的崇拜。

福建省岩画在东南地区相对较为丰富,有福州市九曲山岩画、漳州市华安县仙字潭岩画、东山县东门屿岩画、南靖县村雅村岩画、漳浦县大荟山岩画、诏安县溪口岩画、云霄县树洞村岩画等数十处。福建省漳州市几乎所有的辖县都发现有岩画,是我国东南地区岩画分布最密集的地区,目前,漳州辖区内岩画主要分布在九龙江、鹿溪、漳江东溪流域,构成一条延绵数百公里的弧形的岩画分布带。华安仙字潭岩画很早就受到学人的注意,《太平广记》引唐人张读的《宣室志》已对福建华安仙字潭岩画有所载述,1915 年华安仙字潭岩画的考察开近代岩画研究之先河。华安仙字潭岩画位于九龙江支流汰溪北岸临水的石壁上,与环太地区的岩画一样以人、动物及符号为主题,双臂上举作弓步的"蹲形"人像反复出现,许多符号似有文字的性质,

将军崖岩画

可知仙字潭地区与中国东南沿海乃至环太地区史前文化拥有一定共性。漳浦县大荟山岩画与金门隔海相望,内容有马蹄形、凹穴、同心圆、蛇形沟槽等,被学者们认为是一幅星座图。漳州地区其他岩画大多以脚印和凹穴为主,一般认为与生殖崇拜有关。

1978年,高雄县浊口溪上游的万头兰山附近发现了三处岩画,分别为孤巴察峨岩画、莎娜奇勒峨岩画和祖布里里岩画。孤巴察峨岩画是其中最丰富精彩的一幅,画面中心是一个斜举双臂的人,头上有9根呈放射状的线条,体现了太阳崇拜和人物图像的结合。其他部分除人物外,还有夸张的人面以及各种抽象图形,如圆涡纹、重圆纹、蛇状曲线、圆穴等几何图形。画中的圆涡纹大量出现在环太地区岩画中,应与先民的海洋生活有所关联。

广东珠海高栏岛宝镜湾岩画发现于1989年,共有天才石、宝镜石、大坪石、藏宝洞4处6幅。藏宝洞岩画内容最为丰富完整,画面主体有船形和人物等,船只刻画较为写实,两头尖、底部平,船身刻有云雷纹、鱼鳞形花纹,有的船头还有人面或兽面装饰,画面周围多间以水波纹等抽象图案。在东壁岩画中有一条“载王之舟”,除了并枋连体,在其左首还有舵和帆的形象,侧面证实当时的原始人类对造船技术和风向、洋流已经有了相当的了解。东南沿海地区的海洋族群面对海上难以预测的风暴,对海洋充满敬畏之情,因而特别重视出海前的仪式。在"出海仪式"岩画中,一艘双层船处于画面中心最显著位置,船身设有平台,上有数人舞蹈,船只下方为陆地空间,中部的女巫似为整个集会活动的主祭者,旁边有其他小船、鼎镬形状物、准备献祭的人物形象和干栏式建筑。

同样位于珠江出海口的香港岩画非常丰富,包括大屿山石壁岩画、长洲岩画、大浪湾岩画、黄竹坑岩画、蒲台岛岩画、东龙洲岩画、龙虾湾岩画、滘西洲岩画、大庙湾岩画等,主题以抽象图案、几何纹线和龙蛇鸟兽的形象为主,大多处于背向外海的小海湾里。1982年在澳门寇娄岛卡栝湾发现了一处岩刻,内容有棋盘岩画、船只和小圆穴等,与珠海宝镜湾岩画以及香港岩画可能有内在联系。

东南沿海地区史前岩画点大多紧依海岸线,分布于半山或山麓的岩面之间,或是山麓的冲积台地之上,离海岸线较远的岩画点也都傍依在入海的河流。技法上,凿刻是东南沿海岩画的共同特点,与以颜料涂绘为主的西南岩画有着明显的区别。岩画内容以抽象图案为主,如同心圆太阳形、纹面人面、蹲形人物、圆涡形、杯状凹穴及抽象线性符号等,推测与古代先民们的天体崇拜和海洋活动有关。部分岩画图像中与环太平洋沿岸岩画存在一定共性,或可纳入太平洋岩画圈的范围之内,对于研究我国海洋族群的迁徙路线和环太平洋南岛语系的先民文化有着重要的意义。

第二节 历代绘画与工艺美术作品

一、墓葬涉海美术作品

我国早期绘画作品以帛画、壁画、画像砖和画像石为主,因为年久或历经战乱,大多化为乌有,现存的主要以墓葬中的墓室壁画、棺画、随葬品为主。涉海内容大多出自表现宗教神话和仙山传说的升仙题材作品,不少图像可从《山海经》等文献中找到相应的记述。海洋在此类作品中作为代表仙、神等异质文化的符号,反映了古人对天地人的认识和宇宙观。

升仙题材约兴起于战国中期的楚国,至西汉发展到高峰。西汉初期湖南长沙马王堆一号墓出土的覆盖在女主人彩漆棺椁上的非衣,画面分上中下三层,被认为表现了天上、人间、地下三个世界。天上部分画有日、月、星辰和象征日、月的金乌、蟾蜍,地下部分是足踏双鲸的力士,手托一板状物象征大地。画的上部有双龙对舞,下部有二龙穿壁,将三部分联系成一个整体。西汉古墓山东临沂金雀山九号墓出土帛画同样以升仙为题材,顶上绘有日、月、云朵,下有蓬莱、方丈、瀛洲三座海上仙山,帛画下部绘有怪兽驾升龙于海中,在绘画技巧、艺术风格上与马王堆帛画颇为相近。东汉已降,墓葬美术题材发生转变,主要以现世生活为主,题材有出行仪仗、宴饮游乐、农牧生产及历史故事等,日月宇宙及神禽瑞兽已退居次要地位。

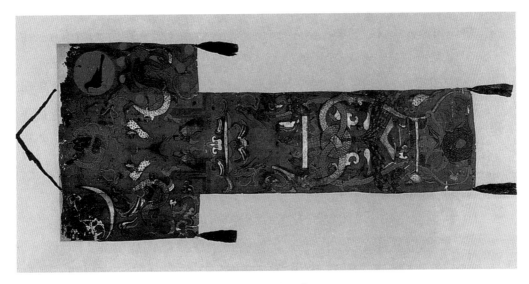

马王堆 T 型非衣帛画

船棺葬主要分布于我国南方地区,最早是在地跨福建、江西的武夷山区的一种古老的葬俗,其基本特征就是把死者遗体放进形状似船的棺木里,再行安葬。迄今所发现年代最早的船棺为"悬棺",是从武夷山观音岩和白岩取下的两具棺木,两具棺木均用完整的楠木刳成,和现在闽南等地使用的渔船形制基本相同,经碳素测定制作时间距今 3500 年以上。从信仰崇拜的角度来说,处于对自然无知和向往的时代,人类习惯于将生活中的重要工具作为仪式符号予以神化或膜拜。古闽人对"船"的重视,以及对海洋世界的向往,转化为死后对"驾舟泛海"的心理期望,应是船棺葬产生的缘由之一。

二、海洋题材文人绘画作品

汉代以前,我国绘画的发展已经历经上千年的历史,主要是由无名画工承担的匠人画。魏晋南北朝之后,绘画脱离其对于建筑工艺的依附,成为独立的艺术欣赏品,许多高级士族的文人参与绘画活动并逐渐成为画坛主流,绘画审美水平空前提高,形成了这一古代绘画中成就最为辉煌的画种——士人画。

从现有资料中可以看到,随着海洋活动的不断增多,开始有了直接反映海洋的作品,最早可以上溯到唐代。白居易的《题海图屏风》描绘了一幅纯粹的海景画,名句"万里无活鳞,百川多倒流"即出自此诗。

五代两宋山水画成熟,海洋摆脱文学性和作为人物衬景的地位,本身成为艺术表现的主体。最早以画海水见长的画家是五代南唐的董羽,"善画鱼龙,尤长于海水",在金陵清凉寺作《海水图》一幅,及有李煜八分题名、李肃远草书,人称三绝。《宋朝名画评》记载北宋山水画家燕文贵《舶船渡海像》:"大不盈尺,舟如叶,人如麦,而樯帆棹橹,指呼奋跃,尽得情状;至于风波浩荡,岛屿相望,蛟蜃杂出,有咫尺千里之势"。北宋科学家燕肃经常观测海洋潮汐变化,撰写了研究海洋潮汐的《海潮论》两篇,并根据自己的理论绘制了《海潮图》。南宋李嵩的《观潮图》和《夜潮图》则是描绘钱塘江口海洋潮汐的名作。

随着明清海禁的开始,直接表现海洋题材作品数量开始减少,海洋大多作为背景陪衬出现,海洋艺术失去了生存的土壤。明代商喜的《四仙拱寿图》、周臣的《北溟图卷》和刘俊的《刘海戏蟾图》等绘画作品取材于宗教神话,其中仍可以见到对海洋波涛翻滚景象的生动描绘。清代画海名家袁江袁耀父子所作《海上三山图》《海峤春华图》气势恢宏,但以山峦屋宇为重,不是纯粹海景。

三、海洋题材工艺美术作品

中国古代工艺美术作品中有不少直接反映水上活动的作品。商代饕餮纹大铜鼎的铭文中有一个"盪"字,一人以手执楫,一人挑着成串贝币坐船,可能正是古老的水上商货图。战国时期的水战记录保留在当时的青铜器纹样"水陆攻战图"中。其中比较典型的有 1935 年河南汲县山彪镇大墓出土的一对嵌错水陆攻战纹铜鉴、1965 年四川成都百花潭中学战国墓中出土的嵌错宴乐攻战纹铜壶、被列为"故宫十大重宝"之一的宴乐渔猎攻战青铜壶、近年征集自浙江民间的一对战国嵌错水陆攻战纹铜壶,器身均有多层纹饰,描绘了当时的战船和水上战斗的场景。

广州南越王墓中出土的"羽人划船纹"铜筒描绘了首尾相连的船纹,弯月形的船上乘坐着正在划船的羽人。广西、云南、越南北部出土的铜鼓、铜缸、铜贝等器皿也饰有相似的图案，反映了南越地区的水上航行和有关习俗。广州出土的东汉陶船模型造型逼真、设备完善，有"锚"和"舵"等部件，已经具有一定程度的远航能力。

我国有着以图纹装饰铜镜的传统。宋金时期流行航海图纹铜镜，分布广泛、形式多样，一般为在大海波涛中航行的单桅杆帆船，线条精细流畅，反映了当时海洋活动的频繁和海上贸易的繁荣。1977年陕西宋墓出土的铜镜以流畅的细阴线表现起伏翻滚的波涛，单桅帆船船头、船尾分别乘坐3人，船舱口另有几人探出，俨然是一幅海上远航图。1984年四川雅安出土的铜镜除帆船、海浪图案外，还有卷云龙纹及跳跃的鱼出现在波涛之中。

嵌错水陆攻战纹铜鉴

四、鱼文化符号的图像表达

鱼是中国历代图像上的传统文化符号之一，其使用具有明显的程式化倾向。陶思炎在《中国鱼文化》一书中从群单组合、鱼物化变着眼，将中国鱼图的构图形式大略分为单体鱼、双体鱼、连体鱼、变体鱼、人鱼图、异鱼图、鱼鸟图、鱼龙图、鱼兽图、鱼物图等十个基本类型。

单体鱼是最早、最大量的鱼图构型，是一切鱼图的基础。早在仰韶文化遗址出土的彩陶中，已经可以见到精美的单鱼纹。双体鱼指的是构图中成对出现的鱼，基本形式有骈游式、逐戏式、叠合式与对吻式。骈游式、逐戏式一般出现在生活器物上，表达了两性相欢、子孙繁衍的象征意义；叠合式属于特殊的变种，构图更具活力；对吻式出现于汉代墓葬的画像石、画像砖上，作为化生象征使用。随着时代发展，双鱼图作为民间吉祥图饰得到广泛运用。连体鱼基本形式有双连体、三连体、多连体三种,同样被视作与生殖有关的传统吉祥图案。

变体鱼指的是具有抽象的图案化倾向的鱼图。仰韶文化彩陶中出现了多种鱼的变体图纹,将鱼的形象以三角形、圆点、弧面、直线、弓形等基本几何图纹拼合出来,体现了先民的创造力和审美水平。抽象的鱼纹进一步演变成为网点纹、水星纹,反映了先民鱼星互代、水天相接的世界观。

人鱼图指的是人首鱼身图,具有鲜明的巫术和图腾性质,通过人鱼合一表达了人和鱼类之间的相互转化关系。作为原始图腾崇拜在民间艺术中的遗留,直到今天,人鱼同体纹样仍然是甘陕一带传统剪纸、绣花纹样之一,祈求族丁兴旺。

异鱼图包括多体鱼、鱼鸟合体、鱼兽合体、鱼人合体等形式,出现在《山海经》《三才图会》《坤舆图说》等书中对异域生物的描绘中。与"人鱼图"的不同之处在于,其目的不在于表现人鱼间转体互化的亲缘关系,而着重渲染生物的怪诞和夸张,反映了人们对异域离奇和浪漫的想象。

鱼鸟图起源于新石器时期,以汉代发展最盛。图中鸟类多为长颈水禽,鱼一般作为鸟的陪衬出现,鱼鸟分别代表阴阳二性,从性器交合的象征中衍生出生死转合、赐佑子嗣等祥瑞意义。

鱼龙图的祈雨内涵在上一章已有分析。鱼龙混杂图样最早出现于商周青铜器,随着龙崇拜对鱼崇拜的超越和取代,在汉代发展出了鱼龙幻化图。中古以后,由于吸收了外来的佛教文化因素,出现了不少由摩羯纹化变而来的鱼龙型构图;另一方面,"鲤鱼跳龙门"成为表示飞黄腾达的民间传统艺术题材,完全脱离了鱼龙图原本的文化内涵。

鱼兽图和鱼物图的文化内涵比较单纯。鱼兽图有鱼虎图、鱼龙虎图、鱼虎鹿图、鱼鹿图、辟邪衔鱼图、飞仙衔鱼图等多种组合,通过祥瑞动物的叠加以加强求瑞消灾的作用。鱼物图的常见搭配有网鱼图、鱼水图、鱼草图、鱼星图、鱼趣图、鱼莲图、鱼磐图等,通过谐音、象征表达吉祥意义,是单纯的祥瑞图饰。

五、海水纹样的装饰性应用

水纹在中国传统工艺美术中的应用有着悠久的历史,是中国重要的传统装饰纹样之一。海水纹样在唐宋时期已广泛出现在瓷器、锡器、铜器等器皿上,以此为基础,元明两代发展出了波涛汹涌、气势澎湃的波涛纹。波涛纹在元代青花大量出现,主要作为边饰使用。元代玉雕渎山大玉海是元代忽必烈犒赏三军时盛酒的器物,周身饰波涛汹涌的大海图景,海龙、海马、海犀等动物出没于海浪波涛中。波涛纹在明宣德时期发展到顶峰,波涛纹的地位和装饰面积大大扩展,或作为器物中心图案及主题图案独立装饰器皿,或与山形纹饰一起组成"寿山福海纹",或作为龙纹、兽纹的背景图案大面积装饰器物。明代中后期之后,波涛纹的使用大大减少。

海水纹样同样出现在服装上,最典型的例子就是明清时期的"海水江崖纹",一般作为辅助性纹样用于礼服、吉服中。明朝补服中出现了早期的海水江崖纹,尚属新兴纹样,其整体特征并无规律,在图案中所占比例较少,多为补子纹样底部。随着清朝的继承和发展,海水江崖纹在补子纹样中的比重越来越大,在清朝中后期已占到将近一半。海水江崖纹由"海水纹"和"山崖纹"两个部分构成,隐喻"江山一统""万世太平"和"国土永固",使用上具有一定的限制性和阶级性,反映了当时统治阶级对海洋的认识局限在统治的疆界上。

第三节　历代涉海文学作品

中国文学作品中的海洋情结大致可分两类:一类是虚构的海洋作品,创作者站在农耕文化角度想象海洋,因海洋的神秘和不可抗力,把一切怪诞的事情都想象在海上,把海洋形象塑造得光怪陆离;另一类是纪实的海洋作品,反映了海洋族群真实的生活和中国真正的海洋文化基因,然而由于中国的海洋族群及其文化在历史上长期处于被打压的地位,此类作品的光芒较为暗淡。中国的文学作品对海洋文化的精神积累是远远不够的,它们尚未构成"海洋文学"这一门类,称为"涉海文学作品"更为妥当。

一、先秦涉海文学作品

海洋是先民宇宙观的一部分。先秦涉海文学作品主要体现了先民对自然的认知。在沿海地区先民探索海洋的过程中,海洋既是造福人类的场所,也是吞噬生命的深渊。面对浩瀚无垠的大海及其远超人类的力量,先民展开了丰富的想象,创造了各种海洋神话传说。《山海经》是涉海文学作品的开山之作,奠定了中国传统世界观和宇宙观的基础,书中先民对海洋的认知在上一章已有分析,在此不再赘述。从对后世文学作品的影响而言,中国历代涉海文学作品几乎都从《山海经》中得到了启发。《山海经》的海洋文学元素可分为三类,一类是海上神灵传说,一类是海外乐土传说,一类是殊方异国传说。书中出现的精卫填海、神仙岛、君子国等海洋叙事元素在后世涉海文学作品中得到继承,成为反复出现的重要素材,《山海经》也就成为中国海洋神话的主干和中国涉海文学创作的源泉。

《诗经》《楚辞》《列子》《庄子》等典籍中也可以窥探到原始先民对大海的解读和想象。我国地处北半球的东亚大陆,地势西北高东南低,大江大河由西向东注入大海,日夜不息地增添着海洋的水量。然而海水并未因江河的倾注而满溢泛滥,这在当时知识十分有限的先民们看来是十分奇异的现象,收录于《列子》中的《归墟》就反映了这一思考的过程。当人们了解到水的陆海循环规律后,更把海洋当成了天下众水的根本。《庄子》中的《秋水》篇中,河伯"顺流而东行,至于北海,东面而视,不见水端,始觉其小,乃发望洋之叹"。这个故事中蕴含了江河到海洋的突破,这是中华文明思想认识史上的巨大进步。

二、汉唐涉海文学作品

汉魏六朝时期,中国涉海文学有了长足发展,写海佳作甚多,代表作有班彪《览海赋》、曹操《观沧海》、曹丕《沧海赋》、木华《海赋》等,无法尽举。受限于创作者根深蒂固的内陆文化思维定式,这一时期的涉海文学作品仍以"遥望"视角为主。作者对海洋没有亲身的体验,只能从陆地上"遥望"海洋,海洋作为一种文学意象性空间而存在。

中国古代小说的创作始于汉魏,在唐朝正式成型。随着航海技术的发展和海洋活动的增多,这一时期的涉海文学作品多有来自海外的记载和故事,其中大多数都不是作者亲历,主要依据海上渔民和使者的所见所闻,带着明显的夸饰与想象的痕迹。王度《古镜记》是小说从汉魏志怪向唐传奇演变过程中的一篇佳作,由作者根据当时传说加工而成,其中已有主角以古镜止住滔天大浪等涉海情节。

值得重视的还有佛道两教对涉海文学作品的影响。这一时期有着明显的道教背景的涉海作品包括《神异经》《拾遗记》《列仙传》《搜神记》等著述,海洋作为神仙的居所出现。张华的《博物志》记载了乘槎泛海的传说,海上冒险作为通往仙境之路,与传统的遇仙情节相结合,成为后世传奇小说的常见主题。佛教同样有着异常丰富的海洋文化要素。海洋是佛教传播的重要通道,海上航行的危险性使得海上脱险具有了传奇色彩,佛教僧人常借海上生还的故事宣扬佛教信仰的灵验,《高僧传》一书中就记载了多个高僧法力高强平安渡海的故事。另外,起源于南印度滨海地区的观世音信仰原本就有许多海上救护的传说,观世音水上救难故事作为佛教神验故事的一个重要类型记载于《辩正论》《光世音应验记》等作品中。

唐代是中国社会经济文化空前繁荣的时期,海上对外交往非常频繁,中国东南沿海地区成为构建中古世界海洋经贸交通与文化交往的重要枢纽。马总《赠日本僧空海离合诗》、王维《送秘书晁监还日本国》、杜甫《送重表侄王砯评事使南海》等送别诗歌反映了当时唐朝和各国互遣使者、进行文化交往的情况。除了外交和文化交往之外,经营私人海洋贸易的海商群体开始崛起,中国大陆在传统陆域经济之外有了海洋经济的强力补充。李白《乐府·估客行》中的"海客乘天风,将船远行役",元稹《估客乐》中的"求珠驾沧海,采玉上荆衡",均是对当时海商形象的描绘。

三、宋元涉海文学作品

唐朝中后期,中国的经济文化重心开始向东南沿海转移。宋元两朝均奉行开洋裕国的政策,对外贸易重心从陆向海转变,伴随重商意识和商品经济的发展,以及海洋意识、海外进取精神和海洋知识的提升,宋元时期迎来中国海洋发展的第一个高峰期,中国成为当时世界上最大的海洋贸易国家。宋元以前的海洋书写中,创作者本身大多缺乏在海边生活或出海航行的经历,海洋往往只是作为想象空间或审美对象出现。这种情况在宋元、特别是元代得到很大改变,海洋活动的发展和海运交通的常态化为文人提供了体验海洋、了解海洋的机会,海洋成为人类活动的空间之一,文人对海洋空间的书写从虚构走向写实,成就了真正的海洋文学。

随着经济政治重心的南移,宋朝不少文人都有参与海洋生产生活的经验,并将其作为文学创作中的主题。柳永曾任昌国州晓峰盐场大使监督制盐,他的《煮海歌》一诗中详细记述了海边盐民刮泥成岛、灌水成卤、砍柴煮盐的生产过程和赋税沉重、举债度日的生活状况。出身福建的南宋诗人谢履《泉南歌》中写到"州南有海浩无穷,每岁造舟通夷域",反映了福建地区当时造船业的兴旺发达。同样出身福建的诗人黄公度在《题顺济庙诗》中"传闻利泽至今在,千里桅樯一信风"一句,表达了伴随着航海事业的繁荣,当时东南沿海地区海事活动中对海神妈祖的信仰也在不断发展。

元代海运是南粮北运和南北贸易的重要依托,不少官员因督运漕粮的需要由海路北上,也有不少士人由海路北上南下,南北间海上交通的普遍性为海上纪行诗的生成创造了条件。元末南北陆路交通受阻,往来南北的官员和士人均需浮海而行,海上纪行诗的创作因而在元末达到顶峰,因其亲身经历、切实体验、情感真实的特征,为中国海洋文学提供了更贴近海洋实际的近距离的写作样本。朱名世的《鲸背吟集》是元代较有代表性的海洋诗歌集,其中《水程》"路上行人口是碑"一句就从一个细节写出了海上航行不同于陆路文明的距离测量方式,是对海上航行方式的真实描写。贡师泰的《海歌十首》作于诗人负责粮食海上漕运期间,对"千户火长""大工伙""旋手""亚班"等海船水手的航海技艺等进行了特写式的描写,体现了生活在海上的海洋族群与海洋的互动,对于涉海诗歌传统来说是一大突破。

元朝积极发展海外贸易,一方面遣使海外诸国保持贸易往来,另一方面鼓励民间海外贸易,为元人的海上游历提供了得天独厚的条件。随着海外游历者的增多,以域外见闻、亲见亲闻、亲历亲感为主要特征的游历风土类笔记在元代大量涌现。周达观的《真腊风土记》一书记载了其随使节团出使真腊(今柬埔寨)的行程和见闻。又如汪大渊的《岛夷志略》,记录了他跟随商船游历东南亚诸国、印度、波斯、阿拉伯、埃及、摩洛哥等海外诸地的见闻。游历风土类笔记为了解元时海外各国的经济贸易、历史文化、风土人情提供了宝贵的文献资料,也是元代中国海洋文明发展的见证。

在统治者对海上贸易的大力支持下,社会心理发生转变,理学家依据经典对传统义利观进行了重新阐释,肯定了经商赢利的合法性,为海洋文明的进一步发展扫清了思想障碍。这一思潮也反映在当时的文学作品之中。出身福建的诗人刘克庄在《泉州南郭二首》中写道:"海贾归来富不赀,以身殉货绝堪悲。似闻近日鸡林相,只博黄金不博诗。"诗中描写了东南沿海地区海洋族群从事海洋贸易、向大海追求财富的社会现象,反映了海商冒险进取的精神。元代杂剧家乔吉在散曲《中吕·满庭芳·渔父》中写道:"疏狂逸客,一樽酒尽,百尺帆开。划然长啸西风快,海上潮来。入万顷玻璃世界,望三山翡翠楼台。纶竿外,江湖水窄,回首是蓬莱。"一个充满开拓冒险精神的海商形象跃然纸上。

由于频繁的海上活动,宋元时期的涉海笔记小说在继承了前代志怪题材的基础上,也出现了一些海商题材故事,如《癸辛杂识》中的《海井》、《夷坚志》中的《泉州杨客》等,见多识广、敢于冒险的精明海商成为这一时期笔记小说创作中的典型人物形象之一。此外,这一时期的涉海纪实题材小说还包括李宝胶西对金海战、张世杰崖山海战等海战故事和《王元懋巨恶》《长乐海寇》等海盗故事,充分体现了其时代特征。

四、明清涉海文学作品

明朝是中国海洋活动和海上交流由盛转衰的时期。明初朱元璋就下令禁海,"片板不得入海"。虽然永乐年间为了树立"万邦来朝"的形象,主动派遣郑和下西洋,但只允许进行官方的朝贡贸易,出现航海与禁海并存、开放与封闭共举、以封闭为主导的对外政策,民间海上贸易受到严厉打击。郑和下西洋作为国家朝贡贸易的顶峰,是明朝涉海文学创作的一个重要主题。

明万历罗懋登的《三宝太监西洋记通俗演义》以描写郑和宝船一路如何安远抚夷、海外取宝为主,并穿插了许多神魔故事和奇情怪闻。本书取材于马欢《瀛涯胜览》、费信《星槎胜览》、巩珍《西洋番国志》等游历笔记,然而作者的创作意图主要在于宣扬明王朝的声威,本人并没有直接航海经历。鲁迅在《中国小说的历史变迁》一文中论及此书:"虽然所说的是国与国之战,但中国近于神,而外夷却居于魔的地位,所以仍然是神魔小说之流。"海洋要素同样广泛出现在明代其他小说中,如《西游记》《天妃娘妈传》《戚南塘剿平倭寇志传》等,但这些作品并不属于真正意义上的海洋文学。

朝廷厉行海禁的结果是产生了许多走私贸易,甚至出现了以武力反抗海禁政策的海商集团。隆庆海禁有限度开放后,私人海外贸易取得了合法地位,海商们纷纷赶造大型海船扬帆出海,私人海外贸易再度兴盛起来。明末短篇小说集"三言""二拍"中有几篇反映沿海商人生活的作品,对贸易行为做了肯定性的叙述。《转运汉遇巧洞庭红》记述了文实随海商出海,通过两次交易一跃成为巨富,体现了商人去往海外冒险的理想,海洋在作者笔下成为获取财富的领域。《三救厄海神显灵》一文中,程宰在海神指点下不再想着意外之财,而是学习掌握了经商技巧,低买高卖,大获其利,表现了商人们对市场规律的重视和在商业中追求财富的愿望,海神成为商人的保护神。这一时期福建的海洋贸易十分兴盛,明代官员何乔新咏福建诗中就这样写道:"危樯巨舶昼纵横,海上时闻鼓角鸣。"由走私港口发展而来的福建漳州月港成为东西方海上贸易中心。

清初,清廷与明郑势力在台湾海峡两岸展开漫长的拉锯战。为了孤立明郑军队的群众基础,清廷实施了"迁界"政策,东南沿海的村庄居民全部内迁 50 里。乾隆时期,清廷开始实行全面防范洋人、隔绝中外的闭关锁国政策,仅余广州一口通商,中国海洋文明陷入低谷。海洋文明的衰弱反映在文学创作上,表现为纪实性涉海文学作品的减少。清代小说《蜃楼志》以广东为背景,主要写乾隆、嘉庆年间广州洋行进行海洋贸易和官场斗争,是当时海关商业贸易和港口世态风情的重要参考资料。

在传统志怪题材的基础上,清代涉海作品的寓言性得到进一步加强,作者将海洋神话和传说用海外游历的过程串联起来,作品中的海外诸国从对异域的想象转换为中国社会自身形象的提炼和折射,借此表达自己的社会政治、伦理道德、文化学术等理念,实现了对传统海洋叙事模式的超越。蒲松龄在《罗刹海市》中描写了一个美丑混淆、越丑越能升官的罗刹国,讽刺当时科举制度愚贤颠倒,导致自己屡试不第,突破了海上政治清明之地的传统寓意。沈起凤《蛣蜋城》、宣鼎《北极毗耶岛》和王韬《因循岛》等,均为借海洋为背景的政治寓言小说。

《镜花缘》为清代李汝珍所作的长篇小说,书中的君子国、女儿国、白民国、无肠国等海外诸国,以夸张的浪漫主义手法,或是表达了对现实的不满和讽刺,或是描绘了作者心中的理想社会。由于明清两代的海禁政策,大量中国海洋族群滞留东南亚,在当地形成华人移民群体,成为推动东南亚地区经济发展和社会进步的重要因素。《镜花缘》中也有对华侨在海外生活的记载:"女子道:'……喜得薛蘅香表姐善于织纺;婢子素跟母亲,亦善养蚕,身边带有蚕子,因见此处桑树极盛,故以养蚕织纺为生。不期在此日久,邻舍妇女都跟着学会……'"反映了华侨在侨居国传播技术的贡献。

第四节　海洋族群民间文艺遗存

由于长期以来中国主流的农耕文明对海洋的忽视和打压,中国海洋文明极少进入以文字记载的主流文化传承之中,大多通过民歌民谣、戏曲话本等形式在东南沿海地区民间流传。

古往今来,中国沿海地区诞生了无数的民间文艺作品,这些作品作为当地民众抒发内心情感的载体,反映了海洋族群丰富的生产生活内涵,体现了海洋文化的风格和特色;另一方面,流转至今的民间文艺作品大多经过长时期、大范围的传播,透过不断地选择、加工过程,每一件均是无数海洋族群民众的智慧和思想的凝结。中国东南沿海海洋族群的民间文艺遗存有着巨大的艺术和文化价值,是今天了解海洋族群历史传承的一大途径,也是研究和发掘中国海洋文化基因的重要宝库。

一、胶东渔民号子

号子又称"劳动号子",直接与生产劳动相结合,有着强烈的生活气息。胶东渔民号子是胶东半岛地区渔民在漫长的劳动生活中所创造和发展的劳动歌曲,在捕鱼的过程中起着指挥劳动、统一意志、振奋精神等作用,充分展现了胶东渔民强悍豪放的性格和坚忍不拔的精神。2008年,胶东渔民号子的代表"长岛渔号"被列入国家级非物质文化遗产。

捕鱼是一项较为复杂的劳动过程,每个环节都有相应的号子,形成一整套号子。渔号一般采用"一人领、众人合"的演唱形式,船老大既是劳动的指挥者又是号子的领唱者,根据劳动强度和气象的变化适时改变号子的节奏和唱词。根据劳动内容和表现情绪的不同,渔民号子可以大体分为三类:平号是在风平浪静的正常捕鱼作业时喊的号子,例如溜网号、上网号、篷号、拾锚号、摇橹号等;急号是渔民们遇上风浪或追赶鱼群时喊的号子,例如追鱼号、紧橹号、抽船号等;慢号多半是在扬帆出海、满载返航时所唱的渔号,具有自我娱乐性质,例如廷鲅号、出海号、爬爬号等。

节奏是渔民号子中最关键的因素,决定了捕鱼过程中各个环节的频率和强度,其典型的混合型节奏与其他的民歌体裁形成了鲜明的对比。另一方面,渔号很少用带有具体含义的实词,而是多用呼号、呐喊性的虚词,例如"咳、喂、哎、嚎、哦"等。在旋律上,胶东北海的渔号常用六声或七声的宫、徵调式,有豪放粗犷的特色;南海和东海渔号中多运用纯五声的商、羽调式,带有鲁南清新优美的民歌风采,反映了各地的特点。

二、海州宫调

海州宫调指的是流传在海州(今连云港市)及周边地区一种用曲牌连缀体演唱的曲艺形式,分为单支和套曲两大系统,有[软平]、[叠落]、[鹂调]、[南调]、[波扬]等五种腔调,是古老的"诸宫调"的宝贵遗存。2006年,海州五大宫调列入第一批国家级非物质文化遗产名录。

海州宫调这一音乐形式原非连云港地区所独有,它最初源于黄河流域,再传到东南沿海的长江流域,具有南北交汇的特征,其传播与盐业发展和经济中心的转移密切相关。连云港地区东面临海,内河航运通达,天然的地理优势为海盐的生产和运输带来了便利的条件,明清时成为两淮盐业在北方的主要生产和管理基地。交通和经济的繁荣带动了文化的发展,随着海州、板浦成为重要的水陆码头和淮盐集散地,南北艺术在此交融,使海州五大宫调得以广泛吸收各地民间小曲的特点。当地崇学的风气使得盐商和文人对海州宫调给予了高度的关注,为海州宫调注入了当地特色和个性,将其提升到了一个新的高度,曲目内容丰富,雅俗共赏。

20世纪以来,随着当地水路交通渐渐为陆路交通所代替,连云港地区逐渐失去其交通枢纽的地位。幸运的是,相对封闭的文化环境使得海州五大宫调得以保留下来,许多以为在江苏已经绝迹的稀有曲牌,在海州五大宫调中都得以完整保存,对我国民间音乐和民间曲艺的研究具有难得的实证价值。

三、舟山锣鼓

舟山锣鼓是流行于浙江省舟山市的民间吹打乐种,由码头船工的"码头锣鼓"发展而成,旋律奔放、气氛热烈,具有鲜明的海岛特色。2006年,舟山锣鼓列入国家级非物质文化遗产名录。

舟山地区由大小七百多个岛屿组成,早年岛屿间靠木帆船交通,每到一个码头船工们都要敲打起欢快的锣鼓,提醒旅客做好上、下船的准备,长途运输船途中寂寞单调,常借码头锣鼓配以丝竹乐器作为娱乐。在捕鱼活动中,渔民经常在航行中使用锣鼓联络和传递信息,或是在遇到风浪时借以壮胆。过去在舟山地区的农村举办红白喜事、庙会庆典特别是休渔开渔活动时,锣鼓吹打班也是必不可少的组成部分。这些都为舟山锣鼓的产生和发展提供了良好的条件。20世纪50年代,经由专业艺术工作者对舟山地区民间吹打艺术的改良和提炼,"舟山锣鼓"这一艺术形式正式确立,参加第七届"世界青年联欢节"并获得金质奖章之后,开始受到全世界关注。

传统民间的舟山锣鼓属于综合性吹打乐,经过改革之后以打击乐为主,主奏乐器排锣、排鼓,也是最能代表舟山锣鼓的标志性打击乐器。细腻、丰富、灵活、流畅的锣鼓点子是舟山锣鼓区别于其他民间锣鼓艺术的主要因素,其中最具特色的"三番锣鼓"综合了所有舟山锣鼓点子中最难、最复杂、最精彩的锣鼓技巧,是舟山锣鼓点子中的精华部分。

四、疍歌

疍民是我国水上居民的旧称,主要分布在我国东南沿海两广和福建一带。疍歌一般由各地方言演唱,形式各异,内容丰富,在民间音乐中占有重要地位。2006 年,中山咸水歌(岸上居民对疍歌的称呼)被列为首批国家级非物质文化遗产名录;2008 年,惠东渔歌被列为第二批国家级非物质文化遗产名录;2009 年,福州疍民渔歌被列为福建省省级非物质文化遗产名录;2012 年,疍歌被列入海南省省级非物质文化遗产名录。

疍民善于歌唱,疍歌记载了疍民的世代风俗,也是他们生活中的重要组成部分。作为一个特殊的历史性群体,疍民生活的最大特点就是"浮家江海""以舟为居",又被称为"连家船民",数百年来一直过着水上"游牧"生活,经济生活基本上围绕着水上活动展开。他们长期生存于水上环境之中,受陆上居民的压迫、歧视和限制,被视为贱民,很少和陆上居民往来,因而形成了一系列独特的生活方式和文化习俗。

疍歌中很大部分是盘诗风格,通过多人对唱唱人、唱事、唱史、唱情,达到娱乐、赛歌斗智、抒发感情的目的。疍歌也是疍民节庆、婚丧礼俗中不可或缺的部分。中秋节是疍民的重要节日,广州疍民往往将船停泊在一起唱歌为乐,称为唱"姑妹"。福州疍民渔歌中的"贺年歌"是农历新年时疍民妇女向陆地上居民讨粿时所唱的歌曲,反映了福州地区疍民一项特别的风俗。疍歌既有向陆上居民音乐和文化的借鉴,也对陆上居民的民间歌谣曲艺产生了影响。20 世纪五六十年代广东沙田地区咸水歌演唱兴盛一时,不仅水上人家传唱,也是陆上人家重要的娱乐方式之一。

五、泉州南音

泉州南音也称"弦管""南管",以丝竹箫弦演奏,由闽南方言演唱,是中国现存最古老的乐种之一,也是海洋文明影响下不同文化在闽南地区交汇的最佳例证。南音除了流行于以泉州为中心的闽南地区和港、澳、台之外,在闽南人居住之地几乎都有传播,远及新加坡、马来西亚、菲律宾、越南等国。2006 年,泉州南音列入国家级非物质文化遗产名录。

南音这一古老的音乐形式最早是闽南本土文化吸收融汇了历代入闽汉人所带来的中原文化精华而形成和发展起来的,兴于唐、成于宋。宋元时期,泉州外贸空前繁盛,一跃成为世界最大贸易港之一而驰名中外,海外交通东至日本,南通南海诸国,西达波斯、阿拉伯和东非等地。一方面,闽人在进行海上贸易和移民的过程中,携带着南音等传统音乐向海外传播;另一方面,来华的商人、传教士和其他人士也将其本土的音乐带往泉州,对泉州南音产生了影响。泉州南音由一个乐手和四种乐器组成的基本形式,及其常用乐器琵琶、洞箫等的演奏方法,均可见波斯文化的痕迹。对南音"四大名谱"进行考察之后,同样发现了对中国传统音乐体系中比较少见的外来音乐的因素。《陈三五娘》故事(又名《荔镜记》)是现存南音曲子中将近一半曲目的蓝本,为泉州及周边地区所特有,讲述了一对年轻恋人的爱情悲剧,其剧情和许多细节少见于中国传统文学和戏剧,在西方爱情故事中却很普遍,反映了当时文化间的交流和影响。

泉州南音古朴幽雅、委婉柔美,是中国本土文化与来自海洋的外国文化交汇的结晶,体现了福建海洋文明兼容并蓄的开放精神,是海上丝绸之路留下的重要文化遗产。

六、泉州拍胸舞

拍胸舞是闽南地区特别是泉州最具代表性的一种民间舞蹈形式,广泛流传于泉州各县区以及漳州、厦门、台湾等地区,以赤膊拍胸为主要特点,又称"拍七响""打花绰""乞丐舞"。2006年,泉州拍胸舞被列为国家级非物质文化遗产。

一般认为拍胸舞是古闽越族祭祀舞蹈的遗存。拍胸舞舞者头戴草圈,赤足,裸上身,以手掌拍击自己的胸、额、肩、肘、肋、胯、腿等部位,发出有各种节奏变化的连续响声,配上蹲裆步和摆头,动作奔放强劲、古朴粗犷。拍胸舞罕见于其他汉族聚居地,但在其他南方少数民族地区可以见到不少与拍胸舞十分相似的舞蹈动作,如黎族、高山族、土家族舞蹈中拍击胸、腿的"四击"动作。这说明了拍胸舞曾是广泛分布于我国南方各少数民族地区的一种民间舞种,这些族群拥有共同的祖先,即古代的百越族群。

舞者头上的草箍是拍胸舞源于古闽越族的另一佐证。草箍形制特殊,由红布条与稻草混合编制而成,并于草圈接头前留出一段数寸长的红布条在蛇头顶端露出,犹如蛇之吐信。古闽越族人及其他们的后裔遗民对蛇图腾十分崇拜,将自身视为蛇的后裔。草箍借由将蛇图腾置于头顶,即最为崇敬的地位,表示了对蛇的无限敬仰。

七、东山歌册

　　歌册流行于福建闽南、潮汕等地，以汉字记载、用歌谣的方式传承，是海洋族群的知识体系传承方式。福建省东山县的"东山歌册"是其中最具代表性的一种，已知的东山歌册唱本有 100 多部、2000 多万字，在港台地区及东南亚华人中也有流传。2007 年，东山歌册被列为国家级非物质文化遗产。

　　东山歌册也被称作"东山女书"，是当地妇女劳动生活中的"百科全书"。东山地处闽地海角，传统上由男人出海打鱼，女人在家料理家务和从事农活。在信息闭塞的生活环境中，歌册是东山妇女了解社会、增长见识和接受道德伦理教化的重要途径。东山岛民风淳朴、百姓安居乐业，与东山歌册对妇女的知识传承与教化作用不无关系。另一方面，歌册也是东山妇女最主要的娱乐形式，东山妇女常在一起缝补衣服、做针线、织补渔网的时候，或一人唱、众人听，或大家一起唱念。

　　东山歌册中韵白占绝大部分，其"诗化"的语言精美凝练，基本唱腔以

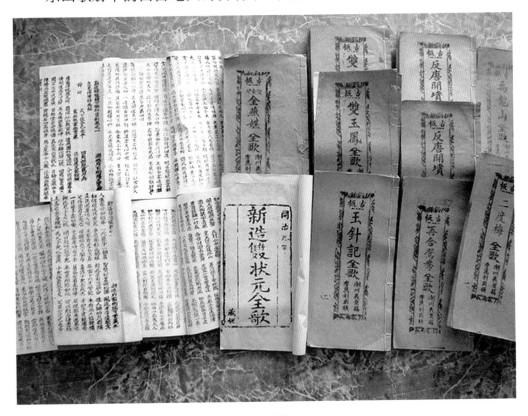

东山歌册

羽调式为主,音乐简洁平直、利于传播,曲调与唱词腔格的结合尤为紧密。闽南话和普通话相比在音调、语调、声调上都有诸多的不同,使得东山歌册具有浓郁的地方特色。东山歌册是东山妇女日常生活中不可缺少的一部分,也是一道独特的民间音乐风景。

八、过番歌

"过番歌"指的是以中国劳工移民海外谋生为主题的民间歌谣,流行于中国东南沿海闽南、潮汕、台湾地区和东南亚华人社区之中,展现了闽、粤、潮、客各方言族群移民南洋即东南亚诸国的共同历史记忆。

18世纪到20世纪30年代,西方各国殖民政府以洋行和客头为中介,在中国东南沿海地区招募或贩卖劳工前往南洋和美洲的殖民地做苦力,各殖民地借助于廉价华工得到迅速繁荣和发展。在这一历史背景下,侨乡当地民歌民谣中均有不少华侨和侨眷相关的内容,比如表现华侨在外生活艰辛的《番客歌》《过番歌》《番平歌》《华工歌》《华工血泪歌》,表现华侨和侨眷思念亲人的《娘子在家我出洋》《欢喜船入港》《夫妻何时得团圆》等歌曲。这些歌曲唱出了华侨和侨眷的真实生活,因而深受侨乡和海外华人欢迎,至今仍在海内外广泛流传。

中国的海外移民虽可远溯至唐宋,但当时的华人由于中国文化和政经的优势,在海外享有较高的地位。只有到了清末民初,迫于生计外走异邦的华工,才真正体验到谋生的不易和国贫民弱的屈辱。产生于这段海外移民高潮中的"过番歌"作为这一时期社会情状和民众心理的记录,从民间的角度反映了中国海外移民的一段历史。

九、鱼灯舞

鱼灯舞是我国一项历史悠久和颇具文化特色的民俗活动,全国各地形式繁多,最具代表性的有浙江青田鱼灯舞、湖南洞口县三盘神鱼灯、安徽无为鱼灯、福建莆田九鲤灯舞、广东深圳沙头角鱼灯舞、大埔鲤鱼灯舞等,它们均保持了不同的地域文化特色。现选取浙江青田鱼灯舞和广东深圳沙头角鱼灯舞加以介绍。

青田县地处浙江省东南部瓯江中下游山区,农业用地以梯田和冲田为主,有悠久的稻田养鱼历史,是联合国粮农组织首批全球重要农业文化遗产之一。据研究,青田当地居民为古越族后裔,从沿海地区迁入青田山区之后缺乏池塘和湖泊,便通过在稻田里套养田鱼的方式获取鱼类资源。当地居民与水亲近的关系体现在青田鱼灯舞之上。鱼灯表演时,举红珠者口吹哨子作为指挥,每人手举一盏鱼灯变换队形,称之为"走阵",是青田鱼灯最具特色的部分。青田鱼灯的道具和舞蹈动作根据瓯江淡水鱼的形象和生活习性设计,鱼灯中4条头鱼的形象均为龙头鱼身,全套舞蹈以典型的"鱼龙化"情节"鲤鱼跳龙门"结束,应为龙崇拜取代鱼崇拜过程中两者相结合的产物。除了鱼崇拜之外,当地的水神信仰氛围也十分浓厚,仅龙现村一地就供奉有"平水王"周凯、"临水夫人"陈靖姑、"泗州大圣"等多位水神。

　　沙头角鱼灯舞的发源地在临近深港边界的沙栏吓村,位于沙头角河南下游至出海口段的南岸,居民以客家人为主,出海捕鱼是他们生活中重要的组成部分。沙头角鱼灯舞集祭祀性、娱乐性、社会性于一体,一般于每年中秋节、元宵节等传统节日表演,或是与祭拜妈祖、太平醮等仪式相结合。和青田鱼灯相比,沙头角鱼灯吸收了海洋中许多鱼类的造型,南北方的鱼类造型在沙头角鱼灯上均有反映,既有红鲤、青鲤、黑鲤等淡水鱼,也有火点鱼、

沙头角鱼灯舞

丁公鱼、海鲫、石斑、沙鸡、角鱼、黄衣、石鲳等海鱼,体现了农耕文化和海洋文化的融合。在沙头角鱼灯舞活动中,凶猛的"黄鳢角"具有龙头鱼尾的形态,是渔民心目中的神鱼。其他舞鱼者以"黄鳢角"为中心游弋,表达对鱼神的敬畏之情,以求得其对渔民的护佑和信任。

十、《闽都别记》

《闽都别记》是一部流行于福州民间的话本小说,一般认为成书于清朝乾隆、嘉庆年间,由福州方言写作而成。全书以闽都福州以及福州府附近罗源、连江、长乐、永泰、福清各县为背景,以这一地区从唐末五代至清初的历史为线索,由福州说书艺人根据本地民间传说和历史故事综合演绎而成,散发着浓郁乡土气息。

《闽都别记》记录了福建历史上频繁的海上交往,内容涉及唐以来闽人与日本、朝鲜、琉球、东南亚以及阿拉伯人的双向交往活动,既有官方的朝贡、外交活动,也有民间的商贸和文化交往。书中情节虽然有一定的艺术加工和附会,但总体框架与福建地区及海外传统海洋贸易区域的古籍文献、出土文物均可相互印证,为福建地区乃至中国的海洋交往历史研究提供了重要依据。《闽都别记》中记载了大量福建海商通过远洋航行赚取财富的发家史,其中自由进取的海商形象、对冒险逐利观念的推崇,正是典型海洋文明的表现。另一方面,《闽都别记》书中记载的民间传说和当地习俗,如闽人的犬蛇崇拜、水神信仰、疍民习俗、男风盛行等,均反映了长期的海洋生产生活对福建人民的影响。

福建省地处中国东南沿海,在历史长河中深受海洋生产方式的影响,在地域、族群与时代相互作用之下孕育了特色鲜明的海洋文化,是中国最具特色的海洋文明区域。历史上,福建是中国从海上对外交往的重要通道,也是各国了解中国的重要窗口。福建人民在造船、航海、移民、海洋贸易等海洋活动方面留下了许多值得称道的遗产,同时也形成了极具代表性的海神信仰、海洋习俗。《闽都别记》以方言小说的形式记载了闽人闽事和闽地传说轶文,向读者展示了福建地区浓郁的海洋气息,为中国海洋文明研究提供了一个来自本土海洋文明的视角。

第 四 章

中国传统的海洋生态利用

　　中国古代对海洋生态的认识虽然受古代科学水平的局限,但是我们的祖先始终在了解海洋生态的规律和生态变化的现象,他们在利用海洋资源进行经济活动中,十分尊重海洋生态环境的自然规律,并结合自身的需要提出了合乎海洋生态的客观认识,即使在主观认识上,也是以自然生态是生活经济的根本,人类只能是服从和利用的价值观。这种天人合一、人海相依的生态价值观,正是中国的先民能够在充分尊重海洋生态的基础上,极致的利用海洋生态的行为思想。从古代发达的渔业、盐业、沧海良田、造船、航海业以及海上丝绸之路的开启与发展等利用海洋生态的历史上,处处都透视出中国古代先民的海洋生态文化智慧。

第一节　古代中国海洋渔业生态文化

　　古代渔民以打鱼为生,渔捞设施落后,海难多有发生。为了得到心灵上的慰藉,渔民在捕捞养殖过程中逐渐形成生活、生产、习俗、信仰等内容,产生了很多习俗与禁忌,慢慢发展成为大家墨守的民间风尚民俗。同时,在渔业过程中,渔民自觉形成了对海洋生态尊重的生态文化,早在公元前 21 世纪,古代先民就已经认识到必须珍惜天然渔资源,在《逸周书》法令规定,"夏三月川泽不入网罟,以成鱼鳖之长。"[①]从而顺应海洋的自然本性,遵循渔业资源的生长规律,取之有度。中国古代先民在长期的海洋活动中,已经能够遵循海洋生态的规律,利用洋流、潮汐、季风和海况进行渔业生产。

[①]　(晋)孔晁:《逸周书》卷 4《大聚解》,元至正十四年(1354)嘉兴路学宫刊本,商务印书馆 1937 年版。

一、古代海洋渔业祭祀活动中的生态文化

以渔为生的渔民，海洋就是他们赖以生存的土壤。海洋捕捞存在着很多的不确定因素，潮流、气象、海况等都时时刻刻影响着捕捞的丰歉和自身的安全。在远古时期，渔业技术和渔业设备落后，渔民的小渔船难以抵御恶劣的海域环境，加上认知能力有限，渔民将一切灾害事件归于超自然的神力，由神灵来控制，妈祖、龙王、观音、渔师公、仙姑等海神相继融入海洋神灵中，渔民通过祭拜神灵，感谢大海的赠与，祈求人船平安，渔业丰收。

海洋渔业祭祀活动在我国有着悠久的历史。早在夏商周时期，即有官方祭海，祭海的仪式必须由帝王亲自主持。我国海洋渔业民间祭祀活动，世代传袭，并逐渐形成了各种具有浓郁地方色彩的民祭活动。渔民在每逢出海前都要进行祭拜，在沿途中遇到神庙或是海上遇到危险都要随时拜祭，以求保佑；祭海节日时集中祭拜，每年到了特定的时间，举行隆重而盛大的仪式，虔诚地向大海献祭。

祭祀的目的在于祈求海神能保佑海上捕鱼平安，渔业丰收。妈祖信仰最早起源于湄洲岛，是海上保护神，逐渐发展成为在全国有影响力、地位极高的海神。福建渔民出海前先要到妈祖庙中请香下船，开船时要鞭炮齐鸣，以祈平安。新造渔船初次下海，还要驾驶船只到妈祖庙或土地庙前的海面上绕行一圈。渔船上大多设有神龛，放在驾驶室或中舱，神龛前放一只香炉。男人出海时，妇女在家都烧香拜佛，祈望家人平安归航。在渔船平安返航后，船老大的妻子要备供品，去妈祖庙或关帝庙酬谢神明。

浙江渔民信仰东海龙王，在舟山各地的众多庙宇中，龙王宫占了相当大的比重，渔民们既崇拜又恐惧的海上龙王，它在海上呼风唤雨，兴风作浪，渔民心生畏惧，不得不加以祭祀。观音道场普陀山是无数东海渔民的圣神之地，观音救苦救难，怀有慈悲心，拯救苍生。浙江很多鱼岛建有妈祖宫，妈祖在海岛渔民心中已有了神圣不可替代的位置。到了渔汛期，渔民要到供奉海神的庙宇中烧香祭拜，由海神确定首航日期。出海捕鱼前，渔民们先要上香拜菩萨，再以酒水供请菩萨。船老大向娘娘菩萨参拜许愿，祈求捕鱼丰收。航海过程中，如果突遇危险，也会由船老大组织在渔船上进行祭祀，烧香磕头，祈求脱离危险。渔汛结束后，同样也要举行相关的仪式，祭海谢洋活动也在海岛渔村进行着，庄严隆重，场面声势浩大。

山东沿海渔民也同样信奉海神，建造神庙，树立神像，供奉香火，还要围

绕着这位海神而开展一系列的祭祀活动,以显示海神法力的强大,东海之神是山东沿海共同祭祀的最高海神。山东地区的妈祖文化是北方地区影响力比较大的地区。山东著名的显应宫,也被称为海神娘娘庙,是我国北方地区建筑时间最早的妈祖神庙。

从生态文化的角度来看,根植于我国民间的海洋渔业祭祀,其历史的悠久程度和广泛的影响力最能表现民众与自然环境世代传承的精神联系。祭海活动从产生之初就派生出独具地域特色的原生态行为方式,代表了先民最原始的思想意识和信仰观念,这是民众对自然环境的各种现象以原始、质朴、丰富和鲜明方式进行理解和感悟,在民间形成中蕴含着敬畏大海,尊重自然、热爱生命,善待海洋保护海洋环境,人与海洋相互依存和谐统一的生态伦理思想。

二、古代海洋渔业民俗中的生态文化

民俗是渔业劳动人民所创造和传承的民间文化,包括捕捞民俗、渔业作业民俗以及渔民信仰、礼仪、饮食、服饰、节日、民间歌舞等各方面的日常生活民俗,民俗文化具有鲜明的地域特征。

海洋剪纸作品是海洋生态文化中一个独特的亮点,渔民世代以出海捕鱼为生,逢年过节都要在窗户上贴红色的窗花,祈求出海的亲人平平安安,满载而归。剪纸多用红纸做主基调,悦目耐看,包含渔民愿望中的图腾与祥瑞,以及对美好生活的期盼和向往。海洋剪纸由各种海洋文化元素组成,内容包括了山水风景、渔民生活、鸟兽鱼虫、民间传说、历史典故、宗教民情、人物图案等。展示海滨的传统风俗,展现渔民为人处世的道理和人生哲学。在山东、浙江、江苏等地渔村都有地方特色的剪纸作品。

渔民号子是渔民在辛苦的渔业生产劳动中为达到统一步伐、鼓舞士气、抒发情感而产生的最原始的歌谣。号子的歌唱方式,一般为一个渔夫领唱,后面的人跟一句,也有或者众人领,众人合的形式。在渔业作业时,多人协作集体劳动时,如渔民出海捕鱼时撑帆、撒网、收网、装仓等劳作中常有渔民号子。渔民号子是渔民情感写照,有对捕鱼丰收后的喜悦,也有对能安全上岸的激动,更多的是对海上艰苦生活的感慨。渔民号子的曲调会随着渔民的劳动形式、工作强度和节奏的变化而变化。

渔民歌舞是渔民在海上生活中创作发展的民间歌舞形式,歌舞的题材大多是祭祀和渔民生活。舟山跳蚤舞,是舟山群岛颇具魅力的海洋舞蹈。

每当过年、庆丰收、祭海时就有这个舞蹈。有两个演员,一前一后,一男一女,穿着鲜艳的服装,一个舞扇子,一个敲竹板,踏着蚤步,互相挑逗戏耍,表演出种种滑稽可笑的动作。不时爆发出阵阵笑声。嵊泗黄龙岛"跳蚤舞",胶东的龙舞、旱船也是出名的渔民歌舞。

三、古代海洋渔业生活中的生态文化

古代海上作业的危险,科技不发达,渔民与自然界抗衡的力量非常微弱,为了保佑平安,祈求丰收,渔民会在日常生活中自觉不自觉地自我禁忌,避免不吉利的言行得罪了畏惧的大海。

语言禁忌主要表现在,由于"煤""霉"同音,渔家怕带来霉运,于是叫煤为"渣子";渔民害怕翻船,到渔家做客吃鱼时,一般要把整条鱼放在盘中,在吃完鱼的上面要吃下面时不能说"把鱼翻过来",而应该说"把鱼划过来"。

行为禁忌主要表现在吃饭喝酒上,渔家人喝酒的时候,忌讳把酒杯扣过来,这象征翻船。在船上吃鱼时,盘中的鱼不可翻身,则有"翻船"之意,不吉利。过去出海,父子不同船,渔业生产危险性大,为支撑一个家庭,同一家庭成员不得在同一条船上作业,避免海难事故造成一个家庭倾覆的悲剧,实际上这些禁忌也是一种对海洋生态环境的敬畏。古代渔民在从事渔业作业时也十分讲究季节性,春捞秋捕,夏养冬斗,以利于生态资源休养生息。

第二节 古代世界上最大的海洋生态盐仓

我国是最早制盐和食用盐的国家。我国盐场地域辽阔,产量丰富,沿海各地盛产海盐。海盐取法有煮和晒两种,早在周代已开始利用海水煮盐,元代已有晒海盐的记载。

一、制盐的生态文化

关于制盐的方法,有将海水煎煮,也叫熬波制盐,指煮海水为盐,因而有"煮海熬波始成盐"的说法。南朝张融在《海赋》中写道:"若乃漉沙构白,熬波出素,积雪中春,飞霜暑路。"我国制盐历史悠久,相传在夏朝,也即公元

前 2140—前 1711 年,即会用海水煮盐。煮盐,将取自海边滩涂下或盐井里的卤水在深腹容器煮沸,待到水分蒸发掉以后,剩下颗粒称之为盐。宋朝之后,煮盐渐渐被煎盐所代替。煎盐在煮盐基础上发展而来,先制出卤水,然后慢慢煮熬掉水分,最后成盐。

煎煮或者熬波制盐的方法,可以解决我国东海海区海水含盐量不高的缺点,也可以不需看天吃饭,气候条件不佳时仍能照样生产。更重要的是,盐的生产关系到食盐供应和民心安定,同时也关系到朝廷的财政收入。为保证盐业生产连续、稳定的增长,政府采取某种强制性措施把盐业劳动力固定在盐业生产上。由官府掌握灶户开煎和毕煎的时间,以掌握其产量,能有效统一的管理盐民,防止灶户贩私盐,确保税收。

制盐的原料海水含盐量会影响到能否采用晒盐法来晒盐。我国南部海区盐度最高在 3.5% 适合晒盐,我国黄海、东海,海水盐度小,不足 3.4%,盐度不高不能直接晒盐结晶,仍必须和煎盐一样多一道制卤的过程。"煮海为盐"时期,从传说中的宿沙氏,其间延续了 3000 多年。由于古代海盐制作的生产力水平低,劳动强度大,完全手工操作,产量低,不能满足人民生活的需求。从煎盐向晒盐发展,也从原来以柴草为能源的生产方式,代之以阳光、风力来蒸发制盐。这个变化发展过程反映了盐民在了解海洋生态的规律以后,能够利用潮汐、滩涂、阳光、气候等自然生态因素开展制盐生产,是中国人民利用海洋生态的典范,在这个过程中所创造形成的制盐文化是中国海洋生态文化中十分重要的方面。

二、海洋滩涂与传统制盐文化

作为海陆交接带不断演变的特殊生态系统,海洋滩涂是海岸带的重要组成部分。我国有漫长的海岸线,海洋滩涂的开发历史悠久,盐场星罗棋布,其中以辽宁、河北、山东、江苏、广东五省为主,浙江、福建、台湾等省次之。晒盐起源于福建盐区,其出现晚于煎盐。滩涂海盐生产普遍采用日晒法,晒盐在气候温和、光照充足的广阔平坦的海边滩涂上进行。滩涂建造成盐田,盐田一般会分成两个部分即蒸发池和结晶池。先将海水排入蒸发池,利用日光和风力蒸发水分,浓缩到一定浓度时,再排入结晶池,继续经过日晒,海水会浓缩成为饱和食盐溶液,再晒下去就会析出盐来。这时产生的晶体物就是常见的粗盐。结晶所剩余的液体被称之为母液,从中可以提取出多种化工原料。晒盐的出现是盐业生产历史上的一次重大技术革命,具有节省能源、费用等优点,使中国盐业生产达到相当的高度。乾隆时,盐的生产和销售进入了黄金时代,造就了一批富可敌国的大盐商,食盐集散交易空前繁荣,盐作为一种人体必不可少的食品,已经成为老百姓平常的生活用品。

晒盐相比煎盐具有先进简便、成本低、耗能低的优点,是盐业史上意义重大的技术革新。但是在古代,晒盐与煮盐相比,也要受制于海水盐度、气候、盐品、制度等因素。盐度不够,仍需要煮水浓缩的过程;阳光、风力、温度也是晒盐成功的关键;用盘铁熬煮出的盐,形如散状色白,盐田杂质较多,晒出的盐结晶成比较大的颗粒,味淡而有苦味。再加上晒盐方法简便,生产工具易得。

第三节 古代世界上最发达的传统造船大国

一、独木舟到航海宝船

中华民族是世界上最早开发利用海洋的民族之一。中国有漫长的海岸线,仅大陆海岸线就有 18000 多千米。又有 6000 多个岛屿环列于大陆周围,岛屿岸线长 14000 多千米,它们绵延在渤海、黄海、东海、南海的辽阔水域并与世界第一大洋——太平洋紧紧相连,这就为我们的祖先进行海上活动、发展海上交通提供了极为有利的条件。要进行航海活动就要有船只。我国的造船史绵亘数千年,早在远古就开始使用了独木舟和筏作为渡水的工具。

先民们究竟在什么时候创制了舟船,已很难考证,但可以说我国是发明舟船很早的国家。至少在新石器时代(约 10000—4000 年前)我们的祖先就广泛使用了独木舟和筏,并以其非凡的勇气和智慧走向海洋,为我国的航海业奠定了基础。原始社会生产水平很低,水是人类生存的必要条件,人们大都聚集在有水的地方,以渔猎为生,在和大自然搏斗的过程中,先民们观察了解了大自然。"古者观落叶因以为舟"[1],"古人见窾木浮而知为舟"[2],说明我们祖先对一些物体具有浮力已有认识。"燧人氏以匏济水,伏羲氏始乘桴"[3],燧人氏和伏羲氏都是古代传说中的人物。燧人氏生活在相当于

---

[1] (西汉)刘向:《世本》,《宋衷世本》,商务印书馆 1937 年版。
[2] (西汉)刘安:《淮南子》卷 16《说山训》。
[3] (明)罗欣:《物原》。

山顶洞人的氏族公社开始的时代,伏羲氏生活在相当于半坡氏族的母系氏族繁荣的时代。这生动地说明了渡水工具历经改进的过程。"匏"是葫芦,"以匏济水"是说古人为了使生活得到改善,抱着葫芦作为浮具,到深水去捕鱼。以后,人们又把好几个葫芦用绳子连起来系在腰上以提高渡水时的浮力,这叫腰舟,以后发展到捆在背上,这样就可以把双手解放出来,使双手配合双脚一起划水,提高了人们在水中捕鱼的能力。传说伏羲氏能教人结网捕鱼,饲养牲畜。人们饲养牲畜,将兽皮充气后制成浮具——皮囊。"伏羲氏始乘桴",桴就是筏。"方舟设泭,乘桴济河"①,"并木以渡"。据晋郭璞注《尔雅·释水》的解释,称木筏为簰,是大筏,竹筏为筏,是小筏。是把几根木头或竹子捆起来,以筏济物,乘筏渡河。据考证,筏就是新石器时期我国东南部的百越人发明的。筏是舟船发明以前出现的第一种水上运载工具。

遥远的古代,人类的祖先还处于以采集和渔猎为生的时期,他们活动的场所是森林、草原、江河、湖泊。由于没有水上工具,深水的鱼群,可望而不可得;河对岸的野兽,可见而不可猎;洪水袭来,来不及逃避就得被淹死。他们在与天斗、与洪水猛兽斗的长期斗争中增长了才干,增添了智慧。自然现象使他们受到了各种有益的启发。"古观落叶以为舟",就反映了我们祖先早期对一些物体能浮在水面上的认识,也许正是因为这种自然现象,才引起人们航行的念头。人骑坐在一根圆木上,就可以顺水漂浮;如果他还握着一块木片,就可以向前划行;如果把那根圆木掏空,人就可以舒适地坐在里面,并能随身携带上自己的物品,这就是人们创造的最早的船——独木舟。以后人们又逐步学会了就地取材,制造了简单、平稳、装载面积较大的筏。筏的种类较多,有木筏、竹筏、皮筏等。

考古发现,早在 7000 年前,浙江余姚河姆渡先民已开始行舟楫之便,涉足海洋索取食物。2002 年,在浙江省杭州市萧山区跨湖桥的新石器遗址出土一艘独木舟,独木舟为松木,船头上翘,宽 0.29 米,舟宽 0.52 米,在船头 1 米处及舱内发现多处黑焦面,表明独木舟是先用火烤焦,再用石磷加工的制造工艺。独木舟东南侧还发现两只木桨,其中较完整的木桨长 1.4 米,附近还发现石磷和磷柄,据碳 14 测定独木舟距今 8000 年。目前世界上荷兰曾发现距今 8300 年前的独木舟,浙江省杭州市萧山区跨湖桥 8000 年前独木舟与荷兰 8300 年前的独木舟,均为世界上发现最早制造的独木舟。距今

---

① (春秋)左丘明:《国语》卷6《齐语》宋明道二年(1033)刊本。

5500—2800年前昙石山遗址的文化堆积,佐证了从史前上古的"百越—南岛"土著到汉唐以来,以中国东南沿海为中心的环中国海跨界地带的海洋性文化体系在逐步形成。

跨湖桥遗址出土独木舟

　　原始社会出现的独木舟和筏,使人类在征服江河的斗争中迈出了重要的一步。到了大约3000多年前,我国就开始出现了木板船。木板船出现以后,显示了它强大的生命力,也为船舶的进一步发展和改造奠定了基础。据史料,公元前138年至公元前115年间,汉武帝派遣张骞两度出使西域,开辟了中国与西方的陆上丝绸之路。而海上丝绸之路始于西汉年间,至隋唐兴盛,由广州经南海、印度洋,到达波斯湾各国的航线,是当时世界上最长的远洋航线,广州成为中国第一大港和世界著名港市;宋朝"开洋裕国",造船技术与航海业领先于世界;至元朝,中国已成为世界上最大的海洋贸易国家;至明初,郑和七下西洋,推动世界进入大航海时代,船队远涉太平洋与印度洋之间,抵达波斯湾、红海、非洲的蒙巴萨和南亚的吉里地闷,以"乐群贵和,四海一家"的意识,遍访亚洲、非洲30多个国家,将中国的陶瓷、丝绸、茶叶、木器等物品和华夏古国文明播扬四海。

　　随后人们又在长期航行的实践中,创造了利用风力行驶的船——帆船。初期的帆不能转动,只有风顺时才能使用,风不顺就只有落帆划桨。后来人们在航行的实践中逐步发现,即使不顺风,只要使帆与风向成一定的角度,帆上还是能受到推船前进的风力,于是人们又创造了转动帆,在逆风的情况下,船也能前进。

我国的帆船,在世界上是相当有名的,早在秦代我国就能造出长达30米、宽6—8米,能载重6万公斤的漂洋过海的大帆船——海船。到了汉代,就能制造百尺楼船;到宋代,已可制造载重20万公斤以上的大船;明代郑和下西洋乘坐的宝船,已长达140米,宽达60米。

自从人类创造了帆船以后,帆船运载着人们在世界的海洋上来往。直到19世纪,世界上一些大型的船还是帆船,有的帆船,桅杆高达30米,挂帆30多面。古代中国是世界上最发达的造船大国和航海大国。从河姆渡的独木舟到航海宝船和指南针的发明应用,古代中国拥有最发达的造船业和航海业,而船舵、水密隔舱和龙骨装置三大发明对世界造船技术产生了深远的影响①。

同时,最早经营和开发南海的国家也是中国,可以说,海上丝绸之路是以中国为起点的文化传播之路。海上丝绸之路将科技文化、和平友好远播海内外。据范文澜著《中国通史简编》记载,据阿拉伯人苏莱曼《东游记》说,唐时中国海船特别大,波斯湾风浪险恶,只有中国船能够航行无阻,阿拉伯东来货物,都要装在中国船里。中国输出的主要商品,除丝织物外,瓷器也以世界最先进的资格受国际市场的欢迎。埃及开罗南郊福斯他特遗址,发现唐至宋初的瓷片数以万计;叙利亚沙玛拉遗址发现大批唐陶瓷器,其中有唐三彩陶器、白瓷器、青瓷器;印度博拉明纳巴特遗址也发现唐瓷片。可见,瓷器在唐朝已是大宗出口货。东南亚的婆罗洲北部沙捞越地区,发现唐朝人开设的铸铁厂,据当地考古学者论证,铸铁技术自中国传入,这对当时还处在铜器时代的社会,起着推动作用。可以说,唐朝高度发展的手工业产品和技术,通过海外贸易对诸国作出了贡献。

更有多国水下考古发掘,为古代中国海上丝绸之路与东亚、东南亚、环印度洋、亚非及美洲、欧洲地区等多国的海外经贸、文化、技术往来,提供了实证。郑和下西洋(1405—1433),比哥伦布远航大西洋(1492年8月3日)早了87年。中华民族的使者以当时世界上最强大的海上力量访问西洋诸国,却从未实行殖民扩张、殖民掠夺和奴隶贸易。通达东西方的海上丝绸之路,将中华民族的和平友好远播海内外,中国海洋利用实践和发明创造,折射出海洋生态文化的伟大智慧。

---

① 江泽慧:《海洋生态文化:民族复兴的内生动力》,《人民政协报》2016年9月1日第5版。

以海洋生态文化视角,透视中华民族与海洋的历史渊源和曾经的辉煌,不可回避中国海洋史上曾经的屈辱与苦难。古代中国创造了众多世界海洋史之最,但是维护海洋国土意识和主权权益的文化自觉相对缺乏、海洋强国战略缺失、海上防御力量薄弱,"鸦片战争""甲午海战"等沉痛教训,是近现代中国遭受侵略者海上入侵不能忘却的历史。因此,要以高度的文化自觉,深化中国海洋文化遗产密码考证,诠释古代中国航海历程,领悟海洋生态文化思想精髓,扎实推进中华复兴海洋强国战略。维护中国海洋国土主权权益,友善合作共赢者,打击外来入侵者,协同推进中国海洋和谐社会与世界海洋和平秩序。

海洋生态文化正是以其人与自然和谐的本质内涵,相融性、包容性和共享性,顺应新时期海洋战略的大趋势,不同于"自然中心主义""人类中心主义",更与工业文明范式下,征服海洋、掠夺海洋、称霸海洋、弱肉强食的殖民文化理念有本质区别,而是生态文明范式下,引导人类认知海洋、顺应海洋、善用海洋、海陆一体和谐发展、合作互利共赢的文化,是海洋强国的内生动力与共建和平海洋世界的重要支撑。

二、指南针的发明与造船技术

中国古代发明的指南针并用于航海,是中国古代利用海洋生态的典范文化。早在战国时我们祖先就了解并利用磁石的指极性制成最早的指南针——司南。比利用齿轮的指南车便利得多。我国古书中把"磁石"写成"慈石",说明 2000 年前我们祖先已发现了磁石吸铁的特性,认为磁和铁的关系好像慈母和她的儿女一样亲密。

战国时的《韩非子》中提到用磁石制成的司南。司南就是指南的意思,东汉思想家王充在其所著《论衡》中也有关于司南的记载。司南由一把"勺子"和一个"地盘"两部分组成。司南勺由整块磁石制成。它的磁南极那一头琢成长柄,圆圆的底部是它的重心,琢得非常光滑。地盘是个铜质的方盘,中央有个光滑的圆槽,四周刻着格线和表示 24 个方位的文字。由于司南的底部和地盘的圆槽都很光滑,司南放进了地盘就能灵活地转动,在它静止下来的时候,磁石的指极性使长柄总是指向南方。这种仪器就是指南针的前身。由于当初使用司南必须配上地盘,所以后来指南针也叫罗盘针。

指南针发明之前,人类在茫茫大海中航行,常常会迷失方向,造成不可想象的后果,是中国人发明了指南针,使人类航行有了方向。指南针是用以判别方位的一种简单仪器,主要组成部分是一根装在轴上可以自由转动的磁针,磁针在地磁场作用下能保持在磁子午线的切线方向上,磁针的北极指向地理的南极,利用这一性能可以辨别方向,常用于航海、大地测量、旅行及军事等方面。

指南针发明后很快就应用于航海。世界上最早记载指南针应用于航海导航的文献是北宋宣和年间(1119—1125)朱彧〔yù 玉〕所著《萍洲可谈》①(成书略晚于《梦溪笔谈》),朱彧之父朱服于 1094—1102 年任广州高级官员,他追随其父在广州住过很长时间。该书记录了他在广州时的见闻。当时的广州是我国和海外通商的大港口,有管理海船的市舶司,有供海外商人居留的蕃坊,航海事业相当发达。《萍洲可谈》记载着广州蕃坊、市舶等许多情况,记载了中国海船上航海很有经验的水手。他们善于辨别海上方向:"舟师识地理,夜则观星,昼则观日,阴晦则观指南针。""识地理",是表明当时舟师已能掌握在海上确定海船位置的方法,说明中国先民在航海中已经知道使用指南针了。这是全世界航海史上使用指南针的最早记载,我国人民首创的这种仪器导航方法,是航海技术的重大革新。

指南针应用于航海并不排斥天文导航,二者可配合使用,这更能促进航海天文知识的进步。徐兢在《宣和奉使高丽图经》(比《萍洲可谈》晚 20 多年)中说:"是夜,洋中不可住,唯视星斗前迈,若晦冥,则用指南浮针,以揆南北。"②说明徐兢出使高丽航海也使用了指南针,与朱彧所记相同。这是采用水浮法的指南水针,船头船尾各放一具,天阴天雨时就靠着这种指南水针来辨别方向。中国使用指南针导航不久,就被阿拉伯海船采取,并经阿拉伯人把这一伟大发明传到欧洲。

三、沿海航运与沙船

沙船是一种遇沙不易搁浅的适合近海航行的大型平底帆船。明茅元仪《武备志·军资乘·沙船》:"沙船能调戗使斗风,然惟便于北洋,而不便于南洋,北洋浅南洋深也。沙船底平,不能破深水之大浪也。北洋有滚涂浪,福船、苍山船底尖,最畏此浪,沙船却不畏此。"③清林则徐《复奏遵旨体察漕

---

① 张静芬:《中国古代的造船与航海》,商务印书馆 1997 年版,第 173—182 页。
② 张静芬:《中国古代的造船与航海》,商务印书馆 1998 年版,第 173—182 页。(宋)徐兢:《宣和奉使高丽图经》,近泽书店 1932 年版。
③ (明)茅元仪:《武备志·军资乘·沙船》,明天启元年(1621)刊本。

务情形通盘筹画折》："如以涉险为虑,则沙船往来关东,每岁以数千计,水线风信皆所精熟。"清魏源《圣武记》卷十四:"请言舟制……曰沙船,调戗使风,三桅五桅,一日千里,大帆长驰,增以舷栅,江海是宜。"①

长江口一带的平底海船,沙船结构独特。沙船方头方尾,俗称"方艄";甲板面宽敞,型深小,干舷低;采用大梁拱,使甲板能迅速排浪;有"出艄"便于安装升降舵,有"虚艄"便于操纵艄篷。船上装有多桅多帆,航速比较快,舵面积大又能升降,出海时部分舵叶降到船底以下,能增加舵的效应,减少横漂,遇浅水可以把舵升上。沙船结构独特,方头、方艄、平底、浅吃水,具有宽、大、扁、浅的特点,底平能坐滩,不怕搁浅,吃水浅,受潮水影响比较小;沙船上多桅多帆,桅高帆高,加上吃水浅,阻力小,能在海上快速航行,适航性能好;载重量大,一般记载说沙船载重量是四千石到六千石,约合五百吨到八百吨。

沙船在我国航运史上占有重要地位。清代道光年间,全国沙船总数在万艘以上,而上海就有沙船五千艘以上。沙船的特点:一是船型特殊,有方头、方艄、平底、浅吃水。它的长宽比大,具有宽、大、扁、浅的特点。这种船型不怕沙滩,可以在沙质海底的海域航行,也可在江河湖泊中航行。沙船底平能坐滩,不怕搁浅,在风浪中也安全。特别是风向潮向不同时,因底平吃水浅,受潮水影响比较小,比较安全。二是近海航行方面性能优越。沙船上多桅多帆,可以逆风驶帆,能在海洋上远航。沙船上桅杆高大,桅高帆高,利于使风,又加上它吃水浅,阻力小,所以,能在海上快速航行。沙船不仅能顺风驶船,逆风也能航行,甚至逆风顶水也能航行,适航性能好。沙船航海性能好,七级风能航行无碍,又能耐浪,所以沙船能远航。三是载重量大。一般记载说沙船载重量是四千石到六千石(约合五百吨到八百吨)。也有说沙船载重量是二千石到三千石(约合二百五十吨到四百吨),元代海运大船八九千石(一千二百吨以上)②。

沙船在内河的民用运输中使用范围非常广泛,沿江沿海都有沙船踪迹。郑和下西洋期间,郑和船队中的宝船就有沙船船型。同时,郑和宝船是在南京地区的宝船厂建造,那里建造的大多是沙船船型海船。

元代至清代前期,上海作为南北洋航运中心,既是南北商品流通格局变化下的产物,也是清代商品流通政策变化下的产物,海运业在上海的早期兴

---

① （清）魏源:《圣武记》卷14,中华书局1984年版。

② 《中国古代著名的海船船型　沙船》,《西部交通科技》2015年第5期。

起过程中具有无可替代的作用。沙船船商不仅在航业中居于中心地位,而且发挥领袖百业的作用。上海的兴起及迅速崛起,是建立在全国各地商帮的大规模商品流通基础之上的。上海开埠前后,沙船运输业已形成了一个规模巨大、资金雄厚、利润丰厚的行业,对中国古代的沿海航运影响十分远大。康熙二十三年(1684)台湾郑氏投降清朝以后,清朝颁布"展海令",允许人民进行海外贸易。其结果是沿海民众多运用帆船积极地进出中国沿海及海外。活动于中国大陆沿海海域的帆船主要有沙船、鸟船、福船、广船,其中在长江以北海域活动最多的是沙船。以上海县为中心,兴起众多沙船业主。他们为上海和东北沿海地域间的海上运输作出了贡献,并影响了鸦片战争以前上海的发展。沙船在我国持续了很长时间,在中国航运史上占有重要地位。

四、"大航海时代"中国发达的造船业

蓝色的大海,浩瀚而遥远,深邃而神秘。自古以来,人们对大海都充满着崇敬和畏惧,直到 15 世纪的到来。15 世纪及此后的两百多年被史学家称之为大航海时代。大航海时代的意义在于开启了世界地理的大发现,从而有了世界格局的大改变和世界历史的大发展。在这场征服海洋的伟大壮举中,中国、西班牙、葡萄牙、荷兰、英国、法国、俄罗斯等国都参与其中,大航海、大发现、大交流、大征服……各个国家都在其中扮演了各自不同的角色。在与惊涛骇浪的搏斗中,有的国家崛起了,有的国家却沉沦了。中国和西班牙这两个东西方大国是一个典型。明代造船业最发达的时期是永乐朝郑和下西洋的船队,那时的航海设备和航海技术都是世界一流的。

"海上丝绸之路"在历史上是中国重要的对外贸易通道。早在唐代以前,这条"海上丝绸之路"就已经通往世界各地,包括非洲大陆。明代初期郑和七次下西洋,当时中国的航海实力已远超世界其他国家。在明中期以前,海上贸易的主要方式是朝贡贸易。从明嘉靖年间开始,"海上丝绸之路"一直延续了 300 年,是古代中国与海外贸易的繁荣时期。中外贸易的主要商品是茶叶、丝绸和瓷器,其中瓷器不仅传播了中华文化,还承载着海外各国的历史文化。

1552 年前后,一位葡萄牙商人安东尼奥·帕首托来到中国,沿南中国海岸开展贸易。他通过中间商在景德镇订制了家族纹章瓷,纹章瓷底下注有"大明嘉靖年制"六字双圈款,这批瓷器也许出自御窑。葡萄牙人非常珍

视这些中国瓷,在返程途中甚至给它们加饰银制配件。这是在欧洲大航海时期最早私人订制的瓷器之一。

在16世纪,控制了海洋就意味着控制了财富与世界。葡萄牙人打败阿拉伯人,占领好望角,并于1511年到达马六甲海峡,从而掌握通往印度洋和中国的海上贸易要道。1514年和1516年,葡萄牙派出几位传教士前往中国,想与中国展开全面的正常贸易。但在这一时期,葡萄牙与中国冲突不断,直至1557年,明朝政府才允许葡萄牙人在澳门定居,开启中葡两国正式贸易的历史。

由于与东方的贸易利润巨大,各国相继成立了东印度公司以垄断东亚贸易。1600年,英国率先成立东印度公司,荷兰于1602年成立东印度公司,随后丹麦、法国和瑞典分别在1616年、1664年和1731年成立了东印度公司。从1514年到各国东印度公司解散的1833年,中国与西方间的对外瓷器贸易绵延300多年的漫长时光。

17世纪,新航道的开辟打开了西方与中国全面贸易的新阶段,也是荷兰与中国贸易的世纪,瓷器贸易量巨大。大量中国陶瓷、丝绸、漆器、茶叶等货物受到欧洲各阶层的追捧,欧洲大陆刮起猛烈的"中国风",荷兰著名画家伦勃朗也曾收藏中国瓷器和轿子。西方国家推崇中华文明,瓷器贸易基本上以克拉克瓷和中国纹饰的瓷器为主,荷兰东印度公司也会在其中加入如郁金香等欧洲纹饰。[1]

第四节 古代世界上的航海大国

一、世界上最大规模的国家海上漕运

漕运,是指古代国家从水道运输粮食,供应京师或接济军需。中国古代南北漕运,以陆运、河运和海运为主,而海运最盛。自隋朝以后,中国的经济重心悄然南移,政治与军事的重心却仍旧留在北方。从某种程度上说,战争拼的就是一个国家的后勤保障能力。盛唐时期发生的"安史之乱",给北方经济以毁灭性的打击。国家依赖漕运,已成定局。

---

[1] 余春明:《瓷耀中西三百年!世界的历史凝固于中国瓷土之上》,人民网2016年6月12日。

海运始于秦汉,至唐宋元明日盛,其中,元代海上粮运达到巅峰。登州是我国古代海上漕运的必经之地,海上交通地位十分突出。

自元代建都于大都(今北京),我国历史上大规模的南粮北运便开始了,而海上漕运则是南北漕运的主角。粮船由江浙行省平江路太仓刘家港入海(即今之江苏与上海交界地区),沿江苏和山东的东部北上,经过荣成的成山头,转西经刘公岛、芝罘到达蓬莱,经莱州湾直抵直沽(天津)交卸,然后陆运至京师。明、清两代基本沿袭元制。明时,登州不但肩负南粮北运的护送重任,还负责转运辽饷的任务。明万历二十五年(1597)东征倭寇,就是从登州运粮到朝鲜;万历四十六年(1618)山东派调辽饷,防抚陶朗先征集海道各府的粮食,或由陆路,或由河道运至就近海口,由海口上船起运。登州沿海地区如蓬莱自天桥口,黄县自黄河营,福山自八角口,栖霞赴蓬莱或福山,招远赴黄县,莱阳自行村寨或金家口,宁海(即今牟平)自养马岛或龙门港,文登自长会口或望海口,各海口的粮船汇集于庙岛,自庙岛北行抵老铁山、旅顺口,再由此北上至盖州和复州。

登州府所辖的口岸,如荣成的石岛,文登的威海,福山的烟台,蓬莱的庙岛,是海上漕运的必经之路,无论在军事还是地方上都有护送之责,所以,每年由登州知府派员稽查或知府亲自巡视各地要隘,总兵署也要派兵驻扎守防偏僻口岸。如海阳的乳山,荣成的养鱼池龙口崖,文登的刘公岛,宁海的养马岛、崆峒岛,福山的八角口,蓬莱的长山岛、天桥口,黄县的屺坶岛等处,水师营则负责各洋面粮船的护送,以防不测。另外,鉴于登州海上漕运和军需的特殊地位,明朝在登州府城内专门设置了海运道,为山东省派出机构,总揽海运之事。清康熙三十三年(1694)储蓄谷物,盛京(即今沈阳市)自天津运米至三岔口;三十七年(1698)赈饥朝鲜,自天津运米至中江,皆取道登州。清光绪年间,在登州沿海各口岸还设立三十处永绥局,保护南运漕粮,打击捞抢之风,救护遇险商船。

1415年,明成祖朱棣任命陈瑄为漕运总兵官,总督漕运。从此之后,陈瑄致力于治理运河、督运漕粮、建立漕运管理制度,这一做就是30年。对于陈氏后人来说,陈瑄不仅是他们引以为豪的老祖宗,更是国家的功臣。陈瑄重新疏通会通河,大运河全线贯通,开启了明清两朝600年运河漕运的历史。在他的任上,建造的各种水利工程更是不可胜数。

自陈瑄开始,以漕运总督为中心,形成了一套庞大而系统的漕运管理体系。在中央设户部,在地方设漕运总督总理漕政事务;各省设粮道衙门,分掌各地漕政;各州县专设机构负责征收漕粮。从中央到地方,各级官吏,按职权分别负责。就是这样一个从中央到地方的漕运管理体系,使漕运变得更加高效和有章法。

二、胶莱运河:世界上最早的大型"连海运河"

世界第一条海运河是元朝开凿的胶莱运河,是世界上第一条沟通不同海域用于海运的运河。

胶莱运河南起黄海灵山海口,北抵渤海三山岛,流经现胶南、胶州、平度、高密、昌邑和莱州等,全长约 200 公里,流域面积达 5400 平方公里,南北贯穿山东半岛,沟通黄渤两海。胶莱运河自平度姚家村东的分水岭南北分流。南流由麻湾口入胶州湾,为南胶莱河,长约 30 公里。北流由海仓口入莱州湾,为北胶莱河,长约 100 余公里。胶莱运河开创于元世祖至元中期,历史上又称运粮河,是因江南粮米由此运往京师而得名。公元 1280 年前后,莱州人姚演向朝廷提出,利用原有河道,修建胶莱运河,以缩短海运航程。忽必烈当即批准了这个大胆的设想,委任山东最高长官阿巴赤率"万人开河"。两年之后,"凿池三百余里……谓之胶莱新河"。来自江南的运粮船队,不必再绕胶东半岛,只需进入胶州湾,随海潮驶入胶莱运河,再经莱州湾北上,即可直达塘沽。自元朝开凿以来,胶莱运河经历了一段曲折的历史,其中有兴盛的时期,也有被冷落的年代。时兴时废,命运多舛。

在元代,南方经济得到迅速发展,作为政治中心的北方,特别是京津地区,各类生活和生产物资大量依赖南方,特别是漕粮运输,成为元代一个非常突出的社会问题。为了解决这一问题,元朝政府主要采取了两个办法,一个就是大规模扩修运河,另一个就是大力发展海运。就运河来说,隋朝创修的连通南北的京杭大运河,到了元代,已经破败不堪使用。为了恢复其功能,元朝政府开始了大规模的整修和取直,但由于先天的不足,主要是北方河段水量不够,黄河、淮河经常泛滥、改道,泥沙淤积等原因,一直发挥不了很好的作用。于是,在扩修大运河的同时,元代大力发展海运,同时由于这一时期造船技术和航海技术的不断提高,在此之后,形成了以海道为主,大运河为辅的南北运输线。元朝在至元十七年(1280)开通胶莱河,九年之后的至元二十六年(1289),又改胶莱河运为海运。

胶莱运河的开通,在当时其目的主要在于服务南北航运,可以大大减少船只绕道胶东半岛的航程。但通航不久,又不再使用。此后元代的南北海运,主要有三条航线:第一条从江苏太仓刘家港出发,经江苏启东、盐城、连云港,进入山东诸州、胶县、胶南、崂山、成山,到达天津界河口;第二条从江苏太仓刘家港出发,经江苏启东,至山东半岛成山头、刘公岛、芝罘岛,到达天津界河口;第三条从江苏太仓刘家港出发,直达山东半岛成山、再到达天津界河口。

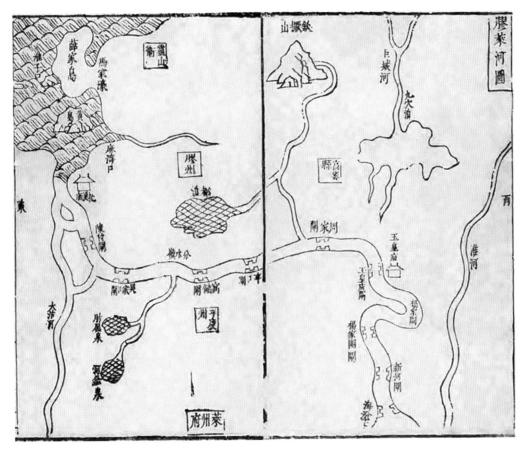

胶莱河图

　　到了明代,南方经济发达,北方政治中心的社会格局并没有改变,南北漕运再次成为一个重要社会问题,明代南北漕运的主要特点是海道和运河兼重。在运河运输上,明代更大规模的重新整修了京杭大运河;而在海道运输上,关于胶莱河的开凿与否再次提到议程。明代中期以后至整个清代,由于沿海倭寇为乱,政府实行海禁政策,而着力利用京杭大运河的漕运,对胶莱运河的浚治则采取轻视或反对的态度,虽然期间有人提起胶莱运河的疏浚攒运之事,但也屡议屡罢。

　　从《明史》的相关记载中我们可以看出,关于胶莱河的开通与否,曾经过多次争论:

《明史·王宗沐传》记载："隆庆五年，给事中李贵和请开胶莱河。宗沐以其功难成，不足济运，遗书中朝止之。"①

《明史·河渠志五·胶莱河条》："明正统六年，昌邑民王坦上言：'漕河水浅，军卒穷年不休。往者江南常海运，自太仓抵胶州。州有河故道接掖县，宜浚通之。由掖浮海抵直沽，可避东北海险数千里，较漕河为近。'"②。

嘉靖十一年，御史方远宜等复议开新河。以马家墩数里皆石冈，议复寝。十七年，山东巡抚胡缵宗言："元时新河石座旧迹犹在，惟马壕未通。已募夫凿治，请复浚淤道三十余里。"命从其议。

至十九年，副使王献言："劳山之西有薛岛、陈岛，石砑林立，横伏海中，最险。元人避之，故放洋走成山正东，逾登抵莱，然后出直沽。考胶莱地图，薛岛西有山曰小竺，两峰夹峙。中有石冈曰马壕，其麓南北皆接海崖，而北即麻湾，又稍北即新河，又西北即莱州海仓。由麻湾抵海仓才三百三十里，由淮安逾马壕抵直沽，才一千五百里，可免绕海之险。元人尝凿此道，遇石而止。今凿马壕以趋麻湾，浚新河以出海仓，诚便。"献乃于旧所凿地迤西七丈许凿之。其初土石相半，下则皆石，又下石顽如铁。焚以烈火，用水沃之，石烂化为烬。海波流汇，麻湾以通，长十有四里，广六丈有奇，深半之。由是江、淮之舟达于胶莱。逾年，复浚新河，水泉旁溢，其势深阔，设九闸，置浮梁，建官署以守。而中间分水岭难通者三十余里。时总河王以旅议复海运，请先开平度新河。帝谓妄议生扰，而献亦适迁去，于是工未就而罢。

三十一年，给事中李用敬言："胶莱新河在海运旧道西，王献凿马家壕，导张鲁、白、现诸河水益之。今淮舟直抵麻湾，即新河南口也，从海仓直抵天津，即新河北口也。南北三百余里，潮水深入。中有九穴湖、大沽河，皆可引济。其当疏浚者百余里耳，宜急开通。"给事中贺泾、御史何廷钰亦以为请。诏廷钰会山东抚、按官行视。既而以估费浩繁，报罢。

隆庆五年，给事中李贵和复请开浚，诏遣给事中胡槚会山东抚、按官议。槚言："献所凿渠，流沙善崩，所引白河细流不足灌注。他若现河、小胶河、张鲁河、九穴、都泊皆潢污不深广。胶河虽有微源，地势东下，不能北引。诸水皆不足资。上源则水泉枯涸，无可仰给。下流则浮沙易溃，不能持久。扰费无益。"巡抚梁梦龙亦言："献占执元人废渠为海运故道，不知渠身太长，春夏泉涸无所引注，秋冬暴涨无可蓄泄。南北海沙易塞，舟行滞而不通。"

---

① （清）张廷玉：《明史》卷223《王宗沐传》，中华书局1974年版。

② （清）张廷玉：《明史》卷68《河渠志五·胶莱河条》，中华书局。

乃复报罢。

万历三年，南京工部尚书刘应节、侍郎徐栻复议海运，言："难海运者以放洋之险，覆溺之患。今欲去此二患，惟自胶州以北，杨家圈以南，浚地百里，无高山长坂之隔，杨家圈北悉通海潮矣。综而计之，开创者什五，通浚者什三，量浚者什二。以锥探之，上下皆无石，可开无疑。"乃命栻任其事。应节议主通海。而栻往相度，则胶州旁地高峻，不能通潮。惟引泉源可成河，然其道二百五十余里，凿山引水，筑堤建闸，估费百万。诏切责栻，谓其以难词沮成事。会给事中光懋疏论之，且请令应节往勘。应节至，谓南北海口水俱深阔，舟可乘潮，条悉其便以闻。

山东巡抚李世达上言："南海麻湾以北，应节谓沙积难除，徙古路沟十三里以避之。又虑南接鸭绿港，东连龙家屯，沙积甚高，渠口一开，沙随潮入故复有建闸障沙之议。臣以为闸闭则潮安从入？闸启则沙又安从障也？北海仓口以南至新河闸，大率沙淤潮浅。应节挑东岸二里，仅去沙二尺，大潮一来，沙壅如故，故复有筑堤约水障沙之议。臣以为障两岸之沙则可耳，若潮自中流冲激，安能障也？分水岭高峻，一工止二十丈，而费千五百金。下多礓砟石，掣水甚难。故复有改挑王家丘之议。臣以为吴家口至亭口高峻者共五十里，大概多礓砟石，费当若何？而舍此则又无河可行也。夫潮信有常，大潮稍远，亦止及陈村闸、杨家圈，不能更进。况日止二潮乎？此潮水之难恃也。河道纡曲二百里，张鲁、白、胶三水微细，都泊行潦，业已干涸。设遇亢旱，何泉可引？引泉亦难恃也。元人开浚此河，史臣谓其劳费不赀，终无成功，足为前鉴。"巡按御史商为正亦言："挑分水岭下，方广十丈，用夫千名。才下数尺为礓砟石，又下皆沙，又下尽黑沙，又下水泉涌出，甫挑即淤，止深丈二尺。必欲通海行舟，更须挑深一丈。虽二百余万，未足了此。"给事中王道成亦论其失。工部尚书郭朝宾覆请停罢。遂召应节、栻还京，罢其役。嗣是中书程守训，御史高举、颜思忠，尚书杨一魁相继议及之，皆不果行。

崇祯十四年，山东巡抚曾樱、户部主事邢国玺复申王献、刘应节之说。给内帑十万金，工未举，樱去官。十六年夏，尚书倪元璐请截漕粮由胶莱河转饷，自胶河口用小船抵分水岭，车盘岭脊四十里达于莱河，复用小船出海，可无岛礁漂损之患。山东副总兵黄荫恩献议略同。皆未及行。

此外，《明史》卷七十九《漕运》条中亦载："隆庆中，运道艰阻，议者欲开胶莱河，复海运。由淮安清江浦口，历新坝、马家壕至海仓口，径抵直沽，止循海套，不泛大洋。疏上，遣官勘报，以水多沙碛而止。"

由此可见,元明二代,在胶莱河开通与否的问题上,经过多次的争论以及具体的实践,均不能长期使用,其中主要有两个问题一直是当时社会无法解决的:一个就是泥沙极易淤积,前开后淤,虽花费巨万,但劳而无功,所谓"大潮一来,沙壅如故。"其二就是水量不能得到充分保证,运河虽开但无充足水量,依然无法行船。

三、"大航海时代"中国造船业和航海业的展示

(一)"大航海时代"中国造船业

西方人将15世纪到19世纪这段时间称为"大航海时代",那时欧洲是一片航海家的热土,几乎每一个人,无论平民或贵族都怀着出海远航的梦想,为祖国开疆辟土,为自己争取名利,探索、冒险、战争、血与火、财富与荣耀,交织成一幕幕震撼人心的历史场景。

大航海时代是人类的地理知识和航海技术得到极大发展的时期,但与此同时,这一时期也是欧洲殖民者利用坚船利炮对亚、非、美洲等地进行侵略和殖民扩张的年代,这种海盗式的掠夺和殖民贸易是殖民主义资本原始积累的主要方式,也正是在这种基础上,西方资本主义才能有今天的发展。必须强调的是,如果我们只关心"大航海"系列的游戏剧情,而对当年的史实不闻不问,那么这种对大航海时代的了解将是肤浅和极为有限的。另一方面,可以说大航海时代是人类历史上一个重大转折期,各大洲的国家和地区之间因为海洋阻挡而相互隔绝的状况被逐渐打破(当然,这种转折伴随着巨大的悲惨和痛苦)。还要指出的是,西方人所谓大航海时代的"地理大发现"只是欧洲人"发现"了他们未知的地理知识,而"被发现"的岛屿和陆地大多原本就有某些民族居住,更何况亚洲的中国人以及美洲印第安人等民族也有他们各自对于地理和天文极为精辟的认识。

说到最早的航海家,人们往往是指腓尼基人、中国人和阿拉伯人,而欧洲人也有自己的航海传统,毫无疑问,在大航海时代初期我国具备足够的航海技术、造船能力和军事力量,1405—1433年郑和船队七下西洋就是证明。郑和本姓马,名三保,1371年出生在中国云南的一个回族家庭里,原先信奉伊斯兰教后来改信佛教,1405年郑和受明成祖朱棣的委派出使西洋(这里的"西洋"是指现在文莱以西的南洋各地及印度洋沿岸一带)。郑和的船队规模庞大,其中最大的宝船长约151.8公尺,宽约61.6公尺,排水量3000吨以上,共有60多艘,可称是当年"海上巨无霸",此外还有运马的马船、运

粮的粮船、作战的战船等,各种船只多达数百艘。首次出海时整个远航船队有人员两万七千多人,28 年间七下西洋访问了 30 多个国家和地区,最远到达非洲东北沿海(今天的索马里)和非洲中部沿海(今天的肯尼亚)。每到一处郑和都以明朝和平使节的身份,向当地的国王或首领赠送礼品,表达建立邦交、友好通商的诚意并邀请他们访问中国。这是以实力为背景的和平外交行动,收效甚大,但我国从未想过利用自身强大的力量去谋取东南亚、印度或非洲,当时明朝统治者只要周围邻国口头上向我国表示臣服就心满意足了。

中国造船历史悠久,在原始社会,人类已懂得"刳木为舟,剡木为楫",2000 年前的汉代,中国造船技术就达到了一定水平,而且远航至南洋。宋代使中国造船技术达到很高的时期,造船技术已经站在世界之巅,并出现了很多造船中心,当时,不但官方造船,民间也造船。宋代的多款船型和造船技术,在世界造船史上占有十分重要的地位,对推动当时的经济发展起到了积极作用。宋代时期,水上交通发达,船运是很重要的交通工具。北宋时期,水军基本成型,且配备了多种造型的战船。宋代造船技术在当时领先世界,不但数量多,而且质量高,从而推动了航海事业发展。宋代所造的船,船体巍峨高大、结构合理、装饰华美,并开始使用指南针导航。

宋代所造一般的海舶叫"客舟","长十余丈,深三丈,阔二丈五尺,可载二千斛粟","每舟篙师水手可六十人"。内部有独特的水密舱构造。客舟分三个舱:前一舱底作为炉灶与安放水柜之用。中舱分为四室。后舱高一丈余,四壁有窗户。"上施栏楯(shǔn 吮,即栏杆),采绘华焕而用帘幕增饰,使者官属各以阶序分居之。上有竹篷,平日积叠,遇雨则铺盖周密。"①"神舟"就比"客舟"更大得多了。宋神宗元丰元年(1078)派使臣安焘、陈睦往聘高丽,曾命人在明州建两艘大海舶,第一艘赐名"凌虚致远安济神舟",第二艘赐名"灵飞顺济神舟",自浙江定海出洋到达高丽,高丽人民从没见过这样的神舟,"欢呼出迎"。宋徽宗宣和五年(1123)再次派使臣去高丽,又在明州建造两艘巨型海舶,据史载,它们"巍如山岳,浮动波上,锦帆鹢首,屈服蛟螭"。到达高丽后,高丽人民"倾城耸观""欢呼嘉叹"。"神舟"大者可达五千料(一料等于一石)、五六百人的运载量,中等一千料至两千料,也可载二三百人。

宋代的多款船型和造船技术,在世界造船史上占有十分重要的地位,当时,不但有官方的造船场,也有很多民间的造船场。民间船只类型多样,民

①　张静芬:《中国古代的造船与航海》,商务印书馆 1997 年版,第 159—166 页。

间船只以用途得名,或以形状得名,或以设备命名,名称和船型多达千百种。而水密舱技术、减摇龙骨、平衡舵等造船技术当时位居世界前茅。正是因为中国有领先世界的造船技术和众多的造船场,才为明代的郑和下西洋打下了航海的基础。

(二)中国古船的三大船型的特点

沙船

沙船有许多特点:第一,沙船底平能坐滩,不怕搁浅。在风浪中也安全。特别是风向潮向不同时,因底平吃水浅,受潮水影响比较小,比较安全。第二,沙船能调戗使斗风,顺风逆风都能航行,甚至逆风顶水也能航行,适航性能好。第三,船宽初稳性大,又有各项保持稳性的设备,所以稳性最好。第四,多桅多帆,帆高利于使风,吃水浅,阻力小,快航性好。

福船

古代福船高大如楼,底尖上阔,首尾高昂,两侧有护板。全船分四层,下层装土石压舱,二层住兵士,三层是主要操作场所,上层是作战场所,居高临下,弓箭火炮向下发,往往能克敌制胜。福船首部高昂,又有坚强的冲击装置,乘风下压能犁沉敌船,多用船力取胜。福船吃水四米,是深海优良战舰。

广船

广船制作于广东,它的基本特点是头尖体长,梁拱小,甲板脊弧不高。船体的横向结构用紧密的肋骨跟隔舱板构成,纵向强度依靠龙骨和大橠维持。结构坚固,有较好的适航性能和续航能力。

郑和下西洋展示了明朝前期中国国力的强盛,中国的海军纵横大洋,实现了万国朝贡,盛世追迹汉唐;加强了中国明朝政府与海外各国的联系,向海外诸国传播了先进的中华文明,加强了东西方文明间的交流;这是中国古代历史上最后一件世界性的盛举,从此,再没有此类的壮举。改变了自明太祖朱元璋以来的禁海政策,开拓了海外贸易。郑和宝船是郑和船队中最大的海船,是郑和船队中的主体,也是郑和率领的海上特混舰队的旗舰,它在郑和船队中的地位相当于现代海军中的旗舰、主力舰。另有一种说法,郑和宝船是郑和下西洋船队中海船的总称,郑和船队是由多种不同船型、不同尺度、不同用途的海船组成,它们统称为郑和宝船。

(三)指南针与罗盘对世界航海事业的影响

指南针及磁偏角理论在远洋航行中发挥了巨大的作用,使人们获得了全天候航行的能力,人类第一次得到了在茫茫大海中航行的自由。从此开辟了许多新的航线,缩短了航程,加速了航运的发展,促进了各国人民之间的文化交流与贸易往来。指南针对航海事业的重要意义怎么说也不为过。16世纪,中国的罗盘传入欧洲。这一技术很快用于航海业,推动了新航路的开辟。通过殖民掠夺,大量财富被掠夺到欧洲,成为欧洲早期资本原始积累的重要来源之一。此后发生了商业革命、价格革命等一系列改变。欧洲资本主义发展起来,这也是欧洲现在比较先进的原因。

第五节 古代中国通达东西方的"海上丝绸之路"

一、海上丝绸之路的开启

海上丝绸之路是指古代中国与世界其他地区进行经济文化交流交往的海上通道。2000多年前,一条以中国徐闻港、合浦港等港口为起点的海上丝绸之路成就了世界性的贸易网络。

海上丝绸之路从中国东南沿海,经过中南半岛和南海诸国,穿过印度洋,进入红海,抵达东非和欧洲,成为中国与外国贸易往来和文化交流的海上大通道,并推动了沿线各国的共同发展。唐代,我国东南沿海有一条叫作"广州通海夷道"的海上航路,这便是我国海上丝绸之路的最早叫法。在宋元时期,中国造船技术和航海技术的大幅提升以及指南针的航海运用,全面提升了商船远航能力。这一时期,中国同世界60多个国家有着直接的"海上丝绸之路"商贸往来。

中国境内海上丝绸之路主要有广州、泉州、宁波三个主港和其他支线港组成。从3世纪30年代起,广州已成为海上丝绸之路的主港。唐宋时期,广州成为中国第一大港,明初、清初海禁,广州长时间处于"一口通商"局面,是世界海上交通史上唯一的2000多年长盛不衰的大港;宋末至元代时,泉州成为中国第一大港,并与埃及的亚历山大港并称为"世界第一大港",后因明清海禁而衰落。泉州是唯一被联合国教科文组织承认的海上丝绸之路起点;在东汉初年,宁波地区已与日本有交往,到了唐朝,成为中国的大港之一。两宋时,靠北的外贸港先后为辽、金所占,或受战事影响,外贸大量转移到宁波。

海上丝绸之路的雏形在秦汉时期便已存在,目前已知有关中外海路交流的最早史载来自《汉书·地理志》,当时中国就与南海诸国接触,而有遗迹实物出土表明中外交流可能更早于汉代。

在唐朝中期以前,中国对外主通道是陆上丝绸之路,之后由于战乱及经济重心转移等原因,海上丝绸之路取代陆路成为中外贸易交流主通道,在宋元时期是范围覆盖大半个地球的人类历史活动和东西方文化经济交流的重要载体。海上通道在隋唐时运送的主要大宗货物仍是丝绸,所以后世把这条连接东西方的海道叫作"海上丝绸之路"。到了宋元时期,瓷器出口渐成为主要货物,因此又称作"海上陶瓷之路"。同时由于输出商品有很大一部分是香料,因此也称作"海上香料之路"。

二、海上丝绸之路通达亚洲、欧洲、非洲

"海上丝绸之路"事实上早已存在。《汉书·地理志》所载海上交通路线,实为早期的"海上丝绸之路",当时海船载运的"杂缯",即各种丝绸。中国丝绸的输出,早在公元前,便已有东海与南海两条起航线。秦始皇统一岭南后发展很快。当时番禺地区已经拥有相当规模、技术水平很高的造船业。先秦南和越国时期岭南地区海上交往为海上丝绸之路的形成奠定了基础。主要的贸易港口有番禺(今广州)和徐闻(今徐闻),由南越王墓出土的文物便是见证。中国原始航海活动始于新石器时期,尤其是岭南地区,濒临南海和太平洋,海岸线长,大小岛屿星罗棋布。早在四五千年前的新石器时代,居住在南海之滨的南越先民就已经使用平底小舟,从事海上渔业生产。1974年底,在今广州中山四路发现了南越国宫署遗址,在宫署遗址之下又发现了秦代造船遗址,从出土文物判断,这是秦始皇统一岭南时"一军处番禺之都"的造船工厂遗址。[①] 1975年秦代造船遗址开始发掘,清理出一段29米长的船台,1997年发现3600平方米的造船木料加工厂。那时发现南越国宫署直接压在工场之上,因保护宫署不再往下发掘。经过多次的勘查研究,结论为工厂是由3个长度超过一百米、走向东西、平行排列的木质造船台以及南侧的木料加工厂组成,可造出宽8米、长30米、载重五六十吨的木船。

西汉中晚期和东汉时期海上丝绸之路真正形成并开始发展。西汉时

---

① 《海上丝绸之路·丝路历史·秦代》,非期刊论文图书,由百度百科海上丝绸之路介绍内容所得。

期,南方南粤国与印度半岛之间海路已经开通。汉武帝灭南越国后凭借海路拓宽了海贸规模,这时"海上丝绸之路"兴起。《汉书·地理志》记载,其航线为:从徐闻(今广东徐闻县境内)、合浦(今广西合浦县境内)出发,经南海进入马来半岛、暹罗湾、孟加拉湾,到达印度半岛南部的黄支国和已程不国(今斯里兰卡)。这是目前可见的有关海上丝绸之路最早的文字记载。

东汉时期还记载了与罗马帝国第一次的来往:东汉航船已使用风帆,中国商人由海路到达广州进行贸易,运送丝绸、瓷器经海路由马六甲经苏门答腊来到印度,并且采购香料、染料运回中国,印度商人再把丝绸、瓷器经过红海运往埃及的开罗港或经波斯湾进入两河流域到达安条克,再由希腊、罗马商人从埃及的亚历山大、加沙等港口经地中海海运运往希腊、罗马两大帝国的大小城邦。①

这标志着横贯亚、非、欧三大洲的、真正意义的海上丝绸之路的形成,从中国广东番禺、徐闻、广西合浦等港口启航西行,与从地中海、波斯湾、印度洋沿海港口出发往东航行的海上航线,就在印度洋上相遇并实现了对接,广东成为海上丝绸之路的始发地。随着汉代种桑养蚕和纺织业的发展,丝织品成为这一时期的主要输出品。

三国时代,魏、蜀、吴均有丝绸生产,而吴雄踞江东,汉末三国正处在海上丝绸之路从陆地转向海洋的承前启后与最终形成的关键时期。三国时期,由于孙吴同曹魏、刘蜀在长江上作战与海上交通的需要,积极发展水军,船舰的设计与制造有了很大的进步,技术先进,规模也很大。在三国后面的其他南方政权(东晋、宋、齐、梁、陈)也一直与北方对峙,也促使了海洋、航海技术的发展以及航海经验的积累也为海上丝绸之路发展提供良好条件。

据对文献考证,孙吴造船业尤为发达,当时孙吴造船业已经达到了国际领先的水准,孙吴所造的船,主要为军舰,其次为商船,数量多,船体大,龙骨结构质量高。这对于贸易与交通的发展、海上丝路的进一步形成起了积极的推动作用。同时孙吴的丝织业已远超两汉的水平与规模,始创了官营丝织,而有自己独特的创新与发展。这也极大地促进与推动了中国丝绸业的发展。具有出海远航的主客观条件,因而形成东海丝绸之路。

魏晋以后,开辟了一条沿海航线。广州成为海上丝绸之路的起点,经海南岛东面海域,直穿西沙群岛海面抵达南海诸国,再穿过马六甲海峡,直驶

---

① 《海上丝绸之路·丝路历史·两汉》,非期刊论文图书,由百度百科海上丝绸之路介绍内容所得。

印度洋、红海、波斯湾。对外贸易涉及达十五个国家和地区,丝绸是主要的输出品。

隋唐时期,广州成为中国的第一大港、世界著名的东方港市。由广州经南海、印度洋,到达波斯湾各国的航线,是当时世界上最长的远洋航线。

海上丝绸之路开辟后,在隋唐以前,即公元6—7世纪,它只是陆上丝绸之路的一种补充形式。但到隋唐时期,由于西域战火不断,陆上丝绸之路被战争所阻断,代之而兴的便是海上丝绸之路。到唐代,伴随着我国造船、航海技术的发展,我国通往东南亚、马六甲海峡、印度洋、红海,及至非洲大陆的航路的纷纷开通与延伸,海上丝绸之路终于替代了陆上丝绸之路,成为我国对外交往的主要通道。

根据《新唐书·地理志》记载,唐时,我国东南沿海有一条通往东南亚、印度洋北部诸国、红海沿岸、东北非和波斯湾诸国的海上航路,叫作"广州通海夷道"①,这便是我国海上丝绸之路的最早叫法。当时通过这条通道往外输出的商品主要有丝绸、瓷器、茶叶和铜铁器四大宗;往回输入的主要是香料、花草等一些供宫廷赏玩的奇珍异宝。这种状况一直延续到宋元时期。

航路:由广州或泉州启航,经过海南岛、环王国(今越南境内)、门毒国、古笪国、龙牙门、罗越国、室利佛逝、诃陵国、固罗国、哥谷罗国、胜邓国、婆露国、狮子国、南天竺、婆罗门国、新度河、提罗卢和国、乌拉国、大食国、末罗国、三兰国。同时,唐代即有唐人移民海外。

宋代的造船技术和航海技术明显提高,指南针广泛应用于航海,中国商船的远航能力大为加强。宋朝与东南沿海国家绝大多数时间保持着友好关系,广州成为海外贸易第一大港。"元丰市舶条"标志着中国古代外贸管理制度又一个发展阶段的开始,私人海上贸易在政府鼓励下得到极大发展。但是为防止钱币外流,南宋政府于公元1219年下令以丝绸、瓷器交换外国的舶来品。这样,中国丝绸和瓷器向外传播的数量日益增多,范围更加扩大。宋代海上丝绸之路的持续发展,大大增加了朝廷和港市的财政收入,一定程度上促进了经济发展和城市化生活,也为中外文化交流提供了便利条件。而元朝在经济上采用重商主义政策,鼓励海外贸易,同中国贸易的国家和地区已扩大到亚、非、欧、美各大洲,并制定了堪称中国历史上第一部系统性较强的外贸管理法则。海上丝绸之路发展进入鼎盛阶段。

泉州的海外交通,起源于南朝而发展于唐朝。唐宋之交,中国经济重心

---

① (北宋)宋祁等:《新唐书》卷43下《地理志下》。

已开始转到南方,东南地区经济快速的发展。宋朝有三大对外贸易主港,分别为广州、宁波、泉州。港口的地理便利因素对海外客商很重要,北边日本和朝鲜半岛客商希望宋朝主港口尽量靠北,而贸易量更大的阿拉伯世界和南海诸国则希望港口尽量靠南,两股方向的合力点便平衡在当时地处在南北海岸中点的泉州,正是这一南北两面辐射的地理优势使得泉州在设立市舶司(1087)正式开港后,迅速先超越明州港(宁波),后追平广州并在南宋晚期反超,成为第一大港,但广州仍然是中国第二大港。

元世祖在至元十四年(1277)首先准许重建泉州市舶司,有元一代不变。又命唆都、蒲寿庚"诏谕诸蕃",委蒲寿庚长子蒲师文为正奉大夫宣慰使左副都元帅兼福建路市舶提举,旋又命为海外诸蕃宣慰使。泉州海外交通贸易进入黄金时期。海上贸易东至日本,西达东南亚、波斯、阿拉伯、非洲。海舶蚁集,备受称赞"刺桐是世界上最大港口之一"。出口陶瓷、绸缎、茶叶、钢铁等,进口香料、胡椒、药材、珠贝等。

元世祖忽必烈在位时由于连年对外征战和失败,因而先后进行了四次海禁。第一次"海禁"发生在至元二十二年(1285)年初。第一次从公元1292年到1294年止。第二次从1303年至1308年止。第三次从1311年到1314年止。第四次从1320年到1322年结束。1322年复置泉州、庆元(宁波)、广州市舶提举司,之后不再禁海。中国大航海家汪大渊,由泉州港出海航海远至埃及,著有《岛夷志略》一书,记录所到百国①。

十五至十八世纪是人类历史上发生重大变革的时代。欧洲人相继进行全球性海上扩张活动,特别是地理大发现,开启了大航海时代,开辟了世界性海洋贸易新时代。西欧商人的海上扩张,改变了传统海上丝绸之路以和平贸易为基调的特性,商业活动常常伴随着战争硝烟和武装抢劫。

这一时期的明代海上丝绸之路航线已扩展至全球:向西航行的郑和七下西洋:这是明朝政府组织的大规模航海活动,曾到达亚洲、非洲39个国家和地区,这对后来达伽马开辟欧洲到印度的地方航线,以及对麦哲伦的环球航行,都具有先导作用。向东航行的"广州—拉丁美洲航线"(1575):由广州启航,经澳门出海,至菲律宾马尼拉港。穿圣贝纳迪诺海峡进入太平洋,东行到达墨西哥西海岸。这样,开始于汉代的海上丝绸之路,经唐、宋、元日趋发达,迄于明代,达到高峰。郑和远航的成功,标志着海上丝路发展到了极盛时期。

---

① 　(元)汪大渊:《岛夷志略》,元惠宗至正九年(1350)出版。

明朝海禁,泉州港衰落。整个明朝,泉州港的作用仅只体现在郑和下西洋朝贡性质的航海过程中提供专业人员和海船补给上,以及维系与琉球的部分朝贡。这时期,因为官府控制不力,加上地方商军官三者为了牟利形成一定的联合势力,使私商贸易有足够的生存空间和成长土壤。尽管宋元的市舶官商制度已为民间私营商业所替代,但民间商业的海上开拓力量已大大下降。面对沿海商民依托地理优势进行频繁的走私活动,明朝政府试图通过掌握某些港口来控制化解其他走私港口的非法贸易,其中的漳州月港便在官府有限度的几次开禁张弛中兴起做大,成为东南沿海第一大私商大港。月港时代,大帆船不停往来于中国与菲律宾之间,贸易不断。西班牙从墨西哥运到菲律宾的白银经由中国海商源源不断地流向中国,而中国商品、移民则流向菲律宾,华商网络和华商社会开始形成。

清代,政府实行"一口通商"政策。广州海上丝绸之路贸易比唐、宋两代获得更大的发展,形成了空前的全球性大循环贸易,并且一直延续和保持到鸦片战争前夕而不衰。而这在清代的外贸史上也是重要的转折点。进口商品中,鸦片逐渐占据了首位,并从原来的走私演化到合法化。鸦片战争后,中国海权丧失,沦为西方列强的半殖民地,沿海口岸被迫开放,成为西方倾销商品的市场,掠夺中国资源和垄断中国丝、瓷、茶等商品的出口贸易。从此,海上丝路一蹶不振,进入了衰落期。这种状况一直延续到整个民国时期,直至新中国成立前夕。

主要港口

广州古称番禺,自秦汉起,得山海之利,地控珠江三江入海,海陆相交的地缘地理条件,使广州成为岭南乃至两广地区两千年来的地缘中心。地缘中心的地位以及鲜明的海洋属性,让作为中国的"南大门"的广州成为印度洋地区及南海等国家商船到达中国贸易必先到的港口,所以当时中国与南洋和波斯湾地区的定期航线,都集中在广州,古称"广州通海夷道"。广州从3世纪30年代起已成为海上丝绸之路的主港,唐宋时期成为中国第一大港,是世界著名的东方港市。明清两代为中国唯一的对外贸易大港,是中国海上丝绸之路历史上最重要的港口,是世界海上交通史上唯一的2000多年长盛不衰的大港,可以称为"历久不衰的海上丝绸之路东方发祥地"。

广州港的兴起除了地缘地理优势外,同时官方也积极主动经营对外贸易,允许私人出海贸易,大力鼓励外国来中国进行贸易并在广州设立了市舶使专管外贸事务,因此广州港的海外交通一直很兴盛。秦始皇统一岭南时的广州已经成为犀角、象牙、翡翠、珠玑等奇珍异宝的集散地,在广州南越王墓的出土文物里,便有一捆非洲象牙和一件公元前 5 世纪的波斯银盒。唐代大诗人刘禹锡曾为珠江"大舶参天"和"万舶争先"壮观景象而赋诗曰:"连天浪静长鲸息,映日帆多宝舶来。"①宋末至元代时期,广州的中国第一大港的位置被泉州替代,但广州仍然是中国第二大港。

明清两代,广州起航的海上丝绸之路的航线迅速增加到 7 条,抵达世界七大洲、160 多个国家和地区。如此之多的外国商船和商品来广州进行贸易,使珠江之滨的广州呈现出一派外贸繁荣的景象。英国人威廉·希克为之惊奇,而发出了广州珠江的商船可以与伦敦泰晤士河相媲美的感叹:"珠江上船舶运行忙碌的情景,就像伦敦桥下泰晤士河,不同的是,河面的帆船形式不一,还有大帆船,在外国人眼里再没有比排列着长达几英里的帆船更为壮观的了。"

泉州,西方称之外号"刺桐",在海上丝绸之路的高峰期(12—14 世纪),也是古代中国在中外贸易中居主导地位的时期,泉州作为东西洋间国际贸易网的东方支撑点,占有重要独特的历史地位,是当时世界性的经济文化中心。在《马可波罗游记》里,泉州港被誉为东方第一大港,深受《马可波罗游记》影响的哥伦布致力寻找东方新航路,在意外发现美洲时还认为终于到了泉州。

宋元之交,主掌泉州港的蒲寿庚及其所代表的地方投降政治势力叛宋降元,献城献海船交于元军,进攻残余宋军,加速灭宋于广东崖山。蒲寿庚的主动变节叛宋降元,为众所不齿,却在客观上使泉州港免于战火,保持繁荣。之后蒲氏又促使元廷加封妈祖为天妃,成为新的泉州海神,之后成为全国性的海神。

元代,海上丝绸之路的第一主港仍是泉州,但元朝民族等级残酷,蒙古人为第一等,色目人为第二等,汉人为最低等,这便使得泉州港的实际权益落入色目人阿拉伯人手里,民族矛盾空前尖锐。在元后期,中央朝廷的权力斗争波及这利益攸关的第一大港,泉州港受到重创。明成化十年(1474)泉州市舶司移设福州,标志着泉州港四百年的外贸港地位的终结。

清代,在因郑成功反清复明战争和海禁迁界的影响下,泉州的社会经济遭到严重破坏,港口的繁华已烟消云散。大批民众为了生计开始背井离乡,下南洋过台湾,造就了泉州成为今日中国第一侨乡和台湾同胞主要祖籍地。泉州港繁华落尽,衰落到默默无名不为人知,以致西方学者在整个 19 世纪

---

① 《海上丝绸之路·港口航线·广州》。

都在争论那个曾经在 12—14 世纪无比繁荣、为西方所津津乐道的 Zaitun（刺桐）究竟在哪里。直到 1918 年日本学者桑原骘藏的《蒲寿庚考》问世，Zaitun 即泉州才成定论。桑氏总结这场国际性争论："Zaitun 为中国中古时第一商港，而征之汉籍，宋末及有元一代，沿海商港，无一能及泉州。"1926 年中外学者联袂来泉州考古调查，文物遗迹琳琅满目，外来宗教石刻随处可见，实证了 Zaitun 即泉州。几百年的衰落意外使得当年泉州港的历史遗迹得到较好封存，而其他城市当年遗存基本已消亡。因此联合国教科文组织海丝考察队来泉州后为众多遗迹尚存感叹认可，遂定泉州为"海上丝绸之路"起点。2007 年轰动一时的整体打捞，始发泉州沉没于广东阳江的"南海一号"南宋沉船再次验证了当年泉州港的繁荣。

古代泉州府的管辖范围包括如今的泉州、厦门、金门、钓鱼岛、澎湖及台湾。古泉州港有"四湾十六港"之称。"四湾"：泉州湾、深沪湾、围头湾、湄洲湾，每个港湾中各有四个支港，从而组成了这个著名的海丝名港。

宁波，古称明州。位于中国南北海运航线的终端，通江达海，辐射内陆。浙东运河将宁波与钱塘江连接起来，隋朝开通大运河后，浙东运河又成为大运河的自然延伸段，从而构成一个完整的南北水运动脉，宁波则成为大运河出海口。通过钱塘江、长江、大运河等众多水系，使宁波港的辐射力拓展到众多内陆省份。宁波的海外交通始于东汉晚期。这一时期，舶来品和印度佛教已通过海路传至宁波地区。唐长庆元年（821）明州迁治三江口后，构建州城，兴建港口，置官办船场，修杭甬运河等一系列重大举措，使明州成为中国港口与造船最发达的地区之一，跻身于四大名港之列。日本遣唐使先后四次在明州登陆入唐。明州商团崛起，越窑青瓷远销世界各地。中国的东海航线主要由宁波进出港。

宋元时期明州港是中国三大国际贸易港之一。北宋淳化二年（991）始设市舶司，成为中国通往日本、高丽的特定港，同时也始通东南亚诸国。两次受旨打造"神舟"，造船技术居世界领先地位。

明代海禁，宁波港衰落，但宁波港仍是中日官方勘合贸易的唯一登陆港，明代海禁导致海外贸易被迫转型为走私性质的私商贸易，而宁波双屿港一度是浙江乃至江南最大的私商港。清代设在宁波的浙海关是当时全国四大海关之一。

公元 3—6 世纪，六朝政权为了建立与朝鲜半岛和日本列岛国家的友好往来，形成了以建康为起点的东海航线，这拓展和加强了中国与东亚国家之间的文化交流。六朝政权与东亚、东南亚、西亚等外国交往主要通过海路进行,建康都城成为各国文化交流方面的主要城市。佛教经义乃至佛寺建筑就是在此时从建康传入百济(韩国)和倭国(日本)的。

15世纪,明朝郑和下西洋使南京成为郑和下西洋造船基地和始发港,见证了海上丝路最后的辉煌。南京是郑和下西洋的策源地、起终点和物资人员汇集地。永乐皇帝为表彰其出使西洋修建的天妃宫、静海寺以及为下西洋兴建的大型官办造船基地龙江宝船厂等历史遗存见证了这一航海壮举。

福州(港)作为中国古代"海上丝绸之路"的重要启泊地之一,肇始和奠定了对外商贸格局,推动繁荣发展了中国"海上丝绸之路",成为沟通中国与海外文化交流和商贸往来的重要通道。福州"海上丝绸之路"在唐中期至五代时期,不仅发挥着中外经济贸易通道的历史作用,还促进了东西方多元文化的交流以及与世界各国的友好交往。就佛教文化交流来讲,唐末五代主闽的统治阶层十分推崇佛教,寺院及僧侣数量居全国前列,出现了许多著名的佛寺(如雪峰寺等)与高僧(神晏、师备、长庆慧稜等),在中国佛教史上占有重要地位。这个时期,福建与印度、朝鲜、日本等国在佛教文化上交流频繁,主要表现为许多外国僧人来到福州学习交流佛法。《三山志》卷三十八记载,"光化初,僧师备自雪峰来居焉,馆徒常千人,高丽、日本诸僧亦有至者"①。《十国春秋》卷九十九记载:"西天国有声明三藏至,太祖请备(名僧师备)辨验。备以铁火箸击铜炉,问是何声? 三藏曰:铜铁声。备曰:大王莫受外国人谩也。三藏无对。"《五灯会元》卷七记载龙华灵照禅师,"高丽人也,萍游闽越,升雪峰之堂";卷八记载长庆慧稜法师名下有一位"新罗国龟山和尚"。此外,史籍记载的还有来自三佛齐的三位僧人,"三佛祖师者,一刘氏,交趾人,一杨氏,南华人……因同诣雪峰义存,求证上道",义存法师为三人落发讲道。

扬州,从空间地理上来讲,把"陆上丝绸之路"与"海上丝绸之路"联系起来的是大运河。大运河因为其在中国水陆交通网络中的关键地位,长时间成为"东方世界主要国际交通路线"。扬州则借其在大运河沿线城市中的独特位置和大运河在全国交通体系中的作用,成为"陆上丝绸之路"与"海上丝绸之路"的连接点。兼得江、河、海运之便,隋代扬州就确立了全国水陆交通枢纽地位。唐朝全国经济中心南移,"海上丝绸之路"随之崛起,扬州成为唐朝吞吐四海,沟通宇内的主要窗口。宋、元时期,扬州仍然起着

---

① (南宋)梁克家:《三山志》卷38《怀安县安国寺》,明崇祯十一年(1638)刊本。

纽带作用。扬州是漕运和南北物资的集散中心,8世纪中期商业经济地位跃居全国首位。

漳州,明朝海禁,民间海外贸易被迫转型为走私性质的私商贸易,泉州港作为宋、元两朝官方大港,受到严格管控压制。走私只能在沿海小港口进行,官府虽明言海禁但在地方官府利益驱使之下控制不力,往往采取纵容政策,最后私商贸易逐渐集中到漳州月港。

月港,在漳州城东南约20公里,北距泉州城80公里,月港是属于内河的港口,港道不深,它的港道从海澄港口起,沿南港顺流而东,要经海门岛才到九龙江口的圭屿,再经今天的厦门岛方可出海。正因为月港港道水浅,大型舶船不能靠岸等自然条件不优越,却非常便于将"开放"控制在能够由官府掌控、管理、盘查之下,月港很快一举成为东南沿海最大私商港口。在西方商业扩张势力东进于浯屿时,内地私商可以通过月港到近海的西方商业据点去交易。隆庆元年(1567),明朝廷解除海禁,开放月港,"准贩东西洋",月港终于得到正名,迎来中国海外贸易的"月港时代"。月港从兴起到繁荣昌盛近200年。月港时代正逢西欧大航海后的扩张时期,它与东南亚、印度支那半岛以及朝鲜、琉球、日本等47个国家和地区有直接贸易往来,并以吕宋(菲律宾)为中转,与西班牙、荷兰等西欧扩张势力相互贸易,在中国外贸史上占有重要地位。

月港开港不久遇到朝代更替,郑成功与清军在闽南沿海对峙拉锯争战几十年,不仅战火殃及月港。同时清廷为扼制郑氏,在沿海实行迁界,繁华的月港航运商贸一时萧条。禁海、迁界,使月港完全衰落而一蹶不振。而郑成功占据厦门时,厉行"以商养军"大力发展海运,厦门港遂兴起,地处其后方本来就以厦门为出海必经地的月港,其作用渐被厦门所取代。清康熙1684年在厦门设海关,正式取代了月港的海外贸易地位,内河、近海的水运中心也向漳州府靠拢而移至(龙海)石码港。

蓬莱(登州),唐代以前为天然良港,宋庆历二年(1042)设"刀鱼寨",明洪武九年(1376)建蓬莱水城,水城内的蓬莱阁在此期间也逐步扩建继而声名大振,蓬莱水城及蓬莱阁作为一个整体体现了古代登州港在对外交往过程中发挥的重要作用。蓬莱(登州)以其优越的地理位置,成为连接东北亚交流的纽带,受到历朝历代政府的重视。据现有可查阅资料表明,历朝历代朝、日使节共有65次在登州登陆的记录。唐宋时,在此设立"新罗馆""高丽馆"专门接待水路来朝的使节。

连云港古称海州,公元前219年至西元前210年,秦始皇为求长生不老药,曾遣方士徐福率童男童女和百工等数千东渡日本,这是有文字记载的中国人首次大航海,一说其始发港即琅琊郡古朐港。隋唐以后,海州成为大唐帝国和新罗、日本交往的重要城市。大量来往于海上贸易的新罗人在今连云港的宿城设立了新罗所与新罗村,连云港成为当时繁忙的海上运输线中不可或缺的一环。在清朝统一台湾之后,云台山(今江苏连云港)与广州、漳州、宁波、四地,于康熙二十三年被指定作为对外通商口岸,称为"四口通商"。

徐闻是汉代海上丝绸之路最早发祥地。据《汉书·地理志》记载,汉武帝曾派人从徐闻(今广东徐闻)、合浦(今广西合浦)港出海,经过日南郡(今越南)沿海岸线西行,到达黄支国(今印度境内)、已程不国(今斯里兰卡),随船带去的主要有丝绸和黄金等物。这些丝绸再通过印度转销到中亚、西亚和地中海各国。这是"海上丝绸之路"最早的记载,郭沫若主编的《中国史稿》说:"从中国高州合浦郡徐闻县乘船去缅甸的海路交通也早在西汉时期已开辟,那时海路交通的重要都会是番禺(今广州),船舶出发点则是合浦郡的徐闻县。"在徐闻发现"万岁瓦当",非皇家建筑不能擅用,可知汉时派驻徐闻官员级别之高。雷州半岛地区一直是海丝之路的重要节点。

北海(合浦)对外开放历史源远流长。北海(合浦)自西汉元鼎六年(前111)设置合浦郡,是汉朝南海对外海上贸易的中心和枢纽,是中国南方重要的对外开放窗口。独特的地理位置,使得北海在两千多年前,成为了中外通商往来的重要门户,古代"海上丝绸之路"的重要节点。

主要航线

海上丝绸之路主要有东海航线和南海航线,东海航线主要是前往日本列岛和朝鲜半岛,南海航线主要是往东南亚及印度洋地区。宋朝之前东海航线主要由宁波进出港,南海航线则主要由广州进出港。

三、海上丝绸之路中外文化与文明的交流

丝绸之路(德语:die Seidenstrasse)一词最早来自于德国地理学家费迪南·冯·李希霍芬(Ferdinand von Richthofen)1877年出版的《中国》,有时也简称为"丝路"。虽然丝绸之路是沿线各国共同促进经贸发展的产物,但很多人认为,中国的张骞两次通西域,开辟了中外交流的新纪元。并成功将东西方之间最后的珠帘掀开。从此,这条路线被作为"国道"踩了出来,各国使者、商人沿着张骞开通的道路,来往络绎不绝。上至王公贵族,下至乞

丐狱犯,最为有名的要算班超再次通西域和玄奘从印度取经回国。他们都在这条路上留下了自己的足迹。这条东西通路,将中原、西域与阿拉伯、波斯湾紧密联系在一起。经过几个世纪的不断努力,丝绸之路向西伸展到了地中海,广义上丝路的东段已经到达了韩国、日本,西段至法国、荷兰。通过海路还可达意大利、埃及,成为亚洲和欧洲、非洲各国经济文化交流的友谊之路。

四、海上丝绸之路的地位和历史贡献

海上丝绸之路形成于汉武帝时期。当时从中国出发,向西航行的南海航线,是海上丝绸之路的主线。与此同时,还有一条由中国向东到达朝鲜半岛和日本列岛的东海航线,它在海上丝绸之路中占次要的地位。关于汉代丝绸之路的南海航线,《汉书·地理志》记载汉武帝派遣的使者和应募的商人出海贸易的航程说:自日南(今越南中部)或徐闻(今属广东)、合浦(今属广西)乘船出海,顺中南半岛东岸南行,经五个月抵达湄公河三角洲的都元(今越南南部的迪石)。复沿中南半岛的西岸北行,经四个月航抵湄南河口的邑卢(今泰国之佛统)。自此南下沿马来半岛东岸,经二十余日驶抵湛离(今泰国之巴蜀),在此弃船登岸,横越地峡,步行十余日,抵达夫首都卢(今缅甸之丹那沙林)。再登船向西航行于印度洋,经两个多月到达黄支国(今印度东南海岸之康契普腊姆)。回国时,由黄支南下至已程不国(今斯里兰卡),然后向东直航,经八个月驶抵马六甲海峡,泊于皮宗(今新加坡西面之皮散岛),最后再航行两个多月,由皮宗驶达日南郡的象林县境(治所在今越南维川县南的茶荞)。

丝绸之路是个形象而且贴切的名字。在古代世界,只有中国是最早开始种桑、养蚕、生产丝织品的国家。近年中国各地的考古发现表明,自商、周至战国时期,丝绸的生产技术已经发展到相当高的水平。中国的丝织品迄今仍是中国奉献给世界人民的最重要产品之一,它流传广远,涵盖了中国人民对世界文明的种种贡献。因此,多少年来,有不少研究者想给这条道路起另外一个名字,如"玉之路""宝石之路""佛教之路""陶瓷之路"等等,但是,都只能反映丝绸之路的某个局部,而终究不能取代"丝绸之路"这个名字。

"丝绸之路"的基本走向形成于公元前后的两汉时期。它东面的起点是西汉的首都长安(今西安)或东汉的首都洛阳,经陇西或固原西行至金城

（今兰州），然后通过河西走廊的武威、张掖、酒泉、敦煌四郡，出玉门关或阳关，穿过白龙堆到罗布泊地区的楼兰。汉代西域分南道北道，南北两道的分岔点就在楼兰。北道西行，经渠犁（今库尔勒）、龟兹（今库车）、姑墨（今阿克苏）至疏勒（今喀什）。南道自鄯善（今若羌），经且末、精绝（今民丰尼雅遗址）、于阗（今和田）、皮山、莎车至疏勒。从疏勒西行，越葱岭（今帕米尔）至大宛（今费尔干纳）。由此西行可至大夏（在今阿富汗）、粟特（在今乌兹别克斯坦）、安息（今伊朗），最远到达大秦（罗马帝国东部）的犁轩（又作黎轩，在埃及的亚历山大城）。另外一条道路是，从皮山西南行，越悬渡（今巴基斯坦达丽尔），经罽宾（今阿富汗喀布尔）、乌弋山离（今锡斯坦），西南行至条支（在今波斯湾头）。如果从罽宾向南行，至印度河口（今巴基斯坦的卡拉奇），转海路也可以到达波斯和罗马等地。这是自汉武帝时张骞两次出使西域以后形成的丝绸之路的基本干道，换句话说，狭义的丝绸之路指的就是上述这条道路。

历史上的丝绸之路也不是一成不变的，随着地理环境的变化和政治、宗教形势的演变，不断有一些新的道路被开通，也有一些道路的走向有所变化，甚至废弃。比如敦煌、罗布泊之间的白龙堆，是一片经常使行旅迷失方向的雅丹地形。当东汉初年打败蒙古高原的北匈奴，迫使其西迁，而中原王朝牢固地占领了伊吾（今哈密）以后，开通了由敦煌北上伊吾的"北新道"。从伊吾经高昌（今吐鲁番）、焉耆到龟兹，就和原来的丝路北道会合了。南北朝时期，中国南北方处于对立的状态，而北方的东部与西部也时分时合。在这样的形势下，南朝宋、齐、梁、陈四朝与西域的交往，大都是沿长江向上到益州（今成都），再北上龙涸（今松潘），经青海湖畔的吐谷浑都城，西经柴达木盆地到敦煌，与丝路干道会合；或更向西越过阿尔金山口，进入西域鄯善地区，与丝路南道会合，这条道被称作"吐谷浑道"或"河南道"，今天人们也叫作"青海道"。还有从中原北方或河西走廊向北到蒙古高原，再西行天山北麓，越伊犁河至碎叶（今托克马克附近），进入中亚地区。这条道路后来也被称作"北新道"，它在蒙古汗国和元朝时期最为兴盛。

进入汉代，著名的"丝绸之路"沟通了中外文化间的交流，中国逐渐被誉为"丝国"；进入中世纪后，伴随着中国瓷器的外销，中国又开始以"瓷国"享誉于世。从8世纪末开始，中国陶瓷开始向外输出。经晚唐五代到宋初，达到了一个高潮。这一阶段输出的陶瓷品种有唐三彩、邢窑（包括定窑）白瓷、越窑青瓷、长沙窑彩绘瓷和橄榄釉青瓷（即广东近海一带的窑口生产的碗和作为储藏容器的罐）。输出的地区与国家有：东北亚的朝鲜与日本，东南亚的新加坡、泰国、马来西亚、印度尼西亚、菲律宾，南亚的斯里兰卡、巴基斯坦和印度，西亚的伊朗、伊拉克、沙特阿拉伯、阿曼，北非的埃及，东非的肯尼亚和坦桑尼亚。此时海上交通路线主要有两条，一是从扬州或明州（今宁波）经朝鲜或直达日本的航线；二是从广州出发到东南亚各国，或出马六甲海峡进入印度洋，经斯里兰卡、印度、巴基斯坦到波斯湾的航线。当时有些船只继续沿阿拉伯半岛西航可达非洲。前述亚非各国中世纪遗迹出土晚唐五代宋初的瓷器，就是经过这两条航线而运输的。

丝绸之路是从中国古代开始陆续形成的，是遍及欧亚大陆甚至包括北非和东非在内的长途商业贸易和文化交流线路的总称。除了上述的路线之外，还包括在南北朝时期形成，在明末发挥巨大作用的海上丝绸之路和与西北丝绸之路同时出现，在元末取代西北丝绸之路成为路上交流信道的南方丝绸之路等等。

宋元到明初是中国瓷器输出的第二个阶段。这时向外国输出的瓷器品种主要是龙泉青瓷，景德镇青白瓷、青花瓷、釉里红瓷、釉下黑彩瓷，吉州窑瓷，赣州窑瓷，福建、两广一些窑所产青瓷，建窑黑瓷，浙江金华铁店窑仿钧瓷，磁州窑瓷，定窑瓷，耀州窑瓷等。特别值得一提的，是前述朝鲜新安海底沉船经 11 次发掘，出土陶瓷器 2 万余件，除极个别的为朝鲜瓷和日本瓷外，均属中国所产，其中绝大多数已判明所属窑口。宋元外销瓷输往的国家较前大为增加，有东北亚、东南亚的全部国家，南亚和西亚的大部分国家，非洲东海岸各国及内陆的津巴布韦等国。宋、元、明初时期的航线，主要有航行到东北亚、东南亚诸国的航线及通往波斯湾等地的印度洋航线。这时期中国航海的成就主要表现在印度洋航线上。一是可从波斯湾沿海岸向西行进而到达红海的吉达港，然后上岸陆行至麦加；也可以在苏丹边界的埃得哈布港上岸，驮行至尼罗河，再顺河而下到福斯塔特（古开罗）；还可以从红海口越曼德海峡到东非诸国。二是开辟了从马尔代夫马累港直达非洲东海岸的横渡印度洋的航线。

明代中晚期至清初的 200 余年是中国瓷器外销的黄金时期。输出的瓷器主要是景德镇青花瓷和彩瓷、广东石湾瓷、福建德化白瓷和青花瓷、安溪青花瓷等。其中较精致的外销瓷器多是国外定烧产品，其造型和装饰图案多属西方色彩，还有些在纹饰中绘有家族、公司、团体、城市等图案标志，称为纹章瓷。这时期的外销瓷器数量很大，17 世纪每年输出约 20 万件，18 世纪最多时每年约达百万件。输出的国家有东亚的朝鲜半岛和日本、东南亚及欧美诸国。运输路线一条是从中国福建、广东沿海港口西行达非洲，继而绕过好望角,沿非洲西海岸航行达西欧诸国;另一条是从福建漳州、厦门诸港至菲律宾马尼拉,然后越太平洋东行至墨西哥的阿卡普尔科港,上岸后陆行,经墨西哥城达大西洋岸港口韦腊克鲁斯港,再上船东行达西欧诸国。在17和18世纪,中国瓷器通过海路行销全世界,成为世界性的商品,对人类历史的发展起了积极作用。

第六节　万里海塘:世界上最长的古代海岸防灾工程

一、沿海万里防灾海堤

海塘,又称海堤、海堰,它是我国古代劳动人民改造自然的巨大工程之一。我国沿海各河口三角洲冲积平原,由于地势低坦,在强烈的潮流作用下,岸滩常常积此蚀彼,而有沧桑之变。自古以来,我们的祖先为战胜海潮而修建的海塘,蜿蜒于海岸线上,犹如防海长城,有效地保障了滨海地带人类的经济活动。

我国海塘因地制宜,根据不同的动力条件,在不同的岸段,修建类型、结构各不相同的海塘。其中以钱塘江河口的海塘自然条件最复杂,工程最艰巨,建筑最宏伟,最能反映我国海塘各个不同时期的工程水平,也是世界上最著名的海岸工程之一。

相传早在秦代,为征服钱塘涌潮,杭州湾畔即有海塘的兴筑。有史可考的则始于晋代。东晋咸和年间(326—334),吴内史虞潭在长江三角洲前缘"修沪渎垒,以防海沙"[1]。沪渎垒在今上海市宝山县境,"垒"就是海塘,这是江浙海塘的最早记录,距今已有一千六百多年的历史。

唐代随着江浙沿海地区的开发,为消除涌潮对濒江临海一带农田的威胁,海塘工程逐渐受到重视。时盐官"有捍海塘,堤长百二十四里"。盐官即今浙江海宁县。海塘由此向东延伸,历海盐、平湖、金山、华亭(今松江)、奉贤、南汇至上海吴淞江入海处止。当时修筑的是土塘,用的是"版筑法",就是像打泥墙那样用两面木板夹成模子,中间填土夯实而成,由于滨海一带的土壤多为粉砂土,缺乏黏性,质地松散,易被潮水淘空,因而土塘极不稳固。

---

[1]　(唐)房玄龄等:《晋书》卷76《虞潭传》,北宋监本。

五代吴越王钱镠于天宝三年(910)在杭州候潮门和通江门外筑塘防潮。据《吴越备史》载,所用为"石囤木桩法"①。所谓"造竹络,积巨石",即就地取材,砍竹编笼,开山取石,将碎石装入竹笼内,抛入海中,堆成海堤,然后两侧打上高大的木桩加以固定,上面再铺以石块,这样不仅使堤身加重,以抗御潮击,而且加打木桩,防止潮水淘空塘脚粉砂土,确保海塘不致崩坍。这是从土塘过渡到石塘的一个飞跃。

宋代杭州湾海岸此坍彼涨,变化较大,海塘建设有了更大发展。真宗大中祥符五年(1012),转运使陈尧佐因见竹笼装石筑塘,年久竹朽石散,海塘易毁,便改用以柴、土为材料的卷埽式"柴塘"。景祐年间(1034—1038),知杭州俞献卿及工部侍郎张夏,见柴塘仍经不起潮水冲击,又先后在杭州江岸筑石塘。这是采用巨石砌筑的"壁立式"石塘。塘岸用条石顺砌,层层上叠,临岸壁立,这样的石塘虽较坚固,但在海潮猛烈冲击下,正面受力极大,岁月一久,塘身仍易坍倾。庆历四年(1044),转运使田瑜重修时,于"最悍激处,更为竹络,实以小石,布其下,复图折其岸势,以分杀水怒"②。这样,就减轻了涌潮对堤身的冲击力量。其后,鄞县县令王安石更创造"坡陀法",即将石头砌成向下的斜坡,伸向海底,利用坡阶所起的消力作用,以减轻潮水的强度。

南宋嘉定十五年(1222),浙西提举刘垕创造了一种在石塘之内另筑土塘来阻挡咸潮的方法。即在海塘内侧再挖一道内河,叫"备塘河",以消纳海水。一旦海塘决堤,或特大潮汛袭来,咸潮侵入海塘,备塘河就可以蓄存咸水,随后再排泄出海。而挖河所取之土,又在河的内侧堆成一条土塘,称为"土备塘"。作为第二道防线以挡御咸潮,可保土地不致被海水浸渍而盐碱化。

宋代以来,长江三角洲南缘,即杭州湾北岸,海潮侵蚀作用显著。海盐县城原距海边四十五余公里,因大量坍塌,到南宋末年已不到三百步。盐官以南二十余公里的地方,尽为海潮所吞没,县治也几沦于海。

元时创"石囤木柜塘"。以木栅作格,实以砖瓦块石,一面填塞沟港,以防潮水涌入。后用"探海法"进行测量,发现岸沙淤积,塘身渐固,得以暂安。因将原来坍塌严重的盐官改名为"海宁",以示永远安宁之意。

明代是我国海塘建设大发展的时期,对江浙农业区屏障的海塘建设,更

---

① 梁瑞龙:《榉木:"没落的贵族"》,《广西林业》2014年第6期。
② 王育民:《中国历史地理概论》,人民教育出版社1987年版。

钱塘江海塘海宁段老盐仓鱼鳞大石塘

视为"第一要务"。据《海塘揽要》记载,明代二百七十六年中,海盐至平湖段海塘的兴修即达二十一次。至明末基本上都已改成石塘。明代建筑海塘比较突出的成就有二:其一是王玺发明的"垒砌法"。为克服坡陀法因石头受到外力后会向里斜压,日久即易倾倒的缺陷,改斜砌为垒砌,把过去外纵内横的砌石法,变为纵横交错的叠砌法。同时在层层迭砌时,逐层内收,使石塘外侧像阶梯一样,而内侧的石料则叠砌得平正整齐。这样内齐外斜,下宽上窄,基础大,上面小,塘身逐渐斜向海滩,以杀潮势;其二是在石塘内衬以土塘,即在塘内侧填筑厚度约五倍于石头的黄土,石头上附着了泥土,犹如人身骨骼上附着了肌肉一样,使塘身更加坚实不易被冲溃。并可防止咸潮透过塘身渗入农田。此法为明代周忱所创,在 15 世纪上半期开始实行,后来推广到各地。

　　清代对海塘的兴修,所投人力、物力之多,技术上的进步,更是历代所不及。其最重要的工程为海宁老盐仓鱼鳞石塘。清代的"鱼鳞石塘"这项工程创始于康熙五十七年(1718)浙江巡抚朱轼。五十九年,条陈办法,开工,直至乾隆四十八年(1783)竣工,历时六十余年,工程浩大可见。"鱼鳞石塘"为重型海塘,每丈用石料十七立米,重达四十七吨以上。塘身一般为十八层,每层用厚一尺、宽一尺二寸、长约五尺的条石砌成,高一丈八尺,顶宽四尺五寸,底宽一丈二尺。为保证塘身固结,在每块大石料的上下左右凿成槽榫,使石料之间互相嵌合,彼此牵制,在受到冲击力时难于动摇。合缝处则灌以糯米浆或油灰,再用铁锔扣榫,以防渗漏散裂。在巩固塘身的同时,并"附塘别作坦水,高及塘身之半,斜竖四丈,亦用木柜贮碎石为干,外砌巨石二三层,纵横合缝,以护塘脚"。还仿明制,于塘后添筑土备塘,较外塘高五六尺,长约二万丈,为之内防。此外,还设计了诸如"护沙栏""挑水坝""挑水盘头"等辅助建筑物,以挑去部分潮流,分散潮势,减轻海塘所受的压力。

护沙栏是利用塘外淤沙阻挡潮水,使到岸的潮水变得相当微弱,不致于冲蚀到海塘的根基;挑水盘头是全用人工筑的大草坝。有的还在两旁添筑叫"雁翅"的草坝,使得潮头分向两旁,减轻潮水冲击的力量。

以上是我国钱塘江海塘从防溢到保坍以至发展到挑流的过程,表明了我国古代劳动人民不断地总结前人的经验教训,作出新的创造,在巩固海塘和为减小潮汐对塘身压力方面,取得了光辉成就。江浙沿海地区,除钱塘江海塘以外,还有着极其浩大的海塘工程。江苏沿海金山、松江、奉贤、南汇、川沙、宝山、太仓、常熟八县均筑有海塘,绵亘二百五十余公里。其中松江(原名华亭)海塘建筑始于宋乾道中(1165—1173)。元至正二年(1342),又有增筑。其余则多完成于明、清两代。松江、宝山、太仓、常熟因有金、胜、狼、福诸山及崇、宝诸沙之险,均为石塘,其他因非险工地段,则用土塘。浙江沿海海塘在浙西自杭县至海盐的杭海段江海塘,以及海盐至平湖的盐平段海塘,绵亘一百五十余公里,东接江苏金山海塘,西抵富春江口;在浙东,海塘西濒浦阳江畔临浦的麻溪山,东临上虞县境的曹娥江,北负钱塘江。浙西海塘即钱塘江海塘,其兴筑沿革前已述及;浙东海塘则兴建于明、清时期。这些沿江、海兴筑的江海塘,在抵御咸潮、捍卫海涂上发挥了巨大作用。

在苏北沿海,唐大历中(766—779),淮南西道黜陟使李承带领人民在楚、扬二州海滨创筑海塘,名常丰堰,又名捍海堰。北宋天圣二年(1024),张纶、范仲淹又在唐代常丰堰的基础上,在南通州、泰州及北楚州沿海兴筑了一条长达二百四十公里的捍海长城。此后,因黄河夺淮入海带来泥沙的大量淤积,使苏北海岸外伸,捍海堰逐渐失去海塘的作用而被人们改称为"范公堤",但它仍不失为我国构筑海塘历史上的伟大工程之一。

二、向海拓展的海塘良田

我国海塘建筑水平不断提高与发展的过程,充分体现了沿海劳动人民的聪明才智与伟大的创造力量,但同时也渗透着多少沿海人民的艰辛和勇敢。在漫长的历史中,海塘因为遭遇风潮大汛,常有溃堤潮溢之害,使近海的村落和农田,为滚滚潮水所吞没,造成了多少家破人亡的惨祸。但是沿海人民为了保护家园,开拓围海造田,始终锲而不舍修筑海塘,向海洋谋求生活。因此海塘不仅是一种防御性的水工建筑物,而且还成了人们向大海开拓桑田的一种重要手段。自古以来,从古代先民开始就在渤海湾、黄海和东海之滨,以及杭州湾畔,修堰筑堤,进行海涂围垦。随着海堤的不断扩建,开拓围垦良田万顷。中国滨海地区绵亘伸展的千里海塘,宛如一条金色的飘带,镶嵌在沿海岸边上,成为与万里长城、南北大运河媲美的古代伟大工程之一。中国历史上修筑海塘不仅是为了保护沿海人民的家园,更是向大海开拓沧海良田的壮举。

三、农耕文明与海洋生态的融合

农耕文明,是指由农民在长期农业生产中形成的一种适应农业生产、生活需要的国家制度、礼俗制度、文化教育等的文化集合。中国的农耕文明集合了儒家文化,及各类宗教文化为一体,形成了自己的独特文化内容和特征,但主体包括国家管理理念,人际交往理念以及语言、戏剧、民歌、风俗及各类祭祀活动等,是世界上存在最为广泛的文化集成。以渔樵耕读为代表的农耕文明是千百年来中华民族生产生活的实践总结,是华夏儿女以不同形式延续下来的精华浓缩并传承至今的一种文化形态,应时、取宜、守则、和谐的理念已广播人心,所体现的哲学精髓正是传统文化核心价值观的重要精神资源。从思想观念方面来看,农耕文明所蕴含的精华思想和文化品格都是十分优秀的,例如培养和孕育出爱国主义、团结统一、独立自主、爱好和平、自强不息、集体至上、尊老爱幼、勤劳勇敢、吃苦耐劳、艰苦奋斗、勤俭节约、邻里相帮等文化传统和核心价值理念。

农耕文明是人类史上的第一种文明形态。原始农业和原始畜牧业、古人类的定居生活等的发展,使人类从食物的采集者变为食物的生产者,是第一次生产力的飞跃,人类进入农耕文明。中国的农耕文明也是人类早期文明的发源地域。农耕文明一直延续到工业革命之前。此间,人们以农业为主,政治体制一般实行君主制或君主专制,社会结构呈现为金字塔形。农耕文明发源于大河流域,它是工业文明的摇篮。

农耕文明是一种善的文明。它本质上需要顺天应命,需要守望田园,需要辛勤劳作。农耕文明与其他文明的结合处,很容易发展出商业文明。这是统治者追求多样化奢侈生活,农业文明与其他文明之间互通有无,同时也是贫瘠地区文明的生存需要。作为商业文明的希腊文明,就是在这样的条件和这样的地区发展起来的。商业文明要素可能最早产生于游牧文明,因为其在不同文明地区流动性的方便和自身的需要(农业社会内部可以做到基本自给自足)。

农耕文明的文化内涵中"男耕女织"的生产生活方式,希望实现自给自足,过上和谐稳定的生活,这种和谐稳定的生活必须是建立在人和自然生态和谐的基础之上。农耕文明的另外一个特点是"耕读传家",既要有"耕"来维持家庭生活,又要有"读"来提高家庭的文化水平。而文化又维护和促进了农耕技术的提高,并发展了更好的农耕生活。因此中华民族崇尚耕读生活,提倡人和自然的和谐,而不是掠夺式利用自然资源的生态观念,同样也延续成为中华民族对待海洋生态环境的思想和文化。

中国上万年可持续发展的农业历史,延续了发达持久和长盛不衰的农耕文明。同时,灿烂辉煌的中华文化又丰富了农业的内涵。两者相互依存,相互作用,相互影响。在有文字记载的几千年中华文明发展历程中,虽经无数次大大小小天灾人祸的考验,仍然一直蓬勃兴旺,绵延不断。

农耕文明和海洋文明作为两种文明的不同特点是:农耕文明从自给自足到满足人类的基本生活,海洋文明是在农耕文明的基础上追求更高的生活。首先,一个重传承,一个重创新。农耕文明的第一个特点,就是它的传承性。这首先是由它的生产方式决定的。农业种子和技术对季节变化、工具制造知识积累等方面具有传承性。一个作物种子被发现,那么它就会一代代被传下来。人们会不断地加深对这种植物的认识。农耕与天气季节变化密切相关,对季节变化的观察总结也是不断地积累,也就是因为这种生产上的传承需要。此外,这种传承性在文字上也有充分的体现。这些内陆国家的文字,相对于海洋文明来说更为稳定和具有持续特性。中国文字的一脉相传,与西方符号文字相比,也更显独特。

世界的文明发展历史有时共同发展,有时交替发展。我们不得不认识到,在近代以来,海洋文明发展确实比较快速,一时还作为文明的主流称霸世界,这是因为海洋文明不是一种闭关自守的文明,它能够不断从异质文化中汲取营养。海洋文明的开放是多方位的。从经济上讲,它是一种对外贸易依赖型的文明,发展海外市场,开拓海外殖民地成为这种文明的最重要的经济要求。从人口流动上讲,它在不断吸收外来人口的同时,又不断向外殖民。人口的流动改良了人种的素质,又促进了文化和思想的开放,开放精神后来也鼓励了文艺复兴运动中的欧洲人利用这种精神去冲破中世纪教会的束缚。

农耕文明从文明发展的进程看都是渐进的,反应在国家制度上也是渐进的。独特的地理气候环境,中华民族的祖先选择了以农耕为主的文明发展方向,发展成了独特的中华文明。

而海洋文明则体现出它的多元性。容忍异质文化和多种文化的共存和竞争成了这种文明开放性的补充。多种文化的共存使每一种文化都随时意识到竞争的存在,为了在竞争中取得优势,都要设法不断发展,以发展求生存。多样性促进了竞争,而竞争又促进了发展。同时又是由于海洋的保护,使每一个城邦都有可能保持自己的文化特点而又可以有选择地吸收他人的优点。文化的多元性体现在一个政治实体内部就是容忍个体发展自己的个性和创造性,它的政治体现就是民主制,雅典就是它的典型代表。希腊的活力就在于文化的多元性。在希腊最强盛的时期,希腊各城邦也没有形成真正的政治联盟,最多是一种松散的联邦。相反,强求一致却往往会导致发展的停滞。希腊人自己的争霸战争波罗奔尼撒战争,是希腊人强求一致的一次努力,也是希腊文明衰落的开始。所以,强求一致的诉求最终导致了希腊文明的终结。这两种文明之所以有这些不同,其关键就在于它们的不同生活方式与生产方式。

而海洋民族,凭借舟楫"四海为家"的特点决定了他们的流动性和侵略性,居住在海洋边的人总是得向大海不断地求取,于是造就了他们的扩张性和不稳定性;海洋边的信息发达,于是造就了他们的多变性和包容性;从大海里索取的食物是通过商品经济的形式交换的,商品经济极为发达;海洋连接着整个世界,是一个比大陆更为自由和无界限的世界,这使海洋文明具有广阔性和不稳定性。更重要的也许是因为航海需要而带来的工商社会的契约文化、协商文化和民主架构。这理由很简单:在大海上航行,需要船上的所有人同舟共济,以诚相待,用互相协商的形式确定彼此的权利和义务,通过彼此利益交换达到双赢结果。

第七节　万顷潮田:海洋潮汐利用的伟大智慧

中国古代就有人对潮涨潮落的海洋潮汐现象做过种种猜测和解释,《周易》中有"习坎有孚"的经文,有研究者对此这样解释:"坎是象征水这一种物质的。水,经常地连续不断地穿过险阻,按时往来,永远遵守着一定的时刻,没有差错过",因此认为"实际上,这里所描述的便是潮汐现象。"古代沿海人民不断认识潮流、潮汐的规律并积累着相关知识,并用来指导发展多种海洋活动。

古代航海常按潮候进港停泊,船舶进港出港根据涨潮落潮了解难易快慢。潮汐涨落十分有规律,导航用的更路簿、针经、海图中常载有航线的潮汐情况,沿海许多地方志中常记载有潮汐表,用来指导航行。古代一些港口还专门将潮汐表刻成石碑立于港口以供航海者参考。古代先民在围海造田、渔业捕捞中也能够利用潮汐涨落的规律。

一、渔业的海洋潮汐利用

在我国东海,江南沿海的渔民用一种叫"沪"的捕鱼工具捕捞,唐朝诗人陆龟蒙《渔具咏》序言云:"列竹于海……吴之沪渎是也。"在海滨的浅滩上插列竹栅,以绳编结,向岸的两翼张开,潮涨时淹没竹栅,潮落时,鱼被阻于栅内而不得去,这就是古称"沪"①,今称"簖"的捕鱼工具;至于"渎",即独之谓,意为独流入海也。吴淞江古时无支流,故称渎。这便是对渔民利用海洋潮汐捕鱼的写真。

专栏:"石沪"捕捞鱼法

中国古代渔民利用"石沪"捕捞鱼类的方法也被称为——"陷阱捕鱼法",在我国台湾省的澎湖列岛的"石沪"最为有名。澎湖的石沪极可能是全世界密度最高、数量最多,全县有石沪总数达580余个,是珊瑚礁捕渔业文化的特色;"石沪"是在潮间带区域堆砌弧形石墙,构成主要分为沪堤、沪房、沪门、鱼井等部分,利用海水涨潮时鱼群会游入沪门,鱼群也会随潮水淹进石墙顶部进入石沪,退潮时海水流走而鱼群便会困在石沪的石墙内,渔民即可以在石沪中进行捕捞。原理就是潮水涨退及鱼群洄游特性,在波动的海面上筑起一道道的弧形石墙,有的石沪工程十分浩大,不仅可能要利用全村里的居民,更要历经数年或是数十年以上才能完成。这样的捕捞方法是渔民利用海洋潮汐的典型生态文化。

---

① 陆其国:《"沪"是一种捕捞工具》,上海档案信息网,2013年6月27日。

台湾澎湖县七美乡的双心石沪

二、海洋潮汐的能源利用

月球引力的变化引起潮汐现象,潮汐导致海水平面周期性地升降,因海水涨落及潮水流动所产生的能量,称为潮汐能。海洋的潮汐中蕴藏着巨大的能量。在涨潮的过程中,汹涌而来的海水具有很大的动能,而随着海水水位的升高,就把海水的巨大动能转换为势能,在落潮的过程中,海水奔腾而去,水位逐渐降低,势能又转换为动能。潮水来去有规律,不受洪水或枯水的影响;以河口或海湾为天然水库,不会淹没大量土地;不污染环境;不消耗燃料等。但潮汐电站也有工程艰巨、造价高、海水对水下设备有腐蚀作用等缺点。但综合经济比较结果,潮汐发电成本低于火电。

我国的潮汐能量也相当可观。浙江、福建两省岸线曲折,潮差较大,潮汐能占全国沿海的80%。浙江省的潮汐能蕴藏量尤其丰富,约有1000万千瓦。钱塘江口潮差达8.9米,是建设潮汐电站最理想的河口。潮起潮落所形成的水位差,即相邻高潮潮位与低潮潮位的高度差,称为潮位差或潮差。通常海洋中的潮差不大,一般只有几十厘米至1米左右。而在喇叭状海岸或河口的地区,潮差比较大。潮汐能利用的主要方式是发电,潮汐发电与水力发电的原理相似。通过贮水库,在涨潮时将海水贮存在贮水库内,以势能的形式保存,然后,在落潮时放出海水,利用高低潮位之间的落差,推动水轮机旋转,带动发电机发电。具体地说,潮汐发电就是在海湾或有潮汐的河口建一拦水堤坝,将海湾或河口与海洋隔开构成水库,再在坝内或坝房安装水轮发电机组,然后利用潮汐涨落时海水水位的升降,使海水通过水轮机转动水轮发电机组发电。

我国海洋能开发已有近40年的历史,迄今已建成潮汐电站8座。我国的海洋发电技术已有较好的基础和丰富的经验,小型潮汐发电技术基本成熟,已具备开发中型潮汐电站的技术条件。其中最大的潮汐电站是1980年5月建成的浙江省温岭市江厦潮汐试验电站,它也是世界已建成的较大双向潮汐电站之一。总库容490万立方米,发电有效库容270万立方米。这里的最大潮差8.39米,平均潮差5.08米;电站功率3200千瓦。据了解,江厦电站每昼夜可发电14—15小时,比单向潮汐电站增加发电量30%—40%。江厦电站每年可为温岭、黄岩电力网提供100亿瓦/小时的电能。

海洋潮汐能是可再生永远的能源,只要太阳、月球等天体与地球共存,这种能源就会再生,就会取之不尽,用之不竭。海洋能属于清洁能源,也就是海洋能一旦开发后,其本身对环境污染影响很小。

第 五 章

古代中国的海上往来

自古以来中国就通过海洋与东亚地区、东南亚地区、环印度洋亚非及美洲地区以及欧洲地区,有着密切的海上经济贸易和文化技术往来。古代中国与东亚地区,环印度洋亚非及美洲地区,欧洲地区的海上经贸、文化、技术往来。从春秋到战国开始的中韩、中日航海到郑和七下西洋的世界航海史上的伟大创举,中国和世界的海上联系有悠久的历史。

中国古代先民不畏艰险与艰辛,勇敢地探索海洋生态的规律,从原始的独木舟到能下西洋的大型宝船,不断提升造船技术,积累航海经验,创新航海科技(星斗指向、指南针的航海利用等),并努力探索海洋的生态规律,开辟新海洋航路,使中国古代成为世界上进行航海最早、航海技术最发达的国家之一。随着中国古代手工业的发展和城市的兴起,中国的商品已经成为世界各国的重要贸易商品,贸易交换的范围不断扩大,地区间的联系也随之扩大,促进了海上交通运输业的发展。

除了陆上丝绸之路外,从汉代开始,人们又开通了从广东到印度去的航道。宋代以后,随着南方的进一步开发和经济重心的南移,从广州、泉州、杭州等地出发的海上航路日益发达,越走越远,从南洋到阿拉伯海,甚至远达非洲东海岸。人们把这些海上贸易往来的各条航线,通称之为"海上丝绸之路"。

海上丝绸之路,是中国古代与世界其他地区之间海上交通的路线。中国的丝绸除通过横贯大陆的陆上交通线大量输往中亚、西亚和非洲、欧洲国家外,也通过海上交通线源源不断地销往世界各国。因此,在德国地理学家李希霍芬将横贯东西的陆上交通路线命名为"丝绸之路"后,有的学者又进而加以引申,称东西方的海上交通路线为"海上丝绸之路"。后来,中国著名的陶瓷,也经由这条海上交通路线销往各国,西方的香料也通过这条路线输入中国,一些学者因此也称这条海上交通路线为"陶瓷之路"或

"香瓷之路"。

从古代"海上丝绸之路"传承到今天的"一带一路",海洋生态文化以"声教四海、和谐万邦"的向心力,"始终在释放一种跨越古今的开放、外向、合作、互利、共赢理念",因此,海洋强国必然是海洋文化强国。

第一节　与东亚地区的海上往来

一、与东亚地区的海上经济贸易往来

中国与东亚地区的海上贸易往来源远流长。早在汉魏时期,中日两国就建立了政府间的关系,并一直保持着比较密切的经济文化往来。隋唐时期,特别是在唐代,日本建立遣唐使制度,遣唐使不仅担负着文化交流的任务,也成为两国间的一条贸易渠道。到唐朝后期,开始有中国海商赴日进行私人贸易。宋元时期是两国私人海外贸易大发展的时期,双方的民间贸易往来非常频繁。

(一)先秦秦汉时期

从春秋到战国,沿海的燕、齐航海者,从山东及辽东出发,中间经过朝鲜半岛,航行到日本,前后共开辟两条航线。春秋时期,是左旋环流航线;战国时期随着航海技术的提高,又开辟出一条经由对马岛直航日本北九州的航线。从近代日本考古出土文物的分布地址所见,证实了这两条航线的存在和通航的大致年代。[1]

秦代中国与日本的交往,在当地出土的铜剑、铜锛等文物中得到了证明。日本西南海岸还曾出土不少汉代墓葬以及铜镜、玉、璧等文物,在丝岛郡小富士村的海边遗址中,发现了王莽时期的货币——货泉,证明此时中日间已有贸易往来。[2]

(二)魏晋南北朝隋唐时期

隋唐时期,中国通东亚地区的交流空前繁荣,其中尤以明州地区更为重

---

[1]　曲金良主编:《中国海洋文化史长编》(先秦秦汉卷),中国海洋大学出版社2008年版,第323页。

[2]　丁长清主编:《中国对外经济关系史教程》,人民出版社2011年版,第37页。

要。从地理上来说,自百济由陆路到北朝的都城平城、洛阳、长安等地,必须经过高句丽到辽东,经辽西入关,再走向以上各城市,长途跋涉,十分辛苦。高句丽拦截百济到北朝的陆路交通,如北魏显祖派使者邵安前往百济,"安等至高句丽,(高句丽王)琏称昔与(百济王)余庆有仇,不令东过。安等于是皆还"。当时陆路不通,海上交通却颇发达,由百济乘船到长江口或钱塘江口,便是当时海上的一条通道。圆仁《入唐求法巡礼行记》卷一说:"案旧例,自明州进发之船,为吹着新罗境。又从扬子江进发之船,又着新罗。"

南朝至隋,日本人来中国,一直走海道北线。唐代中日间的海上航路,除北方仍沿用北路北线和北路南线外,由于地域政治等关系,还开通了以明州港为中心的"南路南线"和"南路北线"。据《新唐书·东夷传》记载:"新罗梗海道,更繇明、越州朝贡。"也就是说,唐朝中期,新罗统一朝鲜半岛后,与日本关系紧张,日本不得不放弃北路,采用南路航线,第一次明确地将明、越两州作为靠泊使船的目的港。唐代中期开辟的"南路南线",通常从难波的三津浦濑户内海抵达筑紫大津浦(即今博多),然后经过南方的奄美大岛附近,横渡东海,抵达明州、越州的沿海港口,航程虽然比北路短些,但风浪的险恶远胜于北路,每次遣使船舶中几乎都有船只遇险覆没。日本统治者执着学习大唐文化,不惜对那些逃避渡海入唐者处以"配流"荒岛。唐代后期,经过航海家的不断探索,"南路北线"最终取代了"南路南线"①。

(三)宋元时期

宋代对外贸易路线进一步由陆地转向海洋②。《宋会要》中记载:宋孝宗乾道三年(1166)四月,宋朝廷以日本等外国船夏汛时将来明州,命令明州之提举市舶官对日本商船所载之金、珍珠等进行"抽解"(即抽取实物关税),然后命人将所得之物送至京师。足见十二世纪六十年代已有日本商船来宋贸易。由于南宋对入港日商给予种种方便和优待,例如"支送酒食,举行燕犒"等等,虽然封建朝廷照例要进行盘剥,但相对要好些,以致到十三世纪时,形成"倭人冒鲸波之险,舳舻相衔,以其物来售"的局面③。

1977—1984年间发掘的韩国西南部全罗南道新安郡沉船,是该时期中

① 陈晔:《唐代明州"海上丝绸之路"与对外交往》,《宁波广播电视大学学报》2016年第2期。
② 丁长清主编:《中国对外经济关系史教程》,人民出版社2011年版,第70页。
③ 夏应元、李培浩:《宋代中日经济文化交流》,《北京大学学报》(哲学社会科学版)1983年第5期。

元代新安沉船残骸

韩经贸往来的最佳例证。新安沉船残长为 21.8 米，残宽 6.4 米，经复原长 30 米，最大宽 9.4 米，型深 3.7 米。船体在水下分割后分别被打捞出水，前后出水的船板、龙骨、舷板和其他构件共计 2566 件，大体可以确认新安沉船的规模、形态与结构特点。沉船打捞出水文物有陶瓷、金属、香料等船货和船员用品 2 万 3 千多件，以及约 28 吨的中国铜钱。其中陶瓷器 20664 件，中国铜钱重量达到 28 吨多。从新安沉船上发现了一批磁州窑、定窑和钧窑瓷器，甚至少量高丽青瓷器，这艘巡回货轮应该是停靠洋海域东渡高丽的起点港即古登州港，以及高丽港口（如《宋史·高丽传》）提到的海州、阎州、白周等。①

（四）明清时期

明太祖时期确立明朝海外政策的基本框架，即朝贡贸易政策与海禁政策并行的体制。其中，朝贡贸易政策是占有主导地位的政策，而海禁政策是为保证朝贡贸易顺利进行的辅助性政策。明朝的海外贸易政策与前朝相比，具有显著的不同，前朝或者根本没有朝贡贸易，或者在进行朝贡贸易的同时并不禁止私人贸易，而明朝的朝贡贸易则具有强烈的独占性和排他性。

---

① 吴春明：《"北洋"海域中朝航路及其沉船史迹》，《国家航海》2011 年第 1 期。

它实质是要由官方来垄断一切海外关系,严厉禁止民间的海外活动。而它的这种独占性和排他性的实现就是由海禁政策来保证的。日本学者田中健夫将朝贡贸易政策和海禁政策称为"明朝对外政策的两大支柱"。中国学者万明也认为"朝贡贸易和海禁,构成明朝前期海外政策的整体体系,二者成为明朝前期海外政策的两大支柱,相辅相成,集中体现了明初强化集权的君主意志"。关于朝贡贸易政策和海禁政策各自的侧重内涵,万明进一步谈到"朝贡贸易是指明朝对外采取的与海外各国在朝贡形式下友好交往和通商贸易往来的政策,它涵盖的是海外政策对外态度的一面,而海禁的内容则主要是明朝政府禁止国内民间对外交往贸易,即侧重于海外政策对内态度的一面。二者相联系的是海外政策内外有别的两个方面,却同样体现的是明朝海外政策的总体特征"。明朝前期,海禁政策和朝贡贸易政策互为表里构成了当时对外贸易政策的基本框架,宋元以来的私人海外贸易受到压制,几无立足之地。中日贸易同样如此,两国间的勘合贸易成为当时唯一合法的贸易形式,私人贸易没有得到发展的机遇而陷入萧条。①

二、与东亚地区的海上文化技术往来

(一)先秦秦汉时期

《史记·秦始皇本纪》记载:"齐人徐市等上书,言海中有三神山,名曰蓬莱、方丈、瀛洲,仙人居之。请得斋戒,与童男女求之。于是遣徐福发童男女数千人,入海求仙人。"徐福当然就找不到什么神仙,却在东渡中一去不复返,成为中国到外国的移民。② 徐福东渡日本,促成了一代"弥生文化"的诞生。那时,日本还没有文字,也没有农耕。徐福给日本带去文字、农耕和医药技术。为此,徐福自然成日本人民心目中的"农神"和"医神"。近年来,在日本福冈县板付的考古遗址中,又发现碳化米粒遗存,经碳十四测定,与在朝鲜半岛釜山金海地区发现的碳化米为同一类型。说明在同一个历史时期,日本人民开始农业生产,尤其是水稻种植。在同一时期,日本也开始使用青铜器和铁制生产工具以及丝织品等,而且开始有文字。所有这些,都与此前的日本绳纹文化没有任何传承关系。日本学界、考古界公认:弥生文化源于中国北方沿海文化。

① 荆晓燕:《明清之际中日贸易研究》,山东大学2008年博士学位论文,第5—8页。
② 丁长清主编:《中国对外经济关系史教程》,人民出版社2011年版,第44页。

（二）魏晋南北朝隋唐时期

唐太宗贞观四年（630），日本第一批遣唐使在御田锹的率领下，来到唐朝长安。日本"大化改新"之后，到唐朝学习的人数更多，这些人被日本政府统一管理。他们均身负重任，不仅要学习相对先进的中国的典章制度，而且要学习中国的文学、艺术、史学等内容，并把学到的新知识带回日本，选择使用。① 至九世纪末约264年的时间里，先后向唐朝派出十几次遣唐使团。其次数之多、规模之大、时间之久、内容之丰富，可谓中日文化交流史上的空前盛举。遣唐使对推动日本社会的发展和促进中日友好交流作出了巨大贡献。

（三）宋元时期

在唐的基础上，宋元时期的经济、文化又有发展，在当时世界上继续处于领先地位。宋遣使者赴高丽，大概是每年七八月，高丽朝廷派遣使于宋的时期，则大概是六七月。航行时期的选择，主要根据季风的消长，《宣和奉使高丽图经》对路线有很详尽的说明②。在北宋时期，日本入宋僧侣见诸史籍者大约二十人左右，此至唐时大为减少。其入宋目的，亦与唐时专为学佛法，向日本移植新数派不同，而是专为巡拜中国佛教圣迹而来。例如，入宋僧奝然在谈到他入宋目的时说："为求法不来，为修行即来也。"③

（四）明清时期

明清时期中日茶文化交流是频繁时期，无论是民间贸易还是官方贸易，无论是文化交流还是经济交流都是非常活跃和重要的。以茶文化为例，一方面，中国茶文化的参与者广布于茶的栽培、加工、销售、饮用的群体中，有广泛的群众基础。另一方面，中国的茶书、茶具、文具等传到日本。明清时期中日茶文化的交流彰显出中日两国茶文化各自的特色，使其优秀传统更加发扬光大，并促进中日双方深入了解对方的茶文化，进而推进双方茶文化的交流与合作事业。④

---

① 丁长清主编：《中国对外经济关系史教程》，人民出版社2011年版，第66页。

② 曲金良主编：《中国海洋文化史长编》（宋元卷），中国海洋大学出版社2011年版，第332页。

③ 李培浩、夏应元：《宋代中日经济文化交流》，《北京大学学报》（哲学社会科学版）1983年第5期。

④ 马崇坤：《试论明清时期的中日茶文化交流》，延边大学2010年硕士学位论文，第1页。

第二节　与东南亚地区的海上往来

一、与东南亚地区的海上经济贸易往来

（一）魏晋南北朝隋唐时期

魏晋南北朝隋唐时期,中国与东南亚地区的海上经济贸易往来十分繁盛。以中国陶瓷为代表的唐船舶屡见于考古发现。在泰国南部素叻他尼省的差也、洛坤省的古法万城址等地,先后发现长沙窑、越窑以及广东梅县窑等生产的晚唐青瓷器。[1]

（二）宋元时期

宋朝的史籍中记载有大量东南亚地区商人来华贸易的情况。宋朝铜钱也大量流入东南亚,并在那儿充当通货。同时出现三个最大的国际贸易中心市场,即《岭外代答》卷二《外国门上》所载"正南诸国,三佛齐其都会也;东南诸国,阇婆其都会也;西南诸国浩乎不可穷;近则占城、真腊为宛里诸国之都会"[2]。1974 年,泉州湾后渚港海滩上发掘出一艘宋代远洋海船,在船舱中发现一批珍贵的历史文物,包括香料、药物、瓷器、皮革制品等,共计 14类 69 项,是这段历史最好的证明。

（三）明清时期

明清时期中国同东南亚地区贸易迅速发展,是中国海外贸易发展史上的一个重要时期。这一时期贸易的特点是:贸易是基于和平方式、互利目的、已加入世界贸易网的情况下进行的,且受制于政府政策,华侨华人在贸易中起桥梁和纽带作用。[3] 朝贡贸易在明成祖时代(1402—1424)最为轰轰烈烈。永乐一朝,到海外宣谕的使者如过江之鲫,据统计达 21 批之多,来中国朝贡的使团有 193 批。有些朝贡更贪得无厌,大量运来明朝早已库胀仓满的滞货,让好大喜功的明朝高价吃下。明成祖去世后,朝贡贸易逐渐走向

---

[1]　曲金良主编:《中国海洋文化史长编》(魏晋南北朝隋唐卷),中国海洋大学出版社2013 年版,第 265 页。

[2]　曲金良主编:《中国海洋文化史长编》(宋元卷),中国海洋大学出版社 2011 年版。

[3]　郭立珍:《明清时期中国同东南亚地区贸易发展的特点》,《石家庄经济学院学报》2005 年第 4 期。

衰落。当中国朝廷因国库空虚而无力继续"厚来薄往"时,东南亚诸国觉得油水不大,自然不愿多来了。取而代之的是民间海上贸易。①

二、与东南亚地区的海上文化技术往来

(一)先秦秦汉时期

中国与东南亚的中医药交流早在秦汉时期已经开始,史载:"秦皇利越之犀角、象齿、翡翠、珠玑,乃使尉屠雎发卒五十万为五军,与越人战。"尔后随着中原王朝势力不断向南发展,中原人士的南迁,以日南障塞、徐闻合浦为起点,经都元国(今越南南圻),邑卢没国(今泰国的华富里 Lophburi),谌离国(在暹罗湾头的佛统),夫甘都卢国(即缅甸的蒲甘 Pagan),最后到达黄支国(即印度东海岸的康契普腊姆 Conjeeveram),并经已程不国(即今之锡兰岛 Sihadipa),皮宗(指苏门答腊岛),至日南象郡为回程的南海航线的开辟,促进中医药的对外传播,同时也推动中医学的发展。②

除越南外,东南亚其他国家也向中国输入药物。如干陀利国,在今印度尼西亚苏门答腊岛上的万丹港,在公元 455 年(我国南北朝宋孝武帝孝建二年)、502 年(梁武帝天监元年)、518 年(天监十七年)、520 年(普通元年)、563 年(陈文帝天嘉四年),共 5 次派使者到建康访问,馈赠杂香药等珍贵礼物。婆利国,在印度尼西亚的巴厘岛。其国王于公元 473 年(宋后废帝元徽元年)、517 年(梁武帝天监十六年)、522 年(普通三年)也遣使到建康,馈赠杂香药等数十种礼物。丹丹国,在今马来西亚半岛南部的吉兰丹。其国王分别于公元 531 年(梁武帝中大通三年)、535 年(大同元年)、571 年(陈宣帝太康元年)、581 年(太建元年)、584 年(后主至德二年),派遣使者到建康供奉香药等。槃槃国,在今加里曼丹北部沙捞越或沙巴和文莱的境内。公元 529 年(梁武帝中大通元年)、532 年(大通四年)、534 年(大通六年),槃槃国王遣使来建康,进贡沉香、檀香、詹糖等香药数十种。③

(二)魏晋南北朝隋唐时期

诃陵国,位于今印度尼西亚爪哇岛,据《唐会要》的记载,其国输入中

①　庄国土:《略论朝贡制度的虚幻:以古代中国与东南亚的朝贡关系为例》,《南洋问题研究》2005 年第 3 期。

②　冯立军:《古代中国与东南亚中医药交流》,《南洋问题研究》2002 年第 3 期。

③　冯立军:《古代中国与东南亚中医药交流》,《南洋问题研究》2002 年第 3 期。

国的药物有玳瑁盖、生犀等。又《本草纲目》中记载,该国人曾向我国传授药方。其中说道:"唐郑相国为南海节度,年七十有五,越地卑湿,伤于内外,众疾俱作,阳气衰绝,服乳石补药,百端不应。元和七年,有诃陵国舶主李摩诃知其病状,遂传方并药。"郑相国服后,觉其功神效。等到元和十年二月罢郡归京,乃录方传之。"用破故纸十两,净择去皮,洗过曝,捣筛令细。胡桃瓤二十两,汤浸去皮,细研如泥,更以好蜜和,令如饴糖,瓷器盛之。旦日以暖酒二合调药一匙服之,便以饭压。如不饮酒人,以暖熟水调之,弥久则延年益气,悦心明目,补添筋骨。但禁芸苔、羊血,余无所忌。"又说"此物本自外番随海舶而来,非中华所有,番人呼为补骨脂,语讹为破故纸也"①。

(三)宋元时期

两宋时期,我国处于分裂状态之下,北方先后有契丹、女真建立的辽、金二朝。西北则先后有喀喇汗王朝、回鹘汗国、西夏和西辽,西南有吐蕃、南诏。特别是西夏王朝的兴起,长期与北宋征战,使西北丝路常年阻断,中外交往只能依靠海路。北宋天圣元年(1023),大食国使者由丝路路过西夏境前来宋国朝贡,宋仁宗诏命大食使者:"恐为西人钞略,乃诏自今取海路繇广州至京师。"该时期,海外使者,商人大都从海路来华。金国崛起后,宋室南渡,北方经济重心随之南移,进一步奠定了海外交通的基础。元世祖忽必烈征服南宋后,着手恢复因战乱削弱的海上交通,当时的国际条件也对海上交通的发展有利,波斯湾地区大部分是元朝的宗藩国伊利汗国的势力范围,再加上航海技术提高,元朝的海外交通的发展超过宋代。宋元两朝的统治者对外政策都采取比较开放的态度,在互利互惠的前提下,来自三佛齐、占城、交趾、罗斛、蒲甘、阇婆、渤泥、真腊、丹眉流、蒲端、爪哇、缅、暹罗、龙牙门、苏木都剌等国的外交使者屡次向中国入贡,商贾和传教士络绎不绝地此来彼往,贯通了中外关系。② 宋元时代,我国对外贸易非常发达,与周边国家的交往非常频繁,故中国与东南亚国家中医药的交流不断发展。当时,与中国进行香药贸易往来的东南亚国家主要有交趾、占城、安南、真腊、阇婆、苏吉丹、三佛齐、丹眉流、罗斛、渤泥、蒲甘等国。③

---

① 冯立军:《古代中国与东南亚中医药交流》,《南洋问题研究》2002 年第 3 期。

② 唐雪海:《宋元时期中国与东南亚各国关系的发展》,暨南大学 2000 年硕士学位论文。

③ 冯立军:《古代中国与东南亚中医药交流》,《南洋问题研究》2002 年第 3 期。

（四）明清时期

明清时代,中国与东南亚的中医药交流进一步扩大和加深。其时,与中国进行往来交流的东南亚国家主要有:安南、占城、暹罗、爪哇、苏门答腊、三佛齐、满刺加、彭亨、柔佛等。和以往朝代一样,这些国家仍然向明清政府朝贡,民间的贸易往来也不绝于途。①

第三节　与环印度洋亚非及美洲地区的海上往来

一、与环印度洋亚非及美洲地区的海上经济贸易往来

（一）先秦秦汉时期

西汉时代,中印海道已开通,其路线在《汉书·地理志》中有详细记载:"自日南障塞、徐闻、合浦,船行可五月,有都元国;又船行可四月,有邑卢没国;又船行可二十余日,有谌离国;步行可十余日,有夫甘都卢国。自夫甘都卢国,船行可二月余,有黄支国,民俗略与珠崖相类,其州广大,户口多,多异物。自武帝以来皆献见。有译长属黄门,与应募者俱入海,市明珠、璧琉璃、奇石异物,赍黄金杂缯而往,所至国皆禀食为耦,蛮夷贾船,转送致之,亦利交易,剽杀人。又苦逢风波溺死,不者数年来还。大珠至围二寸以下。平帝元始中,王莽辅政,欲耀威德,厚遗黄支王,令遣使献生犀牛。自黄支船行可八月,到皮宗;船行可二月,到日南、象林界云。黄支之南有已程不国,汉之译使自此还矣。"东汉以来,中国与南海交通频繁。《后汉书·南蛮西南夷列传》及《西域传》记载的就有 5 次。②

（二）魏晋南北朝隋唐时期

唐代,贾耽《广州通海夷道》记载从广州经南海到波斯湾头巴士拉港,全程需要 3 个月。这条航线把中国和三大地区:以室利佛逝为首的东南亚地区,以印度为首的南亚地区,以大食为首的阿拉伯地区,通过海外贸易连接在一起。③ 阿拉伯商人作为唐朝和非洲进行广泛经济交流的媒介,将中

---

① 冯立军:《古代中国与东南亚中医药交流》,《南洋问题研究》2002 年第 3 期。

② 吴廷璆、郑彭年:《佛教海上传入中国之研究》,《历史研究》1995 年第 2 期。

③ 曲金良主编:《中国海洋文化史长编》(魏晋南北朝隋唐卷),中国海洋大学出版社 2013 年版,第 263 页。

国的瓷器、丝织品、纸张及手工业品输入非洲。①

（三）宋元时期

宋代通商的范围甚广,通过海路和中国贸易的环印度洋亚非及美洲地区国家有很多,较重要的有:大食(今阿拉伯)、占城(今越南南部)、蒲甘(今缅甸)、真腊(今柬埔寨)、三佛齐(今苏门答腊的巨港)、渤泥(今婆罗洲)、阇婆(今爪哇北岸)、麻逸(今菲律宾民多罗岛)。输入中国重要的是香料、珍宝和贵重药材。② 在广泛吸收来自海外商人、海员以及有关著作的基础上,赵汝适的《诸蕃志》,对海上贸易的国家进行了介绍。③

（四）明清时期

明清时期,中国与环印度洋亚非地区国家贸易进一步发展,更加开辟了中国和美洲国家的贸易。目前可考的广州与北美大陆最早的直接贸易往来,是1778—1779 年著名航海家库克船长率领下的两艘帆船"发现"号和"坚定"号实现的。他们首先在美洲西北海岸向当地印第安人购买一批毛皮,然后航行到广州黄埔港,每张海獭皮可以卖得 120 美元的高价,利润丰厚。

"中国皇后"号见证了 18 世纪中国曾帮助美国经济。战争期间,为支付军费,美国许多州都印发大量的纸币,造成货币贬值,通货膨胀,国库空虚。然而,当时的英国却落井下石。为报复美国,英国对美国实行贸易禁运,不仅取消对北美原 13 个殖民地的一切贸易优惠,还刻意抬高美国商品的关税,严禁美国船只驶入加拿大与西印度群岛;在英国的强大压力下,欧洲国家也不愿意因为和美国接近而冒犯强大的英国。以前的"盟国"西班牙背信弃义,于 1784 年封锁密西西比河口,严禁美国船只通行;曾经与美国并肩作战的法国,勉强向美国开放西印度群岛的几个港口,但只允许 60 吨以下的船只出入。美国一位学者在回顾这段历史时感慨地说:"当时美国没有资源,没有资本,没有商业,没有朋友。美国与欧洲的贸易变得困难重重,经济面临崩溃的危险。"万般无奈之下,美国把目光投向东方的中国。

---

① 丁长清主编:《中国对外经济关系史教程》,人民出版社 2011 年版,第 60 页。

② 熊兴:《宋代海上贸易的发展》,《云南民族学院学报》1986 年第 3 期。

③ 曲金良主编:《中国海洋文化史长编》(宋元卷),中国海洋大学出版社 2011 年版,第 346 页。

"中国皇后"号

　　清乾隆四十九年（1784年2月22日），"中国皇后"号离开纽约港，满载着人参、皮革、毛衣、胡椒、棉花以及铅等商品，驶往中国。一百五十天后，该船才望到爪哇岛，此岛后来便成为对中国贸易的海上航道的"路标"。同年8月，"中国皇后"号终于到达当时作为中国海上门户之一的澳门，在这里取得盖有清廷官印的"中国通行证"，获准进入珠江。在一名中国引水员的带领下，经过一天的航行，抵达广州的黄埔港。进港时，"中国皇后"号鸣礼炮十三响（代表当时美国的十三个州），其他停泊于港内的各国商船也鸣炮回礼。格林船长曾有一则这样的手记："'中国皇后'号荣幸地升起了在这海域从未有人升起或看见过的第一面美国国旗！这一天是1784年8月28日。"四个月后，"中国皇后"号的货物已全部脱手，并采办一大批茶叶、瓷器、丝绸、象牙雕刻、漆器、桂皮、玉桂和绣金像等中国的特产，于1785年5月11日回到纽约，往返历时一年又两个月。此次航行以其特殊的意义，而载入中美两国交往的史册。

二、与环印度洋亚非及美洲地区的海上文化技术往来

（一）先秦秦汉时期

东西海上交通既开，使者、商人接踵而至，西方文化也随之传来，佛教率先从这条海上丝绸之路的东段传到中国。尤其三国、东晋以后，遵循海道来中国弘法的高僧络绎不断。至唐代，弘法求法高僧往来于海上，形成高潮。[①] 据有关史料记载，自三国至唐50年间循海道往来于中印之间的中外高僧有3名，论时间则人数并不算多，但要知道这些仅是有资料根据的，没有记载的无名僧不在少数。[②]

据考古发现，中国在先秦时期已经与远隔重洋的拉丁美洲有经济文化联系。近几年考古研究发现，认为在北美和太平洋沿岸附近，海中发现的古代石锚，和南美厄瓜多尔出土的段石锛及分布于南太平洋诸岛的悬棺葬遗迹，可能就是我国古代越人和殷人航道渡美洲的遗迹。[③]

（二）魏晋南北朝隋唐时期

东晋时的法显是我国第一位从陆上出发去印度，由海路回国的高僧。[④] 肯尼亚曼达岛发现9—10世纪越窑青瓷和白瓷是迄今为止传播最远的唐五代陶瓷[⑤]。唐代海外贸易主要对象之一是阿拉伯地区，杜环编写的《经行纪》中有详尽描写，详实地反映了当时中亚各国和大食等国的情况[⑥]，从一个侧面说明了中国与他们已经有往来。

（三）宋元时期

北宋时期，印度教在泉州传播，北宋雍熙年间（984—988）有印度僧人罗护那航海抵达泉州，并于城内建造宝林院，罗护那被认为是印度教徒。[⑦]

---

① 吴廷璆、郑彭年：《佛教海上传入中国之研究》，《历史研究》1995年第2期
② 吴廷璆、郑彭年：《佛教海上传入中国之研究》，《历史研究》1995年第2期。
③ 丁长清主编：《中国对外经济关系史教程》，人民出版社2011年版，第31页。
④ 曲金良主编：《中国海洋文化史长编》（魏晋南北朝隋唐卷），中国海洋大学出版社2013年版，第241页。
⑤ 曲金良主编：《中国海洋文化史长编》（魏晋南北朝隋唐卷），中国海洋大学出版社2013年版，第267页。
⑥ 曲金良主编：《中国海洋文化史长编》（魏晋南北朝隋唐卷），中国海洋大学出版社2013年版，第264页。
⑦ 巫大健：《海上丝绸之路时期泉州多宗教文化共存现象的原因及特征探析》，新疆师范大学2013年硕士学位论文，第20页。

（四）明清时期

明清时期,由于人口急剧增长,耕地相对不足,在全国范围内,形成人多地少,粮食短缺的严重局面。自明中叶开始,美洲粮食作物(玉米、番薯、马铃薯)陆续引入我国,随着它们的迅速推广,粮食压力有所缓解,同时也使我国粮食结构发生新的变化,对我国农业生产和人民生活产生了巨大影响。[①]

第四节　与欧洲地区的海上往来

一、与欧洲地区的海上经济贸易往来

（一）先秦秦汉时期

最初我国与欧洲是陆路往来,《后汉书·西域传》记载:"大秦国……与安息、天竺交市于海中,利有十倍。其人质直,市无二价。……其王常欲通使于汉,而安息欲以汉缯彩与之交市,故遮阂不得自达。"《后汉书·西域传》又记载:"至桓帝延熹九年(166),大秦王安敦(Marcus Aurelius Antoninus,161—180)遣使自日南徼外献象牙、犀角、玳瑁,始乃通焉。"这是罗马帝国第一次与中国往来。据研究,这次航行是163年罗马(大秦)皇帝安敦打败安息后,遣使者由波斯湾乘船经由印度洋直抵交趾。[②]

226年,大秦(罗马)商人秦论从海上到达东吴,他是我国现存史籍中第一位有名可考的从海上到达中国的罗马商人。[③]

（二）魏晋南北朝隋唐时期

阿拉伯商人的足迹遍及亚、非、欧各地,阿拉伯商人大量聚集在广州、泉州、扬州等地。他们运来西方的象牙、玻璃、香料和香药等商品,从中国贩走大量的丝绸、瓷器以及其他工艺品。[④]

---

① 曹玲:《明清美洲粮食作物传入中国研究综述》,《古今农业》2004年第2期。
② 吴廷璆、郑彭年:《佛教海上传入中国之研究》,《历史研究》1995年第2期。
③ 丁长清主编:《中国对外经济关系史教程》,人民出版社2011年版,第50页。
④ 长清主编:《中国对外经济关系史教程》,人民出版社2011年版,第59页。

（三）宋元时期

航海罗盘的导航技术，在 12 世纪传入地中海，被意大利商船采用，不久，英、法等水手也利用罗盘导航。[①] 1291 年，马可·波罗奉命护送蒙古公主阔阔真远嫁波斯，从泉州出海，经苏门答腊、印度至波斯，然后由陆路取道两河流域至高加索，最后乘船经君士坦丁堡返回故乡威尼斯[②]。这是该时期中国与欧洲海上往来的大事。

（四）明清时期

明万历二年（1574），首航的两艘马尼拉大帆船运载的货物中，就有绸缎匹，并且中国丝织品和棉织品在其全部历史过程中，一直处于输往美洲货物的榜首。通过西班牙商人之手，中国生丝每年运销美洲。按照当时西班牙人的说法，"从智利到巴拿马，随处可见质优价廉的中国丝绸"。"他们的丝织品质地优良，所要的价钱只是我们所要价钱的三分之一，他们很容易与我们竞争。从马尼拉向西属美洲贩卖中国丝绸的利润，最高则达到成本的十倍。大量的中国商人也被巨大的利润吸引到东南亚，数万人集中在吕宋，带去丝织品、棉织品、瓷器、茶叶、布匹、锦缎、丝绒等商品，换回自美洲运来的白银。直至 18 世纪末，中国丝绸等商品仍占墨西哥进口总值的 63%"。严中平甚至断言，"实际上，中国对西班牙殖民帝国的贸易关系，就是中国丝绸流向菲律宾和美洲，白银流向中国的关系"。由于大量的中国丝绸出口到西属美洲，"世纪初，墨西哥人穿丝多于穿棉，所谓穿丝，大多是穿中国丝绸。甚至当时西属美洲连流浪汉、混血儿、印地安土著都穿丝制的华丽衣服用以炫耀"[③]。

二、与欧洲地区的海上文化技术往来

（一）魏晋南北朝隋唐时期

唐代农业生产技术对西方各国产生重要的影响，根据李约瑟的研究结

---

① 曲金良主编：《中国海洋文化史长编》（宋元卷），中国海洋大学出版社 2011 年版，第 349 页。

② 曲金良主编：《中国海洋文化史长编》（宋元卷），中国海洋大学出版社 2011 年版，第 368 页。

③ 刘军：《明清时期海上商品贸易研究》（1368—1840），东北财经大学 2009 年博士学位论文，第 16—17 页。

论,"在唐代传过的农业技术有:碾磑、牲口用的胸带、套包子、独轮车、河渠闸等,其中河渠闸门技术中国要领先欧洲一千年"(李约瑟《中国科学技术史》)。唐代的曲辕犁与欧洲 13 世纪文献中记载的步犁相比,曲辕犁要完善得多,是当时世界上最先进的耕地工具之一。①

(二)宋元时期

宋元时期,泉州港勃然兴起,一跃成为国内外首屈一指的国际贸易大港,"刺桐港"之名远播海外。当时来自世界各地的商船风帆浪舶,舳舻相衔地驶入泉州港,不仅载运来琳琅满目的海外产品,而且中外商贾、旅行家接踵而至,带来外来的宗教文化,各种文化交相辉映,使泉州成为充斥着异国情调的国际都市,令人赞叹不已。随着东西方海上交通的发展,泉州与欧洲发生频繁的经济、文化交流。这是以往历史上所没有的。②

(三)明清时期

明清时期,中外海路文化交流最显著的特征体现在交流媒介的变化上,乘商船而来的大批传教士、商人和中国海外移民是这一时期文化交流与传播的最主要载体,通过贸易航道,漂洋过海的传教士与外国人带来西方的天文历算、地理学、物理学等科学技术以及艺术和思想,同时,又将中国的经籍、语言文字、中医学、绘画和建筑艺术等传播到欧洲各国,开欧洲人研究汉学之风气。③ 其中最具有代表性的就是徐光启和郎世宁。

三、西学东渐与东艺西传

(一)徐光启

徐光启(1562.4.24—1633.11.8),字子先,号玄扈,天主教圣名保禄,汉族,上海县法华汇(今上海市)人,明代著名科学家、政治家。官至崇祯朝礼部尚书兼文渊阁大学士、内阁次辅。徐光启毕生致力于数学、天文、历法、

---

① 贺茹:《唐代丝绸之路中外文化交流研究》,西北农林科技大学 2014 年硕士学位论文,第 22 页。
② 廖大珂:《宋元时期泉州与欧洲的交流》,"泉州港与海上丝绸之路"国际学术研讨会论文集,2002 年 6 月 30 日。
③ 曲金良主编:《中国海洋文化史长编》(明清卷),中国海洋大学出版社 2011 年版,第 497 页。

水利等方面的研究,勤奋著述,尤精晓农学,译有《几何原本》《泰西水法》《农政全书》等著书。同时他还是一位沟通中西文化的先行者。为 17 世纪中西文化交流作出了重要贡献。崇祯六年(1633),徐光启病逝,崇祯帝赠太子太保、少保,谥文定。徐光启在数学方面的最大贡献当推《几何原本》(前 6 卷)翻译。徐光启提出实用的"度数之学"的思想,同时还撰写了《勾股义》和《测量异同》两书。"几何"名称的由来。在中国古代数学分科叫作"形学"。"几何"二字,中文里原不是数学专有名词,而是虚词,意思是"多少"。徐光启是首先把"几何"一词作为数学的专业名词来使用的,是用它来称呼这门数学分科的。他所翻译的欧几里得的《几何原本》,直到 20 世纪初,中国废科举、兴学校,以《几何原本》内容为主要内容的初等几

徐光启像

何学方才成为中等学校必修科目。《几何原本》的翻译,极大地影响了中国原有的数学学习和研究的习惯,改变了中国数学发展的方向,因而,这个过程是中国数学史上的一件大事。《几何原本》是由利玛窦(Matteo Ricci)和徐光启共同翻译,明万历三十四年(1606)开始,万历三十五年(1607)完成。

(二)郎世宁

意大利人郎世宁,原名朱塞佩·伽斯底里奥内(Giuseppe Castiglione,1688—1766),1715 年以天主教修道士身份来中国传教,受到康熙皇帝礼遇,入宫成为宫廷画家,历经康、雍、乾三朝,在中国从事绘画 50 多年,并参加了圆明园西洋楼的设计工作,极大地影响了康熙之后的清代宫廷绘画和审美趣味。郎世宁觐见康熙时,康熙虽不赞成郎世宁信仰的宗教,却将之视为艺术家,郎世宁由此开启自己长达 50 余年的中国宫廷画师生涯。在此期间,郎世宁几乎什么都画,人物、风景、战争、历史、花鸟、年节等,但最主要的还是记录皇帝的活动。郎世宁在康熙时的绘画,虽无档案记录可查,但从雍正元年开始,直到乾隆三十一年,几乎每年都有郎世宁绘画活动的详细记录。郎世宁的作品,有中国水墨画,也有油画、水彩画和珐琅画,其画风亦中

郎世宁像

亦西中西合璧,形成一种独特的宫廷画风格。为迎合各个皇帝的喜好,郎世宁总在调整自己的画技。康熙不喜欢油画,更无法接受西画中的透视法。为此,郎世宁学习了用胶质颜料在绢上作画的高难技巧,一笔下去就不能再加第二笔,也不能修改润饰,笔法稍有踌躇,便前功尽弃。为不在画上留有透视法中的阴影,郎世宁便在同一幅画中对山水或庭园采用不同的视点与角度。正是这种迎合皇帝的做法,让郎世宁的画作成为中国艺术史的一个独特的存在,成为中西文化交流的典范。

第五节 郑和下西洋:世界航海史上的伟大创举

一、航海史上的伟大创举

郑和下西洋是明朝初年的一场海上远航活动。明成祖命三宝太监郑和率领两百多艘海船、2.7万多人从太仓的刘家港起锚(今江苏太仓市浏河镇),至福州闽江口五虎门内长乐太平港驻泊伺风开洋,远航至西太平洋和印度洋,拜访了30多个包括印度洋的国家和地区,曾到达过爪哇、苏门答腊、苏禄、彭亨、真腊、古里、暹罗、榜葛剌、阿丹、天方、左法尔、忽鲁谟斯、木骨都束等30多个国家,目前已知最远曾达东非、红海。郑和下西洋是中国古代规模最大、船只最多(240多艘)、海员最多、时间最久的海上航行,比欧洲国家航海时间早半个多世纪,是明朝强盛的直接体现。郑和的航行之举远远超过将近一个世纪之后的葡萄牙、西班牙等国的航海家,如麦哲伦、哥伦布、达·伽马等人,堪称是"大航海时代"的先驱,是唯一的东方人。

二、意义和遗产

第一，郑和下西洋的划时代意义。追寻全球化的缘起，自古以来，人类交往的主要途径是陆路。西汉张骞凿空西域，东汉甘英望洋兴叹，东西方文明汇聚之地定于西域，也即亚欧大陆，历时上千年不变。至15世纪初，郑和七下西洋，持续近三十年，形成人类交往从陆路向海路发展的强劲态势，西洋凸显，中外交往从陆向海的转折发生；进而满剌加（马六甲）兴起，人类交往从陆路向海路的重大转折发生，遂使东西方文明汇聚中心从此脱离亚欧大陆，转移至海上，最终奠定东西方文明汇合于海上的格局，预示一个整体世界在海上形成。不仅如此，郑和远航是大航海时代的先驱，既是古代传统的一次历史性总结，同时也是一个新时代的开端，在人类文明史上具有里程碑的意义，是改变人类历史的航行。① 人类文明史的重大转折，文明互动中心大转移的现象从此发生，宣告人类以人力与马匹为主交往阶段的衰落，和以科技含量占重要地位的交往新阶段的开始。

第二，西方殖民势力东来以前，15世纪初形成的亚洲国际贸易网，是当时世界上最稳定、也最为繁盛的国际贸易网之一。它的形成与郑和下西洋密不可分。郑和使团是史无前例的大规模贸易使团，远航持续近30年，开通了海道，完成了中国对外交往从陆路向海路的重大转折，将"和番"与"取宝"相结合，给区域带来和平与秩序的同时，所到之地进行互惠互利贸易，也促使国际市场繁荣，推动商业贸易兴盛，导向区域经济发展。由此东西方商路大开。郑和下西洋后，民间私人海外贸易以及移民海外热潮兴起。一种以东方的航海模式、贸易模式和国际交往模式建构起来的亚洲国际贸易网，繁盛地存在一个世纪，直至西方殖民势力东来才有所改变。②

第三，和平发展利用海洋，展示明朝前期中国国力的强盛，中国的海船纵横大洋，实现万国朝贡，盛世追迹汉唐；加强明朝政府与海外各国的联系，向海外诸国传播先进的中华文明，加强东西方间的文明交流；这是中国古代历史上世界性的盛举，从此，再没有此类的壮举。改变自明太祖朱元璋以来的禁海政策，开拓海外贸易。郑和曾到达过爪哇、苏门答腊、苏禄、彭亨、真

---

① 万明：《从"西域"到"西洋"——郑和远航与人类文明史的重大转折》，《河北学刊》2005年第1期。

② 万明：《郑和下西洋与亚洲国际贸易网的建构》，《吉林大学社会科学学报》2004年第6期。

腊、古里、暹罗、阿丹、天方、左法尔、忽鲁谟斯、木骨都束等 30 多个国家,最远曾达非洲东岸、红海、麦加,并有可能到过澳大利亚。这些记载都代表中国航海探险的高峰,比西方探险家达伽马、哥伦布等早八十多年。有力说明了当时明朝在航海技术、船队规模、航程之远、持续时间、涉及领域等均领先于同时期的西方。郑和下西洋的历史意义,还有许多超出航海之外的解读。郑和下西洋中所做的海外政治干预中,从长远影响来看,最重要的是操纵马六甲海峡(往来中国及海洋贸易的要道),选择扶植强盗头子拜里迷苏剌,于 1409 年郑和授予其国玺及皇袍。拜里迷苏剌曾亲自前往中国朝贡,使其在马六甲沼泽地的据点成为日渐富庶繁荣的商业中心。

三、郑和下西洋的历史教训

第一,集中体现在郑和下西洋的明初海外政策,其核心是朝贡制度和海禁政策。郑和下西洋的动机,既是为了营造"万国来朝、四夷咸服""天朝"的气势,也是中央集权政府打击东南沿海民间贸易和海上流民的措施。其结果是"倾国力"进行的"下西洋"活动因国库告罄而无力继续,"厚往薄来"的朝贡贸易随之烟消云散,宋元时期国人方兴未艾的海外拓殖也为之中断。明朝政府也因此背向海洋,继续维持海禁政策。中央政府对东南沿海人民的海外拓殖事业的敌视,是明清时期国人海外贸易与移民扩张的最主要障碍,它使中国多次丧失向海洋发展的机会①。

第二,对中国海外开拓事业的破坏。在史料中,除了郑和航海,前人对明朝的航海经济部门的活动关注很少,有三个原因。第一,郑和航海规模庞大,如此空前壮举,自然使后来的一切航海能力展示都相形见绌。第二,明朝官方史料的关注重点在于朝廷以及上层官僚们最在意的事情,比如陆地边疆安全和国内政治。第三,编辑明史的新儒家学派是造成该种史料缺失的原因,他们痛恨军费开支,仇视航海冒险,对国家参与航海经济持反对意见,他们所编辑的史料中关于明朝的航海经贸权益和水军问题,自然会被轻描淡写,或者遭到挖苦讽刺②。但是郑和航海的伟大壮举,证明中国自古以来就对海洋有丰富的了解和探索的历史事实。

---

① 庄国土:《论郑和下西洋对中国海外开拓事业的破坏——兼论朝贡制度的虚假性》,《厦门大学学报》(哲学社会科学版)2005 年第 3 期。
② (美)安德鲁·S.埃里克森等主编,董绍峰、姜代超译:《中国走向海洋》,海洋出版社 2015 年版,第 231—232 页。